系統晶片設計—使用 NiosII (第二版)(附範例光碟)

廖裕評、陸瑞強　編著

 全華圖書股份有限公司　印行

序 言

　　本書主要在介紹 Altera 公司的 Nios II 微處理器的使用範例。作者在前一本書「系統晶片設計-使用 Quartus II」中，詳細介紹了在 Quartus II 環境中設計數位系統的使用方式，本書「系統晶片設計-使用 Nios II」則著重在 Nios II 微處理器的進階介紹，包括記憶體週邊的控制、DMA 控制、C2H 加速裝置、Web Server 應用、MicroC/OS II 應用與多 CPU 系統的設定等，以及 VGA 動畫顯示和音樂播放等多媒體的操作與應用。

　　全書範例以 Altera 的 Nios II 開發板與 DE2 開發板實作。本書以容易理解的範例"VGA 乒乓球遊戲"，說明如何建置硬體組件，再配合 Nios II 微處理器程式控制遊戲的進行。希望讀者在讀完本書之後，會將記憶體週邊的控制、DMA 控制、C2H 加速裝置、Web Server 應用、MicroC/OS II 應用與多 CPU 系統的設定以及動畫和音樂使用在自己的開發專案。

　　本書第一章首先介紹軟體安裝與設定，由於 Altera 公司並未把例如 cyclone IC20 與 stratix 1S10 等範例附在最新版的程式中，故本書隨書光碟附上 7.2 版與 8.0 版的 Quartus II 與 Nios II 兩個版本。第二章為 SOPC 設計簡介，介紹設計流程。第三章使用 Quartus II 設計本書所需的硬體電路。第四章為 SOPC 發展環境介紹，使用開發板為 Altera Nios II 開發板，詳述記憶體測試範例，例如 SRAM、SDRAM、Flash 與會 DMA 控制，也在第四章介紹如何在 SOPC Builder 中新增訂製的硬體組件。第五章為 DE2 發展與教育板發展 SOPC 介紹，以乒乓球遊戲由 VGA 顯示器顯示為範例，介紹如何發展 SOPC 系統。第六章介紹 C2H 硬體加速之設定方式與網路伺服器實作範例。第七章介紹 MicroC/OS II 作業系統應用在乒乓球遊戲與音樂之分時多工應用。第八章介紹多個 CPU 系統的設定方式，再加入 VGA 乒乓球遊戲與音樂撥放之實例。

　　小弟才疏學淺，如有疏誤，尚祈各界先進不吝指正，在此先予誌謝。

廖裕評、陸瑞強

編 輯 部 序

　　「系統編輯」是我們的編輯方針，我們所提供給您的，絕不只是一本書，而是關於這門學問的所有知識，它們由淺入深，循序漸進。

　　本書使用 Altera DE2 開發板與 Altera NiosII 開發板來進行設計和實作，大概分五個方向介紹：(1) NiosII 微處理器控制記憶體與 DMA 使用方式。(2)乒乓球遊戲顯示於 VGA 螢幕之方法。(3)C2H 加速器與網路伺服器之使用方法。(4)MicroC/OSII 分時多工控制遊戲與音樂之方法。(5)多 CPU 系統之建立方式。本書傾向於使讀者由實例中瞭解 NiosII 微處理器的使用方式，故實作步驟從頭開始一步一步都有詳細說明，讓初學者也可以輕鬆上手。適用於大學、科大電子、電機、資工系「系統晶片設計」、「SOPC 設計」課程或相關業界人士。

　　同時，為了使您能有系統且循序漸進研習相關方面的叢書，我們以流程圖方式，列出各有關圖旳閱讀順序，以減少您研習此門學問的摸索時間，並能對這門學問有完整的知識。若您在這方面有任何問題，歡迎來函連繫，我們將竭誠為您服務。

相關叢書介紹

書號：03504017
書名：Verilog 硬體描述語言
　　　(附範例光碟片)(第二版)
編譯：黃英叡.黃稚存
20K/528 頁/480 元

書號：05579017
書名：Verilog FPGA 晶片設計
　　　(附範例光碟片)(修訂版)
編著：林灶生
16K/424 頁/620 元

書號：06241007
書名：數位邏輯設計與晶片實務
　　　(Verilog)(附範例程式光碟)
編著：劉紹漢
16K/576 頁/580 元

書號：05951007
書名：FPGA 數位 IC 電路設計應 用
　　　及實驗(VHDL,QUARTUS II)
　　　(附系統範例 DVD 光 碟片)
編著：林容益
16K/480 頁/450 元

書號：05952007
書名：FPGA 數位 IC 及 MCU/SOPC 設
　　　計應用及實驗(VHDL,
　　　QUARTUS II ,NIOS II)-進階(附
　　　系統範例 DVD)
編著：林容益
16K/656 頁/650 元

書號：06231017
書名：FPGA/CPLD 可程式化邏輯設計
　　　實習：使用 VHDL 與 Terasic
　　　DE2(第二版)(附範例光碟)
編著：宋啓嘉
16K/366 頁/380 元

書號：05567037
書名：FPGA/CPLD 數位電路設計
　　　入門與實務應用－使用
　　　Quartus II (附系統.範例光
　　　碟)(第四版)
編著：莊慧仁
16K/440 頁/420 元

◎上列書價若有變動，請以
最新定價為準。

流程圖

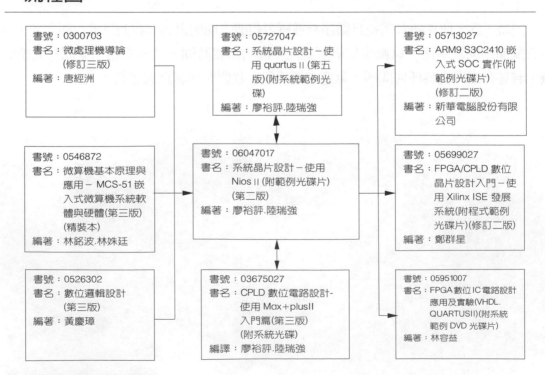

書號：0300703
書名：微處理機導論
　　　(修訂三版)
編著：唐經洲

書號：0546872
書名：微算機基本原理與
　　　應用－MCS-51 嵌
　　　入式微算機系統軟
　　　體與硬體(第三版)
　　　(精裝本)
編著：林銘波.林姝廷

書號：0526302
書名：數位邏輯設計
　　　(第三版)
編著：黃慶璋

書號：05727047
書名：系統晶片設計－使
　　　用 quartus II (第五
　　　版)(附系統範例光
　　　碟)
編著：廖裕評.陸瑞強

書號：06047017
書名：系統晶片設計－使用
　　　Nios II (附範例光碟片)
　　　(第二版)
編著：廖裕評.陸瑞強

書號：03675027
書名：CPLD 數位電路設計-
　　　使用 Max+plusII
　　　入門篇(第三版)
　　　(附系統光碟)
編譯：廖裕評.陸瑞強

書號：05713027
書名：ARM9 S3C2410 嵌
　　　入式 SOC 實作(附
　　　範例光碟片)
　　　(修訂二版)
編著：新華電腦股份有限
　　　公司

書號：05699027
書名：FPGA/CPLD 數位
　　　晶片設計入門－使
　　　用 Xilinx ISE 發展
　　　系統(附程式範例
　　　光碟片)(修訂二版)
編著：鄭群星

書號：05951007
書名：FPGA 數位 IC 電路設計
　　　應用及實驗(VHDL.
　　　QUARTUSII)(附系統
　　　範例 DVD 光碟片)
編著：林容益

目 錄

vii

第 3 章　使用 Quartus II 設計硬體電路 3-1

第 4 章　SOPC 發展環境 4-1

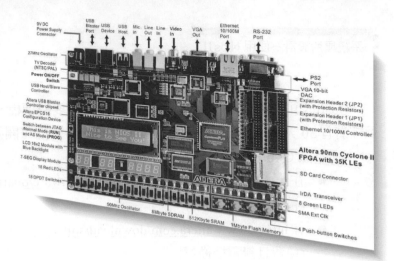

1 章

軟體安裝與設定

Quartus II 的 10.0 網路版及 ModelSim 均不需要授權檔，而 Quartus II 專業版在要求授權檔前有 30 天的試用期。依照下列三個簡單的步驟即可開始使用：

1. 下載 Quartus II 軟體：
   - 在 https://www.altera.com/download/software/quartus-ii-se 下載 Quartus II 專業版 (包含 30 天試用期)
   - 在 https://www.altera.com/download/software/quartus-ii-we 下載 Quartus II 網路版 (免費且無需授權檔)
2. 安裝 Quartus II。
3. 開始設計或執行。

1-1　下載 Quartus II 軟體

從 altera 官方網站 http://www.altera.com 的網頁右上方有一個"Download Center"，如圖 1-1 所示。

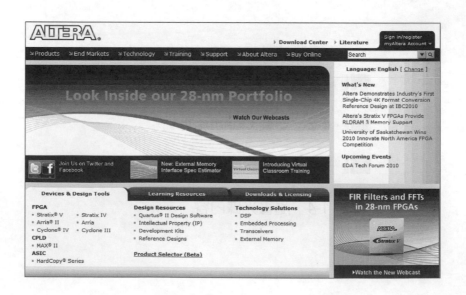

圖 1-1　Altera 網頁"Download Center"連結

從"Download Center"連結點進去，可以看到的頁面如圖 1-2 所示。

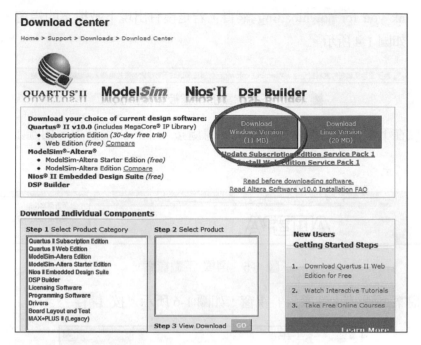

圖 1-2　"Download Center"頁面

　　點選 Download Windows Version(11MB) ，進入 myAltera Account Sign-In 網頁。若是選擇 Get One-Time Access ，在 Enter your email address 處輸入"個人 e-mail 帳號"，如圖 1-3 所示，再按 Get One-Time Aceess 。

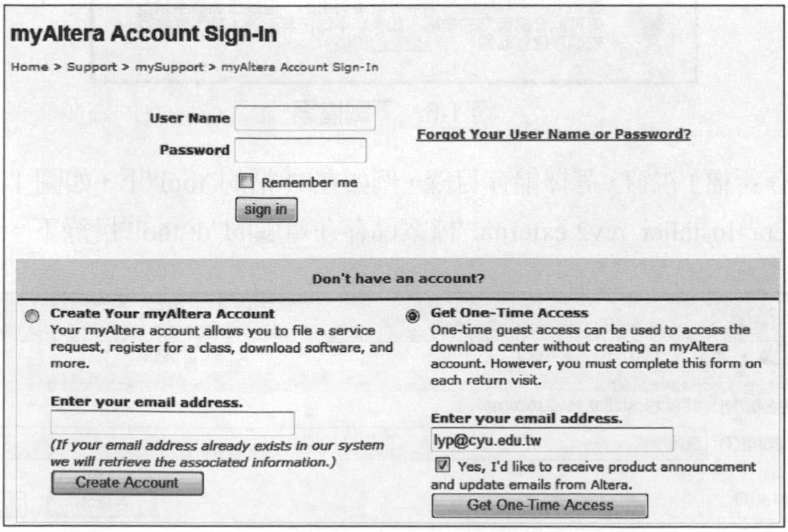

圖 1-3　myAltera Account Sign-In 網頁

　　進入 Thank you for downloading 網頁，若是沒有出現下載檔案的視窗，而是出現被封鎖的訊息，如圖 1-4 所示。

圖 1-4　下載檔案的視窗被封鎖的訊息

　　則用滑鼠在下載檔案的視窗被封鎖的訊息處按一下，出現選單，如圖 1-5 所示，選擇下載檔案。

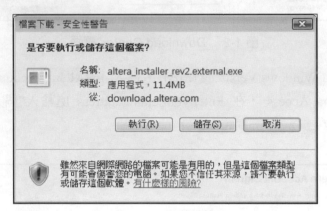

圖 1-5　選擇 下載檔案

　　出現「檔案下載-安全性警告」視窗，如圖 1-6 所示。按 儲存 。

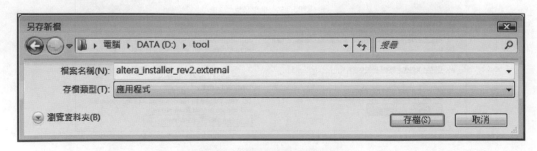

圖 1-6　下載檔案

　　出現「另存新檔」視窗，選擇儲存目錄，例如在 D 槽的"tool"下，如圖 1-7 所示，按 儲存 鍵。將"altera_Installer_rev2.external"檔案儲存在電腦的"d:\tool"目錄下。

圖 1-7　「另存新檔」視窗

1-2　安裝 Quartus II

執行"altera_installer_rev2.external"，出現圖 1-8 所示之開始安裝畫面。

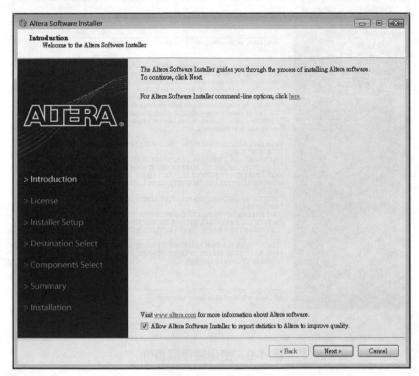

圖 1-8　開始安裝畫面

出現使用權授權畫面，將右邊捲軸拉至最底，勾選"I agree to the terms of the license agreement"，如圖 1-9 所示，按 Next 鍵。

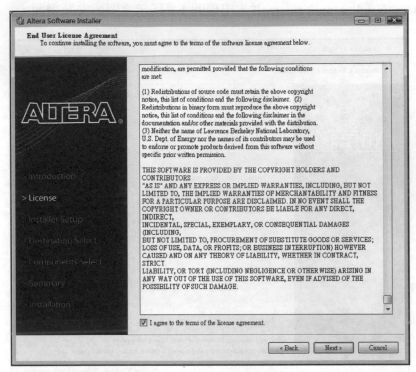

圖 1-9　使用權授權畫面

出現 Proxy 設定畫面，設定如圖 1-10 所示。

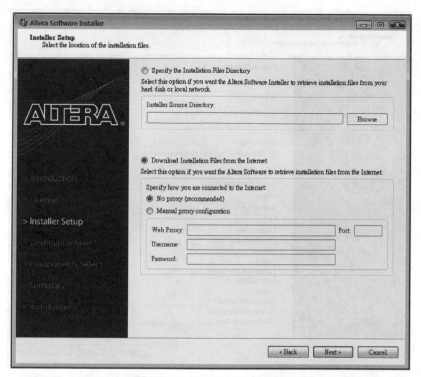

圖 1-10　Proxy 設定畫面

出現檢查網路畫面如圖 1-11 所示。

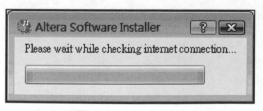

圖 1-11　檢查網路

再出現安裝目錄設定，可以保持預設值如圖 1-12 所示， Next 鍵。

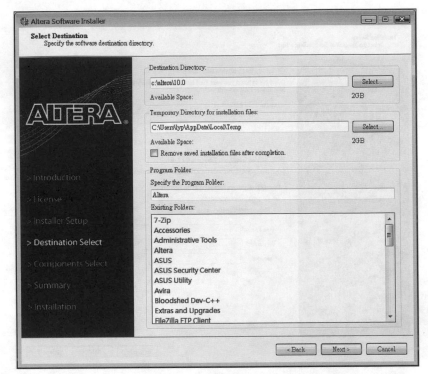

圖 1-12　選擇安裝目錄

選擇安裝軟體，如"Quartus II Web Edition software"、"ModelSim-Altera Starter Edition(Free)"與"Nios II Embedded Design Suite"，如圖 1-13 所示。注意安裝空間需要 11602MB，若是空間不足，需清除出足夠硬碟空間才能繼續安裝。按 Next 鍵。

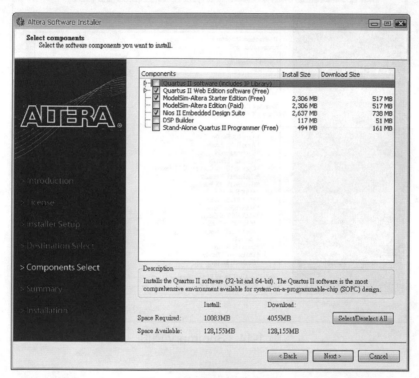

圖 1-13　選擇安裝軟體

進入 Summary 頁面，如圖 1-14 所示，按 Next 鍵。

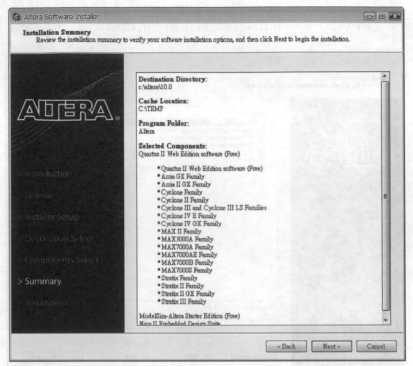

圖 1-14　Summary 頁面

開始安裝，如圖 1-15 所示。

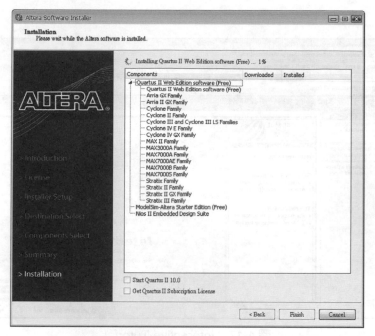

圖 1-15 開始安裝

1-3 開始設計或執行

開啟 Quartus II 10.0 軟體，會出現如圖 1-16 所示之畫面。

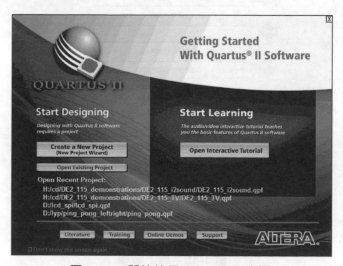

圖 1-16 開始使用 Quartus II 畫面

可以由 Start Learning 開始學習，按 Open Interactive Tutorial ，出現圖 1-17 之畫面，
按 Next 鍵。

圖 1-17　Interactive Tutorial

出現線上教學頁面，如圖 1-18 所示。可以進行線上學習。

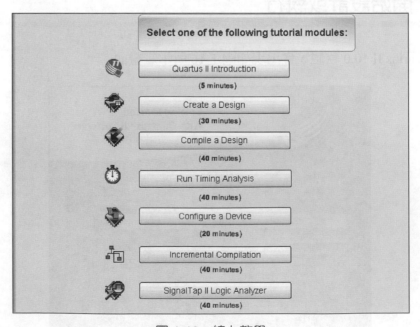

圖 1-18　線上教學

1-4　隨書光碟內容

本書光碟內容整理如表 1-1 所示。

表 1-1　隨書光碟內容

目錄		內容	說明
altera	72	72sp1_quartus_free.exe	Quartus II 7.2 SP1 版軟體
		72_ip_windows	MegaCore IP 7.2 版
		72sp1_ip_windows.exe	MegaCore IP 7.2 SP1 版
		72_nios2eds_windows	Nios II 7.2 版
		72sp1_nios2eds_windows.exe	Nios II 7.2 SP1 版
		72sp1_modelsim_ae_free.exe	ModelSim-Altera 7.2 SP1 版
ex	checksum	altera_avalon_checksum	4-4-1 小節需要使用的檔案
	getting_start	niosII_cyclone_1c12_eval.zip niosII_cyclone_1c20.zip niosII_cycloneII_2c35.zip niosII_stratix_1s10.zip niosII_stratix_1s10_es.zip niosII_stratix_1s40.zip niosII_stratixII_2s60.zip niosII_stratixII_2s60_es.zip niosII_stratixII_2s60_rohs.zip	Nios II 發展板檔案
	C2h	dma_c2h_tutorial.c	6-1-2-2 小節需要使用的檔案
	lyp	範例檔案	範例檔案
	DE2	範例檔案	範例檔案

Literature	mn1_nios_board_cyclone_1c20.pdf	Nios II 發展板文件
	mnl_nios2_board_cycloneII_2c35.pdf	
	mnl_nios2_board_stratix_1s10.pdf	
	mnl_nios2_board_stratix_1s40.pdf	
	mnl_nios2_board_stratixII_2s60.pdf	
	mnl_nios2_board_stratixII_2s60_rohs.pdf	

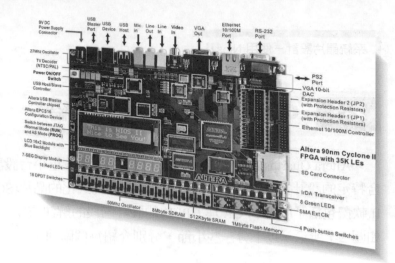

2章

SOPC 設計簡介

2-1　Quratus II 設計環境介紹

　　Altera Quartus II 設計軟體提供一個完整的、多重平台設計環境使設計者容易改編以符合特定的設計需要。這是為了系統在一個可程式化的晶片(SOPC)設計的綜合環境。Quartus II 軟體包括了所有 FPGA 與 CPLD 的設計階段的解決方案。Quartus II 的設計流程，整理如圖 2-1 所示。以下分一些小節，分別介紹每個區塊。

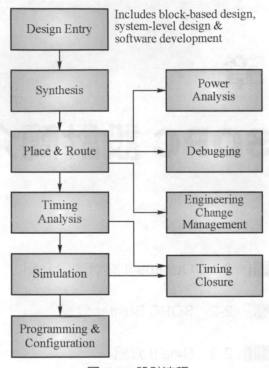

圖 2-1　設計流程

2-1-1　設計輸入(DESIGN ENTRY)

　　一個 Quartus II 專案包含了所有設計檔案、軟體來源檔與其他最終產生的要實現在一個可程式晶片中的相關檔案。使用者可以使用 Quartus II 區塊編輯器、文字編輯器、MegaWizard Plug-In Manager 與 EDA 設計輸入工具來創造包含了 Altera 非常函數與參數化的函數庫與智權函數的設計檔，整理如圖 2-2 所示。

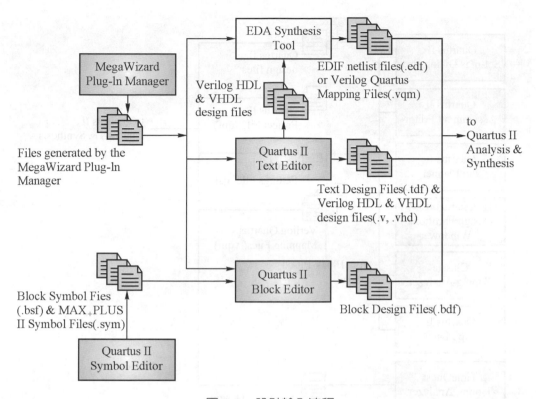

圖 2-2　設計輸入流程

2-1-2　限制輸入(CONSTRAINT ENTRY)

　　一旦使用者創造了一個專案與設計，使用者可以使用指定編輯器(Assignment Editor)、設定對話框(Settings)、TimeQuest 時序分析工具(TimeQuest Timing Analyzer)、腳位規畫(Pin Planner)、設計分割(Design Partitions)視窗與晶片規劃工具來指定起始的設計限制，例如腳位指定、元件選擇、邏輯選擇與時序限制。使用者可以藉由按視窗選單"Assignments"下的"Import Assignments"輸入指定，並且藉由按視窗選單"Assignments"下的"Export Assignments"輸出指定。Quartus II 軟體也提供了時序精靈以幫助指定起始的時間限制。使用者也可以使用 Tcl 指令從其他的 EDA 合程工具輸入指定。圖 2-3 為限制與指定輸入流程。

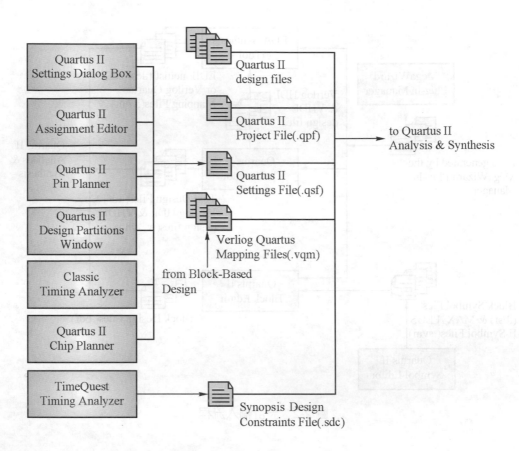

圖 2-3　限制與指定輸入流程

2-1-3　合成(SYNTHESIS)

使用者使用組譯器的分析與合成(Analysis & Synthesis)模組來分析所設計的檔案並且創造專案的資料庫。分析與合成使用 Quartus II 所整合的 Synthesis 來合成所設計的 Verilog 設計檔(.v)或 VHDL 設計檔(.vhd)。也可以使用其他 EDA 合成工具進行 Verilog HDL 或 VHDL 設計檔合成，然後產生可被使用在 Quartus II 軟體中的 EDIF 網表檔(.edf)或 Verilog Quartus 映對檔(.vqm)。圖 2-4 為合成設計流程。

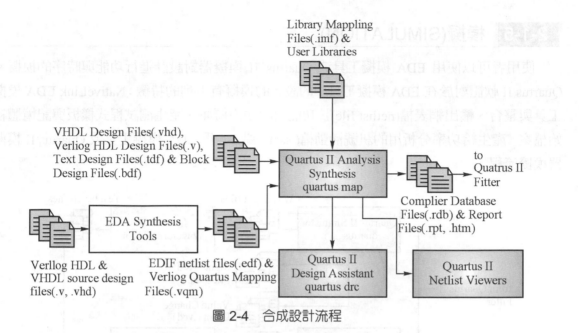

圖 2-4　合成設計流程

2-1-4　配置與繞線(PLACE AND ROUTE)

Quartus II 配適(fitter)將設計進行 配置與繞線。使用分析與合成工具產生的資料庫，Fitter 要配合專案的邏輯與時序需求使用目標元件的可利用的資源。它指定每一個邏輯函數到對繞線與時序而言最佳的邏輯細胞(cell)位置。並且選合適的連線路徑與腳位指定。圖 2-5 顯示配置與繞線設計流程。

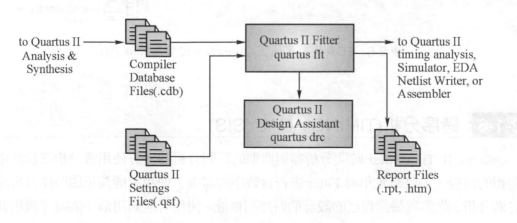

圖 2-5　配置與繞線設計流程

2-1-5 模擬(SIMULATION)

使用者可以使用 EDA 模擬工具或 Quartus II 模擬器對設計進行功能與時序的模擬。Quartus II 軟體對於在 EDA 模擬工具中的設計的模擬有下列的特徵：NativeLink EDA 模擬工具與整合、輸出網表檔(netlist file)、功能與時序模擬庫、產生測試程式樣板與記憶體初始檔案、產生給功率分析用的訊號活動檔(.saf)。圖 2-6 為 EDA 模擬工具或 Quartus II 模擬器模擬流程。

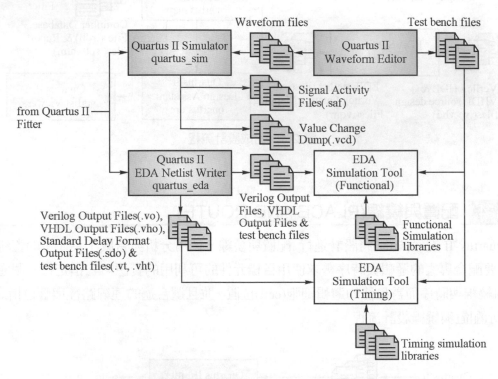

圖 2-6　EDA 模擬工具或 Quartus II 模擬器模擬流程

2-1-6 時序分析(TIMING ANALYSIS)

Quartus II TimeQuest 時間分析器與典型的時間分析器允許使用者分析在設計中的所有邏輯的性能，並且幫忙引導 Fitter 去符合時序的需求。使用者能夠用由時序分析產生的訊息做分析、除錯與驗證自己的設計的時序的性能。使用者能夠用最快的時序模組執行時間分析，以證實時序是在最佳情況設計的條件下。圖 2-7 為使用典型的時序分析的流程。

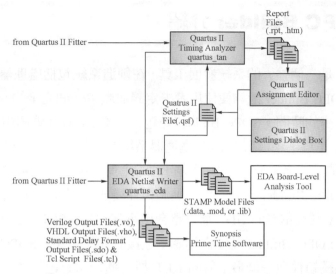

圖 2-7　使用典型的時序分析的流程

2-1-7　編程與配置(PROGRAMMING & CONFIGURATION)

　　一旦使用者已成功的使用 Quartus II 軟體完成整個專案的設計，使用者可以編程 (program)或配置(configure)Altera 元件。Quartus II 組譯器的組合語言模組產生可編程的檔案，使 Quartus II 編程器能夠用以編程或配置 Altera 元件。使用者能夠用 Quartus II 編程器的獨立版來編程與配置元件。圖 2-8 為編程設計流程。

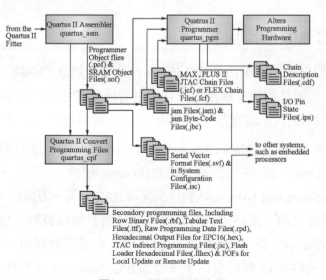

圖 2-8　編程設計流程

2-2　SOPC Builder 介紹

　　SOPC Builder 是一個強大的系統發展工具，在創造系統包括處理器、周邊裝置驅動程式與記憶體等。SOPC Builder 能夠使使用者去定義並產生一個完全的 SOPC，比傳統的人工整合的方式花更少的時間。SOPC Builder 是包含在 Quartus II 軟體中。許多設計者已經知道 SOPC Builder 是爲了創造有 Nios II 處理器系統的工具。然而，SOPC Builder 不只是一個 Nios II 系統的建立者。它是一種通用目的的工具，用來創造可包含處理器或不包含處理器的系統。SOPC Builder 自動的整合硬體組件變成一個大系統。使用傳統的 SOC 設計方法，使用者必須撰寫頂層的 HDL 檔以整合出系統。使用 SOPC Builder，使用者在 GUI 中指定系統組件，SOPC Builder 就能自動產生連接的邏輯電路。SOPC Builder 輸出 HDL 檔，定義所有的系統組件與一個最上層的 HDL 檔，連接所有組件在一起。SOPC Builder 產生 Verilog HDL 和 VHDL。

2-2-1　SOPC Builder 系統架構

　　一個 SOPC Builder 組件是一個設計模組，SOPC Builder 能識別該模組並自動整合到系統中。使用者也能夠定義與增加訂做的組件。SOPC Builder 連接多個組件在一起去創造一個頂層 HDL 檔案稱作系統模組。SOPC Builder 產生系統介面裝置包含了管理所有系統中的組件的邏輯電路。

2-2-2　SOPC Builder 組件

　　SOPC Builder 組件是爲了創造 SOPC Builder 系統所建立的區塊。SOPC Builder 組件使用 Avalon 介面作爲組件的實體連接，並且使用者能夠使用 SOPC Builder 來連接任何的有 Avalon 介面的邏輯元件(不論在晶片內部或外部)。有兩個不同的 Avalon 介面：

- The Avalon® Memory-Mapped (Avalon-MM)介面使用位址映對讀/寫協定，使有彈性的連接主(master)組件到讀/寫任何的從(slave)組件。
- The Avalon Streaming (Avalon-ST)介面是高速的，單一方向的，系統能夠點對點連接在湧流組件之間，使用來源埠與接收埠傳送與接收資料。SOPC builder 組件能夠使用 Avalon-MM 或 Avalon-ST 介面其中之一或兩者都用。

　　圖 2–9 顯示了一個 FPGA 設計包括了一個 SOPC Builder 系統模組與訂做的邏輯模組。使用者可以整合訂做邏輯，到系統模組的裡面或外面。以這個範例爲例，在系統模組中訂

做的組件是一個 SOPC Builder 組件，能夠透過 Avalon-MM 主(master)介面與其他模組溝通。另一個訂做的邏輯在系統模組之外，是透過 PIO 介面連接到系統的模組。此系統模組包括了兩個 SOPC Builder 組件：有 Avalon-ST 來源與接收介面。此系統連接裝置適切的連接所有 SOPC Builder 組件，使用 Avalon-MM 或 Avalon-ST 系統介面。

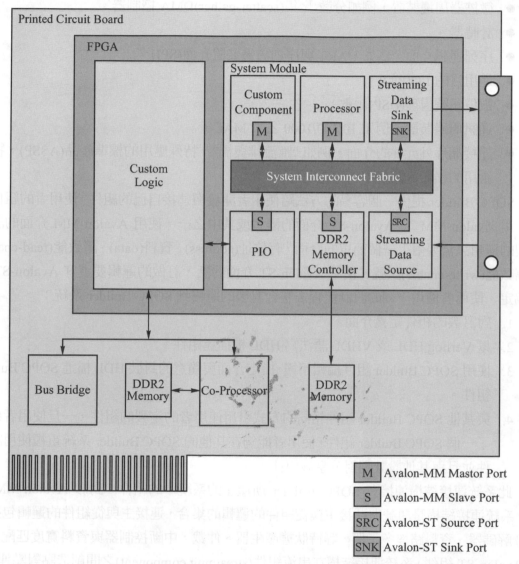

圖 2–9　一個 FPGA 設計包括了一個 SOPC Builder 系統模組與訂做的邏輯模組

一個組件能夠是一個完全包含在系統模組中的邏輯元件，如圖 2-9 的處理器組件。一個組件也能夠是一個對晶片外元件的介面作用，例如，在圖 2-9 中的 DDR2 介面組件。除此 Avalon 介面之外，一個組件能夠有其他的訊號連接到外部系統的邏輯。非 Avalon 訊號能提供特定目的的介面到系統模組，例如圖 2-9 中的 PIO。一個組件可以被引用每個設計一次以上。Altera 與其他夥伴廠商提供準備好可使用的 SOPC Builder 組件，包括：

- 微處理器，例如 Nios II 處理器。
- 微控器周邊裝置，例如分散-聚集(scatter-gather)DMA 控制器。
- 計時器。
- 序列通訊介面，例如 UART 與序列周邊裝置介面(SPI)。
- 通用目的 I/O(PIO)。
- 數位訊號處理(DSP)函數。
- 通訊周邊裝置，例如 10/100/1000 乙太 MAC。
- 連接晶片外元件的介面，例如:"匯流排與橋"、特殊應用的標準產品(ASSP)、特殊應用的積體電路(ASIC)與處理器。

SOPC Builder 提供一個容易的方法給使用者開發與連接自己的組件。使用者的組件能夠使用 Avalon-MM 或 Avalon-ST 介面的兩者或其中之一。使用 Avalon-MM 介面的話，訂製的邏輯只需要附上一個簡單的介面，有位址(address)、資料(data)、讀致能(read-enable)與寫致能(write-enable)訊號。使用 Avalon-ST 介面的話，訂做的邏輯要遵守 Avalon-ST 介面協定。使用者使用下列的設計流程去整合訂製的邏輯到 SOPC Builder 系統：

1. 對訂製的組件定義介面。
2. 以 Verilog HDL 或 VHDL 語法寫 HDL 檔描述組件。
3. 使用 SOPC Builder 組件編輯精靈，指定介面與隨意的封裝 HDL 檔進 SOPC Builder 組件。
4. 與其他 SOPC Builder 組件相同的方式引用使用者的定製的組件。一旦使用者建立了一個 SOPC Builder 組件，使用者能夠在其他的 SOPC Builder 系統重複使用該組件並且與其他設計團對分享該組件。

此系統連接結構連接在 SOPC Builder 所產生的系統中的組件。對於 Avalon-MM 組件，系統連接結構是訊號與連接主與從組件的邏輯的集合，連接主與從組件的邏輯包括了位址解碼器、資料路徑多工器、等待狀態產生器、仲裁，中斷控制器與資料寬度匹配。對於 Avalon-ST 組件，系統連接結構在串流組件(streaming component)之間創造點對點連接，使用 source 埠與 sink 埠傳送與接收資料。

2-2-3　SOPC Builder 的功能

　　SOPC Builder 的目的是允許使用者容易定義硬體系統的架構，並且產生系統。此 GUI 允許使用者增加組件至系統中，配置組件並指明如何連接這些組件。再增加好所有的組件與系統參數之後，SOPC Builder 產生系統連接的結構與輸出成 HDL 檔。在系統產生時，SOPC Builder 輸出下列項目：

- 系統中的一個最上層系統模組與每個組件的 HDL 檔。
- 一個區塊符號檔(.bsf)代表最上層系統模組用在 Quartus II 區塊圖形檔案之中 (.bdf)。
- 給嵌入軟體發展用的軟體檔，例如：記憶體映對標頭檔與組件驅動程式。
- (可勾選的)系統模組的測試程式與 ModelSim 模擬專案檔。

　　在產生這些系統模組之後，使用者可以在 Quartus II 軟體中組譯它，或者可以在一個更大的 FPGA 設計中引用之。

　　當連接到 Nios II 處理器，SOPC Builder 產生一個標頭檔，定義了每一個 Avalon-MM 從組件的位址。再者，每一個從組件能夠提供軟體驅動程式及其他軟體函數與處理器的資料庫。如何對此系統撰寫軟體要看系統中處理器的種類。例如，Nios II 處理器系統使用 Nios II 處理器專用的軟體發展工具，這些工具與 SOPC Builder 是分開的。但是他們使用由 SOPC Builder 產生的輸出，來做為軟體發展的基礎。

　　使用者可以在使用 SOPC Builder 產生這些系統之後，馬上使用最少的力氣模擬自己訂製的系統。在系統產生時，SOPC Builder 可以有選擇性的輸出一個壓按模擬環境，使得系統模擬容易。SOPC Builder 產生模擬模型與全部系統的測試程式。

　　以一個最簡單的方式開始使用 SOPC Builder，就是閱讀 Nios II 硬體發展導引，會一步一步的引導使用者建立一個微處理器系統，包括 CPU、記憶體與週邊裝置。這個引導與其他 SOPC Builder 範例設計是被包含在 Nios II EDS 中。可參考本書第四章之內容。

2-3　Nios II 介紹

2-3-1　Nios II 處理器基礎

　　Nios II 處理器是一種通用 RISC 處理器核心，Nios II 處理器核心區塊圖如圖 2-10 所示，Nios II 處理器提供了：

- 三十二位元指令集、資料路徑與位址空間。
- 三十二個通用暫存器。
- 三十二個外部中斷來源。
- 一個指令的 32 乘以 32 的乘法與除法產生 32 位元的結果。
- 專用的指令給計算 64 位元與 128 位元的乘積。
- 浮點指令給單精準符點運算。
- 一個指令的移位器。
- 接至晶片中多種的裝置並有介面連到晶片外的記憶體與裝置驅動程式。
- 硬體輔助除錯模組使處理器能在整合開發環境(IDE)控制下開始、停止、一步一步循跡。
- 軟體發展環境建構在 GNU C/C++ 工具系列與 Eclipse IDE 下。
- 整合 Altera 的 SignalTap II 邏輯分析工具使能及時分析指令與資料伴隨著其他在 FPGA 設計下的訊號。
- 指令集架構 (ISA) 相容於所有 Nios II 處理器系統。
- 性能在 250 個 DMIP 之上。

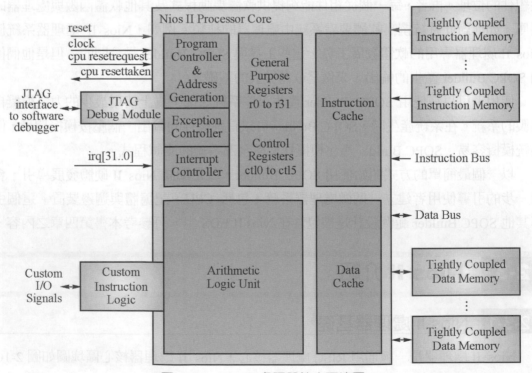

圖 2-10　Nios II 處理器核心區塊圖

Nios II 的架構從圖上看的到的功能單元為:

- 暫存器檔案
- 算術邏輯單元(Arithmetic Logic Unit)
- 到訂製指令邏輯的介面
- 異常控制(Exception controller)
- 中斷控制(Interrupt controller)
- 指令匯流排(Instruction Bus)
- 資料匯流排(Data Bus)
- 指令與資料快取記憶體(cache memory)
- 給指令與資料用的緊連的記憶體(Tightly-coupled memory)介面
- JTAG 除錯模組(Debug module)

2-3-2 開始使用 Nios II 處理器

開始使用 Nios II 微處理器就像使用其他微控器。開始有效率設計的最簡單方法就是去買一塊 Altera 公司出的開發板,其中包括了已驗證過的板子與所有必須的軟體發展工具來寫 Nios II 軟體。Nios II 軟體發展環境稱作 Nios II 整合開發環境(IDE)。Nios II IDE 是架構在 GNU C/C++ 組譯器與 Eclipse IDE 下,並提供軟體發展環境。使用 Nios II IDE,您可以立即開始發展與模擬 Nios II 軟體應用。Nios II 軟體建立工具也提供了一個命令列介面。使用 Nios II 硬體參考設計包含在 Altera 開發套件中,您可以在板子上執行雛形設計。圖 2-11 顯示一個 Nios II 處理器的應用參考設計,在 Altera Nios II 發展套件中可以找到。

若此 Altera Nios II 提供的參考設計雛形系統能符合您的設計需求,您可以複製此參考設計並且使用此設計做為最後的硬體平台。除此以外,訂製一個可以符合成本或效能要求的 Nios II 處理器系統。Nios II 處理器精靈介面允許使用者為了一個特殊的 Nios II 硬體系統去指定處理器的特徵。

Nios II 處理器精靈介面有許多頁面。"Core Nios II"頁面為建構 NiosII 處理器的主要設定頁面。圖 2-12 顯示一個"Core Nios II"頁面的範例。

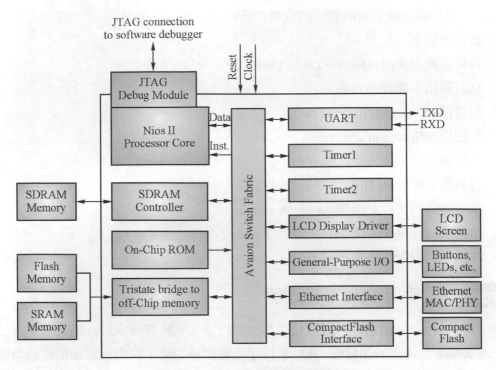

圖 2-11　Nios II 處理器系統範例

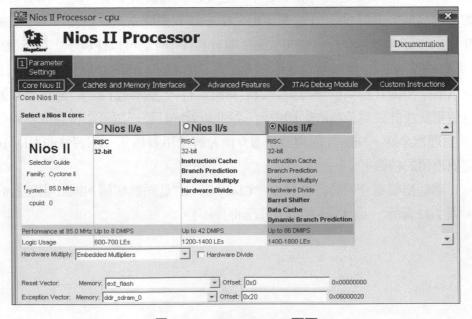

圖 2-12　"Core Nios II"頁面

此頁面有三個 Nios II 核心供選擇:

● Nios II/e—The Nios II/e "經濟"核心被設計成達到最小的核心大小，如圖 2-13 所示。因此，當選用 Nios II/e 這個核心時，有很多設定無法使用。

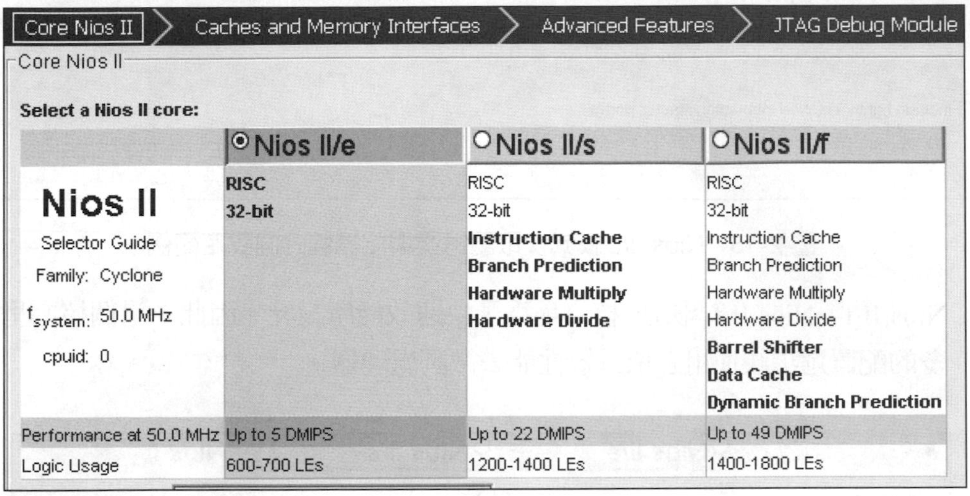

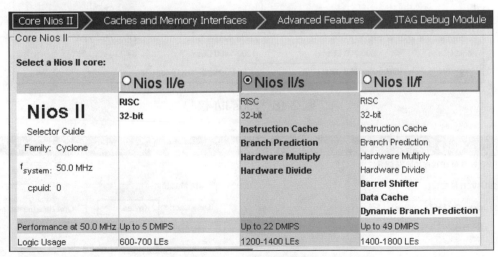

圖 2-13　Nios II/e 核心

● Nios II/s—The Nios II/s "標準"核心是為了在要維持效能下縮小大小所設計，設定範例如圖 2-14 與圖 2-15 所示。

圖 2-14　Nios II/s 核心

Core Nios II
Caches and Memory Interfaces
Advanced Features
JTAG Debug Module
Custor
Caches and Memory Interfaces
Instruction Master
Instruction Cache: 4 Kbytes
Enable Bursts (Burst Size: 32 bytes)
Help
Include tightly coupled instruction master port(s).
Number of ports: 1
Data Master
Data Cache: 2 Kbytes
Omit data master port
Data Cache Line Size: 4 Bytes
Enable Bursts
Help
Include tightly coupled data master port(s).
Number of ports: 1

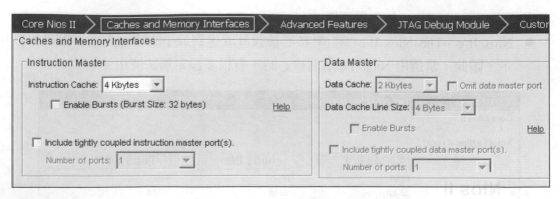

圖 2-15　Nios II/s 模式快取記憶體與記憶體介面設定範例

● Nios II/f—Nios II/f "快速"核心是為了快速效能所設計。因此，這個核心呈現了最多的配置選項讓使用者依系統性能去微調處理器。

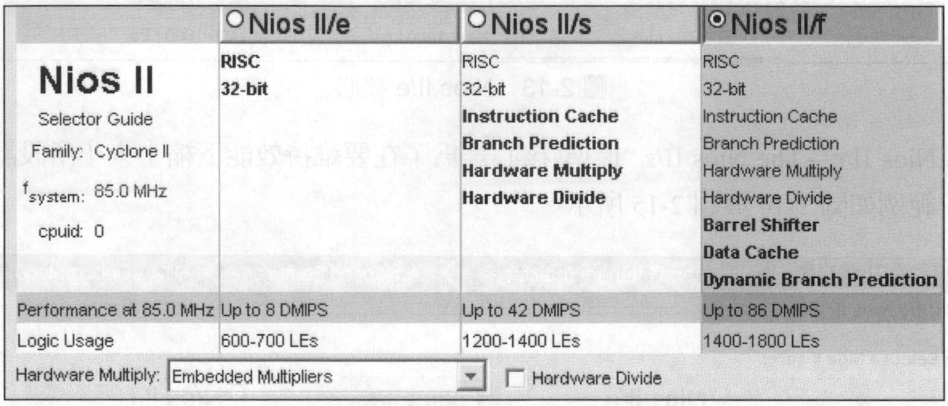

Nios II/e
Nios II/s
Nios II/f
Nios II
Selector Guide
Family: Cyclone II
fsystem: 85.0 MHz
cpuid: 0
RISC
32-bit
RISC
32-bit
Instruction Cache
Branch Prediction
Hardware Multiply
Hardware Divide
RISC
32-bit
Instruction Cache
Branch Prediction
Hardware Multiply
Hardware Divide
Barrel Shifter
Data Cache
Dynamic Branch Prediction
Performance at 85.0 MHz
Up to 8 DMIPS
Up to 42 DMIPS
Up to 86 DMIPS
Logic Usage
600-700 LEs
1200-1400 LEs
1400-1800 LEs
Hardware Multiply: Embedded Multipliers
Hardware Divide

圖 2-16　Nios II/f 核心

Core Nios II
Caches and Memory Interfaces
Advanced Features
JTAG Debug Module
Custom
Caches and Memory Interfaces
Instruction Master
Instruction Cache: 4 Kbytes
Enable Bursts (Burst Size: 32 bytes)
Help
Include tightly coupled instruction master port(s).
Number of ports: 1
Data Master
Data Cache: 2 Kbytes
Omit data master port
Data Cache Line Size: 32 Bytes
Enable Bursts (Burst Size: 32 bytes)
Help
Include tightly coupled data master port(s).
Number of ports: 1

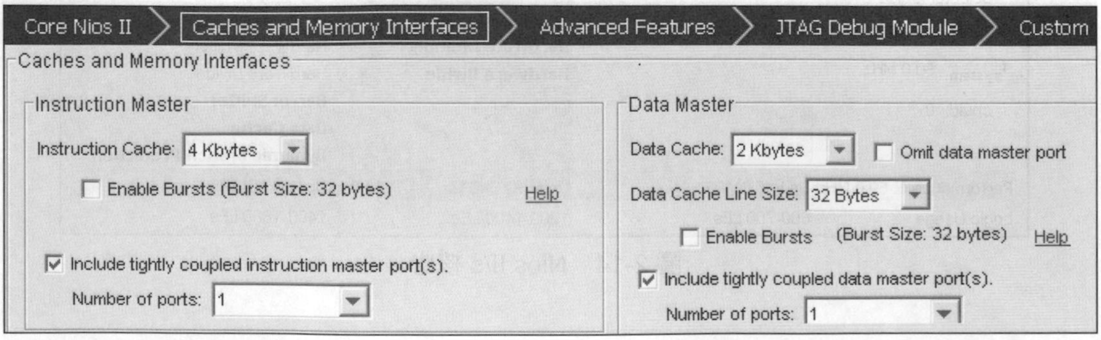

圖 2-17　Nios II/f 模式快取記憶體與記憶體介面設定範例

2-3-3　訂製的 Nios II 處理器設計

實際上，大部分的 FPGA 設計會有一些額外的邏輯在處理器的系統中。Altera FPGA 提供有彈性的方式增加裝置，以加強 Nios II 處理器系統的性能。相反的，您可以消除不需要的裝置驅動程式以符合較小、較便宜的設計需求。因為腳位與邏輯資源足夠，在 Altera 元件中可進行程式化，許多客製化服務就有可能了：

● 您可以重新安排晶片中的腳位以簡化板子設計。例如，您可以移除給外部 SDRAM 的位址與資料腳位 SDRAM 記憶體使板子的軌跡縮短。

● 您可以使用晶片上額外的腳位與邏輯資源，做為其他與微處理器不相干的功能設計。例如，一個 Nios II 處理器系統用掉只有大的 Altera FPGA 的 5%，剩下的晶片資源可以施行其他功能。

● 您可以使用晶片上額外的腳位與邏輯，施行額外的 Nios II 處理器系統裝置。Altera 提供裝置驅動程式，使裝置容易連接到 Nios II 處理器系統。

Nios II 處理器是一種可藉由更改設定而改變的軟核(Soft-core)處理器，不同於那種買來不用改就用的微處理器。使用者可以基於各系統所需增加或移除一些部份，以符合系統的效能或成本的目標。軟核(Soft-core)的意思是處理器的核心是以軟體設計形式提供，並且可以實現在 Altera FPGA。可更改設定而改變的特性，並不需要使用者對於每一個新的設計去創造一個新的 Nios II 處理器配置。Altera 提供已經準備好的一些 Nios II 系統設計讓使用者使用。若這些設計能夠符合系統需求，則不需要去進一步更改設定。此外，軟體設計能夠在最後的硬體配置被決定之前，使用 Nios II 指令集模擬器來開始寫與除錯 Nios II 應用。

一些有彈性的週邊設備組是 Nios II 處理器系統與固定的微處理器最不一樣的地方。因為 Nios II 處理器的軟核特性，使用者可以很容易的建立對於應用目標完全合適的 Nios II 處理器系統與需要的週邊設備組。有彈性的週邊設備就產生有彈性的位址映對。Altera 提供軟體架構去使用記憶體與週邊設備，與位址位置無關。因此，有彈性的週邊設備組與位址映對並不會影響到開發者的應用。分兩類的周邊設備：標準周邊設備(standard peripherals)與訂製的周邊設備(custom peripherals)。

a.　標準周邊設備(standard peripherals)

Altera 提供一組通常會在微處理器中使用到的裝置，例如計時器、序列通訊介面、通用 I/O、SDRAM 控制器與其他記憶體介面。這些可以取得的週邊裝置清單會持續的成長，隨著 Altera 與合作廠家所釋出的新軟體裝置核心增加。

b. 訂製的周邊設備

使用者也可以創造訂做的裝置並整合進 Nios II 處理器系統。對於會花大部份的 CPU 週期執行一段特定程式的系統，通常的技巧是創造一個以硬體設計方式訂作出相同功能的裝置。這種方式提供雙重的性能優勢，硬體實現比軟體實現的速度快，且當訂做的裝置在處理資料之時，處理器能同時自由的執行其他的運算。

與訂製的裝置(custom peripherals)類似，訂製的指令(custom instructions)允許使用者藉由訂製的硬體來增加系統的效能。Nios II 處理器的軟核特性能夠使使用者整合訂製的邏輯到算術邏輯運算單元(ALU)。類似於 Nios II 內建的指令，訂製的指令邏輯能夠從兩個以上的暫存器取值並且隨意的寫入結果回去目標暫存器。

Altera's SOPC Builder 設計工具完全將使用者要配置的處理器與產生的硬體設計的程序自動化。SOPC Builder 的圖形化使用者介面(GUI)，能夠使使用者配置 Nios II 處理器系統與任何數量的週邊裝置與記憶體介面。使用者能夠創造完全的處理器系統，不需要用到任何圖形或硬體描述語言(HDL)設計輸入。SOPC Builder 能夠載入 HDL 設計檔，提供一個簡單的平台去整合訂製的邏輯到 Nios II 處理器系統中。在系統產生之後，使用者可以下載這些設計到發展板並進行軟體除錯。對於軟體開發者，微處理器的架構已經架設好。軟體開發的過程就像傳統處理器的程式開發一樣。

使用者能夠使用 Nios II 處理器而不需要授權檔。藉由 Altera 的免費"OpenCore Plus evaluation"特徵，使用者能夠執行下列的動作:

● 在使用的系統中者模擬 Nios II 處理器的行為。
● 驗證使用者的設計功能，能快速與容易的估算大小與速度。
● 產生有時效的元件設計燒錄檔，該設計包含了 Nios II 處理器在內。
● 燒錄元件與在硬體上驗證設計。

當功能與性能完全滿足了使用者的要求並且要將設計產品化時，使用者才需要買 Nios II 處理器的授權。

2-4　Nios II EDS 硬體參考設計

Altera Nios II 提供的參考硬體設計整理如表 2-1 所示。

表 2-1　Altera Nios II 提供的參考硬體設計

硬體範例	說明	最頂層電路	目錄
small	使用"Nios II/e"模式的處理器、LED PIO、On chip memory、JTAG UART	發展板型號_small.v 或 發展板型號_small.vhd	C:\altera\90\nios2eds\examples\verilog 或 vhd\發展板型號\small
low_cost	使用"Nios II/e"模式的處理器、JTAG Debug 模組 (Level 1)、SDRAM 控制器(32MB)、EPCS 控制器、JTAG UART、一個 Timer、LED PIO、七段顯示器 PIO、壓按鍵 PIO、系統 ID、晶片中記憶體(4kB)、兩組 PLL	發展板型號_low_cost.v 或 發展板型號_low_cost.vhd	C:\altera\90\nios2eds\examples\verilog 或 vhd\發展板型號\low_cost
standard	使用"Nios II/s"模式的處理器、JTAG 除錯模組 (Level 1)、SDRAM 控制器(32MB)、SRAM 控制器(1MB)、CFI Flash 記憶體介面(16MB)、EPCS 控制器、JTAG UART、UART (RS-232)、兩個 Timer、Ethernet 介面、LED PIO、七斷顯示器 PIO、壓按鍵 PIO、LCD 顯示器介面、系統 ID、兩組 PLL。	發展板型號_standard.v 或 發展板型號_standard.vhd	C:\altera\90\nios2eds\examples\verilog 或 vhd\發展板型號\standard
full_featured	使用"Nios II/f"模式的處理器、JTAG 除錯模組(Level 4)、晶片內緊連的資料記憶體(8kB)、晶片內緊連的指令記憶體(4kB)、SDRAM 控制器(32MB)、SRAM 控制器(1MB)、CFI Flash 記憶體介面(16MB)、DMA 控制器、EPCS 控制器、JTAG UART、UART (RS-232)、兩個 Timer、Ethernet 介面、LED PIO、七段顯示器 PIO、壓按鍵 PIO、LCD 顯示器介面、效能計數器、系統 ID、兩組 PLL。	發展板型號_full_featured.v 或 發展板型號_full_featured.vhd	C:\altera\90\nios2eds\examples\verilog 或 vhd\發展板型號\full_featured

Altera Nios II 提供的軟體參考設計整理如表 2-2 所示。

表 2-2　Altera Nios II 提供的軟體參考設計

軟體範例	說明	目錄
board_diag	提供了一個方法去測試在 Nios II 開發板上大部份元件的一個程式。	C:\altera\90\nios2eds\examples\software\ board_diag C:\altera\10.0\nios2eds\examples\software\ board_diag
hello_ucosii	Hello_uosii 是一個簡單的 hello world 程式在 MicroC/OS-II 執行。這設計的目地是去呈現在 NIOS II 上執行 MicroC/OS-II 的應用。	C:\altera\90\nios2eds\examples\software\ hello_ucosii C:\altera\10.0\nios2eds\examples\software\ hello_ucosii
count_binary	一個簡單的程式使用一個 8 位元變數，重覆地從 0 數到 ff。這個變數值會顯示在 LED、七段顯示器與 LCD 上。四個按鍵 (SW0-SW3) 被使用來控制輸出的方式： 按 SW0 鍵 => LED 計數。 按 SW1 鍵 => 七段顯示器計數。 按 SW2 鍵 => LCD 計數。 按 SW3 鍵 => 全部週邊計數。	C:\altera\90\nios2eds\examples\software\ count_binary C:\altera\10.0\nios2eds\examples\software\count_binary
hello_alt_main	呈現"Freestanding" Nios II 應用。	C:\altera\90\nios2eds\examples\software\ hello_alt_main C:\altera\10.0\nios2eds\examples\software\ hello_alt_main
hello_world	印 "Hello World"文字的簡單程式。	C:\altera\90\nios2eds\examples\software\ hello_world C:\altera\10.0\nios2eds\examples\software\ hello_world

表 2-2　Altera Nios II 提供的軟體參考設計(續)

軟體範例	說明	目錄
hello_world_small	印"Hello from Nios II"文字的簡單程式。	C:\altera\90\nios2eds\examples\software\ hello_world_small C:\altera\10.0\nios2eds\examples\software\ hello_world_small
simple_socket_server	一個簡單的 Socket 伺服器控制開發板上的 LED。	C:\altera\90 \nios2eds\examples\software\ simple_socket_server C:\altera\10.0 \nios2eds\examples\software\ simple_socket_server
simple_socket_server_rgmii	一個簡單的 Socket 伺服器使用工業標準 Socket 介面。這個應用顯示如何起始化 NicheStack TCP/IP Stack 並且執行一個簡單的 TCP 伺服器應用,讓電腦透過乙太網路與 Nios II 系統通訊。	C:\altera\10.0 \nios2eds\examples\software\ simple_socket_server_rgmii
memtest	這是一個測 RAM 與 flash 記憶體的測試程式。	C:\altera\90\nios2eds\examples\software\ memtest C:\altera\10.0\nios2eds\examples\software\ memtest
memtest_small	這是一個測板子上記憶體的測試程式。	C:\altera\10.0\nios2eds\examples\software\ memtest_small
web_server	一個網路伺服器執行從 flash 記憶體中的檔案系統執行。	C:\altera\90\nios2eds\examples\software\ web_server C:\altera\10.0\nios2eds\examples\software\ web_server
web_server_rgmii	網路伺服器示範如何起始化 NicheStack 並且執行一個基本的 HTTP 伺服器應用。	C:\altera\10.0\nios2eds\examples\software\ web_server_rgmii

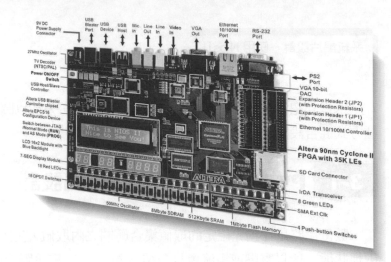

3 章

使用 Quartus II 設計硬體電路

本章介紹第四章與第五章會用到的硬體電路，分別以圖形編輯與 Verilog HDL 編輯兩種方式混合設計。

3-1 PWM(脈衝寬度調變)電路設計

數位電路是在預先確定的取值集合範圍之內取值，在任何時刻，其輸出為 ON 和 OFF 兩種狀態，所以電壓或電流會以一種通/斷方式的重覆脈衝序列載入到類比負載上去。在此 PWM 訊號為調整數位輸出的高準位與低準位的時間比。若應用在控制 LED 燈，可以將 LED 燈呈現不同的亮度。假設脈衝之週期以 T_Period 表示，輸出為 ON 的時間以 T_ON 表示，如圖 3-1 所示。

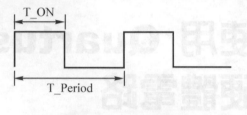

圖 3-1　PWM 訊號

本範例 PWM 訊號設計方式為利用計數器除頻(除以 div)，使產生之脈衝週期為輸入時脈週期的 div 倍，再控制脈衝為高準位的時間為輸入時脈週期的 duty 倍，輸入時脈週期以 T_clk 表示。電路設計使用 off 訊號，控制脈衝為低準位的時間為輸入時脈週期的 duty 倍，最後將 off 反向作為輸出訊號 pwm_out，如圖 3-2 所示。

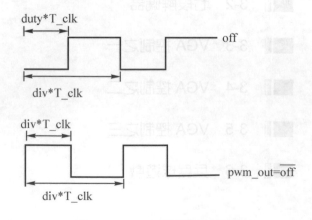

圖 3-2　PWM 訊號設計方式

- 腳位：

  資料輸入端：wr_data[31..0]

  脈波輸入端：clk

  致能輸入端：wr_n

  非同步清除輸入端：clr_n

  輸出端：pwm_out

  輸出端：rd_data[31..0]

- 真值表：PWM 真值表如表 3-1 至表 3-3 所示。

表 3-1　PWM 真值表之一

輸入						週期變數	責任變數
clk	clr_n	addr	cs	wr_n	wr_data	div	duty
X	0	X	X	X	X	0	0
↑	1	0	1	0	D	D	不變
↑	1	1	1	0	D	不變	D
↑	1	X	其它	其它	X	不變	不變

表 3-2　PWM 真值表之二

輸入	輸入	計數器變數	變數	輸出
clk	clr_n	counter	off	pwm_out
X	0	0	0	1 (!off)
↑	1	counter+1 加至 div 歸 0	若 counter>=(div-1)，則 off=0， 若 counter>=duty，則 off=1	!off

表 3-3　PWM 真值表之三

輸入	週期變數	責任變數	輸出
addr	div	duty	rd_data
0	D	X	D
1	X	D	D

3-1-1 Verilog HDL 編輯 PWM 電路

PWM 電路說明請看 3-1 之說明。Verilog HDL 設計 PWM 電路介紹如下。

● 腳位：

資料輸入端：wr_data[31..0]

脈波輸入端：clk

致能輸入端：wr_n

非同步清除輸入端：clr_n

輸出端：pwm_out[7..0]

輸出端：rd_data[31..0]

● 編輯流程為：

- 開啓新增專案精靈
- 開啓新檔
- 另存新檔
- 插入"Module Declaration"樣板
- 暫存器與接線宣告
- 引用連續指定樣本
- 引用 Always 架構樣本
- 存檔
- 組譯
- 創造電路符號
- 模擬驗證

其詳細說明如下：

1. 開啓新增專案精靈：選取視窗選單 File → New Project Wizard，出現「New Project Wizard: Introduction」新增專案精靈介紹視窗，按 Next 鈕後會進入「New Project Wizard: Directory, Name, and Top-Level Entity」的目錄，名稱與最高層設計單體 (top-level design entity)設定對話框。在「New Project Wizard: Directory, Name, and Top-Level Entity [page 1 of 5]」的目錄，名稱與最高層設計單體設定對話框的第一個文字框中填入工作目錄"d:/lyp/pwm"，若是所填入的目錄不存在，Quartus II 會自動幫你創造。在第二個文字框中填入專案名稱"avalon_pwm"，在第三個文字框

中則塡入專案的頂層設計單體(top-level design entity)名稱"avalon_pwm"，如圖 3-3 所示。單體名稱對於大小寫是有區別的，所以大小寫必須配合檔案中的單體名稱。

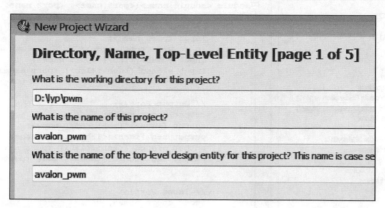

圖 3-3　目錄，名稱與最高層設計單體設定對話框

接著按 Finish 鍵，完成專案建立。建立專案"avalon_pwm"。

2. 專案導覽：在視窗左邊「Project Navigator」專案導覽視窗中 Hierarchy 處列出最頂層單體名稱 avalon_pwm。若沒有出現，可選取視窗選單 View → Utility Windows → Project Navigator 開啓專案導覽視窗。

3. 開啓新檔：選取視窗選單 File → New，出現「New」對話框。在 Device Design Files 頁面中選取 Verilog HDL File 選項，開啓 Verilog HDL 編輯畫面，預設檔名爲 "Verilog1.v"。

4. 另存新檔：將新增的檔案另存爲 avalon_pwm 的檔案名，注意要勾選 Add file to current project 並按 儲存 鈕，將檔案加入現在的專案中。存檔完點選視窗左邊專案導覽視窗中 Files 鈕，再用滑鼠在 Device Design Files 處點兩下展開會看到 avalon_pwm.v 檔名出現。

5. 插入"Module Declaration"樣板：在 Verilog HDL 編輯視窗可直接輸入文字或選取視窗選單 Edit → Insert Template，出現「Insert Template」對話框。在 Language templates 選單中展開 Verilog HDL 下的"Constructs"下的"Design Units"下的"Module Declaration[style2]"如圖 3-4 所示，則在右方 Template section: 選單中出現語法，選擇後按 Insert 將所選取的語法插入至文字編輯器中。更改電路名稱"__module_name"成爲與檔名相同的名字 avalon_pwm。更改輸入腳位名稱爲"clk, wr_data, cs, wr_n, addr, clr_n, rd_data, pwm_out"，並修改如圖 3-5 所示。

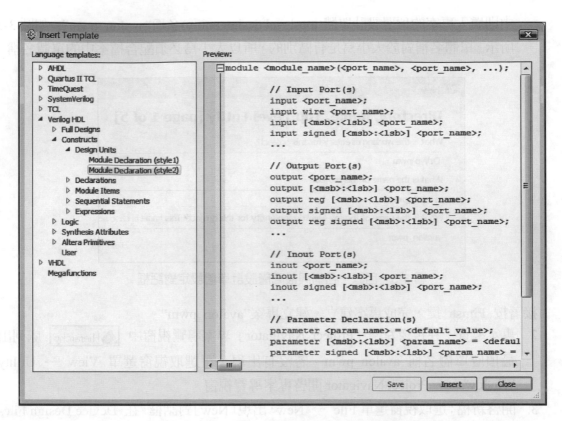

圖 3-4　插入"Module Declaration[style2]"樣板

```
avalon_pwm.v*
 1   module avalon_pwm(clk, wr_data, cs, wr_n, addr,
 2                     clr_n, rd_data, pwm_out);
 3       input clk;
 4       input [31:0] wr_data;
 5       input cs, wr_n, addr, clr_n;
 6       output [31:0] rd_data;
 7       output [7:0] pwm_out;
 8
 9
10   endmodule
```

圖 3-5　輸入輸出腳宣告

6. 暫存器與接線宣告：在 Verilog HDL 編輯視窗可直接輸入文字或選取視窗選單 Edit
   → Insert Template，出現「Insert Template」對話框。在 Language templates 選單
   中展開 Verilog HDL 下的"Constructs"下的"Declarations"下的"Variable Declaration"
   與"Net Declaration"，則在右方 Template section: 選單中出現語法，選擇後按
   Insert 將所選取的語法插入至文字編輯器中，並修改如圖 3-6 所示。

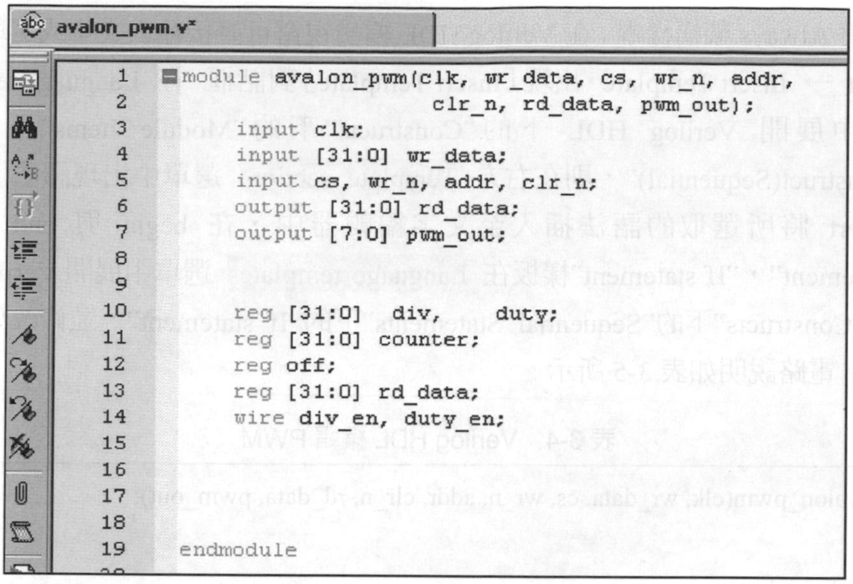

圖 3-6　暫存器與接線宣告

7. 引用連續指定樣本：在 Verilog HDL 編輯視窗可直接輸入文字或選取視窗選單 Edit → Insert Template，出現「Insert Template」對話框。在 Language templates 選單中展開 Verilog HDL 下的 "Constructs" 下的 "Module Items" 下的 "Continuous Assignment"，則在右方 Template section: 選單中出現語法，選擇後按 Insert 將所選取的語法插入至文字編輯器中，並修改如圖 3-7 所示。

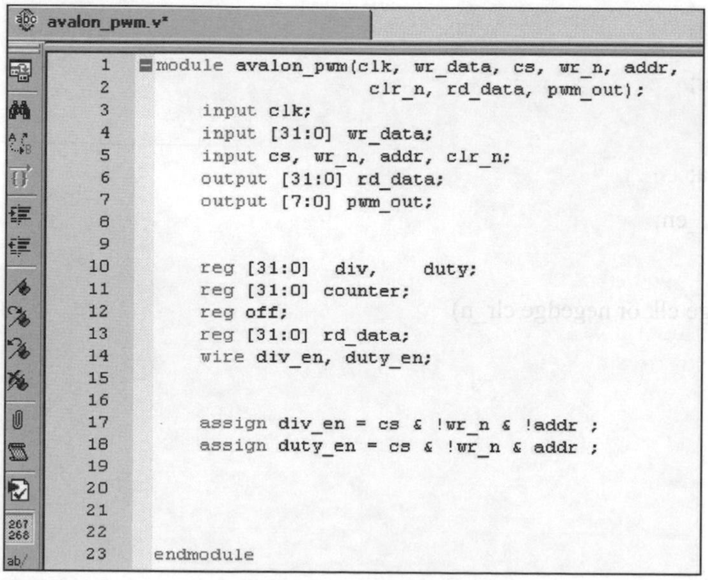

圖 3-7　連續指定

8. 引用 Always 架構樣本：在 Verilog HDL 編輯視窗可直接輸入文字或選取視窗選單 Edit → Insert Template，出現「Insert Template」對話框。在 Language templates 選單中展開 Verilog HDL 下的 ”Constructs” 下的 ”Module Items” 下的 ”Always Construct(Sequential)”，則在右方 Template section: 選單中出現語法，選擇後按 Insert 將所選取的語法插入至文字編輯器中，在 begin 與 end 間加入 ”If statement”，”If statement” 樣板在 Language templates 選單中展開 Verilog HDL 下的 ”Constructs” 下的 ”Sequential Statements” 下的 ”If statement”，並修改如表 3-4 所示。電路說明如表 3-5 所示。

表 3-4 Verilog HDL 編輯 PWM

```verilog
module avalon_pwm(clk, wr_data, cs, wr_n, addr, clr_n, rd_data, pwm_out);
input clk;
input [31:0] wr_data;
input cs;
input wr_n;
input addr;
input clr_n;
output [31:0] rd_data;
output [7:0] pwm_out;
reg [31:0] div;
reg [31:0] duty;
reg [31:0] counter;
reg off;
reg [31:0] rd_data;
wire div_en, duty_en;

always @(posedge clk or negedge clr_n)
begin
  if (clr_n == 0)
  begin
    div <= 0;
    duty<= 0;
  end
```

```
  else
  begin
  if (div_en)
div <= wr_data;
if (duty_en)
duty <= wr_data;
end
end
always @(posedge clk or negedge clr_n)
begin
if (clr_n == 0)
counter <= 0;
else
if (counter >= (div-1))
counter <= 0;
else
counter <= counter + 1;
end
always @(posedge clk or negedge clr_n)
begin
if (clr_n == 0)
off <= 0;
else
if (counter >= duty)
off <= 1;
else
if (counter == 0)
off <= 0;
end
always @(addr or div or duty)
begin
if (addr == 0)
rd_data = div;
```

```
else
rd_data = duty;
end
assign div_en = cs & !wr_n & !addr ;
assign duty_en = cs & !wr_n & addr ;
assign pwm_out[0] = ! off;
assign pwm_out[1] = ! off;
assign pwm_out[2] = ! off;
assign pwm_out[3] = ! off;
assign pwm_out[4] = ! off;
assign pwm_out[5] = ! off;
assign pwm_out[6] = ! off;
assign pwm_out[7] = ! off;
  endmodule
```

表 3-5　程式說明

程式	說明
| ```
always @(posedge clk or negedge clr_n)
begin
  if (clr_n == 0)
  begin
   div <= 0;
   duty<= 0;
  end
  else
  begin
  if (div_en)
div <= wr_data;
if (duty_en)
duty <= wr_data;
  end
end
``` | 當 clk 正緣觸發時，或 clrn_n 從 1 變成 0 時，若 clr_n 等於 0 時，div 等於 0；duty 等於 0。除此之外，若 div_en 等於 1，則 div 等於 wr_data；若 duty_en 等於 1，則 duty 等於 wr_data。 |
```

always @(posedge clk or negedge clr_n)
begin
if (clr_n == 0)
counter <= 0;
else
if (counter >= (div-1))
counter <= 0;
else
counter <= counter + 1;
end
	當 clk 正緣觸發時，或 clrn_n 從 1 變成 0 時，若 clr_n 等於 0 時，counter 等於 0。除此之外，若 counter 大於等於 div-1，則 counter 等於 0；除此之外，counter 等於 counter 加 1。

always @(posedge clk or negedge clr_n)
begin
if (clr_n == 0)
off <= 0;
else
if (counter >= duty)
off <= 1;
else
if (counter == 0)
off <= 0;
end
	當 clk 正緣觸發時，或 clrn_n 從 1 變成 0 時，若 clr_n 等於 0 時，off 等於 0。除此之外，若 counter 大於等於 duty，則 off 等於 1；除此之外，若 counter 等於 0，則 off 等於 0。

always @(addr or div or duty)
begin
if (addr == 0)
rd_data = div;
else
rd_data = duty;
end
	在 addr 或 div 或 duty 變化時，若 addr 等於 0，rd_data 等於 div；除此之外，rd_data 等於 duty。

assign div_en = cs & !wr_n & !addr ;	指定 div_en 等於 cs 與 wn 的反相與 addr 的反相做及運算。
assign duty_en = cs & !wr_n & addr ;	指定 div_en 等於 cs 與 wn 的反相與 addr 做及運算。

assign pwm_out[0] = ! off;	指定 pwm_out[0]等於 off 的反相。
assign pwm_out[1] = ! off;	指定 pwm_out[1]等於 off 的反相。
assign pwm_out[2] = ! off;	指定 pwm_out[2]等於 off 的反相。
assign pwm_out[3] = ! off;	指定 pwm_out[3]等於 off 的反相。
assign pwm_out[4] = ! off;	指定 pwm_out[4]等於 off 的反相。
assign pwm_out[5] = ! off;	指定 pwm_out[5]等於 off 的反相。
assign pwm_out[6] = ! off;	指定 pwm_out[6]等於 off 的反相。
assign pwm_out[7] = ! off;	指定 pwm_out[7]等於 off 的反相。

9. 存檔：選取視窗選單 File → Save。

10. 組譯：選取視窗選單 Processing → Start Compilation，進行組譯，最後出現成功訊息視窗，按 確定 鈕關閉視窗。

11. 創造電路符號：回到編輯視窗，選取視窗選單 File → Create/Update → Create Symbol Files for Current File，出現產生符號檔成功之訊息，會產生電路符號檔 "avalon_pwm.bsf"。可選取視窗選單 File → Open 開啓"avalon_pwm"檔觀看。觀察無誤後關閉"avalon_pwm.bsf"檔。

12. 模擬驗證：電路設計之模擬驗證詳細步驟請翻至 3-2-2 小節。

3-1-2　使用 ModelSim-Altera 模擬 PWM

模擬流程如下：

- 建立測試平台(test bench)
- 另存新檔
- 建立測試模組名稱
- 加入 reg 接線
- 加入 wire 接線
- 引入 avalon_pwm 的模組
- 設定初始值
- 定義時間單位
- 變化波形
- 存檔
- 設定模擬工具路徑

- 設定模擬工具
- 組譯並模擬
- 調整視窗範圍
- 檢驗模擬結果
- 關閉 ModelSim-Altera

其詳細說明如下：

1. 建立測試平台(test bench)：測試平台(test bench)是產生一連串測試輸入，可藉由程式產生。本專案測試平台編輯方式介紹如下，在 avalon_pwm 專案下，選取視窗選單 File → New，開啟新增「New」對話框，選擇 Verilog HDL File，按 OK 鈕新增文字檔。

2. 另存新檔：將新增的檔案另存為 test 的檔案名，注意要勾選 Add file to current project 並按 儲存 鈕，將檔案加入現在的專案中。存檔完點選視窗左邊專案導覽視窗中 📄 Files 鈕，再用滑鼠在 Device Design Files 處點兩下展開會看到 test 檔名出現。

3. 建立測試模組名稱：在"test.v"檔編輯環境下編輯文字，在 Verilog HDL 編輯視窗可直接輸入文字或選取視窗選單 Edit → Insert Template，出現「Insert Template」對話框。在 Language templates 選單中展開 Verilog HDL 下的"Constructs"下的"Design Units"下的"Module Declaration[style1]"，則在右方 Template section: 選單中出現語法，選擇後按 Insert 將所選取的語法插入至文字編輯器中。建立模組名稱為 test。

4. 加入 reg 接線：接著宣告對應於 avalon_pwm 的輸入腳 clk，wr_data，cs，wr_n，addr，clr_n，分別命名為 clk，cs，wr_n，addr 與 clr_n，形態為 reg，位元數為一位元。接著宣告對應於 avalon_pwm 的輸入腳 wr_data 的接線，命名為 wr_data，形態為 reg，位元數為 32 位元。

5. 加入 wire 接線：接著宣告對應於 avalon_pwm 的輸出腳 pwm_out 的接線，命名為 pwm_out，形態為 wire，位元數為 8 位元，宣告對應於 avalon_pwm 的輸出腳 rd_data 的接線，命名為 rd_data，形態為 wire，位元數為 32 位元，如圖 3-8 所示。

圖 3-8　加入 wire 接線

6. 引入 avalon_pwm 的模組：引用模組 avalon_pwm，在 Verilog HDL 編輯視窗可直接輸入文字或選取視窗選單 Edit → Insert Template，出現「Insert Template」對話框。在 Language templates 選單中展開 Verilog HDL 下的"Constructs"下的"Module Items"下的"Module Instantiations"，則在右方 Template section: 選單中出現語法，選擇後按 Insert 將所選取的語法插入至文字編輯器中，將接線 clk 對應 avalon_pwm 的輸入 clk，將接線 wr_data 對應 avalon_pwm 的輸入 wr_data，將接線 cs 對應 avalon_pwm 的輸入 cs，將接線 wr_n 對應 avalon_pwm 的輸入 wr_n，將接線 addr 對應 avalon_pwm 的輸入 addr，將接線 clr_n 對應 avalon_pwm 的輸入 clr_n，將接線 rd_data 對應 avalon_pwm 的輸入 rd_data，將接線 pwm_out 對應 avalon_pwm 的輸出 pwm_out，如圖 3-9 所示。

圖 3-9　引入 avalon_pwm 的模組

7. 設定初始值：設定 clk 初始值為 0，設定 wr_data 初始值為 1，設定 cs 初始值為 1，設定 wr_n 初始值為 0，設定 addr 初始值為 1，設定 clr_n 初始值為 1，如圖 3-10 所示。

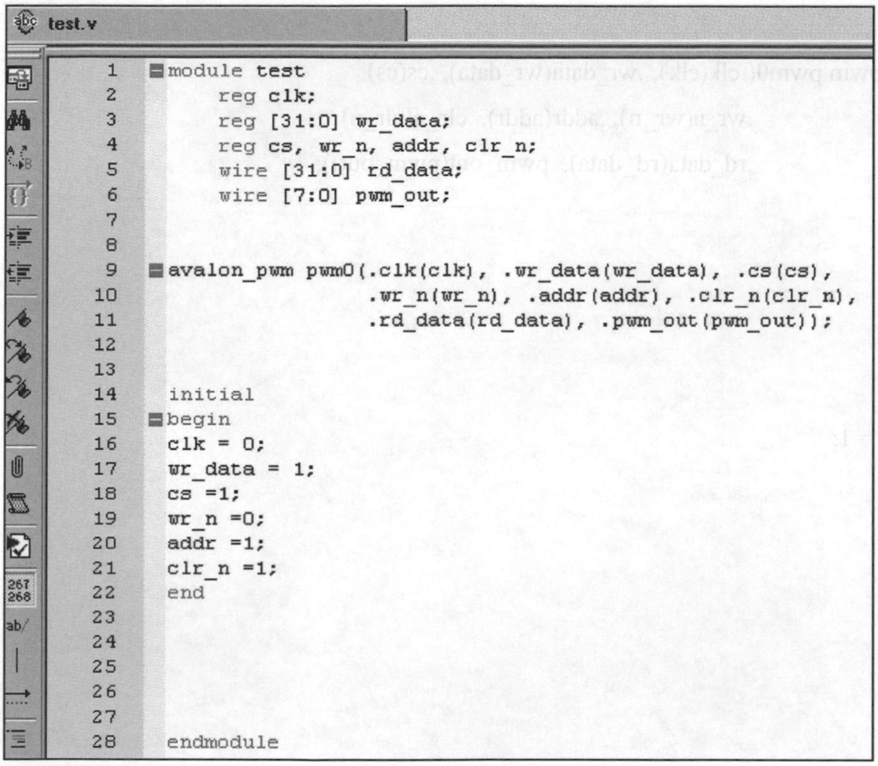

圖 3-10　設定初始值

8. 定義時間單位：定義時間單位為 1ns，解析度為 10ps，程式為"`timescale 1ns/10ps"。
9. 變化波形：接著變化接線 clk(對應於 avalon_pwm 的輸入腳 clk)，設定每 50ns 增加 1，程式為"always #50 clk=clk+1"。接著變化接線 addr(對應於 avalon_pwm 的輸入腳 addr)，設定每 100ns 增加 1，程式為"always #100 addr=addr+1"，將 wr_data 在 100ns 變為 3，將 wr_n 在 200ns 變為 1，如表 3-6 所示。

表 3-6　變化波形

```
`timescale 1ns/10ps
module test;
    reg clk;
    reg [31:0] wr_data;
```

```
        reg cs, wr_n, addr, clr_n;
    wire [31:0] rd_data;
    wire [7:0] pwm_out;


avalon_pwm pwm0(.clk(clk), .wr_data(wr_data), .cs(cs),
                .wr_n(wr_n), .addr(addr), .clr_n(clr_n),
                .rd_data(rd_data), .pwm_out(pwm_out));


initial
begin
clk = 0;
wr_data = 1;
cs =1;
wr_n =0;
addr =1;
clr_n =1;
end


always #50 clk=clk+1;

always #100 addr=addr+1;

initial #100 wr_data = 4;

initial #200 wr_n = 1;

endmodule
```

10. 存檔：選取視窗選單 File → Save。

11. 設定模擬工具路徑：選取視窗選單 Tools → Options，在「Options」視窗左邊展開 General，點選 EDA Tool Options，在視窗右邊會出現 EDA Tool 的路徑設定。若是要使用"ModelSim-Altera"軟體，如圖 3-11 所示，則在"ModelSim-Altera"右方的"double-click to change path"處快點兩下，選取 ┌...┐，選取"ModelSim-Altera"軟體執行檔目錄，例如"C:\altera\10.0\modelsim_ae\win32aloem"，如圖 3-12 所示，再按 OK 鈕關閉視窗。

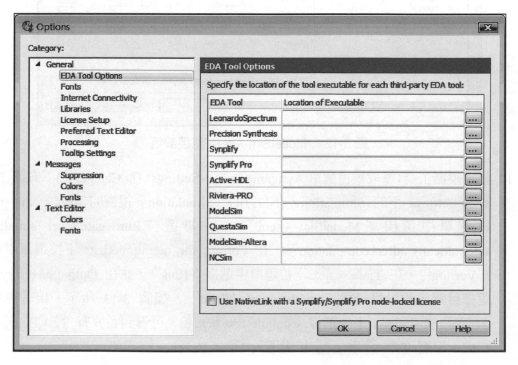

圖 3-11　EDA Tool Options 視窗

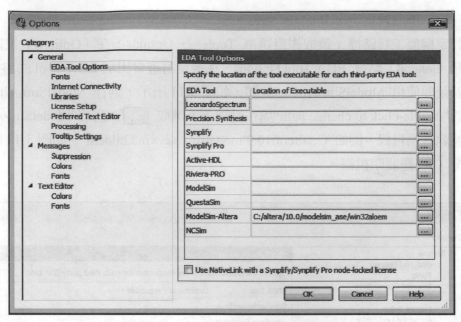

圖 3-12 "ModelSim-Altera"路徑設定

12. 設定模擬工具：選取視窗選單 Assignments → Settings，在「Category:」下方選 EDA Tool Settings 下的 Simulation，在右方的「Simulation」視窗的 Tool name: 的下拉選單中選出 "ModelSim-Altera"，並勾選 "Run gate-level simulation automatically after compilation"。在 Format for output netlist: 下拉選單中選擇 "Verilog"，在 Time scale: 下拉選單中選擇 "10us"，並在 Output directory: 處選擇目錄，預設目錄為 "simulation/modelsim"，如圖 3-13 所示。榱著在選取 NativeLink settings 下方選擇 Compile test bench:，可看到右方有 Test Benches… 按鍵，點選 Test Benches… 按鍵進入「Test Benches」視窗。

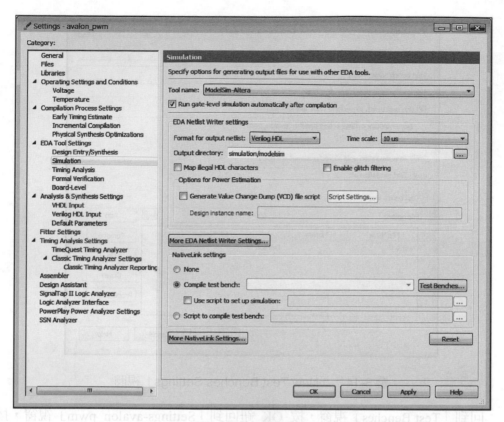

圖 3-13　模擬設定

選取「Test Benches」視窗中的 New... 按鍵，出現「New Test Bench Settings」視
窗，按照圖 3-14 方式設定，在 File name: 處選擇測試檔"test.v"再按 Add 鍵加入
File name 清單中，再按 OK 鈕。

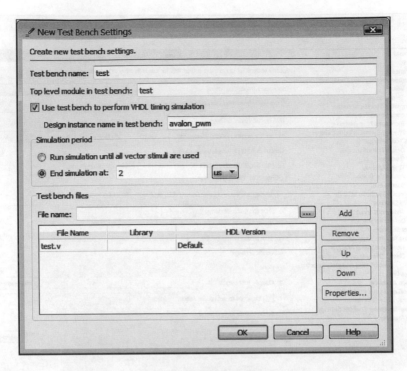

圖 3-14 「New Test Benches Settings」視窗

回到「Test Benches」視窗，按 OK 鈕回到「Settings-avalon_pwm」視窗，按 OK
鈕結束設定。

13. 組譯並模擬：選取視窗選單 Processing → Start Compilation，進行組譯並會開啟
ModelSim-Altera 顯示模擬結果。

14. 調整視窗範圍：先用滑鼠點選波形視窗區域，再選取 ModelSim-Altera 視窗工具
列"Zoom Full"功能之圖案，如圖 3-15 所示。

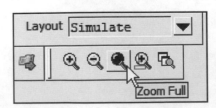

圖 3-15 設定觀察範圍

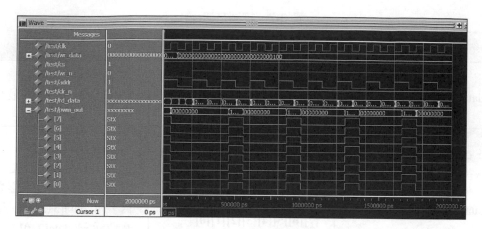

圖 3-16　模擬波型

15. 檢驗模擬結果：觀察輸出結果，檢查結果如下：

50ns 處 clk 為正緣，addr=1，clr_n=0，cs=1，wr_n=0，duty=wr_data=1。

150ns 處 clk 為正緣，addr=0，clr_n=0，cs=1，wr_n=0，div=wr_data=4。

pwm_out 在 550ns 至 950ns 為一個週期(=4*T_clk=div*100ns=400ns)，pwm_out 在 850ns 至 950ns 為 1，故 pwm_out 為 1 的時間為 100ns(1*T_clk=duty*100ns)。

如需要修改輸入波形則需要回到 test.v 檔編輯。

16. 關閉 ModelSim-Altera：將 ModelSim-Altera 關閉，回到 Quartus II 可看到組譯成功的視窗。

3-1-3　PWM 模擬板驗證

將 3-1-2 的 PWM 電路以 DE2 模擬板驗證，控制方法整理如表 3-7。

表 3-7　控制方法

avalon_pwm 腳位	DE2 輸出輸入裝置	說明
Clk	發展板上 **50 MHz 震盪器**	時脈輸入
wr_n	指撥開關[17]	wr_n=0，寫入致能 wr_n=1，寫入禁能
addr	指撥開關[16]	addr=0，div=wr_data addr=1，duty=wr_data
cs	指撥開關[15]	cs 控制在 1
clr_n	指撥開關[14]	clr_n 控制在 0

表 3-7　控制方法(續)

avalon_pwm 腳位	DE2 輸出輸入裝置	說明
wr_data[7..0]	指撥開關 [7][6][5][4][3][2][1][0]	限於指撥開關數目，wr_data[31..0] 使用最低八位元 wr_data[7..0]。
pwm_out[7..0]	綠色發光二極體 [7][6][5][4][3][2][1][0]	
rd_data[7..0]	紅色發光二極體 [7][6][5][4][3][2][1][0]	限於紅色發光二極體數目，rd_data[31..0] 使用最低八位元 rd_data[7..0]。

PWM模擬板驗證流程如下：

- 開啓新增專案精靈
- 新增檔案
- 另存新檔
- 設定 Library
- 加入 pwm 電路符號
- 編輯 pwm_pro.bdf 檔
- 檢查電路
- 指定元件
- 指定接腳
- 存檔並組譯
- 硬體連接
- 安裝 USB Blaster
- 開啓燒錄視窗
- 硬體設定
- 燒錄
- 實驗結果

其詳細說明如下：

1. 開啓新增專案精靈：選取視窗選單 File → New Project Wizard，出現「New Project Wizard: Introduction」新增專案精靈介紹視窗，按 Next 鈕後會進入「New Project

Wizard: Directory, Name, and Top-Level Entity」的目錄，名稱與最高層設計單體 (top-level design entity)設定對話框。在「New Project Wizard: Directory, Name, and Top-Level Entity [page 1 of 5]」的目錄，名稱與最高層設計單體設定對話框的第一個文字框中填入工作目錄"pwm_pro"，若是所填入的目錄不存在，Quartus II 會自動幫你創造。在第二個文字框中填入專案名稱"pwm_pro"，在第三個文字框中則填入專案的頂層設計單體(top-level design entity)名稱"pwm_pro"，如圖 3-17 所示。單體名稱對於大小寫是有區別的，所以大小寫必須配合檔案中的單體名稱。

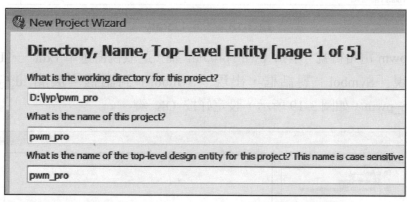

圖 3-17　目錄，名稱與最高層設計單體設定對話框

接著按 Finish 鍵，完成專案建立。建立專案"pwm_pro"。

2. 專案導覽：在視窗左邊「Project Navigator」專案導覽視窗中 Hierarchy 處列出最頂層單體名稱 pwm_pro。若沒有出現，可選取視窗選單 View → Utility Windows → Project Navigator 開啟專案導覽視窗。

3. 新增檔案：接下來選擇視窗選單 File → New，開啟新增「New」對話框，選擇 Block Diagram/Schematic File，按 OK 鈕新增圖形檔。

4. 另存新檔：將新增的檔案另存為"pwm_pro"的檔案名，注意要勾選 Add file to current project 並按 儲存 鈕，將檔案加入現在的專案中。存檔完點選視窗左邊專案導覽視窗中 Files 鈕，再用滑鼠在 Device Design Files 處點兩下展開會看到 pwm_pro.bdf 檔名出現。

5. 設定 Library：接下來選擇視窗選單 Project → Add/Remove Files in Project，開啟「Settting」對話框，選擇左方的 Libraries，右方出現"Libraries"頁面，在 Project library name 處選出 PWM 的專案目錄"d:\lyp\pwm"，按 Add 鈕加入清單，如圖 3-18 所示，按 OK 鈕。

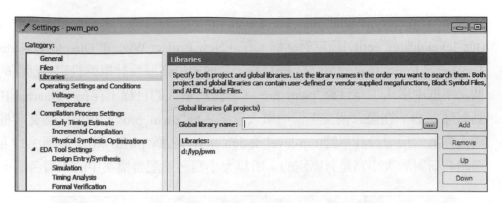

圖 3-18　設定 Library

6. 加入 pwm 電路符號：編輯 pwm_pro.bdf 檔，選取視窗選單 Edit → Insert Symbol 會出現「Symbol」對話框，出現「Symbol」對話框，展開 d:/lyp/pwm，選 avalon_pwm，如圖 3-19 所示，設定好按 OK 鍵。

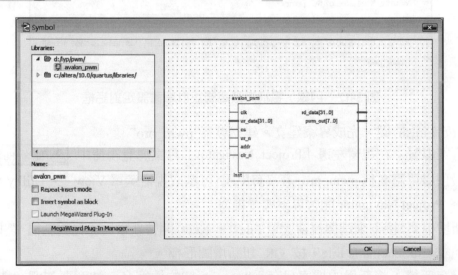

圖 3-19　「Symbol」對話框

7. 編輯 pwm_pro.bdf 檔：在 pwm_pro.bdf 檔編輯範圍內用滑鼠快點兩下，或點選 ⊡ 符號，會出現「Symbol」對話框。可以直接在 Name: 處輸入 input。勾選 Repeat-insert mode，可以連續插入數個符號。設定好後按 ok 鈕。在"pwm.bdf" 檔編輯範圍內選好擺放位置按左鍵放置一個"input"符號，再換位置加入另外一個"input"符號，共需要六個輸入，按 Esc 可終止放置符號。同樣方式加入兩個 "output"輸出埠。可以在腳位名字上用滑鼠點兩下更名，編輯 pwm_pro.bdf 結果如圖 3-20 所示。

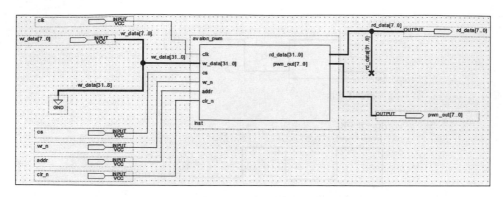

圖 3-20　編輯 pwm_pro.bdf

8. 檢查電路：選取視窗選單 Processing → Start → Start Analysis & Elaboration。

9. 指定元件：選取視窗選單 Assignments → Device 處，開啟「Setting」對話框。在 Family 處選擇元件類別，例如選擇“Cyclone II”，在 Target device 處選擇第二個選項“Specific device selected in Available devices list ”。在 Available devices 處選元件編號“EP2C35F672C6”，如圖 3-21 所示。再選取 Device and Pin Options，開啟「Device and Pin Options」對話框，選取 Unused Pins 頁面，將 Reserve all unused pins 設定成 As input, tri-stated，如圖 3-22 所示，按 確定 鈕回到「Setting」對話框，再按 OK 鈕。

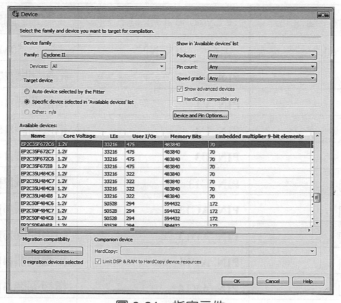

圖 3-21　指定元件

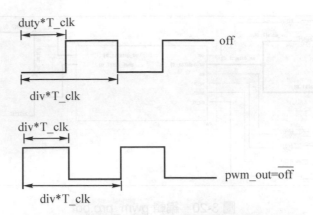

圖 3-22　設定未使用的腳位

10. 指定接腳：選取視窗選單 Assignments → Pin Planner 處，開啟「Pin Planner」對話框，在 Editor: 下方的 To 欄位下方，用滑鼠快點兩下開啟下拉選單，選取一個輸入腳或輸出腳，例如"clk"，再至同一列處 Location 欄位下方用滑鼠快點兩下開啟下拉選單，選取欲連接的元件腳位名"PIN_N2"，再依同樣方式對應表 3-8 中其他 pwm_pro 設計腳位與 Cyclone II 元件之腳位。設定完所有設計專案之所有輸入輸出腳對應到實際 IC 腳後，結果如圖 3-23 所示。

表 3-8　腳位指定

pwm_pro 設計腳位	Cyclone II 元件腳位	說明
clk	PIN_N2	50MHz
wr_n	**PIN_V2**	指撥開關[17]
addr	**PIN_V1**	指撥開關[16]
cs	**PIN_U4**	指撥開關[15]
clr_n	**PIN_U3**	指撥開關[14]
wr_data[7]	**PIN_C13**	指撥開關[7]
wr_data[6]	**PIN_AC13**	指撥開關[6]
wr_data[5]	**PIN_AD13**	指撥開關[5]
wr_data[4]	**PIN_AF14**	指撥開關[4]
wr_data[3]	**PIN_AE14**	指撥開關[3]
wr_data[2]	**PIN_P25**	指撥開關[2]

wr_data[1]	**PIN_N26**	指撥開關[1]
wr_data[0]	**PIN_N25**	指撥開關[0]
pwm_out[7]	**PIN_Y18**	綠色發光二極體[7]
pwm_out[6]	**PIN_AA20**	綠色發光二極體[6]
pwm_out[5]	**PIN_U17**	綠色發光二極體[5]
pwm_out[4]	**PIN_U18**	綠色發光二極體[4]
pwm_out[3]	**PIN_V18**	綠色發光二極體[3]
pwm_out[2]	**PIN_W19**	綠色發光二極體[2]
pwm_out[1]	**PIN_AF22**	綠色發光二極體[1]
pwm_out[0]	**PIN_AE22**	綠色發光二極體[0]
rd_data[7]	**PIN_AC21**	紅色發光二極體[7]
rd_data[6]	**PIN_AD21**	紅色發光二極體[6]
rd_data[5]	**PIN_AD23**	紅色發光二極體[5]
rd_data[4]	**PIN_AD22**	紅色發光二極體[4]
rd_data[3]	**PIN_AC22**	紅色發光二極體[3]
rd_data[2]	**PIN_AB21**	紅色發光二極體[2]
rd_data[1]	**PIN_AF23**	紅色發光二極體[1]
rd_data[0]	**PIN_AE23**	紅色發光二極體[0]

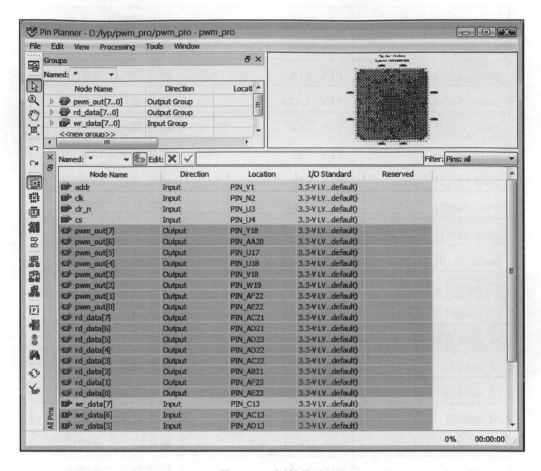

圖 3-23　腳位指定

11. 存檔並組譯：選取視窗選單 File → Save。再選取視窗選單 Processing → Start Compilation。

12. 硬體連接：模擬板上有 USB-Blaster 連接埠。連接方式為將 USB-Blaster 連接線接頭與電腦 USB 埠相接，另一頭接頭與模擬板上 USB 接頭相接。再將模擬板接上電源。Altera USB-Blaster 驅動程式在"安裝目錄\quartus\drivers\usb-blaster\x32"，例如，"c:\altera\10.0\quartus\ drivers\usb-blaster\x32"。

13. 安裝 USB Blaster：連接 USB Blaster 硬體於電腦時，會出現「尋找新增硬體精靈」對話框，如圖 3-24 所示，選擇"從清單或特定位置安裝"，再按 下一步。

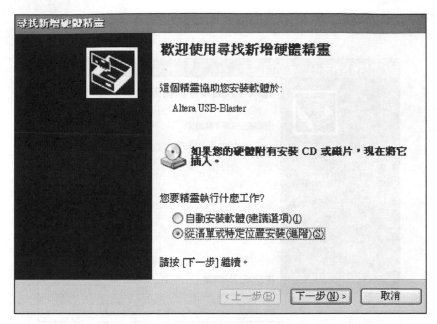

圖 3-24　「尋找新增硬體精靈」對話框

在 "請選擇您的搜尋和安裝選項" 下面，勾選 "在這些位置中搜尋最好的驅動程式" 與勾選 "搜尋時包括這個位置:" 從 瀏覽 鈕選出 "安裝目錄\quartus\drivers\usb-blaster\x32"，例如，"c:\altera\10.0\quartus\ drivers\usb-blaster\x32"，設定好按 下一步。若出現警告視窗，選擇 繼續安裝，開始安裝畫面如圖 3-25 所示。

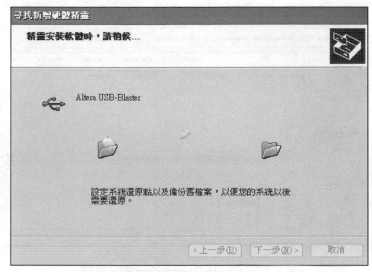

圖 3-25　開始安裝畫面

安裝完成，出現如圖 3-26 所示之畫面。按 完成 鍵。

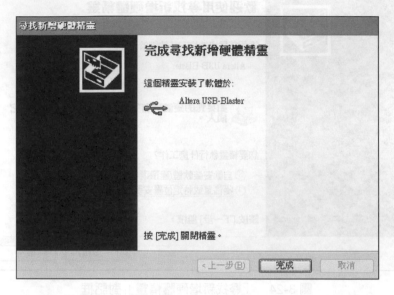

圖 3-26　安裝完成

13. 開啓燒錄視窗：選取視窗選單 Tools → Programmer，開啓燒錄視窗爲 pwm_pro.cdf 檔選取，如圖 3-27 所示。

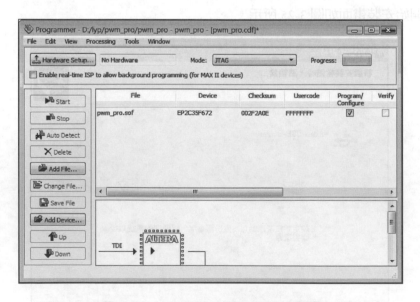

圖 3-27　Chain Description File 畫面

14. 硬體設定：在”pwm_pro.cdf”畫面選取 Hardware Setup 鍵，開啟「Hardware Setup」
對話框，選擇 Hardware Settings 頁面，在 Available hardware items: 處看到有
USB-Blaster 在清單中，如圖 3-28 所示。

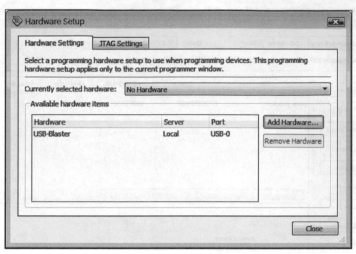

圖 3-28　硬體設定畫面

在 Available hardware items: 清單中的“USB-Blaster”上快點兩下，則在 Currently
selected hardware: 右邊會出現“USB-Blaster [USB-0]”，如圖 3-29 所示。設定好按
Close 鈕。則在”pwm_pro.cdf”畫面中的 Hardware Setup 處右邊會有“USB-Blaster
[USB-0]”出現。

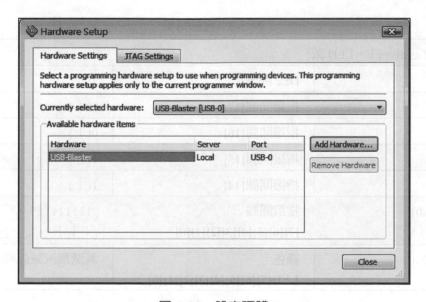

圖 3-29　設定硬體

15. 燒錄：並在要燒錄檔項目的 Program/Configure 處要勾選。如圖 3-30 所示。再按 `Start` 鈕進行燒錄。

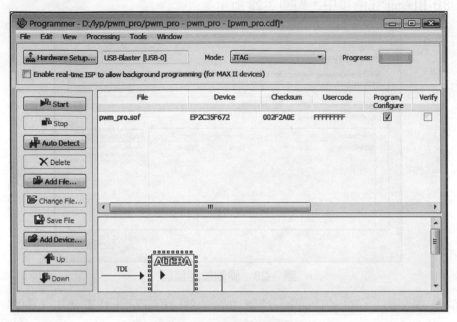

圖 3-30　選取燒錄檔案

16. 實驗結果：燒錄成功後，控制模擬板上的指撥開關。注意當開關往上撥為 1，當開關往下撥為 0。操作方式，整理如表 3-9 所示。

表 3-9　實驗結果

第 1 步 設定 div=FF，LED 滅		
pwm_pro	DE2 開關	狀態
wr_n	指撥開關[17]	0(下)
addr	指撥開關[16]	0(下)
cs	指撥開關[15]	1(上)
clr_n	指撥開關[14]	1(上)
wr_data[7..0]	指撥開關 [7][6][5][4][3][2][1][0]	"11111111" (上上上上上上上上)
pwm_out[7..0]	綠色 LED[7][6][5][4][3][2][1][0]	滅滅滅滅滅滅滅滅

rd_data[7..0]	紅色 **LED[7][6][5][4][3][2][1][0]**	亮亮亮亮亮亮亮亮
第 2 步　設定 duty=FF，LED 最亮		
avalon_pwm	**DE2 開關**	狀態
wr_n	指撥開關**[17]**	0(下)
addr	指撥開關**[16]**	1(上)
cs	指撥開關**[15]**	1(上)
clr_n	指撥開關**[14]**	1(上)
wr_data[7..0]	指撥開關 **[7][6][5][4][3][2][1][0]**	"11111111" (上上上上上上上上)
pwm_out[7..0]	綠色 **LED[7][6][5][4][3][2][1][0]**	亮亮亮亮亮亮亮亮
rd_data[7..0]	紅色 **LED[7][6][5][4][3][2][1][0]**	亮亮亮亮亮亮亮亮
第 3 步　設定 duty=F，LED 微亮		
pwm_pro	**DE2 開關**	狀態
wr_n	指撥開關**[17]**	0(下)
addr	指撥開關**[16]**	1(上)
cs	指撥開關**[15]**	1(上)
clr_n	指撥開關**[14]**	1(上)
wr_data[7..0]	指撥開關 **[7][6][5][4][3][2][1][0]**	"00001111" (下下下下上上上上)
pwm_out[7..0]	綠色 **LED[7][6][5][4][3][2][1][0]**	亮亮亮亮亮亮亮亮
rd_data[7..0]	紅色 **LED[7][6][5][4][3][2][1][0]**	滅滅滅滅亮亮亮亮
第 4 步　設定 duty=0，LED 滅		
pwm_pro	**DE2 開關**	狀態
wr_n	指撥開關**[17]**	0(下)
addr	指撥開關**[16]**	1(上)
cs	指撥開關**[15]**	1(上)

cs	指撥開關[15]	1(上)
clr_n	指撥開關[14]	1(上)
wr_data[7..0]	指撥開關 [7][6][5][4][3][2][1][0]	"00000000" (下下下下下下下下)
pwm_out[7..0]	綠色 LED[7][6][5][4][3][2][1][0]	滅滅滅滅滅滅滅滅
rd_data[7..0]	紅色 LED[7][6][5][4][3][2][1][0]	滅滅滅滅滅滅滅滅

3-2　七段解碼器

本小節介紹七段解碼器之設計，並燒錄在 DE2 實驗板上，控制八個七段顯示器。

3-2-1　七段解碼器電路設計

由於實驗板的七段顯示器為 Active-low，即輸出至七段顯示器的訊號必需是低準位才會亮。七段式解碼器主要分為兩部份：資料輸入線與輸出線。

● 腳位：資料輸入線：iD3、iD2、iD1、iD0。

　　　　輸出線：oS6、oS5、oS4、oS3、oS2、oS1、oS0。

● 真值表：根據圖 3-40 之七段顯示器腳位安排，七段解碼器真值表整理如表 3-10 所示。

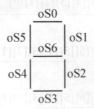

圖 3-31　七段顯示器腳位安排

表 3-10　七段解碼器真值表

資料輸入線				輸出線						
iD3	iD2	iD1	iD0	oS6	oS5	oS4	oS3	oS2	oS1	oS0
0	0	0	0	1	0	0	0	0	0	0
0	0	0	1	1	1	1	1	0	0	1
0	0	1	0	0	1	0	0	1	0	0
0	0	1	1	0	1	1	0	0	0	0
0	1	0	0	0	0	1	1	0	0	1
0	1	0	1	0	0	1	0	0	1	0
0	1	1	0	0	0	0	0	0	1	0
0	1	1	1	1	1	1	1	0	0	0
1	0	0	0	0	0	0	0	0	0	0
1	0	0	1	0	0	1	1	0	0	0
1	0	1	0	0	0	0	0	1	0	0
1	0	1	1	0	0	0	0	0	1	1
1	1	0	0	1	0	0	0	1	1	0
1	1	0	1	0	1	0	0	0	0	1
1	1	1	0	0	0	0	0	1	1	0
1	1	1	1	0	0	0	1	1	1	0
其他				1	1	1	1	1	1	1

- 設計程序：本範例以 Quartus II 的圖形編輯中的區塊(block)編輯為例，先定義出區塊的輸出入腳名與型態，再分別以 Verilog HDL 介紹區塊內容。設計程序如下：
  - 開啟新檔：進入圖形編輯
  - 另存新檔：存成 seven.bdf
  - 建立專案：專案名為 seven
  - 插入區塊
  - 更改區塊名稱：更改區塊名稱為 seven_block
  - 調整區塊大小

- 加入輸入埠與輸出埠：1 個輸入埠與 1 個輸出埠
- 變更輸出入埠名稱：輸入埠 iD[3..0]，輸出埠爲 oS[6..0]
- 連線：利用 導管連線
- 對映
- 存檔
- 編輯區塊內容
- 模擬驗證

1. 開啓新增專案精靈：選取視窗選單 File → New Project Wizard，出現「New Project Wizard: Introduction」新增專案精靈介紹視窗，按 Next 鈕後會進入「New Project Wizard: Directory, Name, and Top-Level Entity」的目錄，名稱與最高層設計單體 (top-level design entity)設定對話框。在「New Project Wizard: Directory, Name, and Top-Level Entity [page 1 of 5]」的目錄，名稱與最高層設計單體設定對話框的第一個文字框中填入工作目錄"d:/lyp/seven"，若是所填入的目錄不存在，Quartus II 會自動幫你創造。在第二個文字框中填入專案名稱"seven"，在第三個文字框中則填入專案的頂層設計單體(top-level design entity)名稱"seven"，如圖 3-32 所示。單體名稱對於大小寫是有區別的，所以大小寫必須配合檔案中的單體名稱。

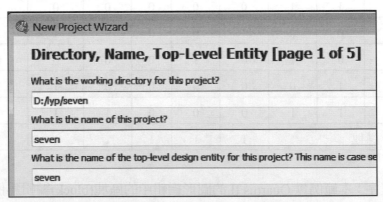

圖 3-32　目錄，名稱與最高層設計單體設定對話框

接著按 Finish 鍵，完成專案建立。建立專案"seven"。

2. 專案導覽：在視窗左邊「Project Navigator」專案導覽視窗中 Hierarchy 處列出最頂層單體名稱 pwm。若沒有出現，可選取視窗選單 View → Utility Windows → Project Navigator 開啓專案導覽視窗。

3. 新增檔案：接下來選擇視窗選單 File → New，開啓新增「New」對話框，選擇 Block Diagram/Schematic File，按 OK 鈕新增圖形檔。

4. 另存新檔：將新增的檔案另存為"seven"的檔案名，注意要勾選 Add file to current project 並按 儲存 鈕，將檔案加入現在的專案中。存檔完點選視窗左邊專案導覽視窗中 🗐 Files 鈕，再用滑鼠在 Device Design Files 處點兩下展開會看到 seven.bdf 檔名出現。

5. 加入區塊：編輯 seven.bdf 檔，點選 ▢，在 seven.bdf 檔編輯範圍快點滑鼠兩下，拖曳出一個區塊，如圖 3-33 所示。

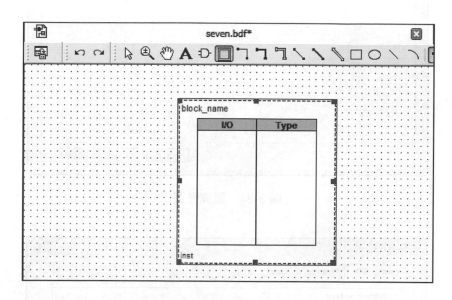

圖 3-33　建立區塊

6. 更改區塊名稱：點選 ▷，點選剛產生的區塊，再用點滑鼠右鍵，出現選單，選取 Properties，出現「Block Properties」對話框，在 General 頁面下的 Name: 更改為 seven_block(注意區塊名稱不要與檔名一樣)，Instance name: 為 inst(預設值為 inst，可自行修改)，如圖 3-34 所示。點選 I/O 頁面，在 Name: 處填入 iD[3..0]，在 Type: 處選取 INPUT，接著加入 oS[6..0]，型態為 OUTPUT，如圖 3-35 所示，設定好按 OK 鈕，結果如圖 3-36 所示。注意此區塊的引例名(Instance name)為"inst"，接下來此區塊都以"inst"稱之。

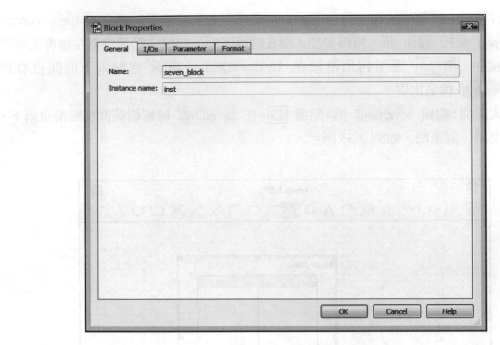

圖 3-34　區塊性質

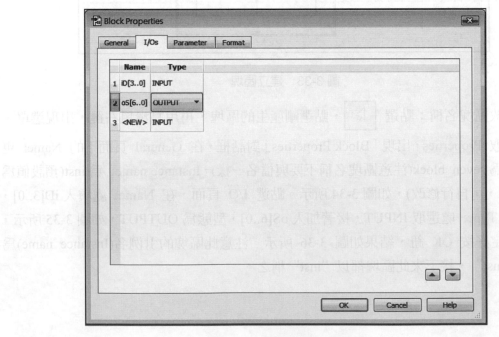

圖 3-35　區塊輸出入埠設定

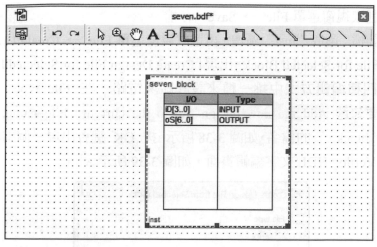

圖 3-36　區塊輸出入埠

7. 調整區塊大小：在 "inst" 區塊範圍按滑鼠右鍵，選取 Auto Fit，Quartus II 會依照輸出入腳名字長短自動調整 Block 的大小。

8. 加入輸入埠與輸出埠：在圖形檔編輯範圍內用滑鼠快點兩下，或點選 ▷ 符號，會出現「Symbol」對話框。在 Name: 處會出現所點選的符號名稱 "input"。也可以直接在 Name: 處輸入 input。設定好後按 ok 鈕。在圖形檔編輯範圍內選好擺放位置按左鍵放置一個 "input" 符號。可用滑鼠點選符號兩下，滑鼠不要放可拖曳符號調整位置。同樣方式加入一個 "output" 輸出埠，在其中一個 "input" 符號範圍內用滑鼠快點兩下，出現「Pin Properties」對話框。在 General 頁面的 Pin name 處文字框內容更改為 iD[3..0]。設定好後按 確定 鈕。也可以在腳位名字上用滑鼠點兩下更名。將 "output" 符號更名為 oS[6..0]。選取 ⏋ 畫導管工具，利用滑鼠快點左鍵兩下為連線起點，繼續壓住滑鼠左鍵拖曳出直線或轉直角的線，再點左鍵一次為畫線終點。分別連接輸入腳 iD[3..0]至 "inst" 區塊。再連接 "inst" 區塊至輸出腳 oS[6..0]，結果如圖 3-37 所示。

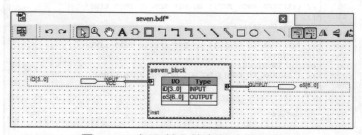

圖 3-37　加入輸入埠與輸出埠符號

說明：⏋ 導管是連接輸出入埠到區塊(block)所用的連線或是區塊與區塊之間連接所用的連線。可以傳遞任何數量的訊號，但與 ⏋ 線用法不同。

9. 存檔：選取視窗選單 File → Save，存檔。

10. 創造設計檔：選取 "inst" 區塊，再選取視窗選單 File → Create/Update → Create Design File for Selected Block，出現「Create Design File for Selected Block」對話框。可以從四種編輯方式中挑一種來設計區塊電路。在 File type 下選取 Verilog HDL。要勾選 Add the new design file to the current，File name: 處會自動出現 "seven_block.v" 的檔名，如圖 3-38 所示。按 OK 鍵會出現一個詢問視窗，按 OK 可開啓 Verilog HDL 文字編輯畫面，如圖 3-39 所示。

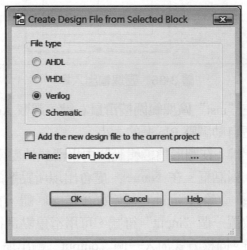

圖 3-38　創造 Verilog HDL 設計檔

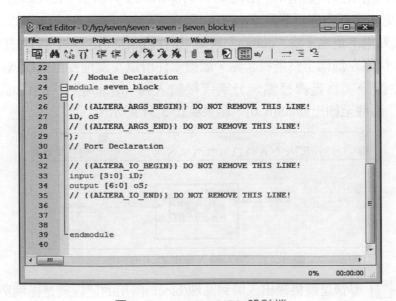

圖 3-39　Verilog HDL 設計檔

11. 編輯檔案：編輯"seven_block.v"檔案，在 Verilog HDL 編輯視窗可直接輸入文字或選取視窗選單 Edit → Insert Template，出現「Insert Template」對話框。在 Language templates 選單中展開 Verilog HDL 下的"Constructs"下的"Module Items"下的"Always Construct(Sequential)"，則在右方 Template section: 選單中出現語法，選擇後按 Insert 將所選取的語法插入至文字編輯器中，在 begin 與 end 間加入"Case statement"，"Case statement"樣板在 Language templates 選單中展開 Verilog HDL 下的"Constructs"下的"Sequential Statements"下的"Case statement"，並修改如表 3-10 所示。程式說明如表 3-11 所示。

表 3-10　編輯"seven_block.v"檔案結果

```
module seven_block(iD, oS);
input [3:0] iD;
output [6:0] oS;
reg [6:0] oS;
always @(iD)
begin
case(iD)
4'h0: oS = 7'b1000000;
4'h1: oS = 7'b1111001;
4'h2: oS = 7'b0100100;
4'h3: oS = 7'b0110000;
4'h4: oS = 7'b0011001;
4'h5: oS = 7'b0010010;
4'h6: oS = 7'b0000010;
4'h7: oS = 7'b1111000;
4'h8: oS = 7'b0000000;
4'h9: oS = 7'b0011000;
4'ha: oS = 7'b0001000;
4'hb: oS = 7'b0000011;
4'hc: oS = 7'b1000110;
4'hd: oS = 7'b0100001;
4'he: oS = 7'b0000110;
4'hf: oS = 7'b0001110;
endcase
end
endmodule
```

表 3-11　程式說明

程式	說明
always @(iD)	當 iD 有變化時，
begin	若 iD 等於 0，oS 等於 7'b1000000；
case(iD)	若 iD 等於 1，oS 等於 7'b1111001；
4'h0: oS = 7'b1000000;	若 iD 等於 2，oS 等於 7'b0100100；
4'h1: oS = 7'b1111001;	若 iD 等於 3，oS 等於 7'b0110000；
4'h2: oS = 7'b0100100;	若 iD 等於 4，oS 等於 7'b0011001；
4'h3: oS = 7'b0110000;	若 iD 等於 5，oS 等於 7'b0010010；
4'h4: oS = 7'b0011001;	若 iD 等於 6，oS 等於 7'b0000010；
4'h5: oS = 7'b0010010;	若 iD 等於 7，oS 等於 7'b1111000；
4'h6: oS = 7'b0000010;	若 iD 等於 8，oS 等於 7'b0000000；
4'h7: oS = 7'b1111000;	若 iD 等於 9，oS 等於 7'b0011000；
4'h8: oS = 7'b0000000;	若 iD 等於 a，oS 等於 7'b0001000；
4'h9: oS = 7'b0011000;	若 iD 等於 b，oS 等於 7'b0000011；
4'ha: oS = 7'b0001000;	若 iD 等於 c，oS 等於 7'b1000110；
4'hb: oS = 7'b0000011;	若 iD 等於 d，oS 等於 7'b0100001；
4'hc: oS = 7'b1000110;	若 iD 等於 e，oS 等於 7'b0000110；
4'hd: oS = 7'b0100001;	若 iD 等於 f，oS 等於 7'b0001110；
4'he: oS = 7'b0000110;	
4'hf: oS = 7'b0001110;	
endcase	
end	

12. 存檔：選取視窗選單 File → Save，儲存檔案。

13. 組譯：選擇視窗選單 Processing → Start Compilation，開始組譯。注意在 seven 專案下會組譯最上層電路 seven.bdf 檔與該檔所用到的 seven_block.v 檔。組譯成功會出現成功訊息。

14. 模擬驗證：電路設計之模擬驗證詳細步驟請翻至 3-2-2 小節。

3-2-2　使用 ModelSim-Altera 模擬七段解碼器

模擬流程如下：

- 建立測試平台(test bench)
- 另存新檔
- 建立測試模組名稱
- 加入 reg 接線
- 加入 wire 接線
- 引入 seven 的模組
- 設定初始值
- 定義時間單位
- 變化波形
- 存檔
- 設定模擬工具路徑
- 設定模擬工具
- 組譯並模擬
- 調整視窗範圍
- 檢驗模擬結果
- 關閉 ModelSim-Altera

其詳細說明如下：

1. 建立測試平台(test bench)：測試平台(test bench)是產生一連串測試輸入，可藉由程式產生。本專案測試平台編輯方式介紹如下，在 seven 專案下，選取視窗選單 File → New，開啓新增「New」對話框，選擇 Verilog HDL File，按 OK 鈕新增文字檔。

2. 另存新檔：將新增的檔案另存爲 test 的檔案名，注意要勾選 Add file to current project 並按 儲存 鈕，將檔案加入現在的專案中。存檔完點選視窗左邊專案導覽視窗中 📄 Files 鈕，再用滑鼠在 Device Design Files 處點兩下展開會看到 test 檔名出現。

3. 建立測試模組名稱：在"test.v"檔編輯環境下編輯文字，在 Verilog HDL 編輯視窗可直接輸入文字或選取視窗選單 Edit → Insert Template，出現「Insert Template」對話框。在 Language templates 選單中展開 Verilog HDL 下的"Constructs"下

的"Design Units"下的"Module Declaration[style1]"，則在右方 Template section: 選單中出現語法，選擇後按 Insert 將所選取的語法插入至文字編輯器中。建立模組名稱為 test。

4. 加入 reg 接線：接著宣告對應於 seven 的輸入腳 iD[3..0]，命名為 iD，形態為 reg，位元數為四位元。

5. 加入 wire 接線：接著宣告對應於 seven 的輸出腳 oS[6..0]的接線，命名為 oS，形態為 wire，位元數為 7 位元，如圖 3-40 所示。

```
1  module test;
2    reg [3:0] iD;
3    wire [6:0]  oS;
4
5
6
7    endmodule
8
```

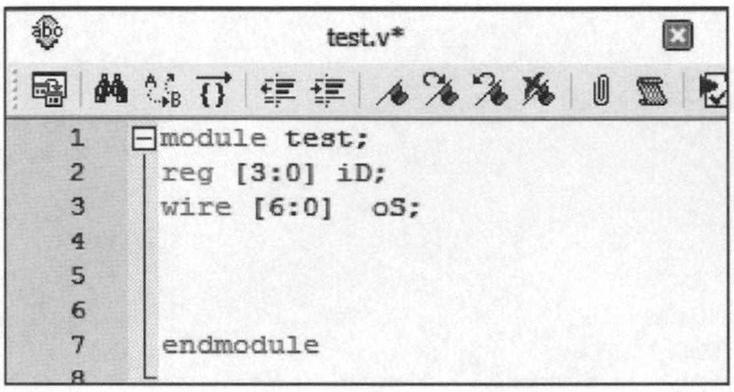

圖 3-40　加入 wire 接線

6. 引入 seven 的模組：引用模組 seven，在 Verilog HDL 編輯視窗可直接輸入文字或選取視窗選單 Edit → Insert Template，出現「Insert Template」對話框。在 Language templates 選單中展開 Verilog HDL 下的"Constructs"下的"Module Items"下的"Module Instantiations"，則在右方 Template section: 選單中出現語法，選擇後按 Insert 將所選取的語法插入至文字編輯器中，將"module_name"改為"seven"，將"inst_name"改為"seven0"，將接線 iD 對應 seven 的輸入 iD，將接線 oS 對應 seven 的輸出 oS，如圖 3-41 所示。

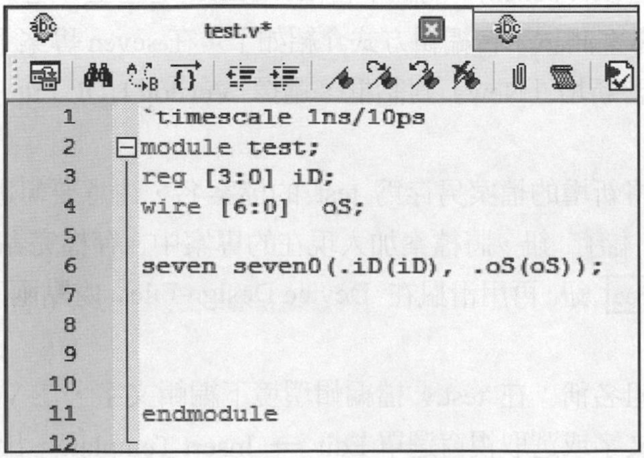

```
1    `timescale 1ns/10ps
2  module test;
3    reg [3:0] iD;
4    wire [6:0]  oS;
5
6    seven seven0(.iD(iD), .oS(oS));
7
8
9
10
11   endmodule
12
```

圖 3-41　引入 seven 的模組

7. 設定初始值：設定 iD 初始值為 0，如圖 3-42 所示。

```
`timescale 1ns/10ps
module test;
reg [3:0] iD;
wire [6:0]  oS;

seven seven0(.iD(iD), .oS(oS));

initial
  begin
    iD = 4'b0000;
  end



endmodule
```

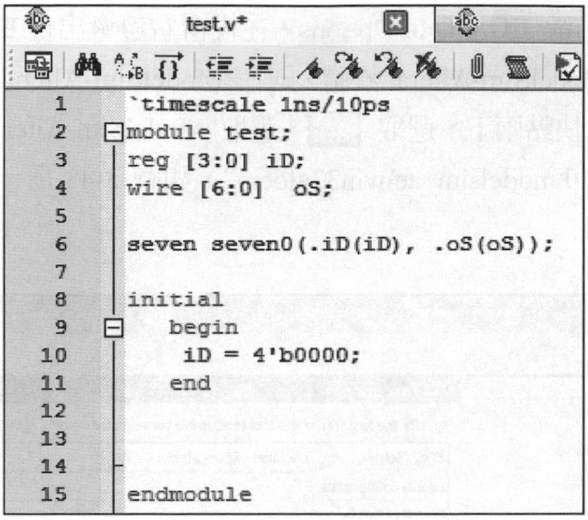

圖 3-42　設定初始值

8. 定義時間單位：定義時間單位為 1ns，解析度為 10ps，程式為"`timescale 1ns/10ps"。

9. 變化波形：接著變化接線 iD(對應於 seven 的輸入腳 iD)，設定每 50ns 增加 1，程式為"always #50 iD = iD+1"，如表 3-12 所示。

表 3-12　變化波形

```
`timescale 1ns/10ps
module test;
reg [3:0] iD;
wire [6:0]   oS;

seven seven0(.iD(iD), .oS(oS));

initial
   begin
     iD = 4'b0000;
   end

always #50 iD=iD+1;

endmodule
```

10. 存檔：選取視窗選單 File → Save。

11. 設定模擬工具路徑：選取視窗選單 Tools → Options，在「Options」視窗左邊展開 General，點選 EDA Tool Options，在視窗右邊會出現 EDA Tool 的路徑設定。若是要使用"ModelSim-Altera"軟體，則在"ModelSim-Altera"右方的"double-click to change path"處快點兩下，選取 ... ，選取"ModelSim-Altera"軟體執行檔目錄，例如"C:\altera\10.0\modelsim_ae\win32aloem"，如圖 3-43 所示，再按 OK 鈕關閉視窗。

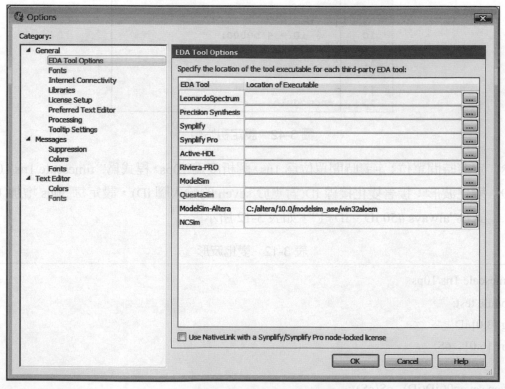

圖 3-43　EDA Tool Options 視窗

12. 設定模擬工具：選取視窗選單 Assignments → Settings，在「Category:」下方選 EDA Tool Settings 下的 Simulation，在右方的「Simulation」視窗的 Tool name: 的下拉選單中選出 "ModelSim-Altera"，並勾選 "Run gate-level simulation automatically after compilation"。在 Format for output netlist: 下拉選單中選擇 "Verilog"，在 Time scale: 下拉選單中選擇 "10us"，並在 Output directory: 處選擇目錄，預設目錄為 "simulation/modelsim"，如圖 3-44 所示。接著在選取

NativeLink settings 下方選擇 Compile test bench:，可看到右方有 Test Benches… 按鍵，點選 Test Benches… 按鍵進入「Test Benches」視窗。

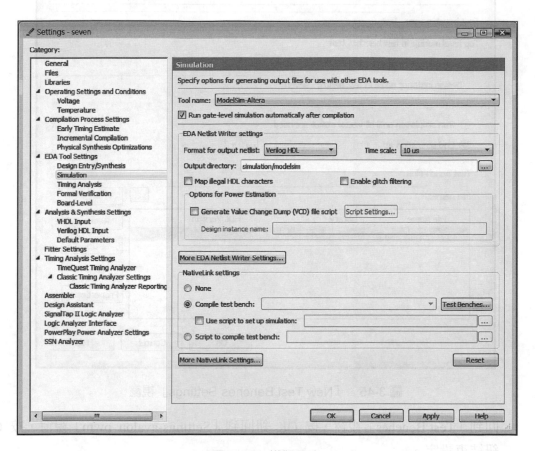

圖 3-44　模擬設定

選取「Test Benches」視窗中的 New… 按鍵，出現「New Test Bench Settings」視窗，按照圖 3-45 方式設定，在 File name: 處選擇測試檔"test.v"再按 Add 鍵加入 File name 清單中，再按 OK 鈕。

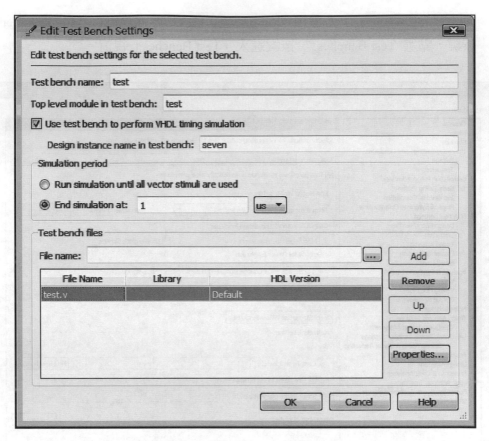

圖 3-45 「New Test Benches Settings」視窗

回到「Tcst Benches」視窗，按 OK 鈕回到「Settings-avalon_pwm」視窗，按 OK 鈕結束設定。

13. 組譯並模擬：選取視窗選單 Processing → Start Compilation，進行組譯並會開啟 ModelSim-Altera 顯示模擬結果。

14. 調整視窗範圍：先用滑鼠點一下波形視窗區域，再選取 ModelSim-Altera 視窗工具列"Zoom Full"功能之圖案，如圖 3-46 所示。結果如圖 3-47 所示。

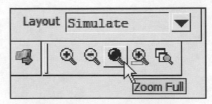

圖 3-46 設定觀察範圍

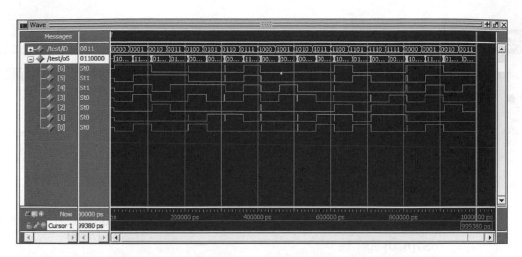

圖 3-47　模擬波型

15. 檢驗模擬結果：觀察輸出結果，檢查結果如下：

iD = 0，oS =1000000。

iD = 1，oS =1111001。

iD = 2，oS = 0100100。

iD = 3，oS = 0110000。

iD = 4，oS = 0011001。

iD = 5，oS = 0010010。

iD = 6，oS = 0000010。

iD = 7，oS = 1111000。

iD = 8，oS = 0000000。

iD = 9，oS = 0011000。

iD = A，oS = 0001000。

iD = B，oS = 0000011。

iD = C，oS = 1000110。

iD = D，oS = 0100001。

iD = E，oS = 0000011。

iD = F，oS = 0 000110。

如需要修改輸入波形則需要回到 test.v 檔編輯。

3-2-3 DE2 實驗板七段顯示器控制實習

本範例在控制 DE2 實驗板之八個七段顯示器，使用 Verilog HDL 與電路圖進行設計。

- 腳位：

  資料輸入端：iD[31..0]

  脈波輸入端：iCLK

  致能輸入端：iWR

  非同步清除輸入端：iRST_N

  輸出端：oS0[6..0]、oS1[6..0]、oS2[6..0]、oS3[6..0]、oS4[6..0]、oS5[6..0]、oS6[6..0]、
  oS7[6..0]

- 功能表：如表 3-13 所示。

表 3-13　功能表

輸入			輸出
iCLK	iRST_N	iWR	七段顯示器
↑	1	1	顯示 iD 對應的數
X	0	X	清除為 0
↑	1	0	不變

實習流程如下：

- 開啟新增專案精靈
- 開啟新檔
- 另存新檔"seven_seg.v"
- 編輯"seven_seg.v"
- 存檔
- 檢查電路
- 創造電路符號
- 開啟新檔
- 另存新檔"SEG7_8.v"
- 編輯"SEG7_8.v"
- 存檔

- 更改最頂層檔案
- 檢查電路
- 創造電路符號
- 新增檔案
- 另存新檔"SEG7_8_pro"
- 加入 SEG7_8 電路符號
- 加入輸入輸出腳
- 更改最頂層檔案
- 指定元件
- 檢查電路
- 指定接腳
- 存檔並組譯
- 硬體連接
- 開啟燒錄視窗
- 燒錄
- 實驗結果

其詳細說明如下：

1. 開啟新增專案精靈：選取視窗選單 File → New Project Wizard，出現「New Project Wizard: Introduction」新增專案精靈介紹視窗，按 Next 鈕後會進入「New Project Wizard: Directory, Name, and Top-Level Entity」的目錄，名稱與最高層設計單體 (top-level design entity)設定對話框。在「New Project Wizard: Directory, Name, and Top-Level Entity [page 1 of 5]」的目錄，名稱與最高層設計單體設定對話框的第一個文字框中填入工作目錄"d:/lyp/seven_seg"，若是所填入的目錄不存在，Quartus II 會自動幫你創造。在第二個文字框中填入專案名稱"seven_seg"，在第三個文字框中則填入專案的頂層設計單體(top-level design entity)名稱"seven_seg"，如圖 3-48 所示。單體名稱對於大小寫是有區別的，所以大小寫必須配合檔案中的單體名稱。

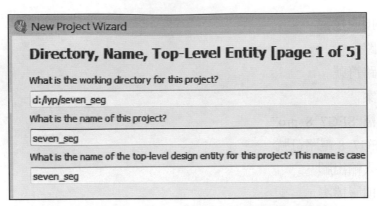

圖 3-48　目錄，名稱與最高層設計單體設定對話框

接著按 Finish 鍵，完成專案建立。建立專案"seven_seg"。

2. 專案導覽：在視窗左邊「Project Navigator」專案導覽視窗中 Hierarchy 處列出最頂層單體名稱 seven_seg。若沒有出現，可選取視窗選單 View → Utility Windows → Project Navigator 開啟專案導覽視窗。

3. 開啟新檔：選取視窗選單 File → New，出現「New」對話框。在 Device Design Files 頁面中選取 Verilog HDL File 選項，開啟 Verilog HDL 編輯畫面，預設檔名為 "Verilog1.v"。

4. 另存新檔：將新增的檔案另存為"seven_seg.v"的檔案名，注意要勾選 Add file to current project 並按 儲存 鈕，將檔案加入現在的專案中。存檔完點選視窗左邊專案導覽視窗中 Files 鈕，再用滑鼠在 Device Design Files 處點兩下展開會看到 seven_seg.v 檔名出現。

5. 編輯"seven_seg.v"檔：在 Verilog HDL 編輯視窗可直接輸入文字或選取視窗選單 Edit → Insert Template，出現「Insert Template」對話框。在 Language templates 選單中展開 Verilog HDL 下的 "Constructs" 下的 "Design Units" 下的 "Module Declaration[style2]"，則在右方 Template section: 選單中出現語法，選擇後按 Insert 將所選取的語法插入至文字編輯器中。更改電路名稱"__module_name"成為與檔名相同的名字 seven_seg。更改輸入腳位名稱為"iD,oS"。選取視窗選單 Edit → Insert Template，出現「Insert Template」對話框。在 Language templates 選單中展開 Verilog HDL 下的 "Constructs" 下的 "Module Items" 下的 "Always Construct(Sequential)"，則在右方 Template section: 選單中出現語法，選擇後按 Insert 將所選取的語法插入至文字編輯器中，在 begin 與 end 間加入"Case statement"，"Case statement"樣板在 Language templates 選單中展開 Verilog HDL

下的"Constructs"下的"Sequential Statements"下的"Case statement"，並修改如表 3-14 所示。

表 3-14　編輯"seven_seg.v"檔案結果

```verilog
module seven_seg(iD, oS);
input [3:0] iD;
output [6:0] oS;
reg       [6:0] oS;
always @(iD)
begin
        case(iD)
        4'h0: oS = 7'b1000000;
        4'h1: oS = 7'b1111001;
        4'h2: oS = 7'b0100100;
        4'h3: oS = 7'b0110000;
        4'h4: oS = 7'b0011001;
        4'h5: oS = 7'b0010010;
        4'h6: oS = 7'b0000010;
        4'h7: oS = 7'b1111000;
        4'h8: oS = 7'b0000000;
        4'h9: oS = 7'b0011000;
        4'ha: oS = 7'b0001000;
        4'hb: oS = 7'b0000011;
        4'hc: oS = 7'b1000110;
        4'hd: oS = 7'b0100001;
        4'he: oS = 7'b0000110;
        4'hf: oS = 7'b0001110;
        endcase
end
endmodule
```

6. 存檔：選取視窗選單 File → Save。

7. 檢查電路：選取視窗選單 Processing → Start → Start Analysis & Elaboration。最後出現成功訊息視窗，按 確定 鈕關閉視窗。

8. 創造電路符號：回到編輯視窗，選取視窗選單 File → Create/Update → Create Symbol Files for Current File，出現產生符號檔成功之訊息，會產生電路符號檔 "seven_seg.bsf"。可選取視窗選單 File → Open 開啟"seven_seg"檔觀看。觀察無誤後關閉"seven_seg.bsf"檔。

9. 開啟新檔：選取視窗選單 File → New，出現「New」對話框。在 Device Design Files 頁面中選取 Verilog HDL File 選項，開啟 Verilog HDL 編輯畫面，預設檔名為 "Verilog1.v"。

10. 另存新檔：將新增的檔案另存為 SEG7_8 的檔案名，注意要勾選 Add file to current project 並按 儲存 鈕，將檔案加入現在的專案中。存檔完點選視窗左邊專案導覽視窗中 📄 Files 鈕，再用滑鼠在 Device Design Files 處點兩下展開會看到 SEG7_8.v 檔名出現。

11. 插入"Module Declaration"樣板：在 Verilog HDL 編輯視窗可直接輸入文字或選取視窗選單 Edit → Insert Template，出現「Insert Template」對話框。在 Language templates 選單中展開 Verilog HDL 下的"Constructs"下的"Design Units"下的"Module Declaration[style2]"，則在右方 Template section: 選單中出現語法，選擇後按 Insert 將所選取的語法插入至文字編輯器中。更改電路名稱 "_module_name"成為與檔名相同的名字 SEG7_8。更改輸入腳位名稱為 "oS0,oS1,oS2,oS3,oS4,oS5,oS6,oS7,iD,iWR,iCLK,iRST_N"。選取視窗選單 Edit → Insert Template，出現「Insert Template」對話框。在 Language templates 選單中展開 Verilog HDL 下的 "Constructs" 下的 "Module Items" 下的 "Always Construct(Sequential)"，則在右方 Template section: 選單中出現語法，選擇後按 Insert 將所選取的語法插入至文字編輯器中，在 begin 與 end 間加入"If statement"，"If statement"樣板在 Language templates 選單中展開 Verilog HDL 下的"Constructs"下的"Sequential Statements"下的"If statement"，並修改如表 3-15 所示。程式說明如表 3-16 所示。

表 3-15　編輯"SEG7_8.v"檔案結果

```
module SEG7_8 (oS0,oS1,oS2,oS3,oS4,oS5,oS6,oS7,iD,iWR,iCLK,iRST_N );
input    [31:0]    iD;
input    iWR,iCLK,iRST_N;
output   [6:0]     oS0,oS1,oS2,oS3,oS4,oS5,oS6,oS7;
reg      [31:0]    Dtemp;

always@(posedge iCLK or negedge iRST_N)
begin
    if(!iRST_N)
    Dtemp <= 0;
    else
    begin
        if(iWR)
            Dtemp <= iD;
    end
end

seven_seg u0   (      Dtemp[3:0],oS0        );
seven_seg u1   (      Dtemp[7:4],oS1        );
seven_seg u2   (      Dtemp[11:8], oS2      );
seven_seg u3   (      Dtemp[15:12],oS3      );
seven_seg u4   (      Dtemp[19:16],oS4      );
seven_seg u5   (      Dtemp[23:20],oS5      );
seven_seg u6   (      Dtemp[27:24],oS6      );
seven_seg u7   (      Dtemp[31:28],oS7      );

endmodule
```

表 3-16　程式說明

程式	說明

always@(posedge iCLK or negedge iRST_N)
begin
　if(!iRST_N)
　　Dtemp <= 0;
　else
　　begin
　　　if(iWR)
　　　　Dtemp <= iD;
　　end
end
	當 iCLK 為正緣且 iRST_N 為由 1 變 0 時，若 iRST_N 等於 0，則 Dtemp 等於 0；除此之外，若 iWR 等於 1，則 Dtemp 等於 iD。

seven_seg　u0(Dtemp[3:0],oS0); seven_seg　u1(Dtemp[7:4],oS1); seven_seg　u2(Dtemp[11:8], oS2); seven_seg　u3(Dtemp[15:12],oS3); seven_seg　u4(Dtemp[19:16],oS4); seven_seg　u5(Dtemp[23:20],oS5); seven_seg　u6(Dtemp[27:24],oS6); seven_seg　u7(Dtemp[31:28],oS7);	引用 seven_seg 模組，代號 u0，將 Dtemp[3:0]接至 u0 的 iD 腳，將 oS0 接至 u0 的 oS。 引用 seven_seg 模組，代號 u1，將 Dtemp[7:4]接至 u1 的 iD 腳，將 oS1 接至 u1 的 oS。 引用 seven_seg 模組，代號 u2，將 Dtemp[11:8]接至 u2 的 iD 腳，將 oS2 接至 u2 的 oS。 引用 seven_seg 模組，代號 u3，將 Dtemp[15:12]接至 u4 的 iD 腳，將 oS3 接至 u3 的 oS。 引用 seven_seg 模組，代號 u4，將 Dtemp[19:16]接至 u4 的 iD 腳，將 oS4 接至 u4 的 oS。 引用 seven_seg 模組，代號 u5，將 Dtemp[23:20]接至 u5 的 iD 腳，將 oS5 接至 u5 的 oS。 Dtemp[27:24]接至 u6 的 iD 腳，將 oS6 接至 u6 的 oS。 Dtemp[31:28]接至 u7 的 iD 腳，將 oS7 接至 u7 的 oS。

12. 存檔：選取視窗選單 File → Save。

13. 更改最頂層檔案：選取視窗選單 Projetc → Set as Top-Level Entity。在視窗左邊「Project Navigator」專案導覽視窗中 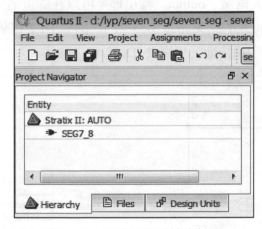Hierarchy 處列出最頂層單體名稱 SEG7_8，如圖 3-49 所示。若沒有出現，可選取視窗選單 View → Utility Windows → Project Navigator 開啟專案導覽視窗。

圖 3-49　更改最頂層檔案結果

14. 檢查電路：選取視窗選單 Processing → Start → Start Analysis & Elaboration。最後出現成功訊息視窗，按 確定 鈕關閉視窗。

15. 創造電路符號：回到編輯視窗，選取視窗選單 File → Create/Update → Create Symbol Files for Current File，出現產生符號檔成功之訊息，會產生電路符號檔"SEG7_8.bsf"。可選取視窗選單 File → Open 開啟"SEG7_8"檔觀看。觀察無誤後關閉"SEG7_8.bsf"檔。

16. 新增檔案：接下來選擇視窗選單 File → New，開啟新增「New」對話框，選擇 Block Diagram/Schematic File，按 OK 鈕新增圖形檔。

17. 另存新檔：將新增的檔案另存為"SEG7_8_pro"的檔案名，注意要勾選 Add file to current project 並按 儲存 鈕，將檔案加入現在的專案中。存檔完點選視窗左邊專案導覽視窗中 Files 鈕，再用滑鼠在 Device Design Files 處點兩下展開會看到 SEG7_8_pro.bdf 檔名出現。

18. 加入 SEG7_8 電路符號：編輯 SEG7_8_pro.bdf 檔，選取視窗選單 Edit → Insert Symbol 會出現「Symbol」對話框，出現「Symbol」對話框，展開 Project，選 SEG7_8，設定好按 OK 鍵。

19. 加入輸入輸出腳：在 SEG7_8_pro.bdf 檔編輯範圍內用滑鼠快點兩下，或點選 ⌼ 符號，會出現「Symbol」對話框。可以直接在 Name: 處輸入 input。勾選 Repeat-insert mode，可以連續插入數個符號。設定好後按 ok 鈕。在 "SEG7_8_pro.bdf" 檔編輯範圍內選好擺放位置按左鍵放置一個 "input" 符號，再換位置加入另外一個 "input" 符號，共需要六個輸入，按 Esc 可終止放置符號。同樣方式加入兩個 "output" 輸出埠。可以在腳位名字上用滑鼠點兩下更名，編輯 SEG7_8_pro.bdf 結果如圖 3-53 所示。由於 DE2 實驗板只有 18 個指撥開關，故將輸入 iD[31..16]接地，只提供 iD[15..0]之輸入。

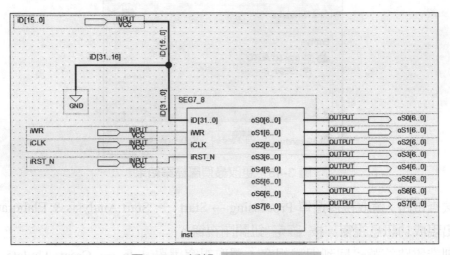

圖 3-50　編輯 SEG7_8_pro.bdf

20. 更改最頂層檔案：選取視窗選單 Projetc → Set as Top-Level Entity。在視窗左邊「Project Navigator」專案導覽視窗中 ⬤Hierarchy 處列出最頂層單體名稱 SEG7_8_pro，如圖 3-51 所示。若沒有出現，可選取視窗選單 View → Utility Windows → Project Navigator 開啟專案導覽視窗。

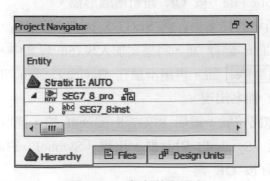

圖 3-51　專案導覽視窗

21. 指定元件：選取視窗選單 Assignments → Device 處，開啟「Setting」對話框。在 Family 處選擇元件類別，例如選擇"Cyclone II"，在 Target device 處選擇第二個選項"Specific device selected in Available devices list "。在 Available devices 處選元件編號"EP2C35F672C6"，如圖 3-52 所示。再選取 Device and Pin Options，開啟「Device and Pin Options」對話框，選取 Unused Pins 頁面，將 Reserve all unused pins 設定成 As input, tri-stated，如圖 3-53 所示。按 確定 鈕回到「Setting」對話框，再按 OK 鈕。

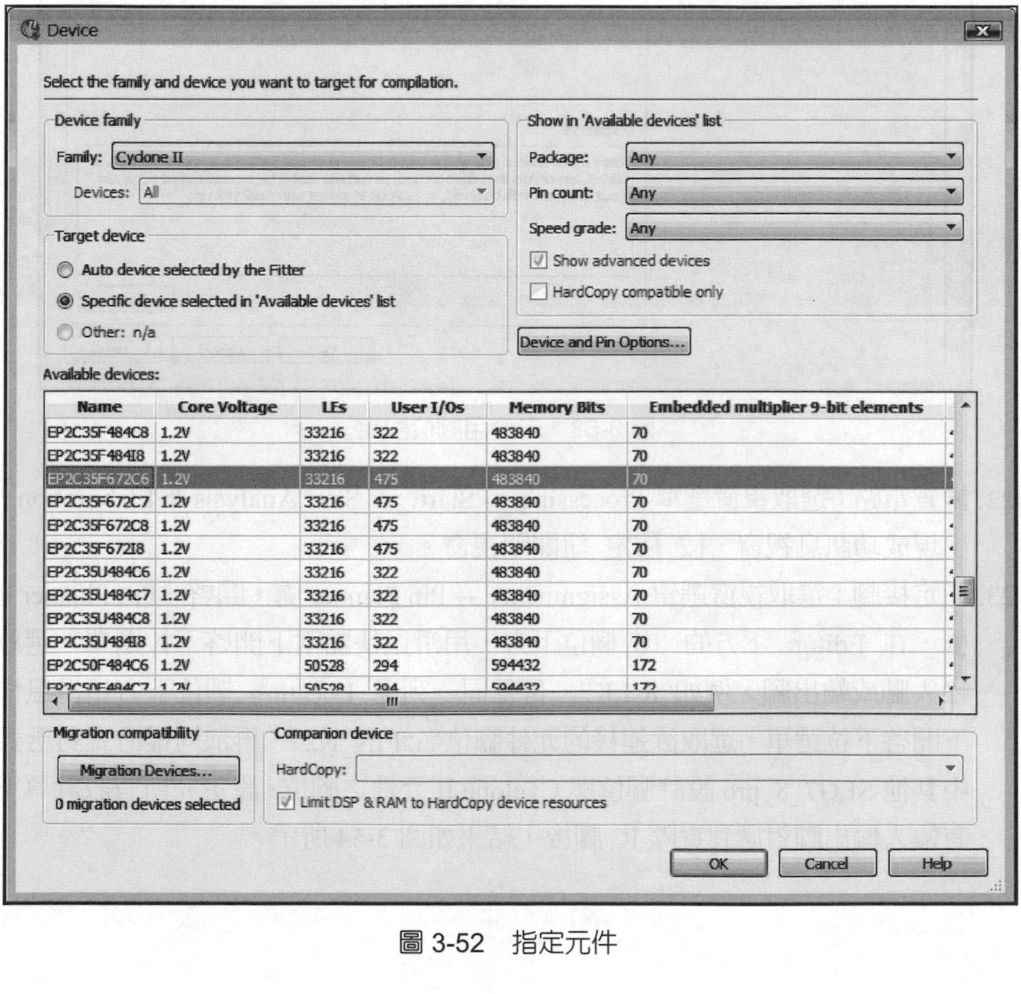

圖 3-52　指定元件

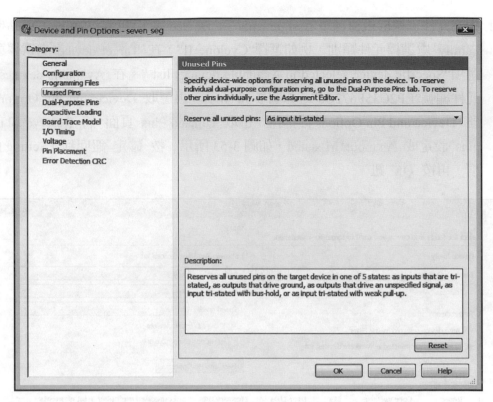

圖 3-53　未使用腳位設定

22. 檢查電路：選取視窗選單 Processing → Start → Start Analysis & Elaboration。最後出現成功訊息視窗，按 確定 鈕關閉視窗。

23. 指定接腳：選取視窗選單 Assignments → Pin Planner 處，開啟「Pin Planner」對話框，在 Editor: 下方的 To 欄位下方，用滑鼠快點兩下開啟下拉選單，選取一個輸入腳或輸出腳，例如"iCLK"，再至同一列處 Location 欄位下方用滑鼠快點兩下開啟下拉選單，選取欲連接的元件腳位名"PIN_N2"，再依同樣方式對應表 3-17 中其他 SEG7_8_pro 設計腳位與 Cyclone II 元件之腳位。設定完所有設計專案之所有輸入輸出腳對應到實際 IC 腳後，結果如圖 3-54 所示。

表 3-17　腳位指定

SEG7_8_pro 設計腳位	Cyclone II 元件腳位	說明
iCLK	PIN_N2	50MHz
iWR	**PIN_V2**	指撥開關[17]
iRST_N	**PIN_V1**	指撥開關[16]
iD[15]	**PIN_U4**	指撥開關[15]
iD[14]	**PIN_U3**	指撥開關[14]
iD[13]	**PIN_T7**	指撥開關[13]
iD[12]	**PIN_P2**	指撥開關[12]
iD[11]	**PIN_P1**	指撥開關[11]
iD[10]	**PIN_N1**	指撥開關[10]
iD[9]	**PIN_A13**	指撥開關[9]
iD[8]	**PIN_B13**	指撥開關[8]
iD[7]	**PIN_C13**	指撥開關[7]
iD[6]	**PIN_AC13**	指撥開關[6]
iD[5]	**PIN_AD13**	指撥開關[5]
iD[4]	**PIN_AF14**	指撥開關[4]
iD[3]	**PIN_AE14**	指撥開關[3]
iD[2]	**PIN_P25**	指撥開關[2]
iD[1]	**PIN_N26**	指撥開關[1]
iD[0]	**PIN_N25**	指撥開關[0]
oS0[6]	PIN_V13	七段顯示器字元 0[6]
oS0[5]	PIN_V14	七段顯示器字元 0[5]
oS 0[4]	PIN_AE11	七段顯示器字元 0[4]
OS0[3]	PIN_AD11	七段顯示器字元 0[3]
OS0[2]	PIN_AC12	七段顯示器字元 0[2]
OS0[1]	PIN_AB12	七段顯示器字元 0[1]
OS0[0]	PIN_AF10	七段顯示器字元 0[0]

OS1[6]	PIN_AB24	七段顯示器字元 1[6]
OS1[5]	PIN_AA23	七段顯示器字元 1[5]
OS1[4]	PIN_AA24	七段顯示器字元 1[4]
OS1[3]	PIN_Y22	七段顯示器字元 1[3]
OS1[2]	PIN_W21	七段顯示器字元 1[2]
OS1[1]	PIN_V21	七段顯示器字元 1[1]
OS1[0]	PIN_V20	七段顯示器字元 1[0]
OS2[6]	PIN_Y24	七段顯示器字元 2[6]
OS2[5]	PIN_AB25	七段顯示器字元 2[5]
OS2[4]	PIN_AB26	七段顯示器字元 2[4]
OS2[3]	PIN_AC26	七段顯示器字元 2[3]
OS2[2]	PIN_AC25	七段顯示器字元 2[2]
OS2[1]	PIN_V22	七段顯示器字元 2[1]
OS2[0]	PIN_AB23	七段顯示器字元 2[0]
OS3[6]	PIN_W24	七段顯示器字元 3[6]
OS3[5]	PIN_U22	七段顯示器字元 3[5]
OS3[4]	PIN_Y25	七段顯示器字元 3[4]
OS3[3]	PIN_Y26	七段顯示器字元 3[3]
OS3[2]	PIN_AA26	七段顯示器字元 3[2]
OS3[1]	PIN_AA25	七段顯示器字元 3[1]
OS3[0]	PIN_Y23	七段顯示器字元 3[0]
OS4[6]	PIN_T3	七段顯示器字元 4[6]
OS4[5]	PIN_R6	七段顯示器字元 4[5]
OS4[4]	PIN_R7	七段顯示器字元 4[4]
OS4[3]	PIN_T4	七段顯示器字元 4[3]
OS4[2]	PIN_U2	七段顯示器字元 4[2]
OS4[1]	PIN_U1	七段顯示器字元 4[1]
OS4[0]	PIN_U9	七段顯示器字元 4[0]
OS5[6]	PIN_R3	七段顯示器字元 5[6]

OS5[5]	PIN_R4	七段顯示器字元 5[5]
OS5[4]	PIN_R5	七段顯示器字元 5[4]
OS5[3]	PIN_T9	七段顯示器字元 5[3]
OS5[2]	PIN_P7	七段顯示器字元 5[2]
OS5[1]	PIN_P6	七段顯示器字元 5[1]
OS5[0]	PIN_T2	七段顯示器字元 5[0]
OS6[6]	PIN_M4	七段顯示器字元 6[6]
OS6[5]	PIN_M5	七段顯示器字元 6[5]
OS6[4]	PIN_M3	七段顯示器字元 6[4]
OS6[3]	PIN_M2	七段顯示器字元 6[3]
OS6[2]	PIN_P3	七段顯示器字元 6[2]
OS6[1]	PIN_P4	七段顯示器字元 6[1]
OS6[0]	PIN_R2	七段顯示器字元 6[0]
OS7[6]	PIN_N9	七段顯示器字元 7[6]
OS7[5]	PIN_P9	七段顯示器字元 7[5]
OS7[4]	PIN_L7	七段顯示器字元 7[4]
OS7[3]	PIN_L6	七段顯示器字元 7[3]
OS7[2]	PIN_L9	七段顯示器字元 7[2]
OS7[1]	PIN_L2	七段顯示器字元 7[1]
OS7[0]	PIN_L3	七段顯示器字元 7[0]

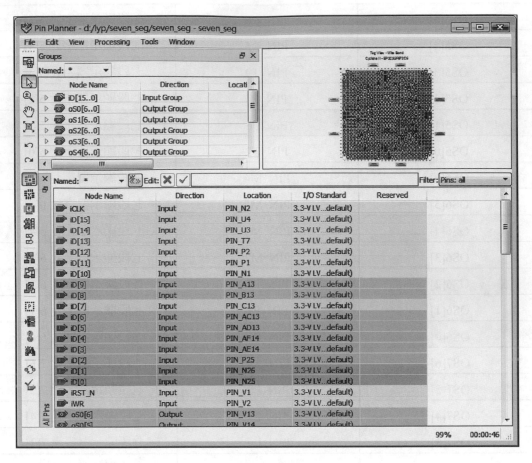

圖 3-54　腳位指定

24. 存檔並組譯：選取視窗選單 Processing → Start Compilation。

25. 硬體連接：模擬板上有 USB-Blaster 連接埠。連接方式為將 USB-Blaster 連接線接頭與電腦 USB 埠相接，另一頭接頭與模擬板上 USB 接頭相接。再將模擬板接上電源。Altera USB-Blaster 驅動程式在"安裝目錄\quartus\drivers\usb-blaster\x32"。

26. 開啓燒錄視窗：選取視窗選單 Tools → Programmer，開啓燒錄視窗為 SEG7_8_pro.cdf 檔。

27. 燒錄：並在要燒錄檔項目的 Program/Configure 處要勾選。再按 Start 鈕進行燒錄。

28. 實驗結果：燒錄成功後，控制模擬板上的指撥開關。注意當開關往上撥為 1，當開關往下撥為 0。操作方式，整理如表 3-18 所示。

表 3-18　實驗結果

第 1 步　iWR=1，iRST_N=1		
SEG7_8_pro	**DE2 開關**	狀態
iWR	指撥開關[17]	1(上)
iRST_N	指撥開關[16]	1(上)
iD[15..0]	指撥開關[15]..[0]	"1111111111111111" (上上上上上上上上上上上上 上上上上)
oS7 oS6 oS5 oS4 oS3 oS2 oS1 oS0	**8 個七段顯示器**	0000FFFF
第 2 步　iWR=1，iRST_N=0		
iWR	指撥開關[17]	1(上)
iRST_N	指撥開關[16]	0(下)
iD[15.　　.0]	指撥開關[15]..[0]	"1111111111111111" (上上上上上上上上上上上上 上上上上)
oS7 oS6 oS5 oS4 oS3 oS2 oS1 oS0	**8 個七段顯示器**	00000000
第三步　iWR=0，iRST_N=1		
iWR	指撥開關[17]	0(下)
iRST_N	指撥開關[16]	1(上)
iD[15..0]	指撥開關[15]..[0]	變化任何狀態
oS7 oS6 oS5 oS4 oS3 oS2 oS1 oS0	**8 個七段顯示器**	不變

3-3　VGA 控制之一

VGA(Video Graphics Array)是 IBM 於 1987 年提出的一個使用類比訊號的電腦顯示標準，這個標準已對於現今的個人電腦市場已經十分過時。即使如此，VGA 仍然是最多製造商所共同支援的一個低標準，個人電腦在載入自己的獨特驅動程式之前，都必須支援 VGA 的標準。VGA 這個術語常常不論其圖形裝置，而直接用於指稱 640×480 的解析度。

由於 DE2 實驗板上有一個"ADV7123_a"IC，可將 10 個位元紅色、10 個位元綠色、10 個位元藍色的數位訊號碼轉類比訊號，再連至 VGA 輸出裝置，如圖 3-55 所示。

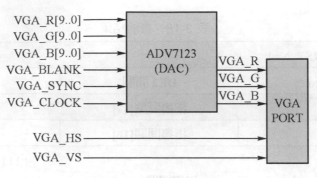

圖 3-55 "ADV7123_a"IC

本範例使用之 VGA 規格如圖 3-56 所示。

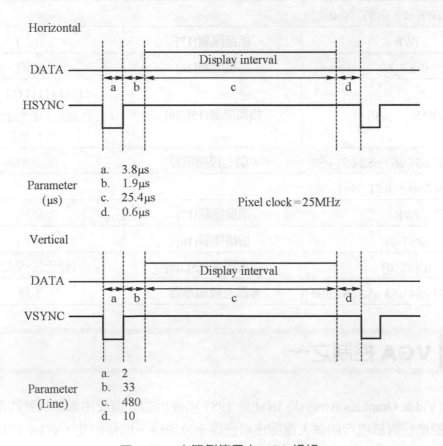

圖 3-56 本範例使用之 VGA 規格

● 參數：

.h_disp　　 (640),

.h_fporch (16),

.h_sync　　 (96),

.h_bporch (48),

.v_disp　　 (480),

.v_fporch (10),

.v_sync　　 (2),

.v_bporch (33),

H_SYNC_CYC　　 =　 96

H_SYNC_TOTAL =　 800

V_SYNC_TOTAL =　 525

V_SYNC_CYC　　 =　 2

H_SYNC_BACK　 =　 45+3

V_SYNC_BACK　 =　 30+2

X_START　　　　 =　 H_SYNC_CYC+H_SYNC_BACK+4；

Y_START　　　　 =　 V_SYNC_CYC+V_SYNC_BACK；

H_SYNC_ACT　　 =　 640；

V_SYNC_ACT　　 =　 480；

● 腳位：

脈波輸入端：iCLK_25

非同步清除輸入端：iRST_N

RGB 顏色致能輸入端：i_RGB_EN [3..0]

紅色輸入端：　 iRed[9..0]

綠色輸入端：　 iGreen[9..0]

藍色輸入端：　 iBlue[9..0]

VGA 紅色輸出端：oVGA_R[9..0]

VGA 綠色輸出端：oVGA_G[9..0]

VGA 藍色輸出端：oVGA_B[9..0]

VGA 水平同步控制輸出端：oVGA_H_SYNC

VGA 垂直同步控制輸出端：oVGA_V_SYNC

VGA 同步控制輸出端：oVGA_SYNC；
VGA Blank 輸出端：oVGA_BLANK
VGA 時脈輸出端：oVGA_CLOCK；

實驗流程如下：
- 新增專案"VGA.qpf"
- 開啟新檔
- 另存新檔"VGA.v"
- 編輯"VGA.v"檔
- 加入水平同步訊號控制程式
- 加入垂直同步訊號控制程式
- 加入輸出顏色產生程式
- 加入輸出訊號產生程式
- 存檔
- 檢查電路
- 創造電路符號
- 新增檔案
- 另存新檔"VGA_pro.bdf"
- 加入 VGA 電路符號
- 加入輸出輸入腳
- 存檔
- 更改最頂層檔案為 VGA_pro
- 檢查電路
- 指定元件
- 指定接腳
- 存檔與組譯
- 硬體連接
- 開啟燒錄視窗
- 燒錄
- 實驗結果

其詳細說明如下：

1. 新增專案：選取視窗選單 File → New Project Wizard，出現「New Project Wizard: Introduction」新增專案精靈介紹視窗，按 Next 鈕後會進入「New Project Wizard: Directory, Name, and Top-Level Entity」的目錄，名稱與最高層設計單體(top-level design entity)設定對話框。在「New Project Wizard: Directory, Name, and Top-Level Entity [page 1 of 5]」的目錄，名稱與最高層設計單體設定對話框的第一個文字框中填入工作目錄"d:/lyp/VGA"，若是所填入的目錄不存在，Quartus II 會自動幫你創造。在第二個文字框中填入專案名稱"VGA"，在第三個文字框中則填入專案的頂層設計單體(top-level design entity)名稱"VAG"，如圖 3-57 所示。單體名稱對於大小寫是有區別的，所以大小寫必須配合檔案中的單體名稱。

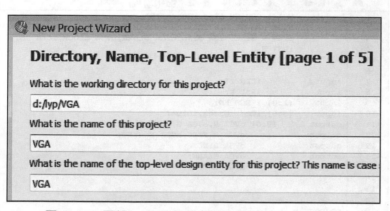

圖 3-57　目錄，名稱與最高層設計單體設定對話框

接著按 Finish 鍵，完成專案建立。建立專案"VGA"。

2. 專案導覽：在視窗左邊「Project Navigator」專案導覽視窗中 Hierarchy 處列出最頂層單體名稱 VGA。若沒有出現，可選取視窗選單 View → Utility Windows → Project Navigator 開啟專案導覽視窗。

3. 開啟新檔：選取視窗選單 File → New，出現「New」對話框。在 Device Design Files 頁面中選取 Verilog HDL File 選項，開啟 Verilog HDL 編輯畫面，預設檔名為 "Verilog1.v"。

4. 另存新檔：將新增的檔案另存為"VGA.v"的檔案名，注意要勾選 Add file to current project 並按 儲存 鈕，將檔案加入現在的專案中。存檔完點選視窗左邊專案導覽視窗中 Files 鈕，再用滑鼠在 Device Design Files 處點兩下展開會看到"VGA.v"檔名出現。

5. 編輯"VGA.v"檔：在 Verilog HDL 編輯視窗可直接輸入文字或選取視窗選單 Edit → Insert Template，出現「Insert Template」對話框。在 Language templates 選單中展開 Verilog HDL 下的"Constructs"下的"Design Units"下的"Module Declaration[style2]"，則在右方 Template section: 選單中出現語法，選擇後按 Insert 將所選取的語法插入至文字編輯器中。更改電路名稱"__module_name"成為與檔名相同的名字 VGA。更改輸入腳位名稱為"i_RGB_EN,iRed,iGreen,iBlue,oVGA_R, oVGA_G,oVGA_B,oVGA_H_SYNC,oVGA_V_SYNC,oVGA_SYNC,oVGA_BLANK,oVGA_CLOCK,iCLK_25,iRST_N"，並修改如圖 3-58 所示。

```
1  module      VGA(i_RGB_EN,iRed,iGreen,iBlue,
2              oVGA_R,oVGA_G,oVGA_B,      oVGA_H_SYNC,
3              oVGA_V_SYNC,oVGA_SYNC,oVGA_BLANK,oVGA_CLOCK,iCLK_25,
4              iRST_N   );
5
6
7  input          iCLK_25;
8  input          iRST_N;
9  input    [2:0] i_RGB_EN;
10 input    [9:0] iRed,iGreen,iBlue;
11 output   [9:0] oVGA_R,oVGA_G,oVGA_B;
12 output         oVGA_H_SYNC,oVGA_V_SYNC;
13 output         oVGA_SYNC;
14 output         oVGA_BLANK;
15 output         oVGA_CLOCK;
16
17
18
19 endmodule
```

圖 3-58　更改輸入腳位名稱

6. 加入水平同步訊號控制程式：選取視窗選單 Edit → Insert Template，出現「Insert Template」對話框。在 Language templates 選單中展開 Verilog HDL 下的"Constructs"下的"Module Items"下的"Always Construct(Sequential)"，則在右方 Template section: 選單中出現語法，選擇後按 Insert 將所選取的語法插入至文字編輯器中，在 begin 與 end 間加入"If statement"，"If statement"樣板在 Language templates 選單中展開 Verilog HDL 下的"Constructs"下的"Sequential Statements"下的"If statement"，並修改如圖 3-59 所示。程式說明整理於表 3-19 所示。

```
17   // H_Sync Generator, Ref. 25 MHz Clock
18   parameter   H_SYNC_CYC  =    96;
19   parameter   H_SYNC_TOTAL=   800;
20
21   reg      [9:0]    H_Cont;
22   reg          oVGA_H_SYNC;
23   always@(posedge iCLK_25 or negedge iRST_N)
24   begin
25      if(!iRST_N)
26      begin
27         H_Cont       <= 0;
28         oVGA_H_SYNC <= 0;
29      end
30      else
31      begin
32         // H_Sync Counter
33         if( H_Cont < H_SYNC_TOTAL)  //H_SYNC_TOTAL=800
34         H_Cont    <= H_Cont+1;
35         else
36         H_Cont    <= 0;
37         // H_Sync Generator
38         if( H_Cont < H_SYNC_CYC ) //H_SYNC_CYC =96
39         oVGA_H_SYNC <= 0;
40         else
41         oVGA_H_SYNC <= 1;
42      end
43   end
```

圖 3-59　水平同步訊號控制程式

表 3-19　程式說明

iCLK_25	iRST_N	H_Cont[9..0]	oVGA_H_SYNC	說明
X	0	0	0	清除
↑	1	從 0 數至 H_SYNC_TOTAL-1	若 H_Cont<H_SYNC_CYC，oVGA_H_SYNC 為 0 不然為 1	H_SYNC_TOTAL=800 H_SYNC_CYC=96

7. 加入垂直同步訊號控制程式：選取視窗選單 Edit → Insert Template，出現「Insert Template」對話框。在 Language templates 選單中展開 Verilog HDL 下的"Constructs" 下的"Module Items"下的"Always Construct(Sequential)"，則在右方 Template section: 選單中出現語法，選擇後按 Insert 將所選取的語法插入至文字編輯器 中，在 begin 與 end 間加入"If statement"，"If statement"樣板在 Language templates 選單中展開 Verilog HDL 下的"Constructs"下的"Sequential Statements"下的"If statement"，並修改如圖 3-60 所示。程式說明整理於表 3-20 所示。

```
45    parameter    V_SYNC_TOTAL=  525;
46    parameter    V_SYNC_CYC  =  2;
47    reg      [9:0]    V_Cont;
48    reg           oVGA_V_SYNC;
49
50    // V_Sync Generator, Ref. H_Sync
51    always@(posedge iCLK_25 or negedge iRST_N)
52  ┌begin
53      if(!iRST_N)
54  ┌   begin
55         V_Cont     <= 0;
56         oVGA_V_SYNC <= 0;
57  ┴    end
58      else
59  ┌   begin
60         // When H_Sync Re-start
61         if(H_Cont==0)
62  ┌      begin
63            // V_Sync Counter
64            if( V_Cont < V_SYNC_TOTAL ) //V_SYNC_TOTAL =525
65            V_Cont   <= V_Cont+1;
66            else
67            V_Cont   <= 0;
68            // V_Sync Generator
69            if(   V_Cont < V_SYNC_CYC ) // V_SYNC_CYC =2
70            oVGA_V_SYNC <= 0;
71            else
72            oVGA_V_SYNC <= 1;
73  ┴      end
74  ┴    end
75    end
```

圖 3-60　水平同步訊號控制程式

表 3-20　程式說明

iCLK_25	iRST_N	V_Cont[9..0]	oVGA_V_SYNC	說明
X	0	0	0	清除
↑	1	若 H_Cont=0， 從 0 數至 V_SYNC_TOTAL-1	若 H_Cont=0，若 V_Cont<V_SYNC_CYC， oVGA_V_SYNC 為 0 不然為 1	V_SYNC_TOTAL=525 V_SYNC_CYC=2

8. 加入輸出顏色產生程式：選取視窗選單 Edit → Insert Template，出現「Insert Template」對話框。在 Language templates 選單中展開 Verilog HDL 下的"Constructs" 下的"Module Items"下的"Always Construct(Sequential)"，則在右方 Template section: 選單中出現語法，選擇後按 Insert 將所選取的語法插入至文字編輯器 中，在 begin 與 end 間加入"If statement"，"If statement"樣板在 Language templates 選單中展開 Verilog HDL 下的"Constructs"下的"Sequential Statements"下的"If statement"，並修改如圖 3-61 示。程式說明整理於表 3-21 所示。

```
76    parameter    H_SYNC_BACK =   45+3;
77    parameter    V_SYNC_BACK =   30+2;
78    parameter    X_START     =   H_SYNC_CYC+H_SYNC_BACK+4;
79    parameter    Y_START     =   V_SYNC_CYC+V_SYNC_BACK;
80    parameter    H_SYNC_ACT  =   640;
81    parameter    V_SYNC_ACT  =   480;
82    reg      [9:0] oVGA_R,oVGA_G,oVGA_B;
83    always@(H_Cont or V_Cont or i_RGB_EN or iRed or
84           iGreen or iBlue )
85    begin
86       if(H_Cont>=X_START+9    && H_Cont<X_START+H_SYNC_ACT+9 &&
87          V_Cont>=Y_START    && V_Cont<Y_START+V_SYNC_ACT)
88       begin
89          if (i_RGB_EN[2]==1)
90          oVGA_R=iRed ;
91          else
92          oVGA_R=0;
93          if (i_RGB_EN[1]==1)
94          oVGA_G=iGreen   ;
95          else
96          oVGA_G=0;
97          if (i_RGB_EN[0]==1)
98          oVGA_B=iBlue    ;
99          else
100         oVGA_B=0;
101      end
102      else
103      begin
104         oVGA_R=0;oVGA_G=0;oVGA_B=0;
105      end
106   end
```

圖 3-61　輸出顏色產生程式

表 3-21　程式說明

i_RGB_EN [2..0]	oVGA_R	oVGA_G	oVGA_B	說明
i_RGB_EN	若條件 1 成立且 i_RGB_EN[2]=1 則等於 iRed && H_Cont<X_STA RT+H_SYNC_A CT+9 && V_Cont>=Y_ST ART && V_Cont<Y_STA RT+V_SYNC_A CT	若條件 1 成立 且 i_RGB_EN[1]=1 則等於 iGreen	若條件 1 成立 且 i_RGB_EN[2] =1 則 等 於 iBlue	H_SYNC_BACK =45+3 =45+3; =45+3; =45+3; V_SYNC_BACK =30+2; V_SYNC_BACK =30+2X_START =H_SYNC_CYC+H

	H_Cont-X_STA RT			_SYNC_BACK+4; X_START = H_SYNC_CYC +H_SYNC_BACK +4Y_START =V_SYNC_CYC+V _SYNC_BACK; Y_START = V_SYNC_CYC +V_SYNC_BACKH _SYNC_ACT =640; V_SYNC_ACT =480;

9. 加入輸出訊號產生程式：在 Verilog HDL 編輯視窗可直接輸入文字或選取視窗選
   單 Edit → Insert Template，出現「Insert Template」對話框。在 Language templates
   選單中展開 Verilog HDL 下的"Constructs"下的"Module Items"下的"Continuous
   Assignment"，則在右方 Template section: 選單中出現語法，選擇後按 Insert 將所
   選取的語法插入至文字編輯器中，並修改如圖 3-62 所示。完整程式如表 3-22 所
   示。

```
109    assign    oVGA_BLANK  =  oVGA_H_SYNC & oVGA_V_SYNC;
110    assign    oVGA_SYNC   =  1'b0;
111    assign    oVGA_CLOCK  =  ~iCLK_25;
```

圖 3-62　輸出訊號產生程式

表 3-22　完整程式

```
module                    VGA(i_RGB_EN,iRed,iGreen,iBlue,oVGA_R,oVGA_G,oVGA_B,
    oVGA_H_SYNC,oVGA_V_SYNC,oVGA_SYNC,oVGA_BLANK,oVGA_CLOCK,iCLK_2
5,  iRST_N   );

input   iCLK_25;
input   iRST_N;
input   [2:0]i_RGB_EN;
```

```verilog
input    [9:0]iRed,iGreen,iBlue;
output   [9:0]oVGA_R,oVGA_G,oVGA_B;
output oVGA_H_SYNC,oVGA_V_SYNC;
output oVGA_SYNC;
output oVGA_BLANK;
output oVGA_CLOCK;
//H_Sync Generator, Ref. 25 MHz Clock
parameter H_SYNC_CYC  =    96;
parameter H_SYNC_TOTAL=    800;
reg [9:0]H_Cont;
reg oVGA_H_SYNC;
always@(posedge iCLK_25 or negedge iRST_N)
begin
if(!iRST_N)
begin
H_Cont<=0;
oVGA_H_SYNC      <=    0;
end
else
begin
//H_Sync Counter
if( H_Cont < H_SYNC_TOTAL)   //H_SYNC_TOTAL=800
H_Cont<=H_Cont+1;
else
H_Cont<=0;
//H_Sync Generator
if( H_Cont < H_SYNC_CYC ) //H_SYNC_CYC =96
oVGA_H_SYNC<=0;
else
oVGA_H_SYNC<=1;
end
end
```

```
parameter V_SYNC_TOTAL=525;
parameter V_SYNC_CYC=2;
reg [9:0]V_Cont;
reg oVGA_V_SYNC;
//V_Sync Generator, Ref. H_Sync
always@(posedge iCLK_25 or negedge iRST_N)
begin
if(!iRST_N)
begin
V_Cont<=0;
oVGA_V_SYNC<=0;
end
else
begin
//When H_Sync Re-start
if(H_Cont==0)
begin
//V_Sync Counter
if( V_Cont < V_SYNC_TOTAL ) //V_SYNC_TOTAL =525
V_Cont<=V_Cont+1;
else
V_Cont<=0;
//V_Sync Generator
if(V_Cont < V_SYNC_CYC ) // V_SYNC_CYC =2
oVGA_V_SYNC<=0;
else
oVGA_V_SYNC<=1;
end
end
end

parameter H_SYNC_BACK=45+3;
parameter V_SYNC_BACK=30+2;
```

```verilog
parameter X_START=H_SYNC_CYC+H_SYNC_BACK+4;
parameter Y_START=V_SYNC_CYC+V_SYNC_BACK;
parameter H_SYNC_ACT=640;
parameter V_SYNC_ACT=480;
reg [9:0]oVGA_R,oVGA_G,oVGA_B;
always@(H_Cont or V_Cont or i_RGB_EN or iRed or
        iGreen or iBlue )
begin
if(H_Cont>=X_START+9  && H_Cont<X_START+H_SYNC_ACT+9 &&
V_Cont>=Y_START        && V_Cont<Y_START+V_SYNC_ACT)
begin
    if (i_RGB_EN[2]==1)
oVGA_R=iRed ;
else
oVGA_R=0;
if (i_RGB_EN[1]==1)
oVGA_G=iGreen     ;
else
oVGA_G=0;
if (i_RGB_EN[0]==1)
oVGA_B=iBlue;
else
oVGA_B=0;
end
else
begin
oVGA_R=0;oVGA_G=0;oVGA_B=0;
end
end
assign oVGA_BLANK=oVGA_H_SYNC & oVGA_V_SYNC;
assign oVGA_SYNC =1'b0;
assign   oVGA_CLOCK=~iCLK_25;
endmodule
```

10. 存檔：選取視窗選單 File → Save。

11. 檢查電路：選取視窗選單 Processing → Start → Start Analysis & Elaboration。最後出現成功訊息視窗，按 確定 鈕關閉視窗。

12. 創造電路符號：回到編輯視窗，選取視窗選單 File → Create/Update → Create Symbol Files for Current File，出現產生符號檔成功之訊息，會產生電路符號檔 "VGA.bsf"。可選取視窗選單 File → Open 開啓"VGA"檔觀看。觀察無誤後關閉 "VGA.bsf"檔。

13. 新增檔案：接下來選擇視窗選單 File → New，開啓新增「New」對話框，選擇 Block Diagram/Schematic File，按 OK 鈕新增圖形檔。

14. 另存新檔：將新增的檔案另存爲"VGA_pro.bdf"的檔案名，注意要勾選 Add file to current project 並按 儲存 鈕，將檔案加入現在的專案中。存檔完點選視窗左邊專案導覽視窗中 Files 鈕，再用滑鼠在 Device Design Files 處點兩下展開會看到 "VGA_pro.bdf"檔名出現。

15. 加入 VGA 電路符號：編輯 VGA_pro.bdf 檔，選取視窗選單 Edit → Insert Symbol 會出現「Symbol」對話框，出現「Symbol」對話框，展開 Project，選 VGA，設定好按 OK 鍵。

16. 加入輸出輸入腳：在 VGA_pro.bdf 檔編輯範圍內用滑鼠快點兩下，或點選 符號，會出現「Symbol」對話框。可以直接在 Name: 處輸入 input。勾選 Repeat-insert mode，可以連續插入數個符號。設定好後按 ok 鈕。在 "VGA_pro.bdf" 檔編輯範圍內選好擺放位置按左鍵放置一個 "input" 符號，再換位置加入另外一個 "input" 符號，共需要六個輸入，按 Esc 可終止放置符號。同樣方式加入兩個 "output" 輸出埠。可以在腳位名字上用滑鼠點兩下更名。再加入兩個"vcc"與一個"tff"號，編輯 VGA_pro.bdf 結果如圖 3-65 所示。電路說明如表 3-23 所示。

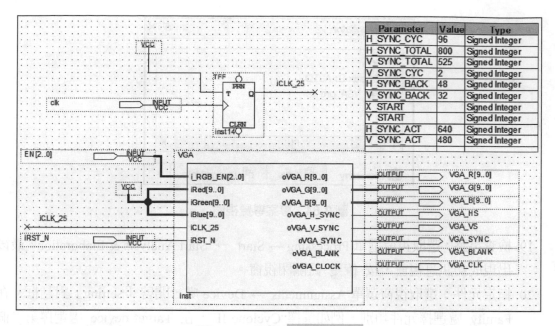

圖 3-63　編輯 VGA_pro.bdf

表 3-23　程式說明

符號	說明
tff	由於 DE2 開發板上有 50MHz 的輸入，本電路使用 tff 作為除以 2 的除頻器，輸出接至 VGA 的時脈輸入端。
VGA	VGA 的輸入腳 iRed、iGreen、iBlue 都接高準位。

17. 存檔：選取視窗選單 File → Save。

18. 更改最頂層檔案：選取視窗選單 Projetc → Set as Top-Level Entity。在視窗左邊「Project Navigator」專案導覽視窗中 ⟨Hierarchy⟩ 處列出最頂層單體名稱 VGA_pro，如圖 3-64 所示。若沒有出現，可選取視窗選單 View → Utility Windows → Project Navigator 開啟專案導覽視窗。

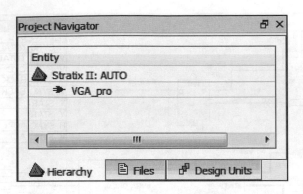

圖 3-64　專案導覽視窗

19. 檢查電路：選取視窗選單 Processing → Start → Start Analysis & Elaboration。最後出現成功訊息視窗，按 確定 鈕關閉視窗。

20. 指定元件：選取視窗選單 Assignments → Device 處，開啟「Setting」對話框。在 Family 處選擇元件類別，例如選擇"Cyclone II"，在 Target device 處選擇第二個選項"Specific device selected in Available devices list "。在 Available devices 處選元件編號"EP2C35F672C6"，如圖 3-65 所示。再選取 Device and Pin Options，開啟「Device and Pin Options」對話框，選取 Unused Pin 頁面，將 Reserve all unused pins 設定成 As input, tri-stated，如圖 3-66 所示，按 確定 鈕回到「Setting」對話框，再按 OK 鈕。

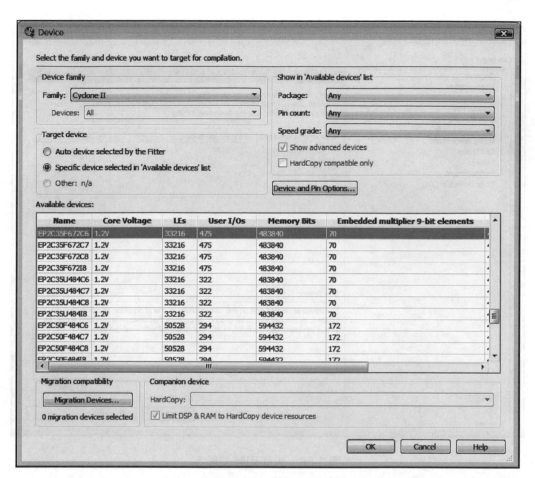

圖 3-65　指定元件

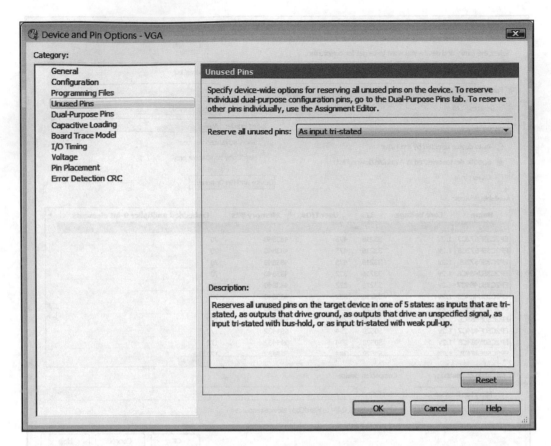

圖 3-66　未使用腳位設定

21. 指定接腳：選取視窗選單 Assignments → Pin Planner 處，開啓「Pin Planner」對話框，在 Editor: 下方的 To 欄位下方，用滑鼠快點兩下開啓下拉選單，選取一個輸入腳或輸出腳，例如"clk"，再至同一列處 Location 欄位下方用滑鼠快點兩下開啓下拉選單，選取欲連接的元件腳位名"PIN_N2"，再依同樣方式對應表 3-24 中其他 VGA_pro 設計腳位與 Cyclone II 元件之腳位。設定完所有設計專案之所有輸入輸出腳對應到實際 IC 腳後，結果如圖 3-67 所示。

表 3-24　腳位指定

VGA_pro 設計腳位	Cyclone II 元件腳位	說明
clk	PIN_N2	發展板上 50 MHz
iRST_N	PIN_V2	指撥開關[17]
EN[2]	PIN_V1	指撥開關[16]

EN[1]	PIN_U4	指撥開關[15]
EN[0]	PIN_U3	指撥開關[14]
VGA_R[9]	PIN_E10	VGA 紅色位元[9]
VGA_R[8]	PIN_F11	VGA 紅色位元[8]
VGA_R[7]	PIN_H12	VGA 紅色位元[7]
VGA_R[6]	PIN_H11	VGA 紅色位元[6]
VGA_R[5]	PIN_A8	VGA 紅色位元[5]
VGA_R[4]	PIN_C9	VGA 紅色位元[4]
VGA_R[3]	PIN_D9	VGA 紅色位元[3]
VGA_R[2]	PIN_G10	VGA 紅色位元[2]
VGA_R[1]	PIN_F10	VGA 紅色位元[1]
VGA_R[0]	PIN_C8	VGA 紅色位元[0]
VGA_G[9]	PIN_D12	VGA 綠色位元[9]
VGA_G[8]	PIN_E12	VGA 綠色位元[8]
VGA_G[7]	PIN_D11	VGA 綠色位元[7]
VGA_G[6]	PIN_G11	VGA 綠色位元[6]
VGA_G[5]	PIN_A10	VGA 綠色位元[5]
VGA_G[4]	PIN_B10	VGA 綠色位元[4]
VGA_G[3]	PIN_D10	VGA 綠色位元[3]
VGA_G[2]	PIN_C10	VGA 綠色位元[2]
VGA_G[1]	PIN_A9	VGA 綠色位元[1]
VGA_G[0]	PIN_B9	VGA 綠色位元[0]
VGA_B[9]	PIN_B12	VGA 藍色位元[9]
VGA_B[8]	PIN_C12	VGA 藍色位元[8]
VGA_B[7]	PIN_B11	VGA 藍色位元[7]
VGA_B[6]	PIN_C11	VGA 藍色位元[6]
VGA_B[5]	PIN_J11	VGA 藍色位元[5]
VGA_B[4]	PIN_J10	VGA 藍色位元[4]

VGA_B[3]	PIN_G12	VGA 藍色位元[3]
VGA_B[2]	PIN_F12	VGA 藍色位元[2]
VGA_B[1]	PIN_J14	VGA 藍色位元[1]
VGA_B[0]	PIN_J13	VGA 藍色位元[0]
VGA_CLK	PIN_B8	VGA 時脈訊號位元
VGA_BLANK	PIN_D6	VGA 空白訊號位元
VGA_HS	PIN_A7	VGA 水平同步訊號位元
VGA_VS	PIN_D8	VGA 垂直同步訊號位元
VGA_SYNC	PIN_B7	VGA 同步訊號位元

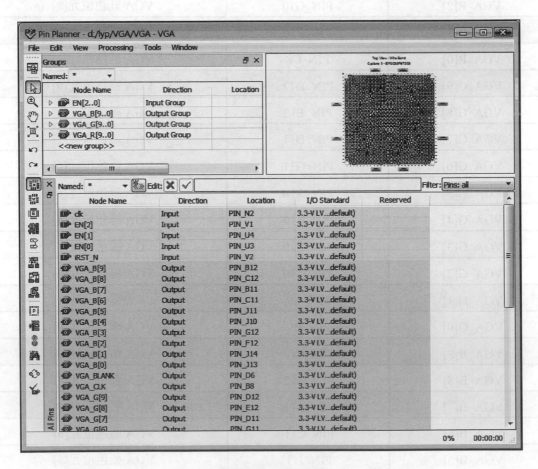

圖 3-67　腳位指定

22. 存檔與組譯：選取視窗選單 File → Save。選取視窗選單 Processing → Start Compilation。

23. 硬體連接：模擬板上有 USB-Blaster 連接埠。連接方式為將 USB-Blaster 連接線接頭與電腦 USB 埠相接，另一頭接頭與模擬板上 USB 接頭相接。再將模擬板接上電源。Altera USB-Blaster 驅動程式在"安裝目錄\quartus\drivers\usb-blaster\x32"。將 VGA 連接線連接螢幕與 DE2 實驗板之 VGA 接頭。

24. 開啟燒錄視窗：選取視窗選單 Tools → Programmer，開啟燒錄視窗為 VGA.cdf 檔。

25. 燒錄：並在要燒錄檔項目的 Program/Configure 處要勾選。再按 Start 鈕進行燒錄。

26. 實驗結果：燒錄成功後，控制模擬板上的指撥開關。注意當開關往上撥為 1，當開關往下撥為 0。操作方式，整理如表 3-25 所示。

表 3-25　實驗結果

第 1 步	iRST_N=1，EN[2]=1(紅色致能)，EN[1]=1(綠色致能)，EN[0]=1(藍色致能)	
	螢幕畫面出現白色	
VGA_pro 接腳	DE2 開關	狀態
iRST_N	指撥開關[17]	1(上)
EN[2]	指撥開關[16]	1(上)
EN[1]	指撥開關[15]	1(上)
EN[0](藍色致能)	指撥開關[14]	1(上)
第 2 步	iRST_N=1，EN[2]=0(紅色禁能)，EN[1]=1(綠色致能)，EN[0]=0(藍色禁能)	
	螢幕畫面出現綠色	
iRST_N	指撥開關[17]	1(上)
EN[2]	指撥開關[16]	0(下)
EN[1]	指撥開關[15]	1(上)
EN[0]	指撥開關[14]	0(下)
第 2 步	iRST_N=1，EN[2]=1(紅色致能)，EN[1]=0(綠色禁能)，EN[0]=0(藍色禁能)	
	螢幕畫面出現紅色	
iRST_N	指撥開關[17]	1(上)
EN[2]	指撥開關[16]	1(上)
EN[1]	指撥開關[15]	0(下)
EN[0]	指撥開關[14]	0(下)

第 3 步	iRST_N=0	
	螢幕畫面消失	
iRST_N	指撥開關[17]	0(下)

3-4 　VGA 控制之二

　　若將要顯示在 VGA 顯示器的資料，先存在記憶體中，再取出由 VGA 顯示裝置顯示。需將每個畫素對應的顏色資料，存在記憶體中。再控制位址存取對應的記憶體資料輸出至螢幕上。以 640×480 的解析度為例，共有 640×480 個畫素資料，規劃螢幕畫面水平方向對應的計憶體位址為由上而下，由左而右如圖 3-68 所示。第一列(Y 座標=0)對應位址為 0-639，第二列(Y 座標=1)為 640-1279，最後一列為 306560-307199(Y 座標=479)。計算公式如式 3-1 所示。

$$對應位址 = Y 座標 \times 640 + X 座標 \tag{3-1}$$

其中 Y 座標範圍從 0-479，X 座標範圍從 0-639。

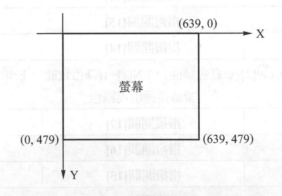

圖 3-68 　螢幕座標

　　每個畫素的顏色資料若以 RGB 各十個位元計算共須三十個位元。故一個畫面的資料共有 640×480×30 個位元。但是由於晶片內記憶體體的容量限制，故將畫面資料縮小 1/8 來儲存，再利用放大 8 倍顯示。並將每一個位址的 RGB 顏色資料規劃 9 個位元，每個顏色各分配 3 位元資料，R 為最低三位元，G 為中間三位元，B 為最高三位元，故共有需要記憶體 38400×9 的大小。

　　以下先介紹要在記憶體的規劃，先將記憶體的位址範圍縮小為 1/8，為 38400 =(640*480/8)。每一個點設計會重複讀取記憶體中同一個位址 8 次，故第一列的畫面顯示資料對應到記憶體位址的 0-79，第二列的畫面顯示資料對應到記憶體位址的 80-159，最後一列的畫面顯示資料對應到記憶體位址的 38320-38399，

　　例如，將螢幕分為上半部為藍色，下半部為紅色，則將第一列至第 239 列規劃紅色，將第 240 列至第 479 列規劃藍色。方法為將位址 0-19199 位址內容編為二進制數"000000111"(藍色)，將位址 19200-38399 位址內容編為二進制數"111000000"(紅色)，螢幕畫面規劃如圖 3-69 所示。

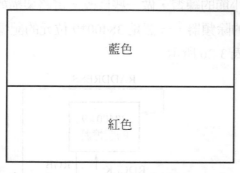

圖 3-69 螢幕畫面規劃

　　若要將螢幕分為左上半部為藍色，右上半部為紅色，左下半部為綠色，右下半部為白色，則將第一列前半的對應到記憶體位址的 0-39 內容編為二進制數"000000111"(藍色)，第一列後半的對應到記憶體位址的 40-79 內容編為二進制數"111000000"(紅色)，第二列前半的對應到記憶體位址的 80-119 內容編為二進制數"000000111"(藍色)，第二列後半的對應到記憶體位址的 120-159 內容編為二進制數"111000000"(紅色)，以此類推，至第 239 列前半的對應到記憶體位址的 19120-19159 內容編為二進制數"000000111"(藍色)，第 239 列後半的對應到記憶體位址的 19160-19199 內容編為二進制數"111000000"(紅色)；第 240 列前半的對應到記憶體位址的 19200-19239 內容編為二進制數"000111000"(綠色)，第 240 列後半的對應到記憶體位址的 19240-19279 內容編為二進制數"111111111"(白色)，以此類推，最後一列的畫面前半的對應到記憶體位址的 38320-38359 內容編為二進制數"000111000"(綠色)，最後一列的後半的對應到記憶體位址的 38360-38399 內容編為二進制數"111111111"(白色)，螢幕畫面規劃如圖 3-70 所示。

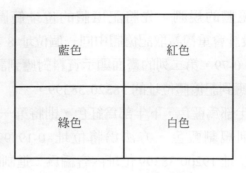

圖 3-70　螢幕畫面規劃

本設計範例延續 3-3 小節的練習，做一些修改。電路架構如圖 3-71 所示。分成三個部份設計，一個是除以 2 的除頻器，一個是 38400*9 位元的記憶體，一個是 VGA 訊號控制器，各模組說明整理如表 3-26 所示。

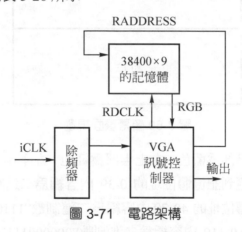

圖 3-71　電路架構

表 3-26　電路架構說明

區塊	說明
記憶體	寫入與讀出控制分開的 RAM，有 307200×1 個位元。讀的位址輸入端由 VGA 訊號控制器的位址輸出訊號 RAddress 控制。寫的位址由輸入控制。
VGA 訊號控制器	VGA 訊號控制器輸入時脈為 25MHz，VGA 訊號控制器的輸入來自記憶體的輸出。位址輸出端 RAddress 控制記憶體資料讀出位址。VGA 訊號控制器對外的輸出有 VGA_R、VGA_G、VGA_B、VGA_HS、VGA_VS、VGA_SYNC、VGA_BLANK 與 VGA_CLK。
除頻器	產生 25MHz 時脈。

- 電路腳位：

  脈波輸入端：clk

  非同步清除輸入端：iRST_N

  RGB 顏色致能輸入端：EN [2..0]

  VGA 紅色輸出端：oVGA_R[9..0]

  VGA 綠色輸出端：oVGA_G[9..0]

  VGA 藍色輸出端：oVGA_B[9..0]

  VGA 水平同步控制輸出端：oVGA_H_SYNC

  VGA 垂直同步控制輸出端：oVGA_V_SYNC

  VGA 同步控制輸出端：oVGA_SYNC;

  VGA Blank 輸出端：oVGA_BLANK

  VGA 時脈輸出端：oVGA_CLOCK;

實驗流程如下：

- 開啟專案"VGA.qpf"
- 開啟檔案
- "VGA.v"
- 另存新檔"VGA2.v"
- 修改 module 名稱為 VGA2
- 加入位址訊號控制程式
- 存檔
- 檢查電路
- 創造電路符號
- 新增記憶體檔案
- 新增檔案
- 編輯"VGA_init.mif"檔案
- 另存新檔為"VGA_init.mif"
- 新增檔案
- 另存新檔"VGA2_pro.bdf"
- 加入 VGA2 電路符號
- 存檔
- 更改最頂層檔案為 VGA2_pro
- 檢查電路

● 指定元件
● 指定接腳
● 存檔與組譯
● 硬體連接
● 開啟燒錄視窗
● 燒錄
● 實驗結果

其詳細說明如下：

1. 開啟專案：選取視窗選單 File → Open Project，開啟"VGA.qpf"專案。

2. 開啟檔案：選取視窗選單 File → Open，開啟"VGA.v"檔。

3. 另存新檔：將新增的檔案另存為"VGA2.v"的檔案名，注意要勾選 Add file to current project 並按 儲存 鈕，將檔案加入現在的專案中。存檔完點選視窗左邊專案導覽視窗中 Files 鈕，再用滑鼠在 Device Design Files 處點兩下展開會看到"VGA2. v"檔名出現。

4. 修改 module 名稱：更改電路名稱"VGA"成與檔名相同的名字"VGA2"。加入腳位名稱為"oAddress"，並修改如圖 3-72 所示。

```
VGA2.v*

  1    ■module   VGA2(i_RGB_EN,iRed,iGreen,iBlue,
  2                    oVGA_R,oVGA_G,oVGA_B,oVGA_H_SYNC,
  3                    oVGA_V_SYNC,oVGA_SYNC,oVGA_BLANK,oVGA_CLOCK,
  4                    iCLK_25, iRST_N, oAddress);
  5
  6
  7    input                iCLK_25;
  8    input                iRST_N;
  9    input        [2:0]   i_RGB_EN;
 10    input        [9:0]   iRed,iGreen,iBlue;
 11
 12    output       [19:0]  oAddress;
 13
 14    output       [9:0]   oVGA_R,oVGA_G,oVGA_B;
 15    output               oVGA_H_SYNC,oVGA_V_SYNC;
 16    output               oVGA_SYNC;
 17    output               oVGA_BLANK;
 18    output               oVGA_CLOCK;
```

圖 3-72　更改輸入腳位名稱

5. 加入位址訊號控制程式：再程式 endmodule 前一行加入程式，選取視窗選單 Edit → Insert Template，出現「Insert Template」對話框。在 Language templates 選單中展開 Verilog HDL 下的 ”Constructs” 下的 ”Module Items” 下的 ”Always Construct(Sequential)”，則在右方 Template section: 選單中出現語法，選擇後按 Insert 將所選取的語法插入至文字編輯器中，在 begin 與 end 間加入 ”If statement”，”If statement” 樣板在 Language templates 選單中展開 Verilog HDL 下的 ”Constructs” 下的 ”Sequential Statements” 下的 ”If statement”，並修改如圖 3-74 所示。程式說明整理於表 3-27 所示。”VGA2.v” 完整程式如表 3-28 所示。

```
121     reg [9:0]    oCoord_X,oCoord_Y;
122     reg    [19:0] oAddress;
123     always@(posedge iCLK_25 or negedge iRST_N)
124  begin
125        if(!iRST_N)
126     begin
127           oCoord_X    <=  0;
128           oCoord_Y    <=  0;
129           oAddress    <=  0;
130        end
131        else
132     begin
133        if( H_Cont>=X_START && H_Cont<X_START+H_SYNC_ACT &&
134            V_Cont>=Y_START && V_Cont<Y_START+V_SYNC_ACT )
135        begin
136           oCoord_X    <=  H_Cont-X_START;
137           oCoord_Y    <=  V_Cont-Y_START;
138           oAddress    <=  oCoord_Y*H_SYNC_ACT+oCoord_X;
139        end
140     end
141  end
142
143  endmodule
```

圖 3-73　位址訊號控制程式

表 3-27　程式說明

iCLK_25	iRST_N	oCoord_X	oCoord_Y	oAddress[19..0]	說明
X	0	0	0	0	清除
↑	1	若條件 2 成立則等於 H_Cont-X_START+9 &&	若條件 2 成立則等於 V_Cont-Y_START	若條件 2 成立則等於 oCoord_Y*H_SYNC_ACT+oCoord_X-3	H_SYNC_BACK = 45+3=45+3; =45+3; =45+3; V_SYNC_BACK

| | | H_Cont<X_START+H_SYNC_ACT+9 && V_Cont>=Y_START && V_Cont<Y_START+V_SYNC_ACT | | | =30+2; V_SYNC_BACK =30+2 X_START =H_SYNC_CYC +H_SYNC_BACK+4; X_START =H_SYNC_CYC +H_SYNC_BACK+4 |
| | | H_Cont-X_START | | | Y_START =V_SYNC_CYC+V_SYNC_BACK; Y_START = V_SYNC_CYC +V_SYNC_BACKH_SYNC_ACT =640; V_SYNC_ACT =480; |

條件 2：(H_Cont>=X_START)及(H_Cont<X_START+H_SYNC_ACT)及
　　　　(V_Cont>=Y_START)及(V_Cont<Y_START+V_SYNC_ACT)

表 3-28　"VGA2.v"完整程式

```
module    VGA2(i_RGB_EN,iRed,iGreen,iBlue,
          oVGA_R,oVGA_G,oVGA_B,oVGA_H_SYNC,
          oVGA_V_SYNC,oVGA_SYNC,oVGA_BLANK,oVGA_CLOCK,
          iCLK_25, iRST_N, oAddress);


input                   iCLK_25;
input                   iRST_N;
input         [2:0] i_RGB_EN;
input         [9:0] iRed,iGreen,iBlue;

output        [19:0]    oAddress;
```

```verilog
output          [9:0] oVGA_R,oVGA_G,oVGA_B;
output                oVGA_H_SYNC,oVGA_V_SYNC;
output                oVGA_SYNC;
output                oVGA_BLANK;
output                oVGA_CLOCK;

//    H_Sync Generator, Ref. 25 MHz Clock
parameter H_SYNC_CYC  =    96;
parameter H_SYNC_TOTAL=    800;


reg      [9:0]        H_Cont;
reg              oVGA_H_SYNC;
always@(posedge iCLK_25 or negedge iRST_N)
begin
    if(!iRST_N)
    begin
        H_Cont        <=   0;
        oVGA_H_SYNC<=    0;
    end
    else
    begin
        //    H_Sync Counter
        if( H_Cont < H_SYNC_TOTAL)   //H_SYNC_TOTAL=800
        H_Cont    <=   H_Cont+1;
        else
        H_Cont    <=   0;
        //    H_Sync Generator
        if( H_Cont < H_SYNC_CYC ) //H_SYNC_CYC =96
        oVGA_H_SYNC<=   0;
        elsc
        oVGA_H_SYNC<=    1;
    end
```

```
end

parameter V_SYNC_TOTAL=    525;
parameter V_SYNC_CYC  =    2;
reg      [9:0]      V_Cont;
reg            oVGA_V_SYNC;

//    V_Sync Generator, Ref. H_Sync
always@(posedge iCLK_25 or negedge iRST_N)
begin
    if(!iRST_N)
    begin
        V_Cont        <=    0;
        oVGA_V_SYNC<=    0;
    end
    else
    begin
        //    When H_Sync Re-start
        if(H_Cont==0)
        begin
            //    V_Sync Counter
            if( V_Cont < V_SYNC_TOTAL ) //V_SYNC_TOTAL =525
            V_Cont    <=    V_Cont+1;
            else
            V_Cont    <=    0;
            //    V_Sync Generator
            if(   V_Cont < V_SYNC_CYC ) // V_SYNC_CYC =2
            oVGA_V_SYNC <=    0;
            else
            oVGA_V_SYNC <=    1;
        end
    end
end
```

```
parameter H_SYNC_BACK=      45+3;
parameter V_SYNC_BACK=      30+2;
parameter X_START        =  H_SYNC_CYC+H_SYNC_BACK+4;
parameter Y_START        =  V_SYNC_CYC+V_SYNC_BACK;
parameter H_SYNC_ACT     =  640;
parameter V_SYNC_ACT     =  480;
reg       [9:0] oVGA_R,oVGA_G,oVGA_B;
always@(H_Cont or V_Cont or i_RGB_EN or iRed or
        iGreen or iBlue )
begin
    if(H_Cont>=X_START+9   && H_Cont<X_START+H_SYNC_ACT+9 &&
        V_Cont>=Y_START   && V_Cont<Y_START+V_SYNC_ACT)
    begin
      if (i_RGB_EN[2]==1)
        oVGA_R=iRed   ;
        else
        oVGA_R=0;
        if (i_RGB_EN[1]==1)
        oVGA_G=iGreen;
        else
        oVGA_G=0;
        if (i_RGB_EN[0]==1)
        oVGA_B=iBlue  ;
        else
        oVGA_B=0;
    end
    else
    begin
        oVGA_R=0;oVGA_G=0;oVGA_B=0;
    end
end
```

```
assign      oVGA_BLANK  =      oVGA_H_SYNC & oVGA_V_SYNC;
assign      oVGA_SYNC   =      1'b0;
assign      oVGA_CLOCK  =      ~iCLK_25;
reg [9:0] oCoord_X,oCoord_Y;
reg  [19:0]     oAddress;
always@(posedge iCLK_25 or negedge iRST_N)
begin
    if(!iRST_N)
    begin
        oCoord_X  <=    0;
        oCoord_Y  <=    0;
        oAddress  <=    0;
    end
    else
    begin
        if(    H_Cont>=X_START && H_Cont<X_START+H_SYNC_ACT &&
            V_Cont>=Y_START && V_Cont<Y_START+V_SYNC_ACT )
        begin
            oCoord_X  <=    H_Cont-X_START;
            oCoord_Y  <=    V_Cont-Y_START;
            oAddress  <=    oCoord_Y*H_SYNC_ACT+oCoord_X-3;
        end
    end
end
endmodule
```

6. 存檔：選取視窗選單 File → Save。

7. 檢查電路：選取視窗選單 Processing → Start → Start Analysis & Elaboration。最後出現成功訊息視窗，按 確定 鈕關閉視窗。

8. 創造電路符號：回到編輯視窗，選取視窗選單 File → Create/Update → Create Symbol Files for Current File，出現產生符號檔成功之訊息，會產生電路符號檔 "VGA2.   bsf"。可選取視窗選單 File → Open 開啟"VGA2.bsf"檔觀看。觀察無誤後關閉"VGA2.bsf"檔。

9. 新增記憶體檔案：接下來選擇視窗選單 Tools → MegaWizard Plug-In Manager，出現「MegaWizard Plug-In Manager」對話框，選擇第一個選項 Create a new custom megafunction variation，按 Next 鈕進入「Page2a」對話框，選擇左列 Select a megafunction from the list below 下的 "Memory Compiler"，點兩下展開後選擇 "RAM-2 PORT"，在右邊選項 Which type of file do you want to create ? 處選擇輸出檔的形式，若選擇 "Verilog HDL" 則在 What name do you want for the output file? 處的檔名為 "ram_VGA.v"，如圖 3-74 所示。設定好按 Next 鍵。

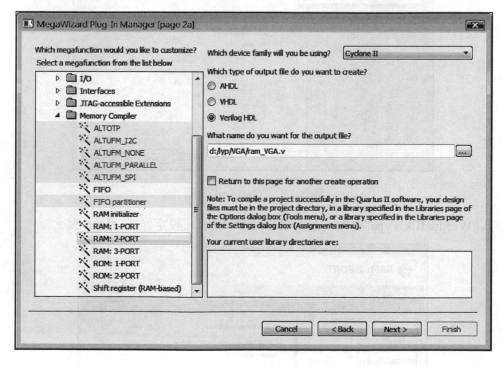

圖 3-74「MegaWizard Plug-In Manager」對話框

進入"General"頁面，設定如圖 3-75 所示。設定好按 Next 鍵。

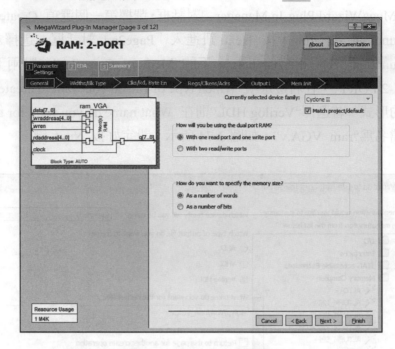

圖 3-75 　"General"頁面

進入"Widths/Blk Type"頁面，設定如圖 3-76 所示。設定好按 Next 鍵。

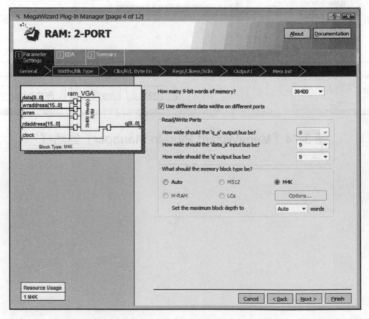

圖 3-76 　"Widths/Blk Type"頁面

進入"Clks/Rd, Byte En"頁面，設定如圖 3-77 所示。設定好按 Next 鍵。

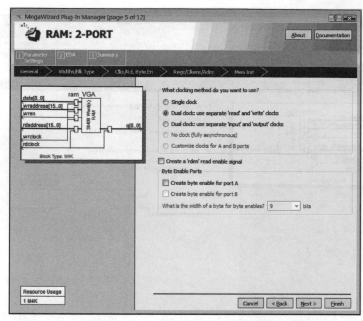

圖 3-77　"Clks/Rd, Byte En"頁面

進入"Regs/Clkens/Aclrs"頁面，設定如圖 3-78 所示。設定好按 Next 鍵。

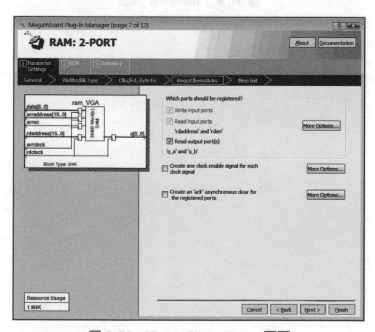

圖 3-78　"Regs/Clkens/Aclrs"頁面

進入"Mem Init"頁面，設定如圖 3-79 所示。設定好按 Next 鍵。

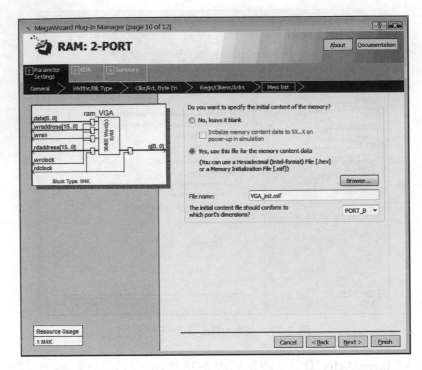

圖 3-79　"Mem Init"頁面

進入"EDA"頁面，如圖 3-80 所示。按 Next 鍵。

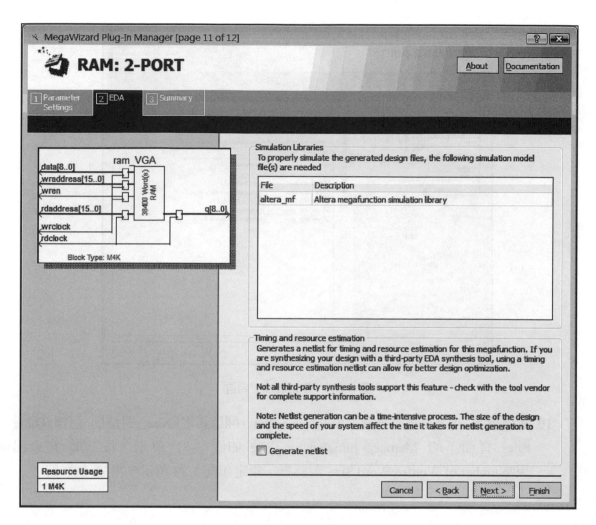

圖 3-80　"EDA"頁面

進入"Summary"頁面，設定如圖 3-81 所示。設定好按 Finish 鍵。

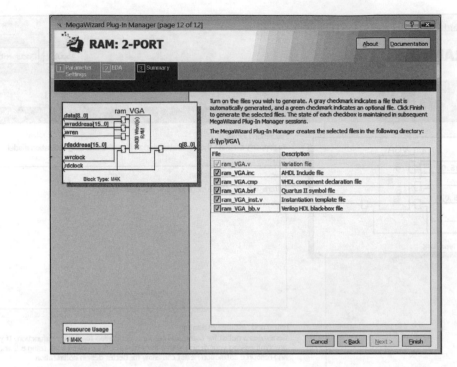

圖 3-81 "Summary"頁面

10. 新增檔案：接下來選擇視窗選單 File → New，開啓新增「New」對話框，選擇 Other Files 頁面下的 Memory Initialization File 如圖 3-82 所示，按 OK 鈕會出現"Number of Words&Word Size"對話框，設定如圖 3-83 所示，再按 OK 鈕。

圖 3-82　新增 MIF 檔

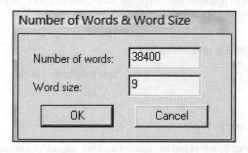

圖 3-83　"Number of Words&Word Size"對話框

11. 編輯"VGA_init.mif"檔案：接下來選擇視窗選單 View → Address Radix，選擇"Decimal"，如圖 3-84 所示，選擇視窗選單 View → Memory Radix，選擇"Binary" 如圖 3-85 所示。選擇視窗選單 Edit → Custom Fill Cells，出現「Custom Fill Cells」對話框，設定 0-19199 位址內容為"000000111"，如圖 3-86 所示，按 OK 鈕。選擇視窗選單 Edit → Custom Fill Cells，出現「Custom Fill Cells」對話框，設定設定 19200 至 38399 位址內容為"111000000"，如圖 3-87 所示，按 OK 鈕。設定結果如圖 3-88 所示。

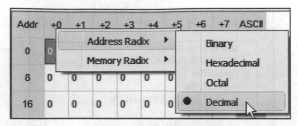

圖 3-84　設定位址顯示方式為"Decimal"

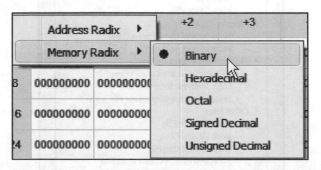

圖 3-85　設定內容顯示方式為"Binary"

圖 3-86　設定 0-19199 位址內容為"000000111"

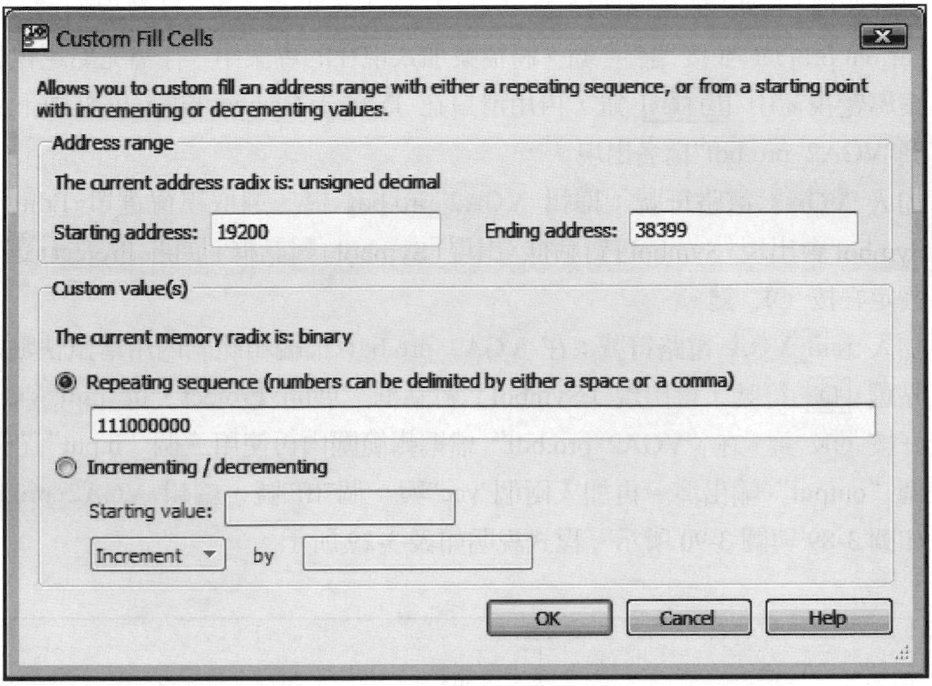

圖 3-87　設定 19200 至 38399 位址內容為"111000000"

Addr	+0	+1	+2	+3	+4	+5	+6	+7
0	000000111	000000111	000000111	000000111	000000111	000000111	000000111	000000111
8	000000111	000000111	000000111	000000111	000000111	000000111	000000111	000000111
16	000000111	000000111	000000111	000000111	000000111	000000111	000000111	000000111
24	000000111	000000111	000000111	000000111	000000111	000000111	000000111	000000111
32	000000111	000000111	000000111	000000111	000000111	000000111	000000111	000000111
40	000000111	000000111	000000111	000000111	000000111	000000111	000000111	000000111
48	000000111	000000111	000000111	000000111	000000111	000000111	000000111	000000111

圖 3-88　設定結果

12. 另存新檔：將新增的檔案另存爲“VGA_init.mif”的檔案名，注意要勾選 Add file to current project 並按 儲存 鈕，將檔案加入現在的專案中。存檔完點選視窗左邊專案導覽視窗中 Files 鈕，再用滑鼠在 Device Design Files 處點兩下展開會看到 VGA_init.mif 檔名出現。
13. 新增檔案：接下來選擇視窗選單 File → New，開啓新增「New」對話框，選擇 Block Diagram/Schematic File，按 OK 鈕新增圖形檔。

14. 另存新檔：將新增的檔案另存為"VGA2_pro.bdf"的檔案名，注意要勾選 Add file to current project 並按 儲存 鈕，將檔案加入現在的專案中。存檔完點選視窗左邊專案導覽視窗中 Files 鈕，再用滑鼠在 Device Design Files 處點兩下展開會看到"VGA2_pro.bdf"檔名出現。

15. 加入 VGA2 電路符號：編輯 VGA2_pro.bdf 檔，選取視窗選單 Edit → Insert Symbol 會出現「Symbol」對話框，出現「Symbol」對話框，展開 Project，選 VGA2，設定好按 OK 鍵。

16. 加入 ram_VGA 電路符號：在 VGA2_pro.bdf 檔編輯範圍內用滑鼠快點兩下，或點選 D 符號，會出現「Symbol」對話框。展開 Project，選 ram_VGA，設定好按 OK 鍵。在 "VGA2_pro.bdf" 檔編輯範圍內再使用三個 "input" 符號，與八個 "output" 輸出埠。再加入兩個"vcc"與一個"tff"號，編輯 VGA2_pro.bdf 結果如圖 3-89 與圖 3-90 所示。程式說明如表 3-29 所示。

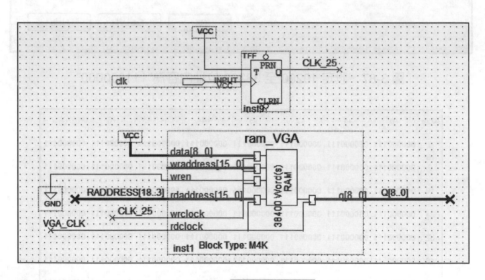

圖 3-89　編輯 VGA2_pro.bdf 之一

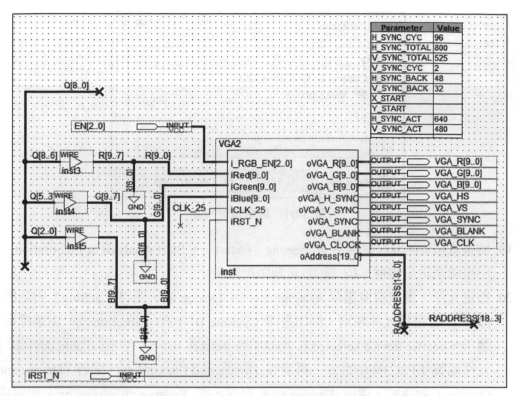

圖 3-90　編輯 VGA2_pro.bdf 之二

表 3-29　程式說明

符號	說明
Tff	由於 DE2 開發板上有 50MHz 的輸入，本電路使用 tff 作為除以 2 的除頻器，輸出接至 VGA 的時脈輸入端。
ram_VGA	寫入與讀出控制分開的 RAM，有 38400*9 個位元。讀的位址輸入端 raddress 由 VGA2 的位址輸出端 oAddress 的[18..3]位元控制。
VGA2	VGA2 的輸入腳 iRed、iGreen、iBlue 來自 ram_VGA 的輸出 q[9..0]，其中 iRed 最高三個位元來自 q[9..7]，iGreen 最高三個位元來自 q[6..4]，iBlue 最高三個位元來自 q[3..0]。

17. 存檔：選取視窗選單 File → Save。

18. 更改最頂層檔案：選取視窗選單 Projetc → Set as Top-Level Entity。在視窗左邊「Project Navigator」專案導覽視窗中 ▲Hierarchy 處列出最頂層單體名稱 VGA2_pro，如圖 3-91 所示。若沒有出現，可選取視窗選單 View → Utility Windows → Project Navigator 開啟專案導覽視窗。

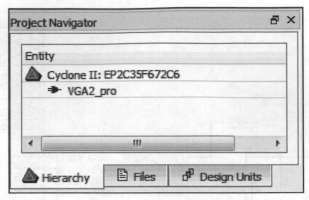

圖 3-91　專案導覽視窗

19. 檢查電路：選取視窗選單 Processing → Start → Start Analysis & Elaboration。最後出現成功訊息視窗，按 確定 鈕關閉視窗。

20. 指定元件：選取視窗選單 Assignments → Device 處，開啓「Setting」對話框。在 Family 處選擇元件類別，例如選擇"Cyclone II"，在 Target device 處選擇第二個選項"Specific device selected in Available devices list"。在 Available devices 處選元件編號"EP2C35F672C6"。再選取 Device and Pin Options，開啓「Device and Pin Options」對話框，選取 Unused Pins 頁面，將 Reserve all unused pins 設定成 As input, tri-stated。按 確定 鈕回到「Setting」對話框，再按 OK 鈕。

21. 指定接腳：選取視窗選單 Assignments → Pin Planner 處，開啓「Pin Planner」對話框，在 Editor: 下方的 To 欄位下方，用滑鼠快點兩下開啓下拉選單，選取一個輸入腳或輸出腳，例如"clk"，再至同一列處 Location 欄位下方用滑鼠快點兩下開啓下拉選單，選取欲連接的元件腳位名"PIN_N2"，再依同樣方式對應表 3-30 中其他 VGA2_pro 設計腳位與 Cyclone II 元件之腳位。設定完所有設計專案之所有輸入輸出腳對應到實際 IC 腳。

表 3-30　腳位指定

VGA2_pro 設計腳位	Cyclone II 元件腳位	說明
clk	PIN_N2	發展板上 50 MHz
iRST_N	PIN_V2	指撥開關[17]
EN[2]	PIN_V1	指撥開關[16]
EN[1]	PIN_U4	指撥開關[15]
EN[0]	PIN_U3	指撥開關[14]

VGA_R[9]	PIN_E10	VGA 紅色位元[9]
VGA_R[8]	PIN_F11	VGA 紅色位元[8]
VGA_R[7]	PIN_H12	VGA 紅色位元[7]
VGA_R[6]	PIN_H11	VGA 紅色位元[6]
VGA_R[5]	PIN_A8	VGA 紅色位元[5]
VGA_R[4]	PIN_C9	VGA 紅色位元[4]
VGA_R[3]	PIN_D9	VGA 紅色位元[3]
VGA_R[2]	PIN_G10	VGA 紅色位元[2]
VGA_R[1]	PIN_F10	VGA 紅色位元[1]
VGA_R[0]	PIN_C8	VGA 紅色位元[0]
VGA_G[9]	PIN_D12	VGA 綠色位元[9]
VGA_G[8]	PIN_E12	VGA 綠色位元[8]
VGA_G[7]	PIN_D11	VGA 綠色位元[7]
VGA_G[6]	PIN_G11	VGA 綠色位元[6]
VGA_G[5]	PIN_A10	VGA 綠色位元[5]
VGA_G[4]	PIN_B10	VGA 綠色位元[4]
VGA_G[3]	PIN_D10	VGA 綠色位元[3]
VGA_G[2]	PIN_C10	VGA 綠色位元[2]
VGA_G[1]	PIN_A9	VGA 綠色位元[1]
VGA_G[0]	PIN_B9	VGA 綠色位元[0]
VGA_B[9]	PIN_B12	VGA 藍色位元[9]
VGA_B[8]	PIN_C12	VGA 藍色位元[8]
VGA_B[7]	PIN_B11	VGA 藍色位元[7]
VGA_B[6]	PIN_C11	VGA 藍色位元[6]
VGA_B[5]	PIN_J11	VGA 藍色位元[5]
VGA_B[4]	PIN_J10	VGA 藍色位元[4]
VGA_B[3]	PIN_G12	VGA 藍色位元[3]
VGA_B[2]	PIN_F12	VGA 藍色位元[2]

VGA_B[1]	PIN_J14	VGA 藍色位元[1]
VGA_B[0]	PIN_J13	VGA 藍色位元[0]
VGA_CLK	PIN_B8	VGA 時脈訊號位元
VGA_BLANK	PIN_D6	VGA 空白訊號位元
VGA_HS	PIN_A7	VGA 水平同步訊號位元
VGA_VS	PIN_D8	VGA 垂直同步訊號位元
VGA_SYNC	PIN_B7	VGA 同步訊號位元

22. 組譯：選取視窗選單 Processing → Start Compilation。

23. 硬體連接：模擬板上有 USB-Blaster 連接埠。連接方式爲將 USB-Blaster 連接線接頭與電腦 USB 埠相接，另一頭接頭與模擬板上 USB 接頭相接。再將模擬板接上電源。Altera USB-Blaster 驅動程式在"安裝目錄\quartus\drivers\usb-blaster\x32"。將 VGA 連接線連接螢幕與 DE2 實驗板之 VGA 接頭。

24. 開啓燒錄視窗：選取視窗選單 Tools → Programmer，開啓燒錄視窗爲 VGA.cdf 檔。

25. 燒錄：並在要燒錄檔項目"VGA.sof"的 Program/Configure 處要勾選。再按 Start 鈕進行燒錄。

26. 實驗結果：燒錄成功後，控制模擬板上的指撥開關。注意當開關往上撥爲 1，當開關往下撥爲 0。操作方式，整理如表 3-31 所示。

表 3-31　實驗結果

第 1 步　iRST_N=1，EN[2]=1(紅色致能)，EN[1]=1(綠色致能)，EN[0]=1(藍色致能)		
螢幕畫面出現上半部爲藍色，下半部爲紅色		
VGA_pro 接腳	DE2 開關	狀態
iRST_N	指撥開關[17]	1(上)
EN[2]	指撥開關[16]	1(上)
EN[1]	指撥開關[15]	1(上)
EN[0]	指撥開關[14]	1(上)
第 2 步　iRST_N=0		
螢幕畫面消失		
iRST_N	指撥開關[17]	0(下)

27. 更改"VGA_init.mif"內容：開啟"VGA_init.mif"，選擇視窗選單 Edit → Custom Fill Cells，出現「Custom Fill Cells」對話框，設定 0-39 位址內容為"000000111"，按 OK 鈕。選擇視窗選單 Edit → Custom Fill Cells，出現「Custom Fill Cells」對話框，設定 40-79 位址內容為"111000000"，按 OK 鈕。用滑鼠拖曳選取 0-79 位址的內容，選擇視窗選單 Edit → Copy，貼到 80-159 的位址，重複動作，貼到 19120-19199 的內容。選擇視窗選單 Edit → Custom Fill Cells，出現「Custom Fill Cells」對話框，設定 19200-19239 位址內容為"000111000"，按 OK 鈕。選擇視窗選單 Edit → Custom Fill Cells，出現「Custom Fill Cells」對話框，設定 19240-19279 位址內容為"111111111"，按 OK 鈕。用滑鼠拖曳選取 19200-19279 位址的內容，選擇視窗選單 Edit → Copy，貼到 19280-19319 的位址，重複動作，貼到 38320-38399 的內容，結果如圖 3-92 所示。

19120	000000111	000000111	000000111	000000111	000000111	000000111	000000111	000000111
19128	000000111	000000111	000000111	000000111	000000111	000000111	000000111	000000111
19136	000000111	000000111	000000111	000000111	000000111	000000111	000000111	000000111
19144	000000111	000000111	000000111	000000111	000000111	000000111	000000111	000000111
19152	000000111	000000111	000000111	000000111	000000111	000000111	000000111	000000111
19160	111000000	111000000	111000000	111000000	111000000	111000000	111000000	111000000
19168	111000000	111000000	111000000	111000000	111000000	111000000	111000000	111000000
19176	111000000	111000000	111000000	111000000	111000000	111000000	111000000	111000000
19184	111000000	111000000	111000000	111000000	111000000	111000000	111000000	111000000
19192	111000000	111000000	111000000	111000000	111000000	111000000	111000000	111000000
19200	000111000	000111000	000111000	000111000	000111000	000111000	000111000	000111000
19208	000111000	000111000	000111000	000111000	000111000	000111000	000111000	000111000
19216	000111000	000111000	000111000	000111000	000111000	000111000	000111000	000111000
19224	000111000	000111000	000111000	000111000	000111000	000111000	000111000	000111000
19232	000111000	000111000	000111000	000111000	000111000	000111000	000111000	000111000
19240	111111111	111111111	111111111	111111111	111111111	111111111	111111111	111111111
19248	111111111	111111111	111111111	111111111	111111111	111111111	111111111	111111111

圖 3-92　更改"VGA_init.mif"內容結果

28. 存檔：選取視窗選單 File → Save。

28. 組譯：選取視窗選單 Processing → Start Compilation。

30. 開啓燒錄視窗：選取視窗選單 Tools → Programmer，開啓燒錄視窗爲 VGA.cdf 檔。

31. 燒錄：並在要燒錄檔項目"VGA.sof"的 Program/Configure 處要勾選。再按 Start 鈕進行燒錄。

32. 實驗結果：燒錄成功後，控制模擬板上的指撥開關。注意當開關往上撥爲 1，當開關往下撥爲 0。操作方式，整理如表 3-32 所示。

表 3-32　實驗結果

第 1 步　 iRST_N=1，EN[2]=1(紅色致能)，EN[1]=1(綠色致能)，EN[0]=1(藍色致能) 螢幕畫面出現左上角爲藍色，右上角爲紅色，左下角爲綠色，右下角爲白色		
VGA_pro 接腳	**DE2 開關**	狀態
iRST_N	**指撥開關[17]**	1(上)
EN[2]	**指撥開關[16]**	1(上)
EN[1]	**指撥開關[15]**	1(上)
EN[0]	**指撥開關[14]**	1(上)
第 2 步　 iRST_N=0 螢幕畫面消失		
iRST_N	**指撥開關[17]**	0(下)

3-5　VGA 控制之三

若要控制在 VGA 顯示器上物件的位置，要先設計一個小方格物件在螢幕中央，如圖 3-93 所示，再移動座標，並使小方格碰到螢幕邊緣會反射。分兩個小節進行，3-5-1 先產生一個小方格物件在螢幕中央，3-5-2 再讓小方格移動，並使小方格碰到螢幕邊緣會反射。

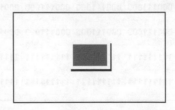

圖 3-93　設計一個小方格物件

　　本設計範例延續 3-4 小節的練習，做一些修改。電路架構如圖 3-94 所示。分成三個部份設計，一個是除以 2 的除頻器，一個是小方格產生器，一個是 VGA 訊號控制器，各模組說明整理如表 3-33 所示。

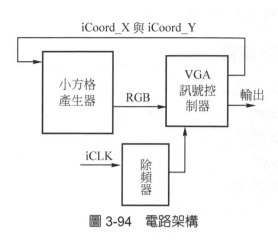

圖 3-94　電路架構

表 3-33　電路架構說明

區塊	說明
VGA 訊號控制器	VGA 訊號控制器輸入時脈為 25MHz，VGA 訊號控制器的輸入來自記憶體的輸出。位址輸出端 RAddress 控制記憶體資料讀出位址。VGA 訊號控制器對外的輸出有 VGA_R、VGA_G、VGA_B、VGA_HS、VGA_VS、VGA_SYNC、VGA_BLANK 與 VGA_CLK。
乒乓球產生器	iCoord_X 與 iCoord_Y 座標輸入。在 X 座標為 319，Y 座標為 239 處，產生一個長與寬為8的小方塊。顏色輸出為 oRed、oGreen 與 oBlue。
除頻器	產生 25MHz 時脈。

● 電路腳位：

脈波輸入端：clk

非同步清除輸入端：iRST_N

RGB 顏色致能輸入端：EN[2..0]

VGA 紅色輸出端：oVGA_R[9..0]

VGA 綠色輸出端：oVGA_G[9..0]

VGA 藍色輸出端：oVGA_B[9..0]

VGA 水平同步控制輸出端：oVGA_H_SYNC

VGA 垂直同步控制輸出端：oVGA_V_SYNC

VGA 同步控制輸出端：oVGA_SYNC;

VGA Blank 輸出端：oVGA_BLANK

VGA 時脈輸出端：oVGA_CLOCK;

3-5-1　小方格產生實習

小方格產生實習編輯流程為：

- 開啓專案"VGA.qpf"
- 開啓檔案"VGA2.v"
- 另存新檔"VGA3.v"
- 修改 module 名稱為 VGA3
- 存檔
- 檢查電路
- 創造電路符號
- 開啓新檔
- 另存新檔"ball.v"
- 編輯"ball.v"
- 存檔
- 檢查電路
- 創造電路符號
- 新增檔案
- 另存新檔"VGA3_pro"
- 加入 VGA3 電路符號
- 加入 ball 電路符號
- 存檔
- 更改最頂層檔案"VGA3_pro"
- 檢查電路
- 指定元件
- 指定接腳
- 存檔與組譯
- 硬體連接
- 開啓燒錄視窗

● 燒錄
● 實驗結果

詳細說明如下：

1. 開啓專案：選取視窗選單 File → Open Project，開啓"VGA.qpf"專案。
2. 開啓檔案：選取視窗選單 File → Open，開啓"VGA2.v"檔。
3. 另存新檔：將新增的檔案另存爲"VGA3. v"的檔案名，注意要勾選 Add file to current project 並按 儲存 鈕，將檔案加入現在的專案中。存檔完點選視窗左邊專案導覽視窗中 📄 Files 鈕，再用滑鼠在 Device Design Files 處點兩下展開會看到 VGA3.v 檔名出現。
4. 修改 module 名稱：更改電路名稱"VGA2"成與檔名相同的名字"VGA3"。加入腳位名稱爲"oCoord_X , oCoord_Y"，修改如圖 3-95 所示。完整程式如表 3-34 所示。

```
1   module  VGA3(i_RGB_EN,iRed,iGreen,iBlue,
2                oVGA_R,oVGA_G,oVGA_B,oVGA_H_SYNC,
3                oVGA_V_SYNC,oVGA_SYNC,oVGA_BLANK,oVGA_CLOCK,
4                iCLK_25, iRST_N, oAddress,oCoord_X,oCoord_Y );
5
6   output [9:0] oCoord_X,oCoord_Y;
7   input           iCLK_25;
8   input           iRST_N;
9   input        [2:0]  i_RGB_EN;
10  input        [9:0]  iRed,iGreen,iBlue;
11
12  output       [19:0] oAddress;
13
14  output       [9:0]  oVGA_R,oVGA_G,oVGA_B;
15  output              oVGA_H_SYNC,oVGA_V_SYNC;
16  output              oVGA_SYNC;
17  output              oVGA_BLANK;
18  output              oVGA_CLOCK;
```

圖 3-95　更改輸入腳位名稱

表 3-34　"VGA3.v"檔內容

module　VGA3(i_RGB_EN,iRed,iGreen,iBlue,
oVGA_R,oVGA_G,oVGA_B,oVGA_H_SYNC,
oVGA_V_SYNC,oVGA_SYNC,oVGA_BLANK,oVGA_CLOCK,
iCLK_25, iRST_N, oAddress,oCoord_X,oCoord_Y);

```verilog
output [9:0]oCoord_X,oCoord_Y;
input                   iCLK_25;
input                   iRST_N;
input       [2:0] i_RGB_EN;
input       [9:0] iRed,iGreen,iBlue;


output      [19:0]      oAddress;


output      [9:0] oVGA_R,oVGA_G,oVGA_B;
output                  oVGA_H_SYNC,oVGA_V_SYNC;
output                  oVGA_SYNC;
output                  oVGA_BLANK;
output                  oVGA_CLOCK;


//    H_Sync Generator, Ref. 25 MHz Clock
parameter H_SYNC_CYC  =    96;
parameter H_SYNC_TOTAL=    800;


reg     [9:0]      H_Cont;
reg           oVGA_H_SYNC;
always@(posedge iCLK_25 or negedge iRST_N)
begin
    if(!iRST_N)
    begin
        H_Cont          <=   0;
        oVGA_H_SYNC<=    0;
    end
    else
    begin
        //    H_Sync Counter
        if( H_Cont < H_SYNC_TOTAL)  //H_SYNC_TOTAL=800
        H_Cont      <=    H_Cont+1;
        else
```

```verilog
            H_Cont     <=    0;
        //     H_Sync Generator
        if( H_Cont < H_SYNC_CYC ) //H_SYNC_CYC =96
        oVGA_H_SYNC <=    0;
        else
        oVGA_H_SYNC <=    1;
    end
end

parameter V_SYNC_TOTAL=    525;
parameter V_SYNC_CYC  =    2;
 reg     [9:0]       V_Cont;
reg            oVGA_V_SYNC;

//   V_Sync Generator, Ref. H_Sync
always@(posedge iCLK_25 or negedge iRST_N)
begin
    if(!iRST_N)
    begin
        V_Cont        <=   0;
        oVGA_V_SYNC <=   0;
    end
    else
    begin
        //     When H_Sync Re-start
        if(H_Cont==0)
        begin
            //     V_Sync Counter
            if( V_Cont < V_SYNC_TOTAL ) //V_SYNC_TOTAL =525
            V_Cont      <=    V_Cont+1;
            else
            V_Cont      <=    0;
            //     V_Sync Generator
```

```
                    if(     V_Cont < V_SYNC_CYC ) // V_SYNC_CYC =2
                    oVGA_V_SYNC <=     0;
                    else
                    oVGA_V_SYNC <=     1;
               end
        end
end


parameter H_SYNC_BACK=       45+3;
parameter V_SYNC_BACK=       30+2;
parameter X_START        =       H_SYNC_CYC+H_SYNC_BACK+4;
parameter Y_START        =       V_SYNC_CYC+V_SYNC_BACK;
parameter H_SYNC_ACT  =       640;
parameter V_SYNC_ACT  =       480;
reg       [9:0] oVGA_R,oVGA_G,oVGA_B;
always@(H_Cont or V_Cont or i_RGB_EN or iRed or
        iGreen or iBlue )
begin
   if(H_Cont>=X_START+9    && H_Cont<X_START+H_SYNC_ACT+9 &&
        V_Cont>=Y_START    && V_Cont<Y_START+V_SYNC_ACT)
   begin
     if (i_RGB_EN[2]==1)
     oVGA_R=iRed   ;
     else
     oVGA_R=0;
     if (i_RGB_EN[1]==1)
     oVGA_G=iGreen;
     else
     oVGA_G=0;
     if (i_RGB_EN[0]==1)
     oVGA_B=iBlue  ;
     else
```

```verilog
            oVGA_B=0;
    end
    else
    begin
        oVGA_R=0;oVGA_G=0;oVGA_B=0;
    end
end
assign    oVGA_BLANK  =     oVGA_H_SYNC & oVGA_V_SYNC;
assign    oVGA_SYNC   =     1'b0;
assign    oVGA_CLOCK  =     ~iCLK_25;
reg [9:0] oCoord_X,oCoord_Y;
 reg[19:0]     oAddress;
always@(posedge iCLK_25 or negedge iRST_N)
begin
    if(!iRST_N)
    begin
        oCoord_X  <=    0;
        oCoord_Y  <=    0;
        oAddress  <=    0;
    end
    else
    begin
        if(    H_Cont>=X_START && H_Cont<X_START+H_SYNC_ACT &&
            V_Cont>=Y_START && V_Cont<Y_START+V_SYNC_ACT )
        begin
            oCoord_X  <=    H_Cont-X_START;
            oCoord_Y  <=    V_Cont-Y_START;
            oAddress  <=    oCoord_Y*H_SYNC_ACT+oCoord_X-3;
        end
    end
end
endmodule
```

5. 存檔：選取視窗選單 File → Save。

6. 檢查電路：選取視窗選單 Processing → Start → Start Analysis & Elaboration。最後出現成功訊息視窗，按 確定 鈕關閉視窗。

7. 創造電路符號：回到編輯視窗，選取視窗選單 File → Create/Update → Create Symbol Files for Current File，出現產生符號檔成功之訊息，會產生電路符號檔 "VGA3.bsf"。可選取視窗選單 File → Open 開啟"VGA3.bsf"檔觀看。觀察無誤後關閉"VGA3.bsf"檔。

8. 開啟新檔：選取視窗選單 File → New，出現「New」對話框。在 Device Design Files 頁面中選取 Verilog HDL File 選項，開啟 Verilog HDL 編輯畫面，預設檔名為 "Verilog1.v"。

9. 另存新檔：將新增的檔案另存為"ball"的檔案名，注意要勾選 Add file to current project 並按 儲存 鈕，將檔案加入現在的專案中。存檔完點選視窗左邊專案導覽視窗中 📄 Files 鈕，再用滑鼠在 Device Design Files 處點兩下展開會看到"ball.v"檔名出現。

10. 編輯"ball.v"：在 Verilog HDL 編輯視窗可直接輸入文字或選取視窗選單 Edit → Insert Template，出現「Insert Template」對話框。在 Language templates 選單中展開 Verilog HDL 下的 "Constructs" 下的 "Design Units" 下的 "Module Declaration[style2]"，則在右方 Template section: 選單中出現語法，選擇後按 Insert 將所選取的語法插入至文字編輯器中。更改電路名稱"__module_name"成為與檔名相同的名字 ball。更改輸入腳位名稱為"iCoord_X,iCoord_Y,oRed,oGreen,oBlue"。選取視窗選單 Edit → Insert Template，出現「Insert Template」對話框。在 Language templates 選單中展開 Verilog HDL 下的 "Constructs" 下的 "Module Items" 下的"Always Construct(Sequential)"，則在右方 Template section: 選單中出現語法，選擇後按 Insert 將所選取的語法插入至文字編輯器中，在 begin 與 end 間加入"if statement"，"if statement"樣板在 Language templates 選單中展開 Verilog HDL 下的"Constructs"下的"Sequential Statements"下的"if statement"，並修改如表 3-35 所示。程式說明如表 3-36 所示。

表 3-35 編輯"ball.v"檔案結果

```
module ball(iCoord_X,iCoord_Y, oRed,oGreen, oBlue);
input [9:0]iCoord_X,iCoord_Y;
output[9:0]oRed, oGreen,oBlue;
```

```
reg [9:0]oRed, oGreen,oBlue;
parameter ball_size =8;
parameter ball_init_x=319;
parameter ball_init_y=239;
always@(iCoord_X,iCoord_Y or ball_size or ball_init_x or ball_init_y )
begin
            if        (ball_init_x-ball_size<iCoord_X        &&        iCoord_X<ball_init_x
&&ball_init_y-ball_size<iCoord_Y && iCoord_Y<ball_init_y )
                begin
                   oRed<=10'b1111111111;
                   oGreen<=10'b1111111111;
                oBlue<=10'b1111111111;
                   end
            else
                begin
                   oRed<=10'b0000000000;
                   oGreen<=10'b0000000000;
                oBlue<=10'b1111111111;
                   end
end
endmodule
```

表 3-36　程式說明

程式	說明
parameter ball_size =8;	小方塊大小為 8
parameter ball_init_x=319;	小方塊起始 X 座標為 319
parameter ball_init_y=239;	小方塊起始 Y 座標為 239
always@(iCoord_X,iCoord_Y or ball_size or ball_init_x or ball_init_y) begin　　　　if (ball_init_x-ball_size<iCoord_X && iCoord_X<ball_init_x &&ball_init_y-ball_size<iCoord_Y &&	若 ball_init_x-ball_size 小於 iCoord_X 且 iCoord_X 小於 move_x+ball_size 且，move_y 小於 move_y+ball_size 時，oRed 等於 10'b011111111；oGreen 等於 10'b0111111111-iCoord_Y; oBlue 等於 10'b011111111-iCoord_X; 不然的話，oRed 等於 10'b0000000000;

```
iCoord_Y<ball_init_y )
            begin
                oRed<=10'b1111111111;

oGreen<=10'b1111111111;
            oBlue<=10'b1111111111;
            end
        else
            begin
                oRed<=10'b0000000000;

oGreen<=10'b0000000000;
            oBlue<=10'b1111111111;
            end
end
```

oGreen 等於 10'b0000000000;
oBlue 等於 10'b1111111111;

11. 存檔：選取視窗選單 File → Save。

12. 檢查電路：選取視窗選單 Processing → Start → Start Analysis & Elaboration。最後出現成功訊息視窗，按 確定 鈕關閉視窗。

13. 創造電路符號：回到編輯視窗，選取視窗選單 File → Create/Update → Create Symbol Files for Current File，出現產生符號檔成功之訊息，會產生電路符號檔 "ball.bsf"。可選取視窗選單 File → Open 開啟"ball.bsf"檔觀看。觀察無誤後關閉 "ball.bsf"檔。

14. 新增檔案：接下來選擇視窗選單 File → New，開啟新增「New」對話框，選擇 Block Diagram/Schematic File，按 OK 鈕新增圖形檔。

15. 另存新檔：將新增的檔案另存為"VGA3_pro"的檔案名，注意要勾選 Add file to current project 並按 儲存 鈕，將檔案加入現在的專案中。存檔完點選視窗左邊專案導覽視窗中 📄 Files 鈕，再用滑鼠在 Device Design Files 處點兩下展開會看到"VGA3_pro.bdf"檔名出現。

16. 加入 VGA3 電路符號：編輯 VGA3_pro.bdf 檔，選取視窗選單 Edit → Insert Symbol 會出現「Symbol」對話框，出現「Symbol」對話框，展開 Project，選 VGA3，設定好按 OK 鍵。

17. 加入 ball 電路符號：在 VGA3_pro.bdf 檔編輯範圍內用滑鼠快點兩下，或點選 🗇 符號，會出現「Symbol」對話框。展開 Project，選 ball，設定好按 OK 鍵。在 "VGA3_pro.bdf" 檔編輯範圍內再使用三個 "input" 符號，與八個 "output" 輸出埠。再加入兩個"vcc"與一個"tff."號，編輯 VGA3_pro.bdf 結果如圖 3-96 所示。程式說明整理於表 3-37 所示。

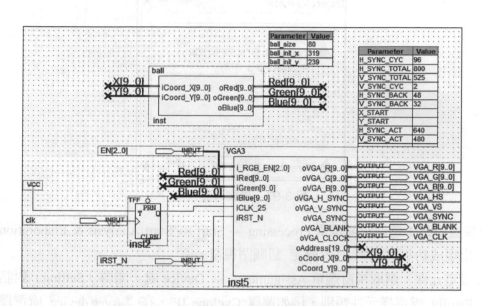

圖 3-96　編輯 VGA3_pro.bdf

表 3-37　電路說明

符號	說明
除以 2 的除頻器 tff	由於 DE2 開發板上有 50MHz 的輸入，本電路使用 tff 作為除以 2 的除頻器，輸出接至 VGA 的時脈輸入端。
方塊產生器 ball	iCoord_X 與 iCoord_Y 座標輸入。在 X 座標為 319，Y 座標為 239 處，產生一個長與寬為 8 的小方塊。顏色輸出為 oRed、oGreen 與 oBlue。
VGA 訊號控制器 VGA3	VGA 訊號控制器 VGA3 的輸入腳 iRed、iGreen、iBlue 來自 ball 的輸出，其中 iRed 來自 oRed，iGreen 來自 Green，iBlue 來自 oBlue。座標輸出端 oCoord_X 與 oCoord_Y 分別接至 ball 的 iCoord_X 與 iCoord_Y 輸入端。oCoord_X 輸出範圍在 0-639，oCoord_Y 輸出範圍在 0-479。

18. 存檔：選取視窗選單 File → Save。

19. 更改最頂層檔案：選取視窗選單 Projetc → Set as Top-Level Entity。在視窗左邊「Project Navigator」專案導覽視窗中 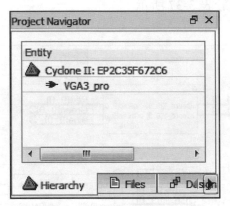 處列出最頂層單體名稱 VGA3_pro，如圖 3-97 所示。若沒有出現，可選取視窗選單 View → Utility Windows → Project Navigator 開啟專案導覽視窗。

圖 3-97 專案導覽視窗

20. 檢查電路：選取視窗選單 Processing → Start → Start Analysis & Elaboration。最後出現成功訊息視窗，按 確定 鈕關閉視窗。

21. 指定元件：選取視窗選單 Assignments → Device 處，開啟「Setting」對話框。在 Family 處選擇元件類別，例如選擇"Cyclone II"，在 Target device 處選擇第二個選項"Specific device selected in Available devices list"。在 Available devices 處選元件編號"EP2C35F672C6"。再選取 Device and Pin Options，開啟「Device and Pin Options」對話框，選取 Unused Pin 頁面，將 Reserve all unused pins 設定成 As input, tri-stated。按 確定 鈕回到「Setting」對話框，再按 OK 鈕。

22. 指定接腳：選取視窗選單 Assignments → Pin Planner 處，開啟「Pin Planner」對話框，在 Editor: 下方的 To 欄位下方，用滑鼠快點兩下開啟下拉選單，選取一個輸入腳或輸出腳，例如"clk"，再至同一列處 Location 欄位下方用滑鼠快點兩下開啟下拉選單，選取欲連接的元件腳位名"PIN_N2"，再依同樣方式對應表 3-38 中其他 VGA3_pro 設計腳位與 Cyclone II 元件之腳位。設定完所有設計專案之所有輸入輸出腳對應到實際 IC 腳。

表 3-38　腳位指定

VGA3_pro 設計腳位	Cyclone II 元件腳位	說明
clk	PIN_N2	發展板上 50 MHz
iRST_N	PIN_V2	指撥開關[17]
EN[2]	PIN_V1	指撥開關[16]
EN[1]	PIN_U4	指撥開關[15]
EN[0]	PIN_U3	指撥開關[14]
VGA_R[9]	PIN_E10	VGA 紅色位元[9]
VGA_R[8]	PIN_F11	VGA 紅色位元[8]
VGA_R[7]	PIN_H12	VGA 紅色位元[7]
VGA_R[6]	PIN_H11	VGA 紅色位元[6]
VGA_R[5]	PIN_A8	VGA 紅色位元[5]
VGA_R[4]	PIN_C9	VGA 紅色位元[4]
VGA_R[3]	PIN_D9	VGA 紅色位元[3]
VGA_R[2]	PIN_G10	VGA 紅色位元[2]
VGA_R[1]	PIN_F10	VGA 紅色位元[1]
VGA_R[0]	PIN_C8	VGA 紅色位元[0]
VGA_G[9]	PIN_D12	VGA 綠色位元[9]
VGA_G[8]	PIN_E12	VGA 綠色位元[8]
VGA_G[7]	PIN_D11	VGA 綠色位元[7]
VGA_G[6]	PIN_G11	VGA 綠色位元[6]
VGA_G[5]	PIN_A10	VGA 綠色位元[5]
VGA_G[4]	PIN_B10	VGA 綠色位元[4]
VGA_G[3]	PIN_D10	VGA 綠色位元[3]
VGA_G[2]	PIN_C10	VGA 綠色位元[2]
VGA_G[1]	PIN_A9	VGA 綠色位元[1]
VGA_G[0]	PIN_B9	VGA 綠色位元[0]
VGA_B[9]	PIN_B12	VGA 藍色位元[9]

VGA_B[8]	PIN_C12	VGA 藍色位元[8]
VGA_B[7]	PIN_B11	VGA 藍色位元[7]
VGA_B[6]	PIN_C11	VGA 藍色位元[6]
VGA_B[5]	PIN_J11	VGA 藍色位元[5]
VGA_B[4]	PIN_J10	VGA 藍色位元[4]
VGA_B[3]	PIN_G12	VGA 藍色位元[3]
VGA_B[2]	PIN_F12	VGA 藍色位元[2]
VGA_B[1]	PIN_J14	VGA 藍色位元[1]
VGA_B[0]	PIN_J13	VGA 藍色位元[0]
VGA_CLK	PIN_B8	VGA 時脈訊號位元
VGA_BLANK	PIN_D6	VGA 空白訊號位元
VGA_HS	PIN_A7	VGA 水平同步訊號位元
VGA_VS	PIN_D8	VGA 垂直同步訊號位元
VGA_SYNC	PIN_B7	VGA 同步訊號位元

23. 存檔與組譯：選取視窗選單 File → Save。選取視窗選單 Processing → Start Compilation。

24. 硬體連接：模擬板上有 USB-Blaster 連接埠。連接方式為將 USB-Blaster 連接線接頭與電腦 USB 埠相接，另一頭接頭與模擬板上 USB 接頭相接。再將模擬板接上電源。Altera USB-Blaster 驅動程式在"安裝目錄\quartus\drivers\usb-blaster\x32"。將 VGA 連接線連接螢幕與 DE2 實驗板之 VGA 接頭。

25. 開啟燒錄視窗：選取視窗選單 Tools → Programmer，開啟燒錄視窗為 VGA.cdf 檔。

26. 燒錄：並在要燒錄檔項目"VGA.sof"的 Program/Configure 處要勾選。再按 Start 鈕進行燒錄。

27. 實驗結果：燒錄成功後，控制模擬板上的指撥開關。注意當開關往上撥為 1，當開關往下撥為 0。操作方式，整理如表 3-39 所示。

表 3-39　實驗結果

第 1 步	iRST_N=1，EN[2]=1(紅色致能)，EN[1]=1(綠色致能)，EN[0]=1(藍色致能)	
	螢幕畫面中間出現一個白色方格，背景爲藍色	
VGA_pro 接腳	DE2 開關	狀態
iRST_N	指撥開關[17]	1(上)
EN[2]	指撥開關[16]	1(上)
EN[1]	指撥開關[15]	1(上)
EN[0]	指撥開關[14]	1(上)
第 2 步	iRST_N=0	
	螢幕畫面消失	
iRST_N	指撥開關[17]	0(下)

3-5-2　小方格移動與反射實習

小方格移動與反射實習編輯流程爲：

- 開啓專案"VGA.qpf"
- 開啓新檔
- 另存新檔"ball_move.v"
- 編輯"ball_move.v"
- 存檔
- 檢查電路
- 創造電路符號
- 新增檔案
- 另存新檔"VGA4_pro"
- 加入 VGA3 電路符號
- 加入 ball_move 電路符號
- 存檔
- 更改最頂層檔案"VGA4_pro"
- 檢查電路
- 指定元件

- 指定接腳
- 存檔與組譯
- 硬體連接
- 開啓燒錄視窗
- 燒錄
- 實驗結果

詳細說明如下：

1. 開啓專案：選取視窗選單 File → Open Project，開啓"VGA.qpf"專案。

2. 開啓新檔：選取視窗選單 File → New，出現「New」對話框。在 Device Design Files 頁面中選取 Verilog HDL File 選項，開啓 Verilog HDL 編輯畫面，預設檔名爲 "Verilog1.v"。

3. 另存新檔：將新增的檔案另存爲"ball_move.v"的檔案名，注意要勾選 Add file to current project 並按 儲存 鈕，將檔案加入現在的專案中。存檔完點選視窗左邊專案導覽視窗中 🖹 Files 鈕，再用滑鼠在 Device Design Files 處點兩下展開會看到"ball_move.v"檔名出現。

4. 編輯"ball_move.v"：在 Verilog HDL 編輯視窗可直接輸入文字或選取視窗選單 Edit → Insert Template，出現「Insert Template」對話框。在 Language templates 選單中展開 Verilog HDL 下的"Constructs"下的"Design Units"下的"Module Declaration[style2]"，則在右方 Template section: 選單中出現語法，選擇後按 Insert 將所選取的語法插入至文字編輯器中。更改電路名稱"__module_name"成爲與檔名相同的名字 ball_move。更改輸入腳位名稱爲"iclk, iCoord_X,iCoord_Y,oRed, oGreen, oBlue"。選取視窗選單 Edit → Insert Template，出現「Insert Template」對話框。在 Language templates 選單中展開 Verilog HDL 下的"Constructs"下的"Module Items"下的"Always Construct(Sequential)"，則在右方 Template section: 選單中出現語法，選擇後按 Insert 將所選取的語法插入至文字編輯器中，在 begin 與 end 間加入"if statement"，"if statement"樣板在 Language templates 選單中展開 Verilog HDL 下的"Constructs"下的"Sequential Statements"下的"if statement"，並修改如表 3-40 所示。程式說明如表 3-41 所示。

表 3-40　編輯"ball_move.v"檔案結果

```verilog
module     ball_move(iclk, iCoord_X, iCoord_Y, oRed, oGreen, oBlue);
input iclk;
input            [9:0]iCoord_X,iCoord_Y;
output           [9:0]  oRed, oGreen,oBlue;
reg [9:0]   oRed, oGreen,oBlue;
integer ball_size=8;
integer move_x=339;
integer move_y=239;
integer dx=1;
integer dy=1;

always @(posedge iclk     )
begin
if (move_x>640)
dx=-1;
else
begin
if
(move_x<=0)
dx=1;
end
end
always @(posedge iclk)
begin
if (move_y>=479)
dy=-1;
else
begin
if
(move_y<=0)
dy=+1;
end
```

```
end
always@(posedge iclk)
begin
move_x<=move_x+dx;
move_y<=move_y+dy;
end
always@(iCoord_X,iCoord_Y or ball_size or move_x or move_y )
begin
        if  (move_x<iCoord_X  &&  iCoord_X<move_x+ball_size  &&move_y<iCoord_Y
&& iCoord_Y<move_y+ball_size )
            begin
              oRed<=10'b011111111;
              oGreen<=10'b0111111111-iCoord_Y;
              oBlue<=10'b011111111-iCoord_X;
              end
          else
            begin
              oRed<=10'b0000000000;
              oGreen<=10'b0000000000;
            oBlue<=10'b1111111111;
              end
end
endmodule
```

表 3-41   程式說明

程式	說明
integer ball_size=8;	小方塊大小為 8
integer move_x=339;	小方塊起始 X 座標為 319
integer move_y=239;	小方塊起始 Y 座標為 239

always @(posedge iclk   )
begin
if (move_x>640)
dx=-1;
	在 iclk 正緣觸發時，若 move_x 比 640 大時，dx=-1，若 move_x 比 0 小時，dx=1。

3-130

else
begin
if
(move_x<=0)
dx=1;
end
end	

always @(posedge iclk)
begin
if (move_y>=479)
dy=-1;
else
begin
if
(move_y<=0)
dy=+1;
end
end
	在 iclk 正緣觸發時，若 move_y 比 479 大時，
	dy=-1，若 move_y 小於 0，dy=1。

always@(posedge iclk)
begin
move_x<=move_x+dx;
move_y<=move_y+dy;
end
	在 iclk 正緣觸發時，move_x 等於
	move_x+dx; move_y 等於 move_y+dy;

always@(iCoord_X,iCoord_Y or ball_size or
move_x or move_y)
begin
　　　　if (move_x<iCoord_X &&
iCoord_X<move_x+ball_size
&&move_y<iCoord_Y &&
iCoord_Y<move_y+ball_size)
　　　　　　begin
　　　　　　　　oRed<=10'b011111111;
 	
oGreen<=10'b0111111111-iCoord_Y;
	若 move_x 小於 iCoord_X 且 iCoord_X 小於
	move_x+ball_size 且，move_y 小於
	move_y+ball_size 時，oRed 等於
	10'b011111111；oGreen 等於
	10'b0111111111-iCoord_Y; oBlue 等於
	10'b011111111-iCoord_X;
	不然的話，oRed 等於 10'b0000000000;
	oGreen 等於 10'b0000000000;
	oBlue 等於 10'b1111111111;

oBlue<=10'b011111111-iCoord_X;
 	
         end
 	
     else
 	
       begin
 	
         oRed<=10'b0000000000;
 	
oGreen<=10'b0000000000;
 	
        oBlue<=10'b1111111111;
 	
        end
 	
end	

5. 存檔：選取視窗選單 File → Save。

6. 檢查電路：選取視窗選單 Processing → Start → Start Analysis & Elaboration。最後出現成功訊息視窗，按 確定 鈕關閉視窗。

7. 創造電路符號：回到編輯視窗，選取視窗選單 File → Create/Update → Create Symbol Files for Current File，出現產生符號檔成功之訊息，會產生電路符號檔 "ball_move.bsf"。可選取視窗選單 File → Open 開啟"ball_move.bsf"檔觀看。觀察無誤後關閉"ball_move.bsf"檔。

8. 新增檔案：接下來選擇視窗選單 File → New，開啟新增「New」對話框，選擇 Block Diagram/Schematic File，按 OK 鈕新增圖形檔。

9. 另存新檔：將新增的檔案另存為"VGA4_pro"的檔案名，注意要勾選 Add file to current project 並按 儲存 鈕，將檔案加入現在的專案中。存檔完點選視窗左邊專案導覽視窗中 Files 鈕，再用滑鼠在 Device Design Files 處點兩下展開會看到 VGA4_pro.bdf 檔名出現。

10. 加入 VGA3 電路符號：編輯 VGA4_pro.bdf 檔，選取視窗選單 Edit → Insert Symbol 會出現「Symbol」對話框，出現「Symbol」對話框，展開 Project，選 VGA3，設定好按 OK 鍵。

11. 加入 ball_move 電路符號：在 VGA4_pro.bdf 檔編輯範圍內用滑鼠快點兩下，或點選 符號，會出現「Symbol」對話框。展開 Project，選 ball_move，設定好按 OK 鍵。在 "VGA4_pro.bdf" 檔編輯範圍內再使用三個 "input" 符號，與八個 "output" 輸出埠。再加入兩個"vcc"與一個"tff "號，編輯 VGA4_pro.bdf 結果如圖 3-98 所示。

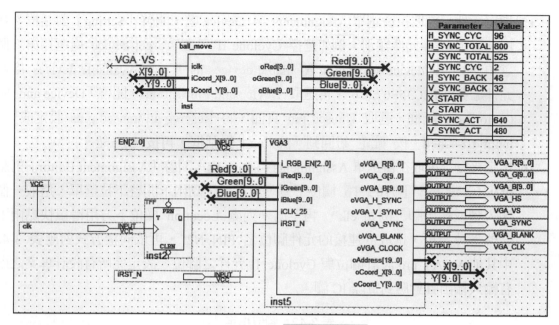

Parameter	Value
H_SYNC_CYC	96
H_SYNC_TOTAL	800
V_SYNC_TOTAL	525
V_SYNC_CYC	2
H_SYNC_BACK	48
V_SYNC_BACK	32
X_START	
Y_START	
H_SYNC_ACT	640
V_SYNC_ACT	480

圖 3-98　編輯 VGA4_pro.bdf

12. 存檔：選取視窗選單 File → Save。

13. 更改最頂層檔案：選取視窗選單 Projetc → Set as Top-Level Entity。在視窗左邊
「Project Navigator」專案導覽視窗中 🔺Hierarchy 處列出最頂層單體名稱
VGA4_pro，如圖 3-99 所示。若沒有出現，可選取視窗選單 View → Utility Windows
→ Project Navigator 開啟專案導覽視窗。

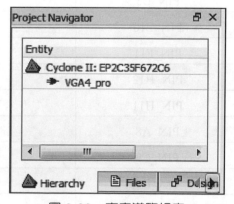

圖 3-99　專案導覽視窗

14. 檢查電路：選取視窗選單 Processing → Start → Start Analysis & Elaboration。最後
出現成功訊息視窗，按 確定 鈕關閉視窗。

15. 指定元件：選取視窗選單 Assignments → Device 處，開啓「Setting」對話框。在 Family 處選擇元件類別，例如選擇"Cyclone II"，在 Target device 處選擇第二個 選項"Specific device selected in Available devices list"。在 Available devices 處選 元件編號"EP2C35F672C6"。再選取 Device and Pin Options，開啓「Device and Pin Options」對話框，選取 Unused Pin 頁面，將 Reserve all unused pins 設定成 As input, tri-stated。按 確定 鈕回到「Setting」對話框，再按 OK 鈕。

16. 指定接腳：選取視窗選單 Assignments → Pins 處，開啓「Assignment Editor」對話 框，在 Editor: 下方的 To 欄位下方，用滑鼠快點兩下開啓下拉選單，選取一個 輸入腳或輸出腳，例如"clk"，再至同一列處 Location 欄位下方用滑鼠快點兩下 開啓下拉選單，選取欲連接的元件腳位名"PIN_N2"，再依同樣方式對應表 3-42 中其他 VGA4_pro 設計腳位與 Cyclone II 元件之腳位。設定完所有設計專案之所 有輸入輸出腳對應到實際 IC 腳。

表 3-42　腳位指定

VGA4_pro 設計腳位	Cyclone II 元件腳位	說明
clk	PIN_N2	發展板上 50 MHz
iRST_N	PIN_V2	指撥開關[17]
EN[2]	PIN_V1	指撥開關[16]
EN[1]	PIN_U4	指撥開關[15]
EN[0]	PIN_U3	指撥開關[14]
VGA_R[9]	PIN_E10	VGA 紅色位元[9]
VGA_R[8]	PIN_F11	VGA 紅色位元[8]
VGA_R[7]	PIN_H12	VGA 紅色位元[7]
VGA_R[6]	PIN_H11	VGA 紅色位元[6]
VGA_R[5]	PIN_A8	VGA 紅色位元[5]
VGA_R[4]	PIN_C9	VGA 紅色位元[4]
VGA_R[3]	PIN_D9	VGA 紅色位元[3]
VGA_R[2]	PIN_G10	VGA 紅色位元[2]
VGA_R[1]	PIN_F10	VGA 紅色位元[1]
VGA_R[0]	PIN_C8	VGA 紅色位元[0]

VGA_G[9]	PIN_D12	VGA 綠色位元[9]
VGA_G[8]	PIN_E12	VGA 綠色位元[8]
VGA_G[7]	PIN_D11	VGA 綠色位元[7]
VGA_G[6]	PIN_G11	VGA 綠色位元[6]
VGA_G[5]	PIN_A10	VGA 綠色位元[5]
VGA_G[4]	PIN_B10	VGA 綠色位元[4]
VGA_G[3]	PIN_D10	VGA 綠色位元[3]
VGA_G[2]	PIN_C10	VGA 綠色位元[2]
VGA_G[1]	PIN_A9	VGA 綠色位元[1]
VGA_G[0]	PIN_B9	VGA 綠色位元[0]
VGA_B[9]	PIN_B12	VGA 藍色位元[9]
VGA_B[8]	PIN_C12	VGA 藍色位元[8]
VGA_B[7]	PIN_B11	VGA 藍色位元[7]
VGA_B[6]	PIN_C11	VGA 藍色位元[6]
VGA_B[5]	PIN_J11	VGA 藍色位元[5]
VGA_B[4]	PIN_J10	VGA 藍色位元[4]
VGA_B[3]	PIN_G12	VGA 藍色位元[3]
VGA_B[2]	PIN_F12	VGA 藍色位元[2]
VGA_B[1]	PIN_J14	VGA 藍色位元[1]
VGA_B[0]	PIN_J13	VGA 藍色位元[0]
VGA_CLK	PIN_B8	VGA 時脈訊號位元
VGA_BLANK	PIN_D6	VGA 空白訊號位元
VGA_HS	PIN_A7	VGA 水平同步訊號位元
VGA_VS	PIN_D8	VGA 垂直同步訊號位元
VGA_SYNC	PIN_B7	VGA 同步訊號位元

17. 存檔與組譯：選取視窗選單 File → Save。選取視窗選單 Processing → Start
Compilation。

18. 硬體連接：模擬板上有 USB-Blaster 連接埠。連接方式為將 USB-Blaster 連接線接頭與電腦 USB 埠相接，另一頭接頭與模擬板上 USB 接頭相接。再將模擬板接上電源。Altera USB-Blaster 驅動程式在"安裝目錄\quartus\drivers\usb-blaster\x32"。將 VGA 連接線連接螢幕與 DE2 實驗板之 VGA 接頭。

19. 開啓燒錄視窗：選取視窗選單 Tools → Programmer，開啓燒錄視窗為 VGA.cdf 檔。

20. 燒錄：並在要燒錄檔項目"VGA.sof"的 Program/Configure 處要勾選。再按 Start 鈕進行燒錄。

21. 實驗結果：燒錄成功後，控制模擬板上的指撥開關。注意當開關往上撥為 1，當開關往下撥為 0。操作方式，整理如表 3-43 所示。

表 3-43　實驗結果

第 1 步	iRST_N=1，EN[2]=1(紅色致能)，EN[1]=1(綠色致能)，EN[0]=1(藍色致能)	
螢幕畫面出現一個移動的方格，碰到螢幕邊緣會反射，螢幕背景為藍色，注意移動的方格會變色		
VGA_pro 接腳	DE2 開關	狀態
iRST_N	指撥開關[17]	1(上)
EN[2]	指撥開關[16]	1(上)
EN[1]	指撥開關[15]	1(上)
EN[0]	指撥開關[14]	1(上)
第 2 步	iRST_N=0	
螢幕畫面消失		
iRST_N	指撥開關[17]	0(下)

3-6　乒乓球遊戲

前一個小節介紹了設計一個在 VGA 畫面上顯示移動的球的方法，本小節要介紹乒乓球遊戲的設計方法。本範例設計一個長方形擋板在螢幕最上方，由壓按開關控制左移或右移，當一個移動的球碰到長方形擋板時，球會反射，若沒接到球，球會離開螢幕顯示的範圍。本範例分割成一些子系統，如圖 3-100 所示。包括 VGA 控制器"VGA_control"，擋板與移動球的產生器"ping_pong"與擋板左右移控制計數器"counter"。電路架構說明整理如表 3-44 所示。

iCoord_X 與 iCoord_Y

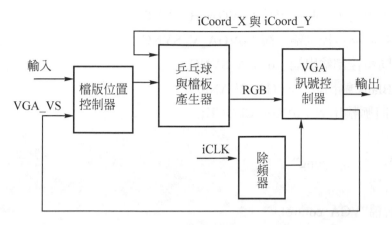

圖 3-100　乒乓球遊戲系統架構

表 3-44　電路架構說明

區塊	說明
VGA 訊號控制器	VGA 訊號控制器輸入時脈為 25MHz，VGA 訊號控制器的輸入來自記憶體的輸出。位址輸出端 RAddress 控制記憶體資料讀出位址。VGA 訊號控制器對外的輸出有 VGA_R、VGA_G、VGA_B、VGA_HS、VGA_VS、VGA_SYNC、VGA_BLANK 與 VGA_CLK。
乒乓球與檔板產生器	iCoord_X 與 iCoord_Y 座標輸入。產生擋板與球的畫面，並判斷若球落在檔板座標範圍內會反射。
檔板位置控制器	是一個有上下限的上下數計數器，由輸入控制輸出的計數值，輸出控制"乒乓球與檔板產生器"中的擋板的 X 座標。
除頻器	產生 25MHz 時脈。

● 腳位：

時脈輸入端：clk

擋板左右移輸入端：shift[1..0]

重玩控制輸入端：replay

非同步清除輸入端：iRST_N

RGB 顏色致能輸入端：EN [2..0]

VGA 紅色輸出端：oVGA_R[9..0]

VGA 綠色輸出端：oVGA_G[9..0]

VGA 藍色輸出端：oVGA_B[9..0]

VGA 水平同步控制輸出端：oVGA_H_SYNC

VGA 垂直同步控制輸出端：oVGA_V_SYNC

VGA 同步控制輸出端：oVGA_SYNC;

VGA Blank 輸出端：oVGA_BLANK

VGA 時脈輸出端：oVGA_CLOCK;

編輯流程為：

- 新增專案"ping_pong"
- 開啟新檔
- 另存新檔"VGA_control.v"
- 編輯"VGA_control.v"
- 存檔
- 更改最頂層檔案為"VGA_control"
- 檢查電路
- 創造電路符號
- 開啟新檔
- 另存新檔"ping_pong.v"
- 編輯"ping_pong.v"
- 存檔
- 更改最頂層檔案為"ping_pong"
- 檢查電路
- 創造電路符號
- 開啟新檔
- 另存新檔"counter.v"
- 編輯"counter.v"
- 存檔
- 更改最頂層檔案為"counter"
- 檢查電路
- 創造電路符號
- 新增檔案
- 另存新檔"ping_pong_pro.v"
- 加入電路符號"counter"、"ping_pong"與"VGA_control"
- 加入輸入輸出腳

- 存檔
- 更改最頂層檔案為 ping_pong_pro
- 檢查電路
- 指定元件
- 指定接腳
- 存檔與組譯
- 硬體連接
- 開啟燒錄視窗
- 燒錄
- 實驗結果

詳細說明如下：

1. 新增專案：選取視窗選單 File → New Project Wizard，出現「New Project Wizard: Introduction」新增專案精靈介紹視窗，按 Next 鈕後會進入「New Project Wizard: Directory, Name, and Top-Level Entity」的目錄，名稱與最高層設計單體(top-level design entity)設定對話框。在「New Project Wizard: Directory, Name, and Top-Level Entity [page 1 of 5]」的目錄，名稱與最高層設計單體設定對話框的第一個文字框中填入工作目錄"d:/lyp/ping_pong"，若是所填入的目錄不存在，Quartus II 會自動幫你創造。在第二個文字框中填入專案名稱"ping_pong"，在第三個文字框中則填入專案的頂層設計單體(top-level design entity)名稱"ping_pong"，如圖 3-101 所示。單體名稱對於大小寫是有區別的，所以大小寫必須配合檔案中的單體名稱。

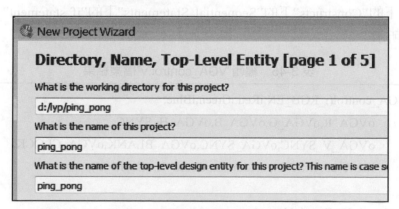

圖 3-101　目錄，名稱與最高層設計單體設定對話框

接著按 Finish 鍵，完成專案建立。建立專案"ping_pong"。

2. 專案導覽：在視窗左邊「Project Navigator」專案導覽視窗中 ⚠️Hierarchy 處列出最頂層單體名稱 ping_pong。若沒有出現，可選取視窗選單 View → Utility Windows → Project Navigator 開啟專案導覽視窗。

3. 開啟新檔：選取視窗選單 File → New，出現「New」對話框。在 Device Design Files 頁面中選取 Verilog HDL File 選項，開啟 Verilog HDL 編輯畫面，預設檔名為 "Verilog1.v"。

4. 另存新檔：將新增的檔案另存為"VGA_control.v"的檔案名，注意要勾選 Add file to current project 並按 儲存 鈕，將檔案加入現在的專案中。存檔完點選視窗左邊專案導覽視窗中 📄Files 鈕，再用滑鼠在 Device Design Files 處點兩下展開會看到 VGA_control.v 檔名出現。

5. 編輯"VGA_control.v"：在 Verilog HDL 編輯視窗可直接輸入文字或選取視窗選單 Edit → Insert Template，出現「Insert Template」對話框。在 Language templates 選單中展開 Verilog HDL 下的"Constructs"下的"Design Units"下的"Module Declaration[style2]"，則在右方 Template section: 選單中出現語法，選擇後按 Insert 將所選取的語法插入至文字編輯器中。更改電路名稱"__module_name"成為與檔名相同的名字 VGA_control。更改輸入腳位名稱為"iCoord_X,iCoord_Y,oRed,oGreen, oBlue"。選取視窗選單 Edit → Insert Template，出現「Insert Template」對話框。在 Language templates 選單中展開 Verilog HDL 下的"Constructs"下的"Module Items"下的"Always Construct(Sequential)"，則在右方 Template section: 選單中出現語法，選擇後按 Insert 將所選取的語法插入至文字編輯器中，在 begin 與 end 間加入"if statement"，"if statement"樣板在 Language templates 選單中展開 Verilog HDL 下的"Constructs"下的"Sequential Statements"下的"if statement"，並修改如表 3-45 所示。

表 3-45　編輯"VGA_control.v"檔案結果

```
module    VGA_control(i_RGB_EN,iRed,iGreen,iBlue,
          oVGA_R,oVGA_G,oVGA_B,oVGA_H_SYNC,
          oVGA_V_SYNC,oVGA_SYNC,oVGA_BLANK,oVGA_CLOCK,
          iCLK_25, iRST_N, oAddress,oCoord_X,oCoord_Y);

output [9:0]oCoord_X,oCoord_Y;
input                   iCLK_25;
```

```
input                    iRST_N;
input           [2:0] i_RGB_EN;
input           [9:0] iRed,iGreen,iBlue;


output          [19:0]    oAddress;


output          [9:0] oVGA_R,oVGA_G,oVGA_B;
output                    oVGA_H_SYNC,oVGA_V_SYNC;
output                    oVGA_SYNC;
output                    oVGA_BLANK;
output                    oVGA_CLOCK;


//   H_Sync Generator, Ref. 25 MHz Clock
parameter H_SYNC_CYC   =    96;
parameter H_SYNC_TOTAL=    800;


reg      [9:0]        H_Cont;
reg             oVGA_H_SYNC;
always@(posedge iCLK_25 or negedge iRST_N)
begin
    if(!iRST_N)
    begin
        H_Cont          <=   0;
        oVGA_H_SYNC<=    0;
    end
    else
    begin
        //    H_Sync Counter
        if( H_Cont < H_SYNC_TOTAL)   //H_SYNC_TOTAL=800
        H_Cont     <=   H_Cont+1;
        else
        H_Cont    <=   0;
        //    H_Sync Generator
```

```verilog
            if( H_Cont < H_SYNC_CYC ) //H_SYNC_CYC =96
            oVGA_H_SYNC <=    0;
            else
            oVGA_H_SYNC <=    1;
        end
end

parameter V_SYNC_TOTAL=    525;
parameter V_SYNC_CYC  =      2;
 reg      [9:0]      V_Cont;
reg            oVGA_V_SYNC;

//    V_Sync Generator, Ref. H_Sync
always@(posedge iCLK_25 or negedge iRST_N)
begin
    if(!iRST_N)
    begin
        V_Cont          <=    0;
        oVGA_V_SYNC <=    0;
    end
    else
    begin
        //    When H_Sync Re-start
        if(H_Cont==0)
        begin
            //    V_Sync Counter
            if( V_Cont < V_SYNC_TOTAL ) //V_SYNC_TOTAL =525
            V_Cont    <=    V_Cont+1;
            else
            V_Cont    <=    0;
            //    V_Sync Generator
            if(    V_Cont < V_SYNC_CYC ) // V_SYNC_CYC =2
            oVGA_V_SYNC <=    0;
```

```verilog
        else
            oVGA_V_SYNC <=    1;
        end
    end
end

parameter H_SYNC_BACK=     45+3;
parameter V_SYNC_BACK=     30+2;
parameter X_START     =    H_SYNC_CYC+H_SYNC_BACK+4;
parameter Y_START     =    V_SYNC_CYC+V_SYNC_BACK;
parameter H_SYNC_ACT  =    640;
parameter V_SYNC_ACT  =    480;
reg     [9:0] oVGA_R,oVGA_G,oVGA_B;
always@(H_Cont or V_Cont or i_RGB_EN or iRed or
        iGreen or iBlue )
begin
    if(H_Cont>=X_START+9    && H_Cont<X_START+H_SYNC_ACT+9 &&
        V_Cont>=Y_START     && V_Cont<Y_START+V_SYNC_ACT)
    begin
        if (i_RGB_EN[2]==1)
        oVGA_R=iRed   ;
        else
        oVGA_R=0;
        if (i_RGB_EN[1]==1)
        oVGA_G=iGreen;
        else
        oVGA_G=0;
        if (i_RGB_EN[0]==1)
        oVGA_B=iBlue  ;
        else
        oVGA_B=0;
    end
    else
```

```verilog
        begin
            oVGA_R=0;oVGA_G=0;oVGA_B=0;
        end
    end


assign    oVGA_BLANK  =    oVGA_H_SYNC & oVGA_V_SYNC;
assign    oVGA_SYNC   =    1'b0;
assign    oVGA_CLOCK  =    ~iCLK_25;


reg [9:0] oCoord_X,oCoord_Y;
 reg[19:0]      oAddress;
always@(posedge iCLK_25 or negedge iRST_N)
begin
    if(!iRST_N)
    begin
        oCoord_X  <=   0;
        oCoord_Y  <=   0;
        oAddress   <=   0;
    end
    else
    begin
        if(    H_Cont>=X_START && H_Cont<X_START+H_SYNC_ACT &&
               V_Cont>=Y_START && V_Cont<Y_START+V_SYNC_ACT )
        begin
            oCoord_X  <=   H_Cont-X_START;
            oCoord_Y  <=   V_Cont-Y_START;
            oAddress   <=   oCoord_Y*H_SYNC_ACT+oCoord_X-3;
        end
    end
end
endmodule
```

6. 存檔：選取視窗選單 File → Save。

7. 更改最頂層檔案：選取視窗選單 Projetc → Set as Top-Level Entity。在視窗左邊「Project Navigator」專案導覽視窗中 ▲Hierarchy 處列出最頂層單體名稱 VGA_control。若沒有出現，可選取視窗選單 View → Utility Windows → Project Navigator 開啟專案導覽視窗。

8. 檢查電路：選取視窗選單 Processing → Start → Start Analysis & Elaboration。最後出現成功訊息視窗，按 確定 鈕關閉視窗。

9. 創造電路符號：回到編輯視窗，選取視窗選單 File → Create/Update → Create Symbol Files for Current File，出現產生符號檔成功之訊息，會產生電路符號檔 "VGA_control.bsf"。可選取視窗選單 File → Open 開啟"VGA_control"檔觀看。觀察無誤後關閉"VGA_control.bsf"檔。

10. 開啟新檔：選取視窗選單 File → New，出現「New」對話框。在 Device Design Files 頁面中選取 Verilog HDL File 選項，開啟 Verilog HDL 編輯畫面，預設檔名為 "Verilog1.v"。

11. 另存新檔：將新增的檔案另存為 ping_pong 的檔案名，注意要勾選 Add file to current project 並按 儲存 鈕，將檔案加入現在的專案中。存檔完點選視窗左邊專案導覽視窗中 📄Files 鈕，再用滑鼠在 Device Design Files 處點兩下展開會看到"ping_pong.v"檔名出現。

12. 編輯"ping_pong.v"：在 Verilog HDL 編輯視窗可直接輸入文字或選取視窗選單 Edit → Insert Template，出現「Insert Template」對話框。在 Language templates 選單中展開 Verilog HDL 下的 "Constructs" 下的 "Design Units" 下的 "Module Declaration[style2]"，則在右方 Template section: 選單中出現語法，選擇後按 Insert 將所選取的語法插入至文字編輯器中。更改電路名稱 "_module_name" 成為與檔名相同的名字 ping_pong。更改輸入腳位名稱為"iclk,iRST_N,iCursor_X,iCursor_Y, iCoord_X,iCoord_Y, oRed, oGreen, oBlue"。選取視窗選單 Edit → Insert Template，出現「Insert Template」對話框。在 Language templates 選單中展開 Verilog HDL 下的 "Constructs" 下的 "Module Items" 下的 "Always Construct(Sequential)"，則在右方 Template section: 選單中出現語法，選擇後按 Insert 將所選取的語法插入至文字編輯器中，在 begin 與 end 間加入"if statement"，"if statement"樣板在 Language templates 選單中展開 Verilog HDL 下的"Constructs"下的"Sequential Statements"下的"if statement"，並修改如表 3-46 所示。程式說明如表 3-47 所示。

表 3-46 編輯"ping_pong.v"檔案結果

```verilog
Module ping_pong(iclk,iRST_N,iCursor_X,iCursor_Y,iCoord_X,iCoord_Y,oRed,oGreen,oBlue);
input iclk;
input iRST_N;
input [9:0]iCursor_X,iCursor_Y;
input [9:0]iCoord_X,iCoord_Y;
output    [9:0] oRed, oGreen,oBlue;
reg [9:0]  oRed, oGreen,oBlue;
integer board_width=40;
integer board_height=5;
integer ball_size=8;
integer move_x=319;
integer move_y=239;
integer dx=1;
integer dy=1;

always @(posedge iclk    )
begin
if (move_x>640)
dx=-1;
else
begin
if
(move_x<=0)
dx=1;
end
end

always @(posedge iclk)
begin
  if (move_y>=479)
    dy=-1;
  else
```

```verilog
    begin
     if
     (move_y>=0    &&    move_y<=board_height    &&    iCursor_X<=move_x    &&
move_x<=iCursor_X+board_width)
      dy=+1;
     end
end

always@(posedge iclk or negedge iRST_N)
begin
if(!iRST_N)
    begin
         move_x    <=    339;
         move_y    <=    239;
    end
else
begin
move_x<=move_x+dx;
move_y<=move_y+dy;
end
end
always@(iCursor_X,iCursor_Y,iCoord_X,iCoord_Y or ball_size or move_x or move_y )
begin

         if (move_x<iCoord_X && iCoord_X<move_x+ball_size &&move_y<iCoord_Y
&& iCoord_Y<move_y+ball_size ||
             iCursor_X<iCoord_X         &&         iCoord_X<iCursor_X+board_width
&&iCursor_Y<iCoord_Y && iCoord_Y< iCursor_Y+board_height)
             begin
                oRed<=10'b011111111;
                oGreen<=10'b0111111111-iCoord_Y;
                oBlue<=10'b011111111-iCoord_X;
             end
          else
```

```
                begin
                 oRed<=10'b0000000000;
                 oGreen<=10'b0000000000;
                 oBlue<=10'b1111111111;
                end
        end
        endmodule
```

表 3-47　程式說明

程式	說明
integer board_width=40;	板子長度
integer board_height=5;	板子高度
integer　ball_size=8;	小方塊大小為 8
integer　move_x=339;	小方塊起始 X 座標為 319
integer　move_y=239;	小方塊起始 Y 座標為 239

always@(posedge iclk or negedge iRST_N)
begin
if(!iRST_N)
begin
move_x<= 339;
move_y <= 239;
end
else
begin
move_x<=move_x+dx;
move_y<=move_y+dy;
end
end
	在正緣觸發時，或 iRST_N 為負緣時，若 iRST_N 為 0 時，move_x 等於 339; move_y 等於 239; 若 iRST_N 不為 0 時，move_x 等於 move_x+dx; move_y 等於 move_y+dy;

always@(iCursor_X,iCursor_Y,iCoord_X,iCoord_Y or
ball_size or move_x or move_y)
begin
 	
　　　　if (move_x<iCoord_X &&
	若 move_x 小於 iCoord_X 且 iCoord_X 小於 move_x+ball_size 且，move_y 小於 move_y+ball_size 或是 iCursor_X 小於 iCoord_X 且

iCoord_X<move_x+ball_size &&move_y<iCoord_Y && iCoord_Y<move_y+ball_size ||　　　　　　iCursor_X<iCoord_X && iCoord_X<iCursor_X+board_width &&iCursor_Y<iCoord_Y && iCoord_Y< iCursor_Y+board_height)　　　　　begin　　　　　　oRed<=10'b011111111;　　　　　　oGreen<=10'b0111111111-iCoord_Y;　　　　　　oBlue<=10'b011111111-iCoord_X;　　　　　end　　　else　　　　begin　　　　　oRed<=10'b0000000000;　　　　　oGreen<=10'b0000000000;　　　　　oBlue<=10'b1111111111;　　　　end end	iCoord_X 小於 iCursor_X+board_width 且 iCursor_Y 小於 iCoord_Y 且 iCoord_Y 小於 iCursor_Y+board_height 時， oRed 等於 10'b011111111； oGreen 等於 10'b0111111111-iCoord_Y； oBlue 等於 10'b011111111-iCoord_X； 不然的話，oRed 等於 10'b0000000000； oGreen 等於 10'b0000000000； oBlue 等於 10'b1111111111；

13. 存檔：選取視窗選單 File → Save。

14. 更改最頂層檔案：選取視窗選單 Projetc → Set as Top-Level Entity。在視窗左邊 「Project Navigator」專案導覽視窗中 ⚠Hierarchy 處列出最頂層單體名稱 ping_pong。若沒有出現，可選取視窗選單 View → Utility Windows → Project Navigator 開啟專案導覽視窗。

15. 檢查電路：選取視窗選單 Processing → Start → Start Analysis & Elaboration。最後 出現成功訊息視窗，按 確定 鈕關閉視窗。

16. 創造電路符號：回到編輯視窗，選取視窗選單 File → Create/Update → Create Symbol Files for Current File，出現產生符號檔成功之訊息，會產生電路符號檔 "ping_pong.bsf"。可選取視窗選單 File → Open 開啟"ping_pong.bsf"檔觀看。觀察 無誤後關閉"ping_pong.bsf"檔。

17. 開啟新檔：選取視窗選單 File → New，出現「New」對話框。在 Device Design Files 頁面中選取 Verilog HDL File 選項，開啟 Verilog HDL 編輯畫面，預設檔名爲 "Verilog1.v"。

18. 另存新檔：將新增的檔案另存為"counter.v"的檔案名，注意要勾選 Add file to current project 並按 儲存 鈕，將檔案加入現在的專案中。存檔完點選視窗左邊專案導覽視窗中 Files 鈕，再用滑鼠在 Device Design Files 處點兩下展開會看到"counter.v"檔名出現。

19. 編輯"counter.v"：在 Verilog HDL 編輯視窗可直接輸入文字或選取視窗選單 Edit → Insert Template，出現「Insert Template」對話框。展開 Verilog HDL 下的"Full Designs" 下的 "Arithmetic" 下的 "Counters" 下的 "Binary Up/Down Counter with Saturation"，則在右方 Template section: 選單中出現語法，如圖 3-102 所示，選擇後按 Insert 將所選取的語法插入至文字編輯器中。 更改電路名稱 "__module_name"成為與檔名相同的名字 counter，修改如表 3-48 所示。程式說明如表 3-49 所示。

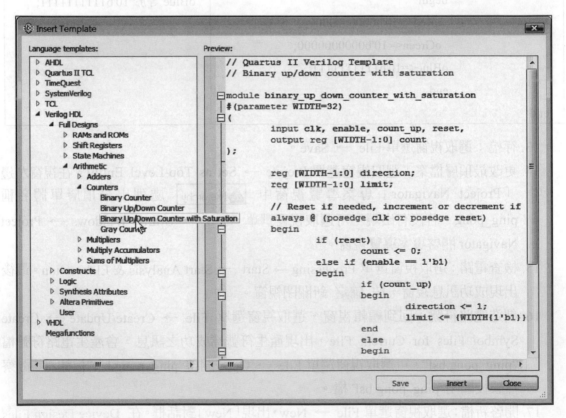

圖 3-102　"Binary Up/Down Counter with Saturation"樣板

表 3-49　編輯"counter.v"檔案結果

```verilog
module counter
(input clk, enable, reset,
  input [1:0]count_up,
output reg [WIDTH-1:0]count
);


parameter WIDTH = 10;
reg [WIDTH-1:0]direction;
reg [WIDTH-1:0]limit;
// Reset if needed, increment or decrement if counter is not saturated
always @ (posedge clk or posedge reset)
begin
 if (reset)
  count <= 0;
 else if (enable == 1'b1)
 begin
  if (count_up==2'b10)
   begin
    direction <= 1;
limit <= 639-40;  // max value
end
else
begin
if (count_up==2'b01)
     begin
direction <= -1;
limit <= {WIDTH{1'b0}};
end
else
    direction <= 0;
end
if (count != limit)
```

```
count <= count + direction;
end
end
endmodule
```

表 3-50　程式說明

程式	說明

always @ (posedge clk or posedge reset)
begin
　if (reset)
　　count <= 0;
　else if (enable == 1'b1)
　begin
　　if (count_up==2'b10)
　　begin
　　　direction <= 1;
limit <= 639-40; // max value
end
else
begin
if (count_up==2'b01)
　　begin
direction <= -1;
limit <= {WIDTH{1'b0}};
end
else
　　direction <= 0;
end
if (count != limit)
count <= count + direction;
end
end
	當 clk 正緣觸發與 reset 由 0 變 1 時，若 reset 等於 1，則 count 等於 0；此外若 enable 等於 1，則若 count_up 等於 2 b10，則 direction 等於 1 且 limit 等於 639-40。除此之外，若 count_up 等於 2 b01，則 direction 等於-1 且 limit 等於 0；除此之外 direction 等於。
	
	若 count 不等於 limit，則 count 等於 count 加上 direction。

20. 存檔：選取視窗選單 File → Save。

21. 檢查電路：選取視窗選單 Processing → Start → Start Analysis & Elaboration。最後出現成功訊息視窗，按 確定 鈕關閉視窗。

22. 創造電路符號：回到編輯視窗，選取視窗選單 File → Create/Update → Create Symbol Files for Current File，出現產生符號檔成功之訊息，會產生電路符號檔 "counter.bsf"。可選取視窗選單 File → Open 開啟"counter.bsf"檔觀看。觀察無誤後關閉"counter.bsf"檔。

23. 新增檔案：接下來選擇視窗選單 File → New，開啟新增「New」對話框，選擇 Block Diagram/Schematic File，按 OK 鈕新增圖形檔。

24. 另存新檔：將新增的檔案另存為"ping_pong_pro.v"的檔案名，注意要勾選 Add file to current project 並按 儲存 鈕，將檔案加入現在的專案中。存檔完點選視窗左邊專案導覽視窗中 Files 鈕，再用滑鼠在 Device Design Files 處點兩下展開會看到 ping_pong_pro.bdf 檔名出現。

25. 加入電路符號：編輯 ping_pong_pro.bdf 檔，選取視窗選單 Edit → Insert Symbol 會出現「Symbol」對話框，出現「Symbol」對話框，展開 Project，選 VGA_control，設定好按 OK 鍵。同樣方式加入 ping_pong 與 counter。

26. 加入輸入輸出腳：在 ping_pong_pro.bdf 檔編輯範圍內用滑鼠快點兩下，或點選 ⊡ 符號，會出現「Symbol」對話框。可以直接在 Name: 處輸入 input。勾選 Repeat-insert mode，可以連續插入數個符號。設定好後按 ok 鈕。在 "ping_pong_pro.bdf" 檔編輯範圍內選好擺放位置按左鍵放置一個 "input" 符號，再換位置加入另外一個 "input" 符號，共需要九個輸入，按 Esc 可終止放置符號。同樣方式加入兩個 "output" 輸出埠。可以在腳位名字上用滑鼠點兩下更名。再加入兩個"vcc"、"gnd"與一個"tff"號，編輯 ping_pong_pro.bdf 結果如圖 3-103 所示。電路說明如表 3-50 所示。

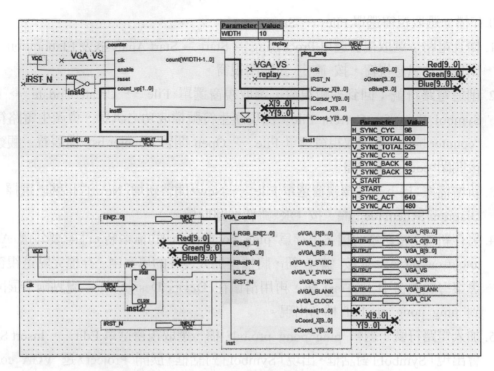

圖 3-103　編輯 ping_pong_pro.bdf

表 3-50　電路說明

子系統	說明
counter 符號	檔板橫座標控制
ping_pong 符號	乒乓球與檔板產生器
VGA_control	VGA 控制核心電路
TFF	除頻器，將輸入 clk 除以 2

27. 存檔：選取視窗選單 File → Save。

28. 更改最頂層檔案：選取視窗選單 Projetc → Set as Top-Level Entity。在視窗左邊「Project Navigator」專案導覽視窗中 ▲Hierarchy 處列出最頂層單體名稱 ping_pong_pro。若沒有出現，可選取視窗選單 View → Utility Windows → Project Navigator 開啟專案導覽視窗。

29. 檢查電路：選取視窗選單 Processing → Start → Start Analysis & Elaboration。最後出現成功訊息視窗，按 確定 鈕關閉視窗。

30. 指定元件：選取視窗選單 Assignments → Device 處，開啓「Setting」對話框。在 Family 處選擇元件類別，例如選擇"Cyclone II"，在 Target device 處選擇第二個選項"Specific device selected in Available devices list "。在 Available devices 處選元件編號"EP2C35F672C6"。再選取 Device and Pin Options，開啓「Device and Pin Options」對話框，選取 Unused Pin 頁面，將 Reserve all unused pins 設定成 As input, tri-stated。按 確定 鈕回到「Setting」對話框，再按 OK 鈕。

31. 指定接腳：選取視窗選單 Assignments → Pin Planner 處，開啓「Pin Planner」對話框，在 Editor: 下方的 To 欄位下方，用滑鼠快點兩下開啓下拉選單，選取一個輸入腳或輸出腳，例如"clk"，再至同一列處 Location 欄位下方用滑鼠快點兩下開啓下拉選單，選取欲連接的元件腳位名"PIN_N2"，再依同樣方式對應表 3-51 中其他 ping_pong_pro 設計腳位與 Cyclone II 元件之腳位。設定完所有設計專案之所有輸入輸出腳對應到實際 IC 腳。

表 3-51　腳位指定

ping_pong_pro 設計腳位	Cyclone II 元件腳位	說明
clk	PIN_N2	發展板上 50 MHz
iRST_N	PIN_V2	指撥開關[17]
EN[2]	PIN_V1	指撥開關[16]
EN[1]	PIN_U4	指撥開關[15]
EN[0]	PIN_U3	指撥開關[14]
VGA_R[9]	PIN_E10	VGA 紅色位元[9]
VGA_R[8]	PIN_F11	VGA 紅色位元[8]
VGA_R[7]	PIN_H12	VGA 紅色位元[7]
VGA_R[6]	PIN_H11	VGA 紅色位元[6]
VGA_R[5]	PIN_A8	VGA 紅色位元[5]
VGA_R[4]	PIN_C9	VGA 紅色位元[4]
VGA_R[3]	PIN_D9	VGA 紅色位元[3]
VGA_R[2]	PIN_G10	VGA 紅色位元[2]
VGA_R[1]	PIN_F10	VGA 紅色位元[1]
VGA_R[0]	PIN_C8	VGA 紅色位元[0]

VGA_G[9]	PIN_D12	VGA 綠色位元[9]
VGA_G[8]	PIN_E12	VGA 綠色位元[8]
VGA_G[7]	PIN_D11	VGA 綠色位元[7]
VGA_G[6]	PIN_G11	VGA 綠色位元[6]
VGA_G[5]	PIN_A10	VGA 綠色位元[5]
VGA_G[4]	PIN_B10	VGA 綠色位元[4]
VGA_G[3]	PIN_D10	VGA 綠色位元[3]
VGA_G[2]	PIN_C10	VGA 綠色位元[2]
VGA_G[1]	PIN_A9	VGA 綠色位元[1]
VGA_G[0]	PIN_B9	VGA 綠色位元[0]
VGA_B[9]	PIN_B12	VGA 藍色位元[9]
VGA_B[8]	PIN_C12	VGA 藍色位元[8]
VGA_B[7]	PIN_B11	VGA 藍色位元[7]
VGA_B[6]	PIN_C11	VGA 藍色位元[6]
VGA_B[5]	PIN_J11	VGA 藍色位元[5]
VGA_B[4]	PIN_J10	VGA 藍色位元[4]
VGA_B[3]	PIN_G12	VGA 藍色位元[3]
VGA_B[2]	PIN_F12	VGA 藍色位元[2]
VGA_B[1]	PIN_J14	VGA 藍色位元[1]
VGA_B[0]	PIN_J13	VGA 藍色位元[0]
VGA_CLK	PIN_B8	VGA 時脈訊號位元
VGA_BLANK	PIN_D6	VGA 空白訊號位元
VGA_HS	PIN_A7	VGA 水平同步訊號位元
VGA_VS	PIN_D8	VGA 垂直同步訊號位元
VGA_SYNC	PIN_B7	VGA 同步訊號位元
shift[1]	PIN_W26	按鈕開關[3]
shift[0]	PIN_P23	按鈕開關[2]
replay	PIN_G26	按鈕開關[0]

32. 存檔與組譯：選取視窗選單 File → Save。選取視窗選單 Processing → Start Compilation。

33. 硬體連接：模擬板上有 USB-Blaster 連接埠。連接方式為將 USB-Blaster 連接線接頭與電腦 USB 埠相接，另一頭接頭與模擬板上 USB 接頭相接。再將模擬板接上電源。Altera USB-Blaster 驅動程式在"安裝目錄\quartus\drivers\usb-blaster\x32"。將 VGA 連接線連接螢幕與 DE2 實驗板之 VGA 接頭。

34. 開啟燒錄視窗：選取視窗選單 Tools → Programmer，開啟燒錄視窗為 ping_pong.cdf 檔。

35. 燒錄：並在要燒錄檔項目的 Program/Configure 處要勾選。再按 Start 鈕進行燒錄。

36. 實驗結果：燒錄成功後，控制模擬板上的指撥開關。注意當開關往上撥為 1，當開關往下撥為 0，當壓按開關壓下為 0，放開為 1。操作方式，整理如表 3-52 所示。

表 3-52　實驗結果

第 1 步	iRST_N=1，EN[2]=1(紅色致能)，EN[1]=1(綠色致能)，EN[0]=1(藍色致能)	
	螢幕畫面出現一個移動小方塊，螢幕上方出現一個長方形板	
VGA_pro 接腳	DE2 開關	狀態
iRST_N	指撥開關[17]	1(上)
EN[2]	指撥開關[16]	1(上)
EN[1]	指撥開關[15]	1(上)
EN[0]	指撥開關[14]	1(上)
第 2 步	iRST_N=1，EN[2]=1(紅色致能)，EN[1]=1(綠色致能)，EN[0]=1(藍色致能)，shift[1]=1，shift[0]=0(右移)	
	螢幕上方長方形板右移，小方塊移動遇到長方形板會彈回	
iRST_N	指撥開關[17]	1(上)
EN[2]	指撥開關[16]	1(上)
EN[1]	指撥開關[15]	1(上)
EN[0]	指撥開關[14]	1(上)
shift[1]	按鈕開關[3]	1(放開)
shift[0]	按鈕開關[2]	0(壓下)
第 3 步	iRST_N=1，EN[2]=1(紅色致能)，EN[1]=1(綠色致能)，EN[0]=1(藍色致能)，replay=0	
	小方塊重新產生	

iRST_N	指撥開關[17]	1(上)
EN[2]	指撥開關[16]	1(上)
EN[1]	指撥開關[15]	1(上)
EN[0]	指撥開關[14]	1(上)
shift[1]	按鈕開關[3]	1(放開)
shift[0]	按鈕開關[2]	1(放開)
replay	按鈕開關[0]	0(壓下)

第 4 步 iRST_N=1，EN[2]=1(紅色致能)，EN[1]=1(綠色致能)，EN[0]=1(藍色致能)，shift[1]=0(左移)，shift[0]=1

螢幕上方長方形板左移，小方塊移動遇到長方形板會彈回

iRST_N	指撥開關[17]	1(上)
EN[2]	指撥開關[16]	1(上)
EN[1]	指撥開關[15]	1(上)
EN[0]	指撥開關[14]	1(上)
shift[1]	按鈕開關[3]	0(壓下)
shift[0]	按鈕開關[2]	1(放開)
replay	按鈕開關[0]	1(放開)

第 3 步 iRST_N=0

螢幕畫面消失

iRST_N	指撥開關[17]	0(下)

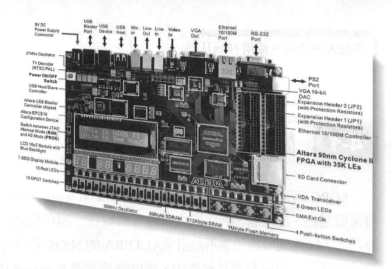

4章

SOPC 發展環境

4-1　簡介

SOPC 為系統在可程式的晶片上(System on-a-programmable-chip)的簡稱。此設計方式將邏輯電路、記憶體、IP 與嵌入微處理器放在一個可程式的邏輯元件上。可以讓有想法的設計者，快速開發產生雛形設計。ALTERA 的 NiOS 系列乃是將微處理器核心以軟體或硬體的方式置入可編程晶片元件中，提供微控制器 Software IP，可透過參數的設定，除了可加入設計者的邏輯單元外，亦可以同時置入多個微控制器，一同編譯後取得燒錄檔即可下載到 Nios 的發展板上開發應用進行驗證。ALTERA 提供的設計流程開發產品有 SOPC Builder 和 Quartus II 軟硬體同步開發工具。SOPC Builder 簡言之就是一套圖形化的工具軟體，讓設計者可以很容易設計出目標系統晶片·大大縮短了過去設計上所要花費的時間。透過 SOPC Builder，我們可以針對需求選擇微處理器核心，例如 ALTERA Nios CPU，其次選擇匯流排橋接器(Bridge)例如 AHB to Avalon Bridge，這套軟體也提供了一些通訊用常見的 IP，如 SPI、UART、AHB EthernetMAC...等，其他如記憶體控制器，記憶體等，當然在選擇後必須加以設定相關參數，達到自己理想中的系統組態。完成後，SOPC Builder 會根據這些組態和參數，自動產生對應的 VHDL 或 Verilog 硬體描述語言程式碼。而 Quartus II 是一套 ALTERA 的系統層級開發工具軟體，可支援到數百萬閘的 PLD 快速編輯。並且保留有 Max+Plus II 的特點，利用這套軟體，設計者完成可以從設計圖、硬體描述語言、規劃連結的燒錄檔、到模擬作業時態分析等工作。

4-1-1　SOPC Builder

SOPC Builder 系統發展工具簡化了創造高性能的 SOPC(system-on-a-programmable-chip)設計任務。利用 SOPC Builder，系統設計者能夠定義和實現完整的系統。所花時間比傳統 SOC (system-on-a-chip)設計少的多。SOPC Builder 與 Altera Quartus II 軟體整合一起，能夠給 FPGA 設計者立即能取得的革命性新的發展工具。

SOPC Builder 資料庫組成包括：

- 處理器(Processors)
- 智慧財產權(IP)和週邊
- 記憶體介面
- 通信週邊
- 排線和介面，包括 Avalon 排線和 AMBA 效能排線(AHB)

- 數位信號處理(DSP)核心
- 軟體組件
- 標題檔案
- C 語言驅動器

SOPC Builder 使用介面包括了下列兩種頁面：System Contents 頁面與 System Generation 頁面。可開啓 Quartus II 專案，選取視窗選單 Tools → SOPC Builder，開啓 SOPC Builder 視窗。將兩種頁面說明如下：

- System Contents 頁面：此頁面用來定義系統內容，畫面左邊區列出所有資料庫組件，在畫面右邊表格列出的是使用者所選擇的系統組件，如圖 4-1 所示。

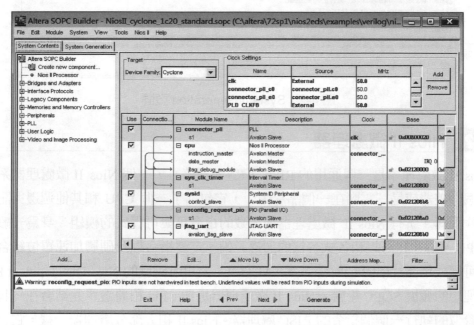

圖 4-1　System Contents 頁面

- System Generation 頁面：此頁面用來產生系統的。包括的選項有設定控制產生的流程例如元件種類與模擬。在系統產生的過程中，此頁面會記載系統產生的訊息，如圖 4-2 所示。

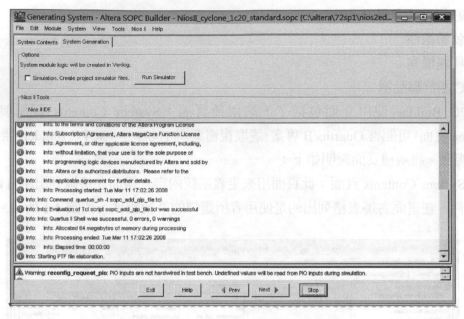

圖 4-2　System Generation 頁面

4-1-2　Nios II 微處理器

　　Nios II 微處理器是一個通用的 RISC 微處理器核心，一個 Nios II 微處理器系統是等效於一個微控器或是"電腦在一個晶片中"，它包括了一個 CPU 和其他週邊與記憶體在一個晶片裡面。所有 Nios II 微處理器用一致的指令集與可程式的模組。身為一般用途的 RISC CPU，Nios II 可以和各式各樣的週邊設備、定製指令以及硬體加速單位結合使用，以建立可程式單晶片(SOPC)解決方案。ALTERA 公司所研發的 Nios Development Kit 提供了一個理想的發展 SOPC 平台。Nios II 微處理器是把 CPU 和周邊單元結合在一起的。它是像導管似的執行一個個指令的 RISC 處理器。Nios II 和大部分處理器一樣，它包括了算術和邏輯運算、位元/位元組操作、資料之轉移，控制流程·條件指令等等，軟體設計者只要懂的 C 或 C++程式語言就足以撰寫程式。NiosII 之周邊 I/O 有 UART，可用為串列傳輸入介面，它用於 Debug 與外界溝通，還有計時器(timer)可作為計時或時間有關之處理。還有並列傳輸 I/O (paralle I/O)、序列裝置介面(serial peripheral interface)、網路埠(Ethernet port)、記憶介面可外接 ROM 和 RAM 等。

　　Nios II 軟體發展環境叫做 Nios II 整合發展環境(IDE)，如圖 4-3 所示。Nios II IDE 是建構在 GNU C/C++ 組譯器和 Eclipse IDE，以提供一個軟體發展的環境。利用 Nios II IDE，設計者可以立即的開發和模擬 Nios II 軟體應用。並在模擬板上驗證雛型設計的正確性。

Nios 系統週邊允許 Nios II 嵌入式軟體 FPGA 內部邏輯和 Nios 模擬板上的外接硬體做連接與溝通。利用 SOPC Builder 來設定名稱、型態、記憶體位址和系統週邊的中斷。

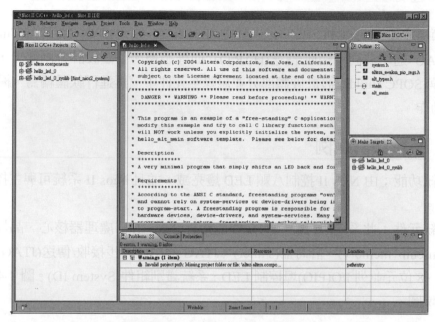

圖 4-3　Nios II 整合發展環境

　　整個系統晶片設計程序分為硬體設計與軟體設計，硬體發展流程為利用 SOPC Builder 去選擇合適的 CPU、記憶體與周邊組件例如 on-chip memory、PIOs、UARTs 與 offchip memory 介面然後依照規格來設定功能。SOPC Builder 可以讓你連接訂製的硬體組件到你的系統，給你強大的選擇來加強系統效能。SOPC Builder 根據你的設定自動的整合系統並輸出成硬體描述語言的檔案。你能夠藉著設計硬體區塊連接到 Nios II CPU 的算術邏輯運算單元(ALU)創造訂製的指令。接下來再利用 Quartus II 軟體指定一個特定的 Altera 元件對 SOPC Builder 產生的硬體描述語言檔案做配置與繞線。使用 Quartus II 軟體，要選擇一個特定的元件，並指定 Nios II 系統的 I/O 腳到實際 Altera 元件腳位，配合硬體組譯設定或時間參數限制設定，再做組譯。組譯過程中 Quartus II 將合成結果產生成一個 netlist，然後 Quartus II fitter 再將目標元件與 netlist 配合最後產生一個燒錄檔。利用 Quartus II 燒錄功能與 Altera 下載電線，你可以下載燒錄檔至模擬板。再驗證確認硬體無誤以後，可以將檔案寫入模擬板上的非揮發記憶體。在規劃完硬體之後，軟體設計就可以在此雛型平台下驗證軟體的功能。

4-2　系統晶片發展

這一節描述如何在 SOPC Builder 中建立 Nios II 32 位元 CPU、計時器(Timer)、LED PIO 與 JTAG 通用非同步接收/傳送(UART)介面等週邊。整個設計分兩部分，先要運用 Quartus II 與 SOPC Builder 設計硬體部分並燒錄至元件中，再進行軟體編寫，編寫 C 語言控制周邊動作。

4-2-1　系統設計範例

- 系統功能：由 Nios II 控制八顆 LED 燈亮滅，並且 Nios II 系統可與主控電腦做溝通。
- 系統元件：此系統設計範例的元件包括有 Nios II/s 處理器核心、晶片中記憶體 (On-chip memory)、計時器(Timer)、JTAG 通用非同步接收/傳送(JTAG UART)介面、8 位元並列 I/O(PIO)埠控制 LED、系統識別組件(System ID)。圖 4-4 顯示設計區塊圖。

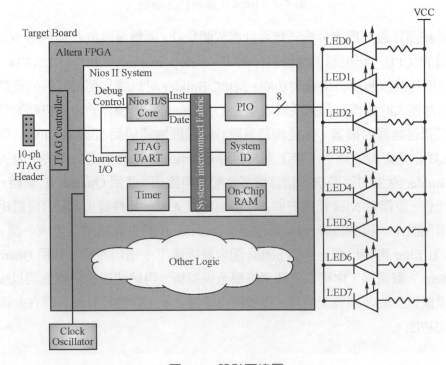

圖 4-4　設計區塊圖

● 軟體需求：實現此範例所需的軟體包括 Quartus II 9.1 版以上與 Nios II EDS 9.1 版以上。設計檔案可至 Altera 網站下載，網址為
https://www.altera.com/download/dnl-index.jsp。

● 硬體需求：本範例可適用的開發板必須友 Altera Stratix 系列、Cyclone 系統或 Arria 系列 FPGA。這些 FPGA 必須包含至少有 2500 個 LE 或 alut，並至少有 50 個 M4K 或 M9K 記憶體。FPGA I/O 腳須連接到八個或少一點的 LED 燈來觀察微處理器是否能運作。這些開發板必須有 JTAG 連接到 FPGA，提供下載與跟 Nios II 系統溝通的介面。

● 系統開發流程：Nios 系統開發包含三個部份，硬體部分、軟體部分與系統部分，本範例開發流程如圖 4-5 所示。

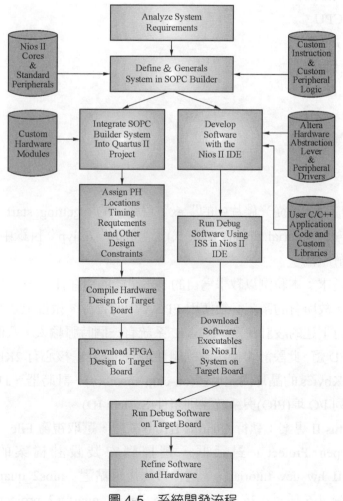

圖 4-5　系統開發流程

本範例發展分三個小節加以介紹，分別是 4-2-1-1 的 SOPC Builder 系統建立、4-2-1-2 的在 Quartus II 中編輯硬體與燒錄與 4-2-1-3 的使用 Nios II IDE 發展軟體。

4-2-1-1 SOPC Builder 系統建立

SOPC Builder 系統建立流程為：

- 安裝設計檔案
- 分析系統需求
- 開啟 Quartus II 專案
- 創造新的 SOPC Builder 系統
- 在 SOPC Builder 中定義系統
- 增加晶片內部記憶體
- 新增一個 CPU
- 新增 JTAG UART
- 加入內部計時器
- 加入系統 ID
- 新增 PIO
- 自動指定基底位址
- 產生系統

詳細說明如下：

1. 安裝設計檔案：可從光碟片中的"ex"目錄下的"getting_start"複製設計檔案"niosII_hw_dev_tutorial.zip"(ZIP 形式)至電腦的"d:\lyp"目錄中，或從 Altera 網站下載，再解壓縮。

2. 分析系統需求：本範例以教學為目的，為了能適用在任何一個有 Altera FPGA 的實驗板上，故所有的系統必須使用 FPGA 中的資源。根據上述需求分析，本範例系統設計有下述的設計決定。Nios II 系統有一個時脈輸入，八個輸出可控制實驗板上的 LED 燈。此設計會使用到的組件為，Nios II/s 核心有 2Kbytes 的 instruction cache、20Kbytes 的晶片內記憶體(on-chip memory)、計時器、JTAG UART、8 個輸出的並列 I/O 埠(PIO)與系統識別組件(System ID)。

3. 開啟 Quartus II 專案：執行 Quartus II10.0 軟體，選取視窗 File → Open Project，開啟「Open Project」對話框，選擇到安裝設計檔案的目錄，例如"d:/lyp/niosII_hw_dev_tutorial"，選擇目錄後再點選"nios2_quartus2_project.qpf"專案，如圖 4-6 所示，按 Open 鍵開啟"nios2_quartus2_project.qpf"專案，如圖

4-7 所示。再選取視窗 File → Open，開啓專案中的 "nios2_quartus2_project.bdf"
檔如圖 4-8 所示。

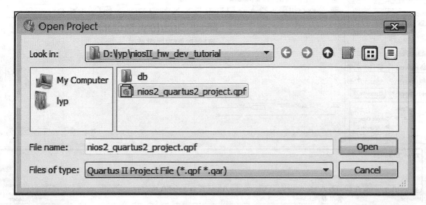

圖 4-6　開啓專案視窗

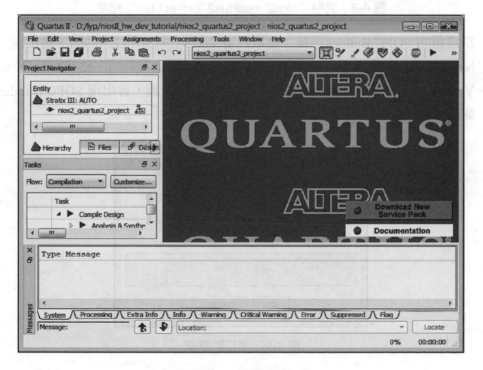

圖 4-7　專案視窗

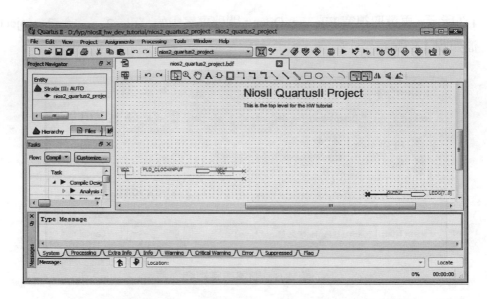

圖 4-8　開啓 "nios2_quartus2_project.bdf" 檔案

4. 創造新的 SOPC Builder 系統：選取視窗 Tools → SOPC Builder，會出現「Create New System」對話框，在 System Name 處填入 "first_nios2_system"，並選擇 Verilog 或 VHDL，如圖 4-9 所示，設定好按 OK 鍵，會出現 SOPC Builder GUI，如圖 4-10 所示。

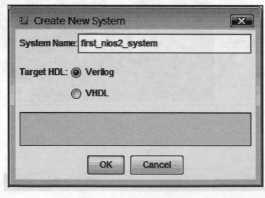

圖 4-9　建立新系統

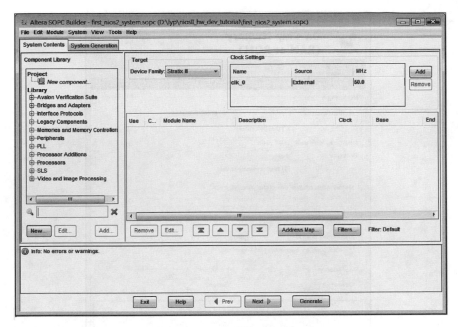

圖 4-10　SOPC Builder GUI

5. 在 SOPC Builder 中定義系統：在 SOPC Builder 畫面的 System Contents 中的 Target：處的下拉選單處選擇要燒錄模擬板上的元件，例如 Cyclone II，在 Clock Settings 處預設值為 50MHz，如圖 4-11 所示。讀者需配合所使用的開發板的振盪器頻率進行設定。

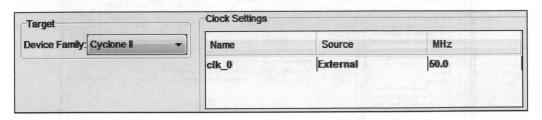

圖 4-11　選擇要燒錄模擬板上的元件

6. 增加晶片內部記憶體：選取在 SOPC Builder 畫面的左邊 Memory 下的 "Memories and Memory controllers"，再展開 "On Chip"，點選 "On Chip Memory (RAM or ROM)"，再按 Add 鈕。開啓「On Chip Memory (RAM or ROM)」對話框。在 Block Type：處選擇 "M4K"，在 Total memory size：處填入 "20" 與選擇 Kbytes，其他保持預設值，如圖 4-12 所示，設定好按 Finish 鍵，設定結果如圖 4-13 所示，On-Chip Memory 的模組名稱為 "on-chip mem"。

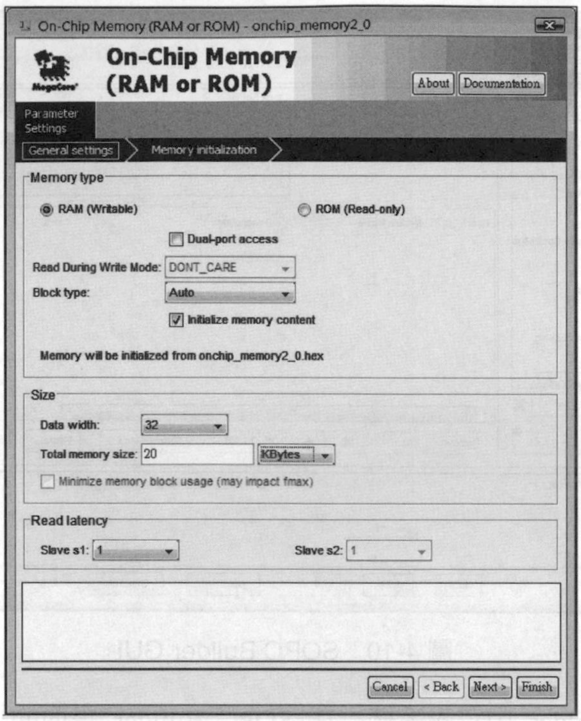

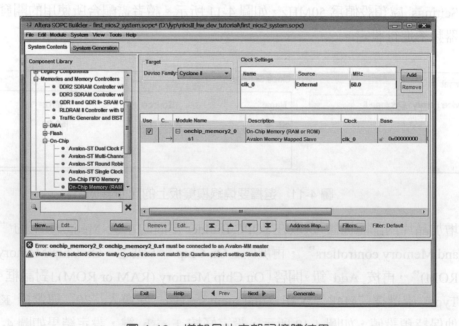

圖 4-12　增加晶片內部記憶體對話框

圖 4-13　增加晶片內部記憶體結果

7. 更改晶片內部記憶體名稱：在 Module Name 下的 "onchip_memory2_0" 處按右
   鍵，選取 Rename，將 "onchip_memory2_0" 改為 "onchip_memory"，再按 Enter
   鈕，結果如圖 4-14 所示。

Use	C...	Module Name	Description
☑	⊟	**onchip_memory**	On-Chip Memory (RAM or ROM)
	→	s1	Avalon Memory Mapped Slave

圖 4-14　更名為 "onchip_memory"

8. 新增一個 CPU：要增加一個 Nios II 32 位元 CPU，名字取叫 cpu，有 4 Kbytes 的
   Instruction Cache 記憶體。依下列步驟，選取 SOPC builder 畫面左邊 Altera SOPC
   Builder 下的 Nios II Processor，按 Add 鍵，出現一個「Nios II Processor─cpu」
   對話框。在 Core Nios II 頁面選擇 Nios II/s 類型，在 Hardware Multiply 清單中
   選則 None。在 Reset Vector:Memory: 處選擇 onchip mem，Offset: 為 "0x0"，
   在 Exception Vector:Memory: 處選擇 onchip mem，Offset: 為 "0x20"，如圖 4-15
   所示。

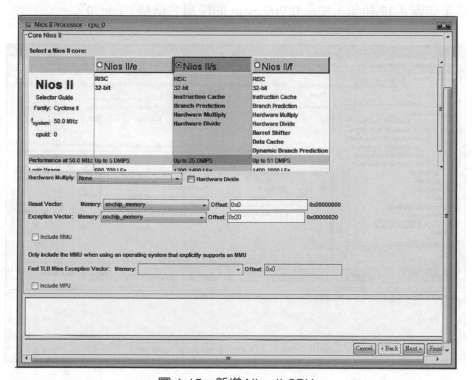

圖 4-15　新增 Nios II CPU

再選擇 Caches and Memory Interfaces 頁面，設定 Instruction Cache Size: 為 2 Kbytes，如圖 4-16 所示。

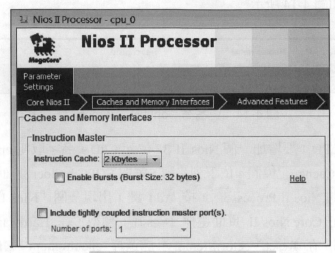

圖 4-16　Caches and Memory Interfaces 頁面

其它頁面皆不要更改，直接按 Finish 鍵回到 SOPC Builder 畫面，可以看到設定結果如圖 4-17 所示，Nios II Processor 的模組名稱為" cpu_0"。

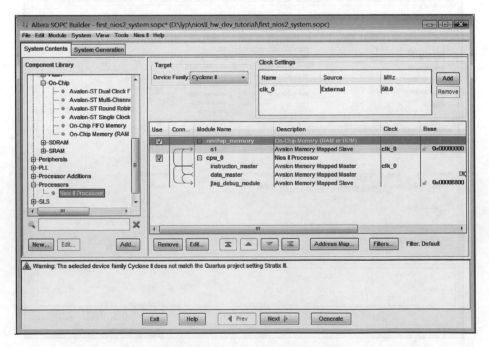

圖 4-17　Nios II CPU 與 On-Chip Memory

9. 更改 CPU 名稱：在 Module Name 下的 "cpu_0" 處按右鍵，選取 Rename ，將 "cpu_0" 改為 "cpu" ，再按 Enter 鈕，結果如圖 4-18 所示。

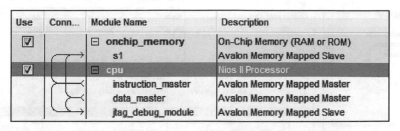

圖 4-18　更改 CPU 名稱

10. 新增 JTAG UART：JTAG UART 提供一個方便的方式透過 USB-Blaster 下載線與 Nios II 嵌入式微處理器作溝通。要增加 JTAG UART 組件，按下列步驟進行。選取在 SOPC Builder 畫面的左邊 Interface Protocols 下的 "Serial" ，再點選 "JTAG UART" ，按 Add 鈕。開啟「JTAG UART-jtag_uart_0」對話框，採用預設值，如圖 4-19 所示。直接按 Finish 鍵回到 SOPC Builder 畫面，可以看到設定結果如圖 4-20 所示，JTAG UART 的模組名稱為 "jtag_uart_0"。

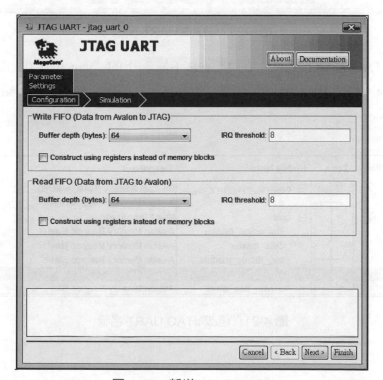

圖 4-19　新增 JTAG UART

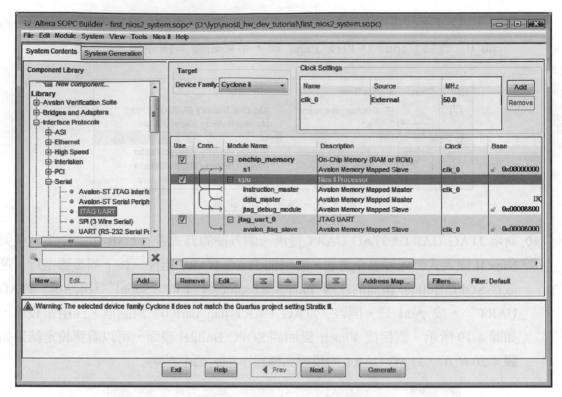

圖 4-20　JTAG UART 模組

11. 更改 JTAG UART 名稱：在 Module Name 下的 "jtag_uart_0" 處按右鍵，選取 Rename，將 "jtag_uart _0" 改為 "jtag_uart"，再按 Enter 鈕，結果如圖 4-21 所示。

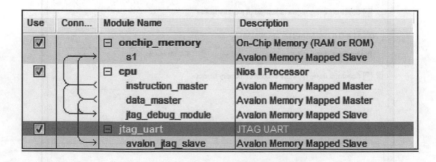

圖 4-21　更改 JTAG UART 名稱

12. 加入內部計時器：大部分的控制系統使用計時器是能夠做一些精確的時間計算。
要增加內部計時器要做下列步驟，選取在 SOPC Builder 畫面的左邊 Peripherals 下的 "Microcontroller Perpherals"，再按 "Interval Timer"，再按 Add 鈕。開啟「Interval Timer— timer」對話框，在 Presets: 處選擇 Full featured，如圖 4-22 所示，按 Finish 鈕回到 SOPC Builder 畫面，可以看到，Timer 的模組名稱為" timer_0"，結果如圖 4-23 所示。

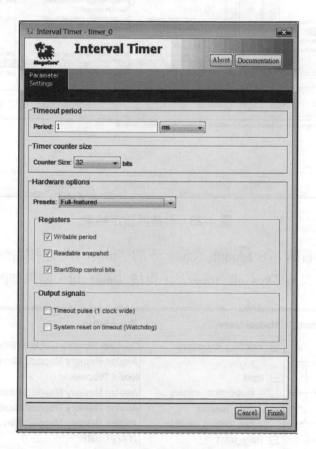

圖 4-22　計數器設定

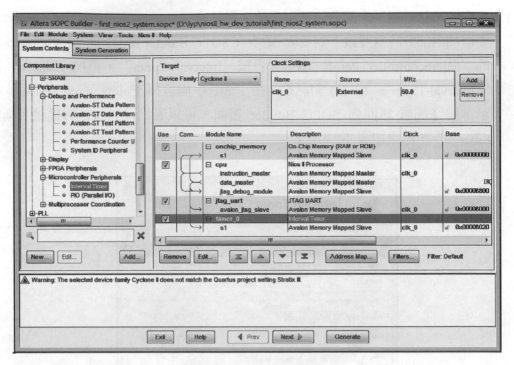

圖 4-23　計數器設定結果

13. 更改計時器名稱：在 Module Name 下的 "timer_0" 處按右鍵，選取 Rename，將 "timer_0" 改為 "sys_clk_timer"，再按 Enter 鈕，結果如圖 4-24 所示。

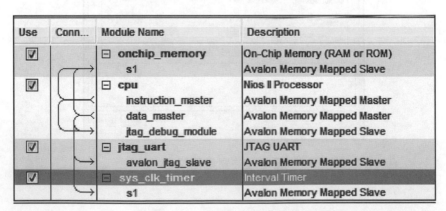

圖 4-24　更改計時器名稱

14. 加入系統 ID：若系統有系統 ID，則 Nios II IDE 可以防止使用者下載到不對的系統程式。要增加系統 ID 要做下列步驟，選取在 SOPC Builder 畫面的左邊 Peripherals 下的 "Debug and Performance"，再按 "System ID Peripheral"，再按

Add 鈕。開啓「System ID Peripheral-sysid」對話框，按 Finish 鈕回到 SOPC Builder 畫面，可以看到，系統 ID 的模組名稱為 "sysid"，結果如圖 4-25 所示。

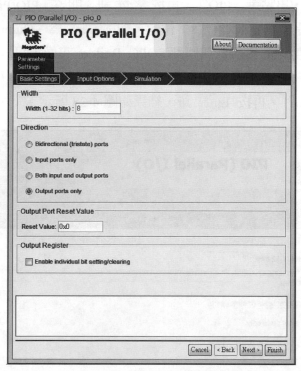

圖 4-25　系統 ID 設定結果

15. 更改系統 ID 名稱：在 Module Name 下的 "sysid_0" 處按右鍵，選取 Rename，將 "sysid_0" 改為 "sysid"，再按 Enter 鈕，結果如圖 4-26 所示。

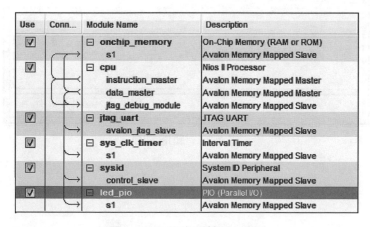

圖 4-26　更改系統 ID 名稱

16. 新增 PIO：為了模擬板上的 LED 提供一個介面，要增加 PIO 週邊。增加 PIO 要做下列步驟，選取在 SOPC Builder 畫面的左邊 Peripherals 下的 "Microcontroller Peripherals"，再點選 "PIO"，再按 Add 鈕。開啟「PIO(Parallel I/O) -pio」對話框，預設值設定 Width: 為 "8" 位元，Direction: 為 "Output ports only"，如圖 4-27 所示，直接按 Finish 鈕回到 SOPC Builder 畫面，可以看到，PIO 的模組名稱為 "pio"。在 Module Name 下的 "pio" 處按右鍵，選取 Rename，將 "pio" 改為 "led_pio"，再按 Enter 鈕，結果如圖 4-28 所示。

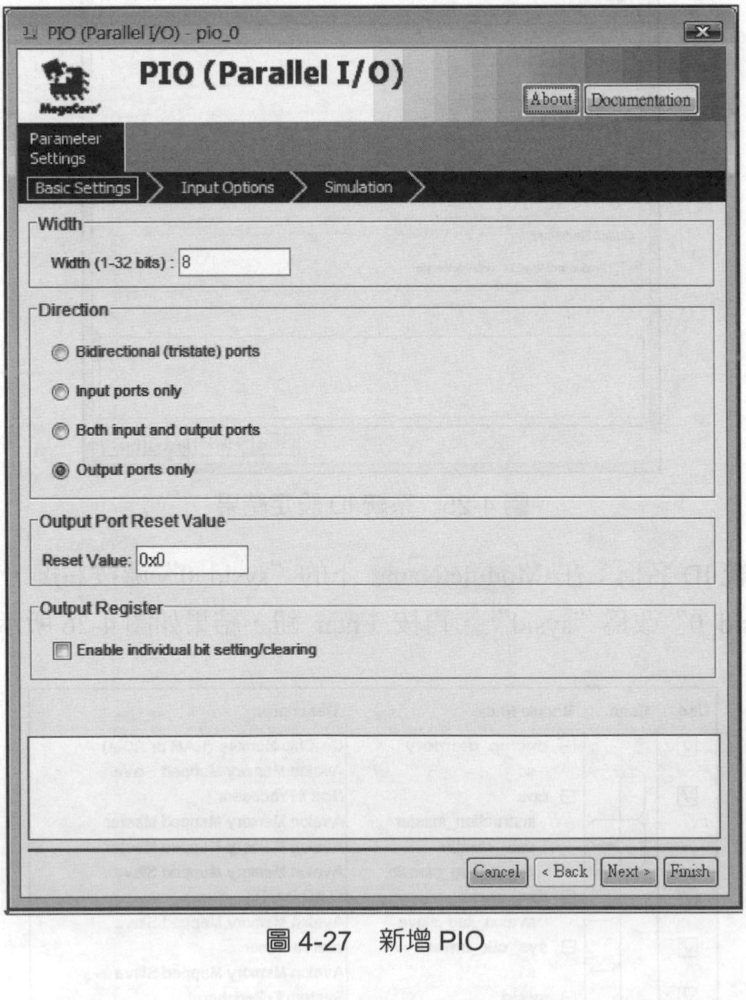

圖 4-27　新增 PIO

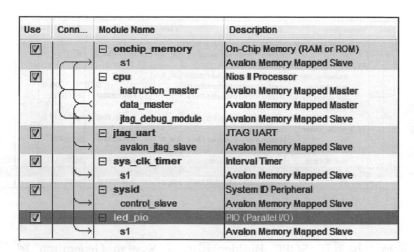

圖 4-28　更名為"led_pio"

17. 自動指定基底位址：SOPC Builder 會對 Nios 系統模組指定預設位址，你可以修改這些預設值。自動指定基底位址 "Auto Assign Base Address" 功能可使位址被 SOPC Builder 重新自動指定，選擇 SOPC Builder 選單 System → Auto Assign Base Address。設定結果如圖 4-29 所示。

Use	Conn...	Module Name	Description	Clock	Base	End	Tags	IRQ
☑		⊟ onchip_memory	On-Chip Memory (RAM or ROM)					
		s1	Avalon Memory Mapped Slave	clk_0	0x00008000	0x0000cfff		
☑		⊟ cpu	Nios II Processor					
		instruction_master	Avalon Memory Mapped Master	clk_0				
		data_master	Avalon Memory Mapped Master		IRQ 0	IRQ 31		
		jtag_debug_module	Avalon Memory Mapped Slave		0x00010800	0x00010fff		
☑		⊟ jtag_uart	JTAG UART					
		avalon_jtag_slave	Avalon Memory Mapped Slave	clk_0	0x00011030	0x00011037		
☑		⊟ sys_clk_timer	Interval Timer					
		s1	Avalon Memory Mapped Slave	clk_0	0x00011000	0x0001101f		
☑		⊟ sysid	System ID Peripheral					
		control_slave	Avalon Memory Mapped Slave	clk_0	0x00011038	0x0001103f		
☑		⊟ led_pio	PIO (Parallel I/O)					
		s1	Avalon Memory Mapped Slave	clk_0	0x00011020	0x0001102f		

圖 4-29　自動指定基底位址

在 IRQ 部分，在 SOPC Builder 視窗左下方有紅色的 Error 訊息，提示 jtag_uart 與 sys_clk_timer 的 IRQ 相衝。解決的方法是將 jtag_uart 的 IRQ 設定為 16，設定方法為點選 jtag_uart 的 IRQ 值，鍵入 16，再按 Enter 鍵。設定完可以看到左下角的 Error 消失，如圖 4-30 所示。

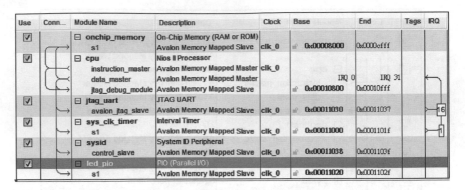

圖 4-30　更改 IRQ 結果

18. 產生系統：接著在 SOPC Builder 畫面按 System Generation 鍵，不要勾選在 Options 下的 Simulation.Create project simulator files. 選項，按 Generate 鍵，會出現是否存檔的對話框，按 Yes 存檔。當系統產生完畢時，會顯示 "System generation was successful" 訊息，如圖 4-31 所示。按 Exit 鍵關掉 SOPC Builder。

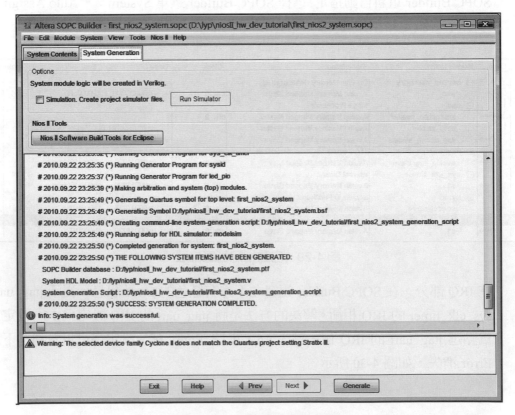

圖 4-31　系統產生完畢視窗

4-2-1-2　在 Quartus II 中編輯硬體與燒錄

在 Quartus II 中編輯硬體與燒錄流程為：

- 整合 SOPC Builder 系統到 Quartus II 專案
- 元件指定
- 腳位指定
- 時序限定
- 設定時序分析
- 組譯
- 開啟「Programmer」視窗
- 硬體設定
- 燒錄

詳細說明如下：

1. 整合 SOPC Builder 系統到 Quartus II 專案：回到 Quartus II 專案的 "nios2_quartus2_project.bdf"，在 BDF 範圍中用滑鼠快點兩下，開啟「Symbol」對話框，展開對話框中的 Project，點取 first_nios2_system，如圖 4-32 所示，再按 OK 。在 BDF 範圍內點滑鼠左鍵一下將符號放入，移動一下符號使其與原有輸入腳 "PLD_CLOCKINPUT[1]" 與輸出腳 "LEDG[7..0]" 相接，如圖 4-33 所示。編輯好需存檔。

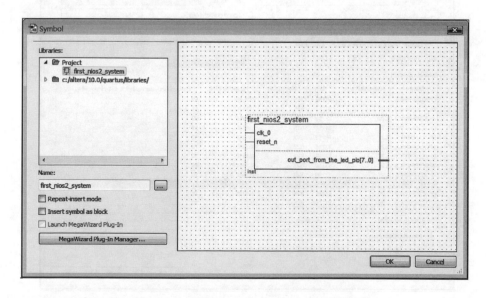

圖 4-32　選取 first_nios2_system 符號

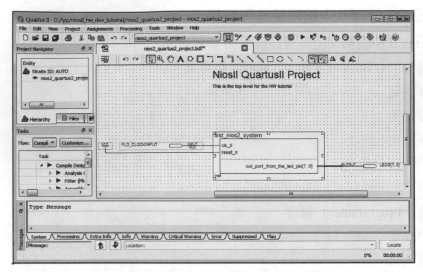

圖 4-33　放置 first_nios2_system 符號

2. 元件指定：若是使用非 Nios II development board，則要配合所使用的開發板上的
　 IC，設定元件與接腳。設定方法如下，選取視窗選單 Assignments → Device 處，

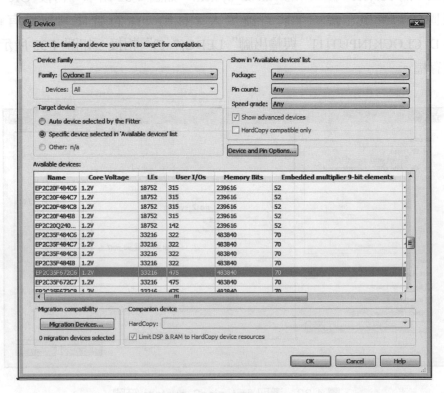

圖 4-34　元件設定

開啟「Settings」對話框。在 Family 處選擇元件類別，例如選擇 "Cyclone II"，若是出現詢問視窗，按 No 鍵。在 Target device 處選擇第二個選項 "Specific device selected in Available devices list"。在 Available devices 處選元件編號 "EP2C35F672C6"，如圖 4-34 所示。再選取 Device and Pin Options，開啟「Device and Pin Options」對話框，選取 Unused Pins 頁面，將 Reserve all unused pins 設定成 As input tri-stated with weak pull-up，如圖 4-35 所示，按 確定 鈕回到「Setting」對話框，再按 OK 鈕。

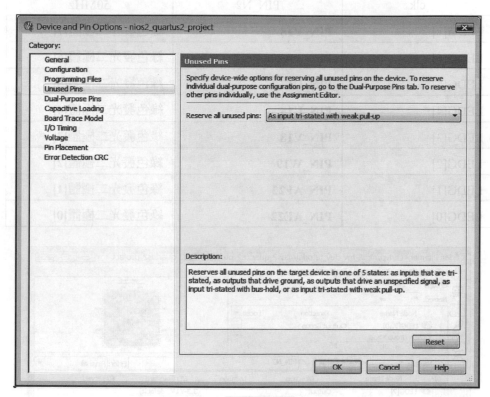

圖 4-35　Unused Pin 頁面

3. 腳位指定：選取視窗選單 Assignments → Pin Planner 處，開啟「Pin Planner」視窗，在 Node Name 下方欄位，用滑鼠快點兩下開啟下拉選單，選取一個輸入腳或輸出腳。若沒出現可先選取視窗選單 Processing → Start → Start Analysis and Elaborating。例如在 Node Name 欄位下方，可以看到 PLD_CLOCKINPUT 輸入腳，需連接到開發板上的時脈震盪器的輸入腳，至同一列處 Location 欄位下方用滑鼠快點兩下開啟下拉選單，選取欲連接的腳位名 PIN_N2，如圖 4-36 所示。再依同樣方式對應表 4-1 中其他 nios2_quartus2_projct 設計腳位與 Cyclone II 元件之腳位。再依同樣方式將八支輸出腳對應開發板上的與八個 LED 相接的八個腳一一設定，如圖 4-37 所示。設定完所有設計專案之所有輸入輸出腳對應到實際 IC 腳後，須將腳位設定存檔，選取視窗選單 File → Save。關閉「Pin Planner」視窗。

表 4-1　腳位指定

nios2_quartus2_projct 設計腳位	Cyclone II 元件腳位 (DE2 開發板)	說明
clk	PIN_N2	50MHz
LEDG[7]	**PIN_Y18**	綠色發光二極體[7]
LEDG[6]	**PIN_AA20**	綠色發光二極體[6]
LEDG[5]	**PIN_U17**	綠色發光二極體[5]
LEDG[4]	**PIN_U18**	綠色發光二極體[4]
LEDG[3]	**PIN_V18**	綠色發光二極體[3]
LEDG[2]	**PIN_W19**	綠色發光二極體[2]
LEDG[1]	**PIN_AF22**	綠色發光二極體[1]
LEDG[0]	**PIN_AE22**	綠色發光二極體[0]

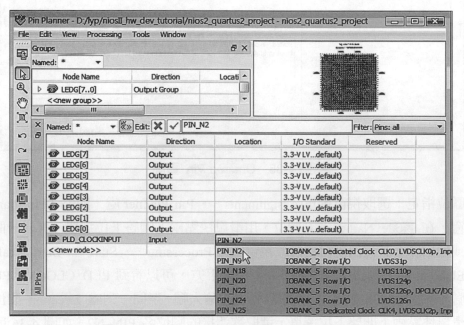

圖 4-36　"PLD_CLOCKINPUT" 腳位指定

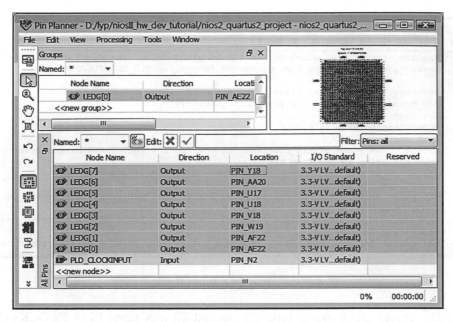

圖 4-37　腳位指定

4. 時序限定：選取視窗選單 File → Open，開啓「Open File」對話框，在 File of type 處選擇＂Script Files(*.td *.sdc*.qip)＂，如圖 4-38 所示。點選＂hw_dev_tutorial.sdc＂，再按 Open 鍵。開啓＂hw_dev_tutorial.sdc＂檔，如圖 4-39 所示。

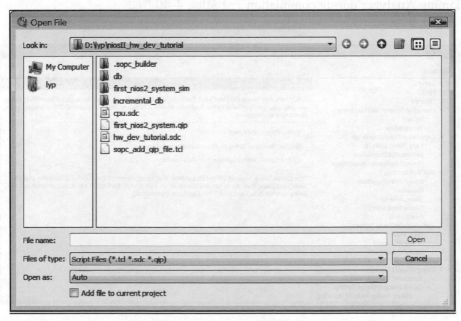

圖 4-38　開啓「Open File」對話框

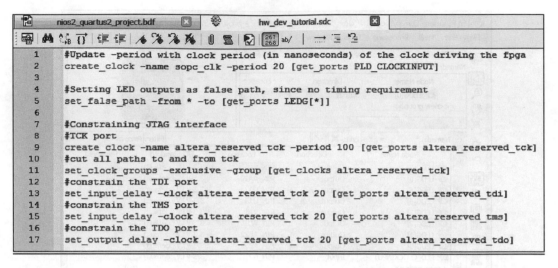

圖 4-39 ＂hw_dev_tutorial.sdc＂內容

更改＂create_clock -name sopc_clk -period 20 [get_ports PLD_CLOCKINPUT]＂中的＂20＂成為 1/時脈頻率，單位為 ns。因為在此範例輸入時脈為 50MHz，故不需修改這個＂20＂值。更改後需要存檔。

5. 設定時序分析：選取視窗選單 Assigments → Settings，出現「Settings」視窗，在 Category 下，選擇 Timing Analysis Settings ，在右方頁面勾選＂Use TimeQuest Timing Analyzer during compilation＂，如圖 4-40 所示。

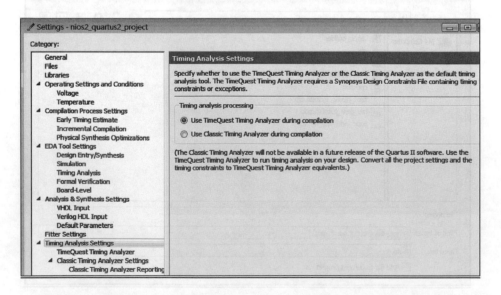

圖 4-40 勾選＂Use TimeQuest Timing Analyzer during compilation＂

在 Category 下，展開 Timing Analysis Settings，點選 TimeQuest Timing Analyzer ，右方出現頁面如圖 4-41 所示。

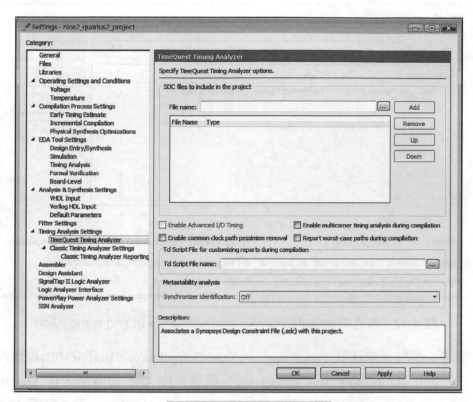

圖 4-41　TimeQuest Timing Analyzer 頁面

在 File name 處選擇出" hw_dev_tutorial.sdc"檔，並要勾選 Enable multicorner timing analysis during compilation，如圖 4-42 所示。按 OK 鈕。

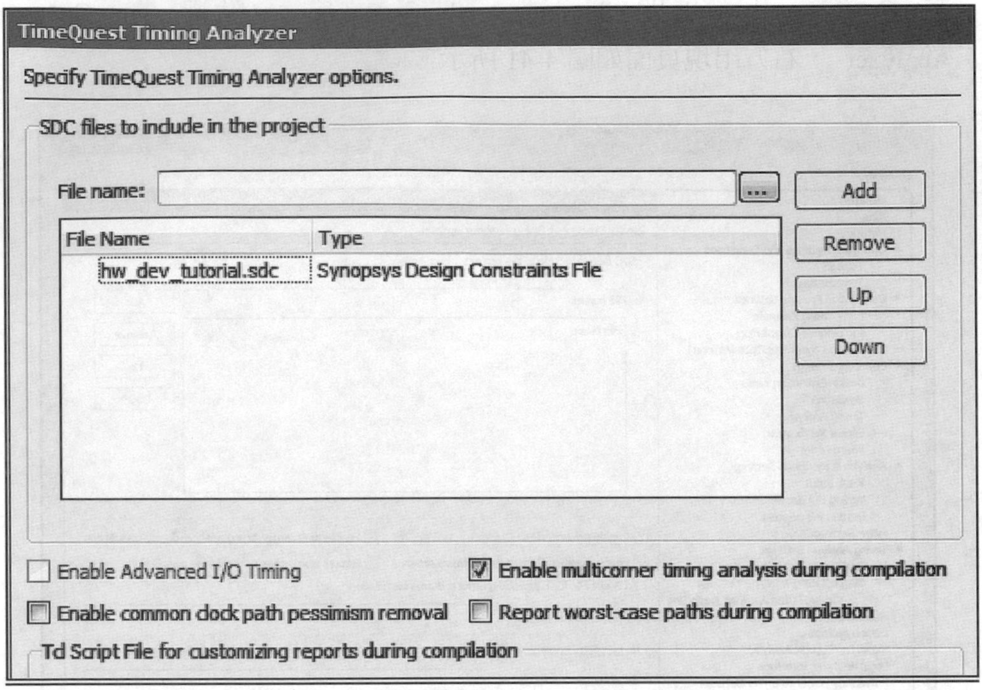

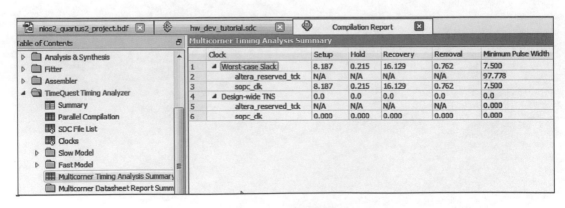

圖 4-42　勾選 Enable multicorner timing analysis during compilation

6. 組譯：選取視窗選單 Processing → Star Compilation。組譯成功出現報告畫面顯示 "Full compilation was successful." 訊息，按 OK 鈕關閉。在 Quartus II 的 Compilation Report 視窗展開 "TimeQuest Timing Analyzer"，點選 Multicorner Timing Analysis Summary，觀察最差的 Slack 值 Worst-case Slack(Setup、Hold、Recovery 與 Removal)都是正值，如圖 4-43 所示。代表在此時脈頻率下，電路可以正常運作。

圖 4-43　時序報告

7. 開啟「Programmer」視窗：將開發板接上電源，並且利用下載線(download cable)
連接開發板與電腦，選取視窗選單 Tools → Programmer，出現燒錄視窗，出現
"nios2_quartus2_project.cdf" 檔，如圖 4-44 所示。

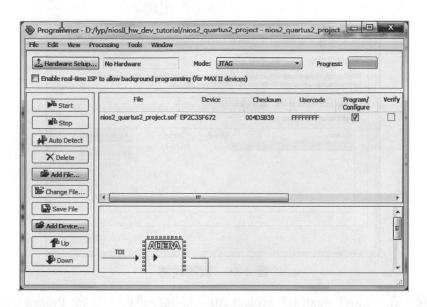

圖 4-44　燒錄視窗

8. 硬體設定：在 "nios2_quartus2_project.cdf" 畫面選取 Hardware Setup 鍵，開啟
「Hardware Setup」對話框，選擇 Hardware Settings 頁面，在 Available hardware
items: 處看到有 USB-Blaster 在清單中，如圖 4-45 所示。

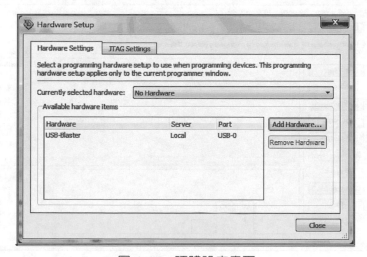

圖 4-45　硬體設定畫面

在 Available hardware items: 清單中的 "USB-Blaster" 上快點兩下，則在
Currently selected hardware: 右邊會出現 "USB-Blaster [USB-0]"，如圖 4-46 所
示。設定好按 Close 鈕。則在 "nios2_quartus2_project.cdf" 畫面中的 Hardware
Setup 處右邊會有 "USB-Blaster [USB-0]" 出現。

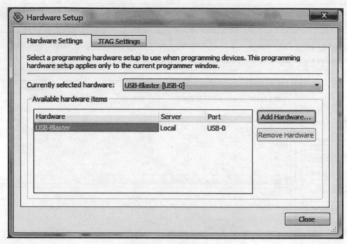

圖 4-46　設定硬體

9. 燒錄：在 "nios2_quartus2_project.cdf" 檔燒錄畫面，要將 Program/Configure 項
勾選，燒錄視窗中將要燒錄檔項目的 Program/Configure 處要勾選，如圖 4-47 所示，
再按 Start 鈕進行燒錄。燒錄完若電腦會出現一個畫面「OpenCore Plus Status」，
注意不要按 Cancel 鍵。

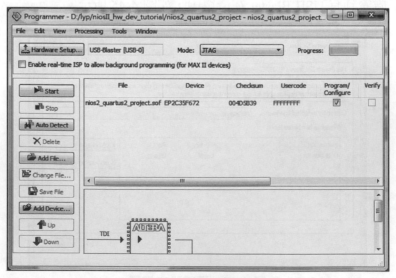

圖 4-47　勾選燒錄選項

4-2-1-3　使用 Nios II IDE 發展軟體

　　使用 Nios II IDE 編輯環境，本章上一節介紹使用「Altera SOPC Builder」環境，將周邊裝置的控制程式整合在一起，並且由 Nios II 控制周邊裝置。本範例使用開發 SOPC 之流程如圖 4-48 所示。

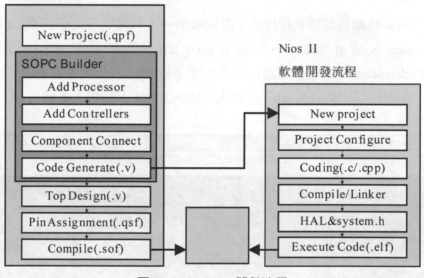

圖 4-48　SOPC 開發流程

4-2-1-3-1　使用範例 " Count Binary "

　　本小節介紹 4-2-1-1 的 SOPC 系統中的 " LED PIO " 的使用，將使用系統範例專案，使用範例應用 " Count Binary " 流程為：

- 開啟 Nios II IDE
- 創造一個新的專案資料夾
- 從樣板建立專案
- 選擇軟體專案樣板
- 系統性質設定
- 建構專案
- 執行程式
- 新增 Nios II C/C++應用 " Count_LED "
- 觀看 " count_binary .c " 內容

- 建構專案
- 執行程式
- 觀看結果
- 以 Nios II ISS 執行程式
- 更改程式
- 再次執行程式

詳細說明如下：：

1. 使用 Nios II 微處理器執行程式：選取開始→所有程式→Altera→Nios II EDS 10.0 →Legacy Nios II Tools → Nios II 10.0 IDE，開啓 Nios II IDE 環境。若出現「Workspace Launcher」對話框，直接按 OK 鍵。若出現歡迎畫面，如圖 4-49 所示。按右上方 ”Workbench”，進入「Nios II IDE」環境，如圖 4-50 所示。

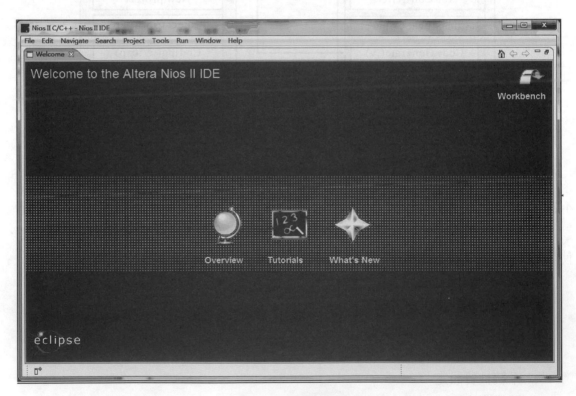

圖 4-49　歡迎畫面

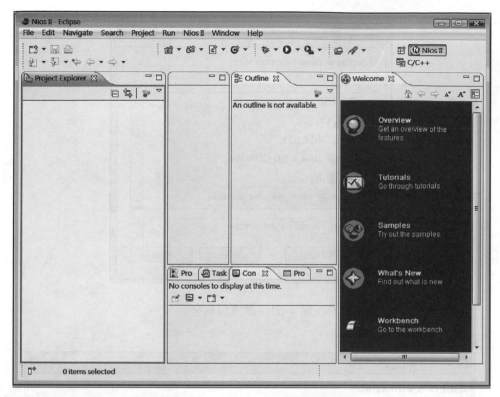

圖 4-50　「Nios II IDE」環境

2. 創造一個新的專案資料夾：在<你的專案目錄>中創造一個新的專案資料夾，讓此硬體配合的軟體存放在此目錄中。要能這樣做到的步驟為：選取視窗選單 File→ Switch Workspace。出現「Workspace Launcher 」對話框，按 Browse 鈕會出現「 Select Workspace Directory 」對話框，然後選到<你的專案目錄>，例如" d:\lyp\niosII_hw_dev_tutorial"，如圖 4-51 所示，再按 確定 鈕關閉「Select Workspace Directory 」對話框。回到「Workspace Launcher」視窗，如圖 4-52 所示。再按 OK 鈕離開「Workspace Launcher」對話框。接著 Nios II Software Build Tools for Eclipse 會重新開始一個新的工作視窗。

圖 4-51　選擇資料夾

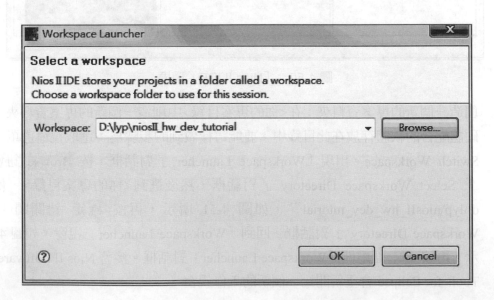

圖 4-52　「Workspace Launcher」視窗

3. 從樣板建立專案：選取視窗選單 File→New→ Nios II C/C++ Application，會出現「Nios II C/C++ Application」對話框。在 SOPC System PTF File 處利用 browse 選出工作專案的 PTF 檔，如圖 4-53 所示。選擇好按 開啟 鈕回到「Nios II C/C++ Application」對話框，在「Nios II C/C++ Application」對話框中的 Project name 欄位輸入"Count_LED"。在 Templates 中選擇"Count Binary"專案樣本，結果如

圖 4-54 所示，按 Finish 鈕。Nios II IDE 創造一個" Count_LED "專案。在這個 Project Explorer 頁面下展開 Count_LED，用滑鼠雙擊" count_binary.c"可以開啟觀看程式碼，如圖 4-55 所示。.

圖 4-53　選出工作專案的 PTF 檔

圖 4-54　設定結果

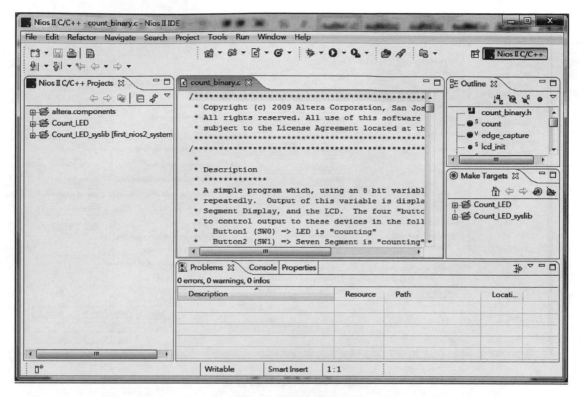

圖 4-55　觀看程式碼

4. 系統性質設定：選取在 Nios II C/C++ Projects 頁面下的 "Count_LED_syslib"，
   按滑鼠右鍵，選取 System Library Properties Project ，開啓「Properties for timer」
   對話框，勾選" Program never exits"、" Reduced Device Drivers"與" Small C
   library"，關閉" Support C++"與" Clean exit(flush buffer)"設定如圖 4-56 所示。

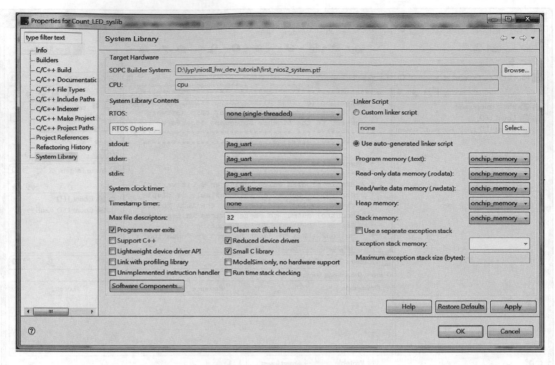

圖 4-56　系統性質設定

5. 建構專案：在 Project Explorer 頁面下選擇要建構的專案，如 Count_LED ，按滑
鼠右鍵出現的 Build Project ，如圖 4-57 所示。則「Build Project」對話框出現
Nios II SBT for Eclipse 開始組譯專案。當組譯結束，會有訊息 "Build completed"
出現在下方 Console 頁面，如圖 4-58 所示。

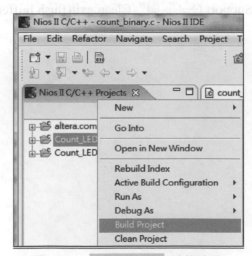

圖 4-57　Build Project 建構專案

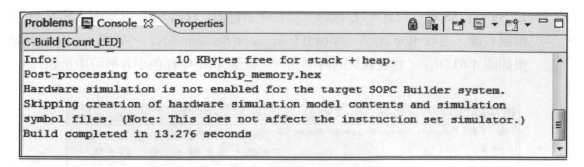

圖 4-58　組譯結束訊息

6. 執行程式：在 Project Explorer 頁面下選擇要建構的專案，如 Count_LED ，按滑鼠右鍵出現的 Run As 下的 Nios II Hardware，Nios II IDE 開始下載程式到實驗板上的 FPGA 並執行程式碼。成功後會出現數字在下方 Nios II Console 頁面，如圖 4-59 所示。在 DE2 開發板上會出現綠色 LED 燈計數的狀況。

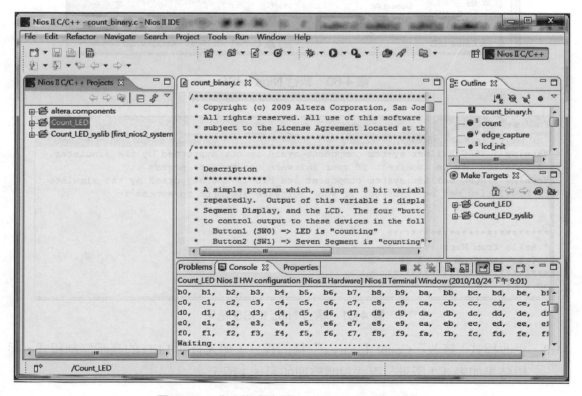

圖 4-59　成功後會出現 "Hello from Nios II!"

7. 以 Nios II ISS 執行程式：在 Nios II C/C++ Projects 頁面下的 "Count_LED"，按滑鼠右鍵，選取 Run As → Nios II Instruction Set Simulator ，如圖 4-60。執行結果如圖 4-61 所示，會花較久的時間執行。按圖 4-61 中紅色小方框可中止執行。

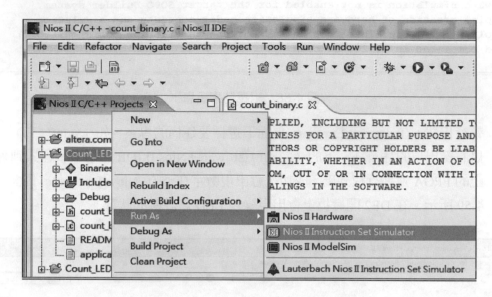

圖 4-60 執行 Nios II ISS

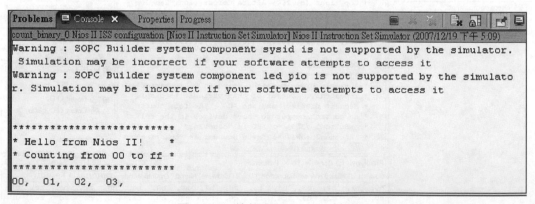

圖 4-61 執行 Nios II ISS 結果

8. 更改程式：修改 "Count_binary.c" 檔的程式，加入有關 LED 的亮滅控制程式，編輯結果如表 4-2 所示。程式說明整理如表 4-3 所示。

表 4-2　加入有關 LED 的亮滅控制程式

```
#include <stdio.h>
#include "system.h"
#include "altera_avalon_pio_regs.h"
int main()
{
 int count = 0;
  int delay;
  printf("Hello from Nios II!\n");
  while(1)
 {
  IOWR_ALTERA_AVALON_PIO_DATA( LED_PIO_BASE, count & 0x01   );

delay = 0;
   while(delay < 2000000)
     {
   delay++;
       }
         count++;
 }
      return 0;
}
```

表 4-3　程式說明

程式	說明
#include "system.h"	Nios II 系統描述標頭，包含軟體定義、名稱、位置、基底位址、與爲在 Nios II 硬體系統內的所有組件的設定。這個"system.h" 檔 藏 在 "my_first_nios_software_project_bsp" 目錄中。

#include "altera_avalon_pio_regs.h"	The PIO core has an associated software file "altera_avalon_pio_regs.h"內含 PIO 核配合的軟體檔案。這個檔案定義了核的暫存器映對處，提供了象徵性的常數去存取低階的硬體。"altera_avalon_pio_regs.h"檔藏在"my_first_nios_software_project_bsp"目錄下的"drivers\inc"子目錄中。當引入"altera_avalon_pio_regs.h"檔，數種能夠處理 PIO 核暫存器的有用的函數就可以在程式中運用。
int main (**void**)	主程式，PIO_GREEN_LED_BASE 包括控制 LED 的 PIO 裝置的基底位址。Nios II 處理器控制 PIO 埠(連帶控制 LED)藉著讀和寫到暫存器映對處。對於 PIO，有四個暫存器："data"、"direction"、"interruptmask"與"edgecapture"。要讓 LED 亮或滅，就寫值到 PIO 的"data"暫存器。
IOWR_ALTERA_AVALON_PIO_DATA(LED_PIO_BASE , count & 0x01)	IOWR_ALTERA_AVALON_PIO_DATA(base, data) 能夠寫值到 PIO 的"data"暫存器，讓 LED 開或關。

9. 再次執行程式：存檔後再次執行程式，在 Project Explorer 頁面下選擇要建構的專案，如 my_first_nios_software_project ，按滑鼠右鍵出現的 Run As 下的 Nios II Hardware ，Nios II IDE 開始建構專案後下載程式到實驗板上的 FPGA 並執行程式碼。成功後會出現 "Hello from Nios II!" 在右方 Nios II Console 頁面，並在 DE2 發展板上出現一顆綠色 LED(LEDG0)閃爍。

4-2-1-3-2 自行開發內部計數器程式設計

本小節介紹 4-2-1-1 的 SOPC 系統中的內部計數器"timer"的使用，記錄程式開始時間與逝逝時間。自行開發內部計數器程式設計流程為：

- 下載硬體設計到 FPGA
- 開啟 Nios II IDE
- 新增 Nios II C/C++應用 "timer"
- 建立新檔案 "timer.c"
- 編輯 "timer.c" 檔案

- 系統性質設定
- 建構專案
- 執行程式
- 觀看結果

詳細說明如下：

1. 下載硬體設計到 FPGA：將開發板接上電源，並且利用下載線(download cable)連接開發板與電腦，開啓 4-2-1 建立的 Quartus II 專案，選取視窗選單 Tools → Programmer，出現燒錄視窗，出現如 "nios2_quartus2_project.cdf" 檔。在 "nios2_quartus2_project.cdf" 檔燒錄畫面，要將 Program/Configure 項勾選，燒錄視窗中將要燒錄檔項目的 Program/Configure 處要勾選，再按 Start 鈕進行燒錄。燒錄完若電腦會出現一個畫面「OpenCore Plus Status」，注意不要按 Cancel 鍵。

2. 使用 Nios II 微處理器執行程式：選取開始→所有程式→Altera→Nios II EDS 10.0 →Legacy Nios II Tools → Nios II 10.0 IDE，開啓 Nios II IDE 環境。若出現「Workspace Launcher」對話框，直接按 OK 鍵。進入「Nios II IDE」環境。

3. 新增 Nios II C/C++應用：選取 Nios II IDE 環境選單 File → New → Nios II C/C++ Application，出現「New Project」對話框，在 Select Project Template 處選取 "Blank Project"，在 Select Target Hardware 下方 SOPC Builder System PTF File: 處找到剛才系統產生的硬體檔 "d:\lyp\niosII_hw_dev_tutorial\first_nios2_system.ptf"，在 name 處改成 "timer"。不要勾選 Specify Location 項目，如圖 4-54 所示。設定好按 Finish 鍵。Nios II IDE 創造一個新專案 "timer" 出現在工作視窗上。

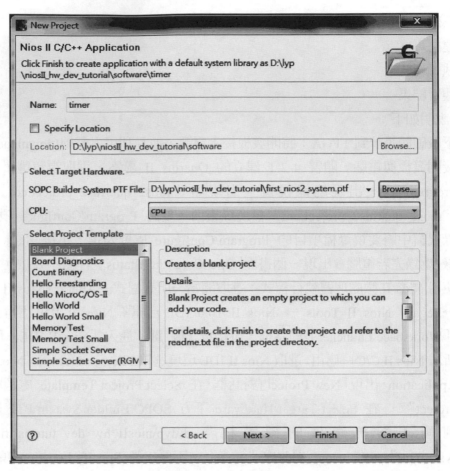

圖 4-62　設定新專案

4. 建立新檔案 "timer.c"：選取 Nios II IDE 環境選單 File → New → Source File，出現「New Source File」對話框，在 Source Folder 處輸入 "timer"，在 Source File 處輸入新增檔案名稱為 "timer.c"，如圖 4-63 所示。設定好按 Finish 鍵。則一個新檔案 "timer.c" 編輯畫面出現。

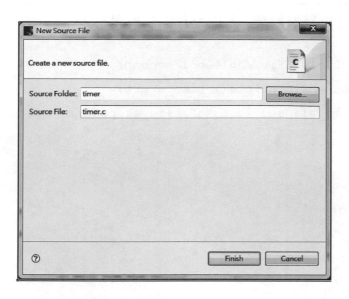

圖 4-63　新增"timer.c"檔案

5. 編輯"timer.c"檔案：編輯"timer.c"，輸入以下程式，如表 4-4 所示。程式說明整理如表 4-5 所示。

表 4-4　"timer.c"內容

```c
#include "alt_types.h"
#include "altera_avalon_pio_regs.h"
#include "system.h"
#include <stdio.h>
#include <unistd.h>
#include "sys/alt_alarm.h"

void test_timer(void)
{
  alt_u32 time_start, time_elapsed, ticks_per_second;

  ticks_per_second=alt_ticks_per_second();
   printf(" ticks_per_second=%d\n",ticks_per_second);
  //measure time
  time_start=alt_nticks();
```

```
  printf(" time_start=%d ms\n",time_start);


  usleep(1*1000*1000); //spleep 1 second;
  time_elapsed = alt_nticks()-time_start;
  printf(" time_elapsed=%d ms\n",time_elapsed);


  }


int main(void)
{
test_timer();
return 0;
}
```

表 4-5　程式說明

程式	說明
alt_nticks()	抓取計時器時間。
alt_ticks_per_second()	一秒內的滴答次數。
void test_timer(void)	test_timer 副程式記錄開始時間與逍逝時間。
int main(void)	主程式，呼叫 test_timer 副程式。

6. 系統性質設定：選取在 Nios II C/C++ Projects 頁面下的"timer"，按滑鼠右鍵，選取 System Library Properties Project，開啓「Properties for timer」對話框，勾選"Program never exits"與"Small C library"，關閉"Support C++"與"Clean exit(flush buffer)"設定如圖 4-64 所示。

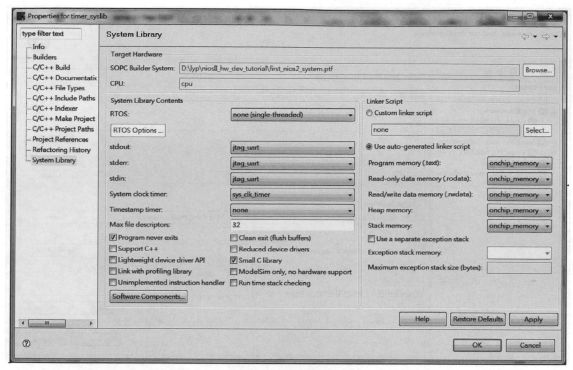

圖 4-64　「Properties for timer」視窗

7. 建構專案：選取在 Nios II C/C++ Projects 頁面下的 "timer"，按滑鼠右鍵，選取 Build Project，則開始進行組繹。當專案組繹成功，則可執行專案。

8. 執行程式：選取 Run → Run，出現「Run」對話框。在左側 Configurations browser 處，用滑鼠快點 "Nios II Hardware" 兩下，則開啟執行視窗。在 Main 頁面下的 Project 處要選擇 "timer"，如圖 4-65 所示，確認在 Target Hardware 處的 ".PTF" 檔為你的系統硬體設計檔。在 Target Connection 頁面下，若是連接了一個以上的 JTAG 線，則須要選取 Target Connection 鍵，從下拉選單選擇出連接到你的模擬板的線，例如 USB-Blaster 或 ByteBlater。接受預設值並按 Run 鈕。此時開始下載軟體，重置處理器並開始執行軟體。

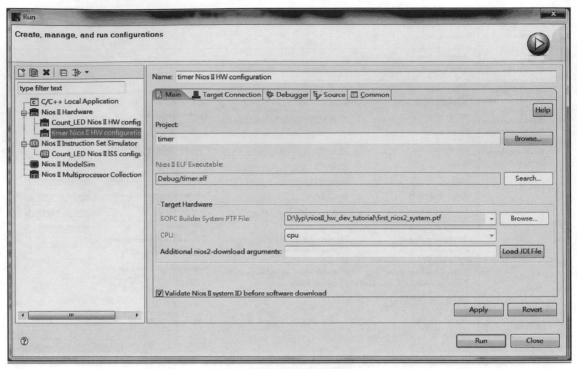

圖 4-65　Main 頁面設定

9. 觀察結果：此時在 Nios II IDE 下方 Console 視窗會顯示一些訊息，如圖 4-66 所示。

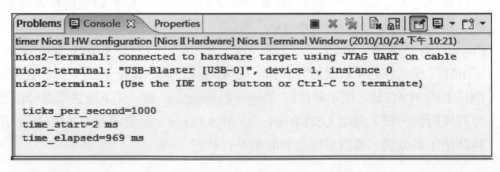

圖 4-66　執行結果

4-3　創造 SOPC Builder 組件

4-3-1　"checksum master" 設計範例

本範例以"checksum master"設計範例，來說明如何在 SOPC Builder 創造元件並在系統中引用的方法。這個元件包含了 Avalon-MM 主埠(master port)與從埠(slave port)。在這一個章節的主要步驟整理如下：

- 安裝設計檔案
- 開啓 Quartus II 專案
- 觀察範例設計規格
- 創造 SOPC Builder 組件
- 將組件引入 SOPC 系統
- 產生系統
- 在 Quartus II 中組譯硬體設計
- 下載設計至開發板
- 開啓 Nios II IDE 環境
- 建新的 Nios II C/C++應用
- 複製檔案
- 建構專案
- 執行程式
- 觀察執行結果

其詳細說明如下：

1. 安裝設計檔案：設計專案可延續前一小節的"d:\lyp\niosII_hw_dev_tutorial"。複製"d:\lyp\"下的"niosII_hw_dev_tutorial"目錄至"d:\lyp\checksum"目錄。再從光碟片中的"ex"目錄下的"checksum"目錄複製設計檔案"altera_avalon_checksum"(ZIP 形式)至電腦的"d:\lyp\checksum\niosII_hw_dev_tutorial"目錄中，或從 Altera 網站下載至"d:\lyp\checksum \niosII_hw_dev_tutorial"目錄，再解壓縮。

2. 開啓 Quartus II 專案：執行 Quartus II 軟體，選取視窗 File → Open Project，開啓「Open Project」對話框，選擇設計檔案的目錄為"d:\lyp\checksum\niosII_hw_dev_tutorial"，後再點選"nios2_quartus2_project.qpf"專案，按 開啓 鍵開啓，如圖 4-67 所示。

圖 4-67　開啓專案視窗

3. 觀察範例設計規格：將在 "altera_avalon_checksum" 目錄下的檔案整理如表 4-6 所示。

表 4-6　"altera_avalon_checksum"目錄下的檔案

檔案名稱	描述
altera_avalon_checksum.v	最頂層的檔案引用了任務邏輯，Avalon-MM 主從介面與暫存器檔案
checksum_task_logic.v	為 Verilog HDL 檔案包括 checksum 元件的核心功能
read_master.v	此檔案包含了 Avalon-MM 讀的主介面的邏輯
s1_slave.v	此檔案包含了 checksum 暫存器的讀和寫到邏輯

"altera_avalon_checksum"目錄下的檔案主要功能說明整理如表 4-7 所示。

表 4-7　檔案主要功能說明

檔案	功能說明
checksum_task_logic.v	checksum master 讀一個十六位元的值去計算 chechsum。當 checksum master 完成時，暫存器 status 設定 DONE 位元。軟體會測 DONE 位元的值來決定何時計算完成
Avalon-MM Clock 介面	Checksum 元件包括了 Avalon-MM 時脈介面傳遞系統時脈與重置至 checksum 元件中，時脈介面會在"Interface"頁面中連接每一個 Avalon-MM 主從介面。
Avalon-MM master 介面	Checksum master 元件包括一個 Avalon-MM master 埠可從記憶體讀值。此元件的 Avalon-MM 主埠有下列的特性： 同步於 Avalon-MM 時脈介面。 起動 master 傳送至與系統相連的裝置
Avalon-MM slave 介面	Avalon-MM slave 埠處理簡單的暫存器讀與寫。有下列的特性： Avalon-MM 時脈介面。 可讀和可寫 wait 狀態為 0 可進行寫入，wait 狀態為 1 可進行讀出 沒有準備時間與保持時間的限制

HDL 中的腳位說明整理如表 4-8 所示。

表 4-8　HDL 中的腳位說明

HDL 中的訊號名稱	Avalon-MM 訊號型態	寬度	方向	註解
csi_clockreset_clk	clk	1	In	所有的元件都同步於時脈
csi_clockreset_reset_n	reset_n	1	In	重置全部的 Avalon-MM 系統
avm_ml_address	address	32	Out	Byte 位址排在字組邊界
avm_ml_byteenable	byteenable	4	Out	致能特定的位元通道
avm_ml_read_n	read_n	1	Out	讀取致能
avm_ml_readdata	readdata	32	In	方向資料
avm_ml_waitrequest	waitrequest	1	In	使 master 埠去等待直到系統連接的裝置準備好可以進行傳輸
avs_sl_address	address	3	In	一個 byte 位址
avs_sl_read_n	read_n	1	In	讀要求輸入端
avs_sl_write_n	write_n	1	In	寫要求輸入端
avs_sl_chipselect_n	chipselect	1	In	對 slave 埠的晶片選擇，salve 埠忽略所有其他的訊號除非 chipselect 是被選取的
avs_sl_readdata	readdata	32	Out	讀取的資料
avs_sl_writedata	writedata	32	In	寫入的資料

4. 創造 SOPC Builder 組件：在 Quartus II 中選取視窗 Tools → SOPC Builder，開啓 SOPC Builder 視窗，選取 Create New Component 視窗，出現 Component Editor 視窗，點選 HDL Files 頁面，按 Add HDL File 鈕 ，選出在 "d:\lyp\checksum \niosII_hw_dev_tutorial\altera_avalon_checksum " 目錄下的最頂層檔案 " altera_avalon_checksum.v "，再按 開啓 鈕。當分析完成後按 Close 鈕，如圖 4-68 所示。

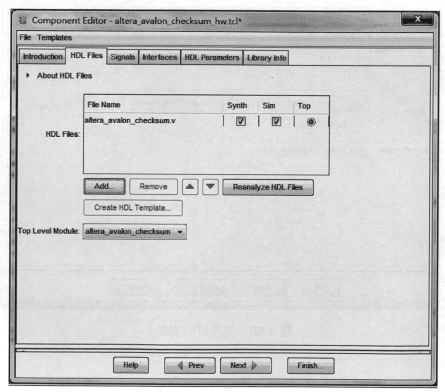

圖 4-68　加入最頂層檔案 "altera_avalon_checksum.v"

接著將其他三個設計檔 " checksum_task_logic.v " 、 " read_master.v " 與 " s1_slave.v " 檔，按 Add HDL File 鈕一一加入，如圖 4-69 所示。

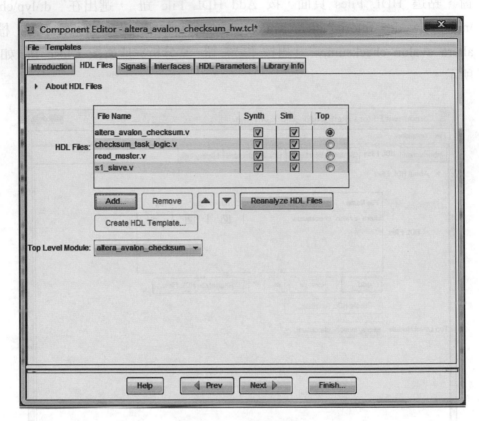

圖 4-69　加入其他檔案

點選 Component Editor 視窗中的 Signals 頁面，最頂層電路的每一個 I/O 訊號要設定所對應的訊號型態，設定結果如圖 4-70 所示。

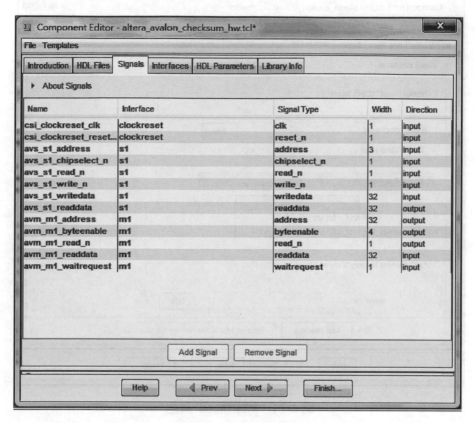

圖 4-70　訊號型態

點選 Component Editor 視窗中的 Interfaces 頁面，畫面如圖 4-71 所示。

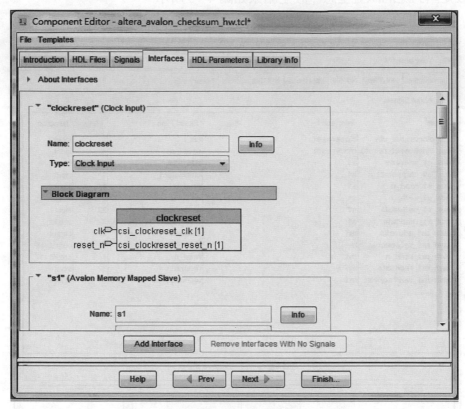

圖 4-71 Interfaces 頁面

點選 Component Editor 視窗中的 Library Info 頁面,在"Component Group"處填入"User Logic",也可以在"Description"與"Created By"處填字,如圖 4-72。

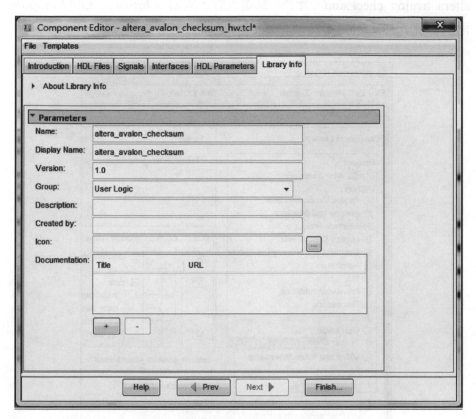

圖 4-72　　Library Info 頁面

點選 Component Editor 視窗中的 Finish 鈕，出現詢問視窗，按 Yes,Save 存檔。
回到 SOPC Builder 視窗，展開左邊的"User Logic"可以看到剛才編輯好的"
altera_avalon_checksum"元件，點選元件，按滑鼠右鍵的"Edit Component"可以
再編輯此元件，如圖 4-73。

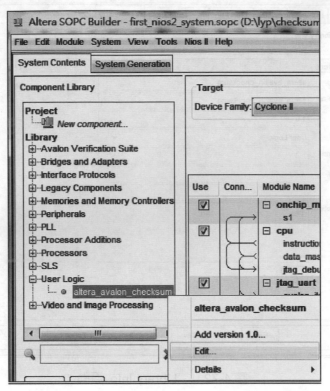

圖 4-73 "altera_avalon_checksum"元件新增結果

5. 將組件引入 SOPC 系統：選取在 SOPC Builder 畫面的左邊 User Logic 下的 "altera_avalon_checksum"，再按 Add 鈕。開啓「altera_avalon_checksum」對話框，直接按 OK 鈕回到 SOPC Builder 畫面，可以看到 altera_avalon_checksum 的模組名稱爲"checksum_0"出現在 Module Name 下，點選"checksum_0"按滑鼠右鍵選 Rename，更名爲"altera_avalon_checksum_inst"，結果如圖 4-74 所示。

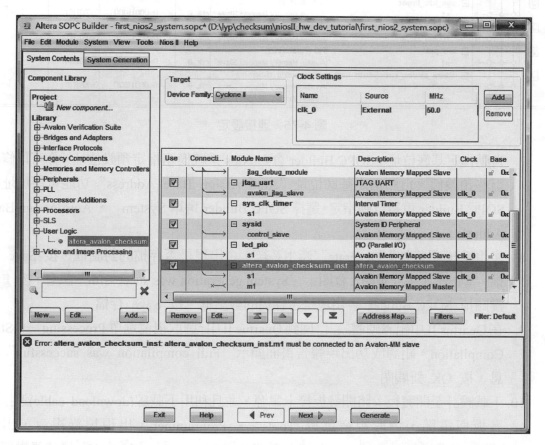

圖 4-74 加入"altera_avalon_checksum"元件結果

6. 更改"onchip_memory"的名稱：在 Module Name 下，點選"onchip_memory"按滑鼠右鍵選 Rename，更名爲"onchip_ram"

7. 將組件引入 SOPC 系統：連接"altera_avalon_checksum_inst"的"m1"到"onchip_ram"的"s1"，設定結果如圖 4-75 所示。

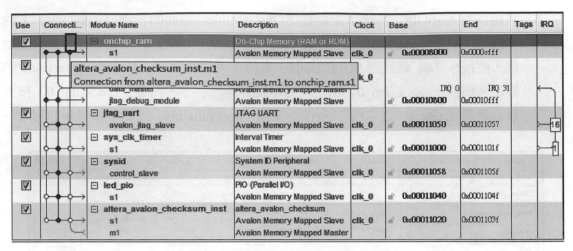

圖 4-75　連接設定

7. 自動指定基底位址：SOPC Builder 會對 Nios 系統模組指定預設位址，你可以修改這些預設值。自動指定基底位址 "Auto Assign Base Address" 功能可使位址被 SOPC Builder 重新自動指定，選擇 SOPC Builder 選單 System → Auto Assign Base Address。

8. 產生系統：最後按 "Generate" 產生系統。會出現是否存檔的對話框，按 Save 存檔。當系統產生完畢時，會顯示 "System generation was successful" 訊息，按 Exit 鍵關掉 SOPC Builder 會出現是否存檔的對話框，按 Save 存檔。

9. 在 Quartus II 中組譯硬體設計：回到 Quartus II 中，選取視窗選單 Processing → Start Compilation。組譯成功出現報告畫面顯示 "Full compilation was successful." 訊息，按 OK 鈕關閉。

10. 下載設計至開發板：將開發板接上電源，並且利用下載線(download cable)連接開發板與電腦，選取視窗選單 Tools → Programmer，出現燒錄視窗，出現 "nios2_quartus2_project.cdf" 檔。在 "nios2_quartus2_project.cdf" 檔燒錄畫面，要將 Program/Configure 項勾選，燒錄視窗中將要燒錄檔項目的 Program/Configure 處要勾選，再按 Start 鈕進行燒錄。燒錄完若電腦會出現一個畫面「OpenCore Plus Status」，注意不要按 Cancel 鍵。

11. 使用 Nios II 微處理器執行程式：選取開始→所有程式→Altera→Nios II EDS 10.0 →Legacy Nios II Tools → Nios II 10.0 IDE，開啟 Nios II IDE 環境。若出現「Workspace Launcher」對話框，直接按 OK 鍵。進入「Nios II IDE」環境。

12. 新增 Nios II C/C++應用：選取 Nios II IDE 環境選單 File → New → Nios II C/C++ Application，出現「New Project」對話框，在 Select Project Template 處選取 "Blank Project"，在 Select Target Hardware 下方 SOPC Builder System PTF File: 處找到剛才系統產生的硬體檔 "d:\lyp\niosII_hw_dev_tutorial\first_nios2_system.ptf"，在 name 處改成 "checksum"。勾選 Specify Location 項目，設定路徑爲 "D:\lyp\checksum\niosII_hw_dev_tutorial\software\checksum" 如圖 4-76 所示。設定好按 Finish 鍵。Nios II IDE 創造一個新專案 "test_checksum" 出現在工作視窗上。

圖 4-76　設定新專案

13. 複製檔案：從目錄 "d:\lyp\checksum\niosII_hw_dev_tutorial\altera_avalon_checksum \checksum_test_software" 複製 "test_checksum.c" 至 "d:\lyp\checksum\niosII_hw _dev_tutorial\software\checksum" 目錄下，如圖 4-77 所示。

圖 4-77　複製檔案

按 Nios II C/C++ Projects 頁面下的 "checksum"，按滑鼠右鍵，選取 Refresh。

14. 系統性質設定：選取在 Nios II C/C++ Projects 頁面下的 "checksum"，按滑鼠右鍵，選取 System Library Properties Project，開啓「Properties for timer」對話框，勾選"Program never exits" 與"Small C library"，關閉"Support C++" 與"Clean exit(flush buffer)"。

15. 建構專案：選取在 Nios II C/C++ Projects 頁面下的 "checksum"，按滑鼠右鍵，選取 Build Project，則開始進行組繹。當專案組繹成功，則可執行專案。如果有錯誤發生，則有可能是在作硬體設計時，若干設定不正確，回到 SOPC Builder 檢查硬體內容，修改後重新產生系統並重新組譯後再次燒錄元件。修改硬體後再重新執行 Build Project 。

16. 執行程式：選取 Run → Run，出現「Run」對話框。在左側 Configurations browser 處，用滑鼠點選 "Nios II Hardware"，按滑鼠右鍵選 New 則開啓執行視窗。在 Main 頁面下的 Project 處要選擇 "test_checksum"，確認在 Target Hardware 處的 ".PTF" 檔爲你的系統硬體設計檔。在 Target Connection 頁面下，若是連接了一個以上的 JTAG 線，則須要選取 Target Connection 鍵，從下拉選單選擇出連接到你的模擬板的線，例如 USB-Blaster 或 ByteBlater。接受預設值並按 Run 鈕。此時開始下載軟體，重置處理器並開始執行軟體。此時在 Nios II IDE 下方 Console 視窗會顯示一些訊息。或選取 Run → Run As → Nios II Hardware。此時開始下載軟體，重置處理器並開始執行軟體。此時在 Nios II IDE 下方 Console 視窗會顯示一些訊息。

17. 觀察執行結果：執行結果如圖 4-78 所示。

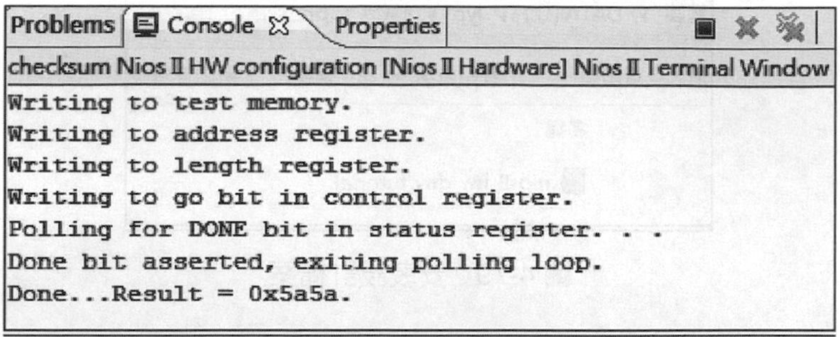

```
Problems | 📃 Console ✕ | Properties          | 🔲 ✖ 🔧 |
checksum Nios II HW configuration [Nios II Hardware] Nios II Terminal Window
Writing to test memory.
Writing to address register.
Writing to length register.
Writing to go bit in control register.
Polling for DONE bit in status register. . .
Done bit asserted, exiting polling loop.
Done...Result = 0x5a5a.
```

圖 4-78　執行結果

4-3-2　"PWM" 設計範例

本範例以 "PWM" 設計範例，來說明如何在 SOPC Builder 創造元件並在系統中引用的方法。這個元件包含了 Avalon-MM 從埠(slave port)。在這一個章節的主要流程如下：

- 安裝設計檔案
- 開啟 Quartus II 專案
- 觀察範例設計規格
- 創造 SOPC Builder 組件
- 將組件引入 SOPC 系統
- 產生系統
- 在 Quartus II 中組譯硬體設計
- 下載設計至開發板
- 開啟 Nios II IDE 環境
- 建新的 Nios II C/C++應用
- 建立 "pwm.h"
- 編輯 "pwm.h"
- 建立 "pwm.c"
- 編輯 "pwm.c"
- 建構專案
- 執行程式
- 觀察執行結果

其詳細說明如下：

1. 安裝設計檔案：可從 4-2 範例 "d:\lyp\niosII_hw_dev_tutorial" 目錄複製至 "d:\lyp\pwm_sopc" 目錄下，如圖 4-79 所示。

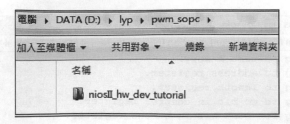

圖 4-79　安裝設計檔案

2. 複製"pwm"目錄：複製"d:\lyp\pwm"目錄至"d:\lyp\niosII_hw_dev_tutorial"目錄下，如圖 4-80 所示。

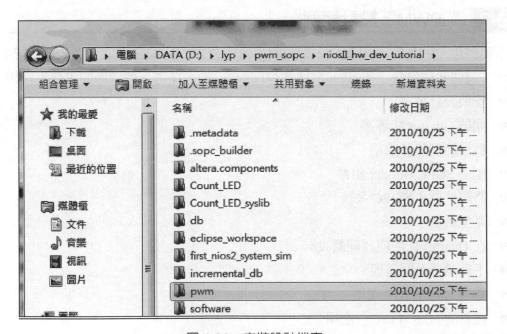

圖 4-80　安裝設計檔案

3. 開啓 Quartus II 專案：執行 Quartus II 軟體，選取視窗 File → Open Project，開啓「Open Project」對話框，選擇設計檔案的目錄爲"d:\lyp\pwm_sopc\niosII_hw_dev_tutorial"，再選取"nios2_quartus2_project.qpf"專案，例如點選"d:\lyp\pwm_sopc\niosII_hw_dev_tutorial"目錄，再選取"nios2_quartus2_project.qpf"專案，按"開啓"鍵開啓，如圖 4-81 所示。

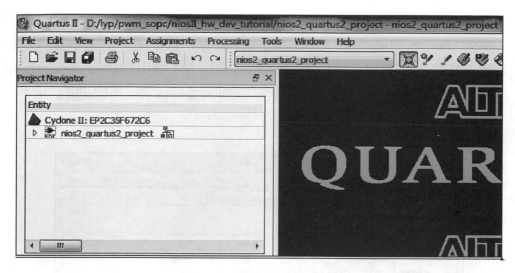

圖 4-81　開啟專案視窗

4. 觀察範例設計規格：將在〞d:\lyp\pwm_sopc\niosII_hw_dev_tutorial\pwm〞目錄下
的〞avalon_pwm.v〞檔案腳位說明整理如表 4-9 所示。

表 4-9　〞avalon_pwm.v〞目錄下的檔案腳位說明

HDL 中的訊號名稱	Avalon-MM 訊號型態	寬度	方向	註解
clk	Clk	1	Input	所有的元件都同步於時脈
wr_data	writedata	32	Input	寫入的資料
cs	chipselect	1	Input	對 slave 埠的晶片選擇
wr_n	write_n	1	Input	寫要求輸入端道
addr	Address	1	Input	暫存器位址
clr_n	reset_n	1	Input	重置系統
rd_data	readdata	32	Output	讀取的資料
pwm_out	export	8	Output	需讀訊號

5.	創造 SOPC Builder 組件：在 Quartus II 中選取視窗 Tools → SOPC Builder，開啓 SOPC Builder 視窗，選取 Create New Component 視窗，出現 Component Editor 視窗，點選 HDL Files 頁面，按 Add HDL File 鈕，選出"d:\lyp\pwm_sopc\niosII_hw_dev_tutorial\pwm"目錄下的檔案"avalon_pwm.v"，再按 開啓 鈕。當分析完成後按 Close 鈕，如圖 4-82 所示。

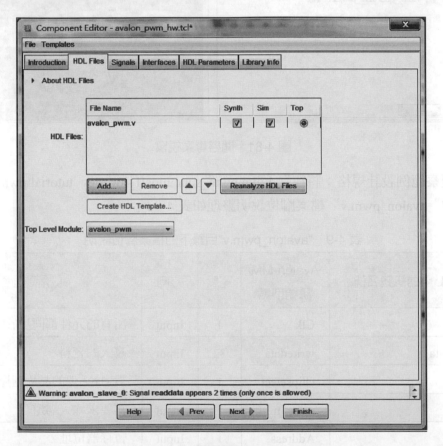

圖 4-82　加入最頂層檔案" avalon_pwm.v"

6.	設定 Interfaces 頁面：點選 Component Editor 視窗中的 Interfaces 頁面，點選" Add Interface"，將新增加的介面的 Name 改名爲" export"，將 Type 選爲" Conduit"，結果如圖 4-83 所示。

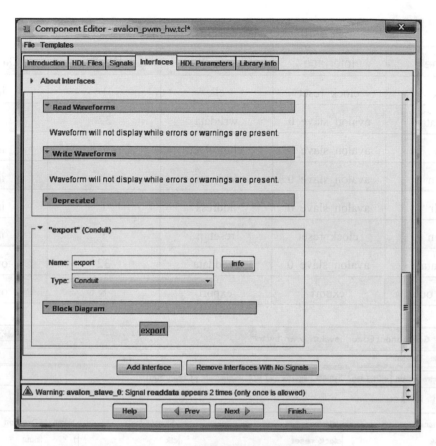

圖 4-83　修改新增加的介面

7. 設定 Signals 頁面：點選 Component Editor 視窗中的 Signals 頁面，最頂層電路的每一個 I/O 訊號要設定所對應的訊號型態，參考表 4-10，設定結果如圖 4-84 所示。

表 4-10　I/O 訊號要設定所對應的訊號型態

Name	Interface	Signal Type	Width	Direction
Clk	clock_reset	clk	1	input
wr_data	avalon_slave_0	writdata	32	input
Cs	avalon_slave_0	chipselect	1	input
wr_n	avalon_slave_0	write_n	1	input
addr	avalon_slave_0	address	1	input
clr_n	clock_reset	reset_n	1	input
rd_data	avalon_slave_0	readdata	32	output
pwm_out	export	export	8	output

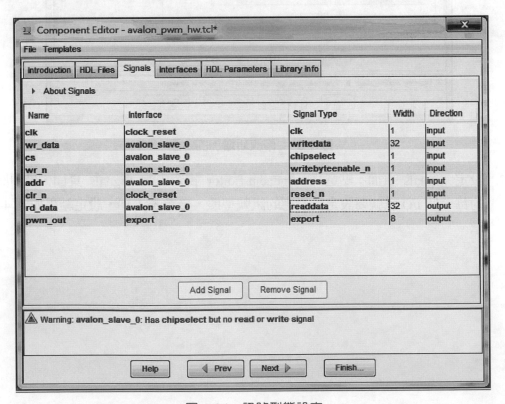

圖 4-84　訊號型態設定

點選 Component Editor 視窗中的 Library Info 頁面，在"Component Group"處
填入"my_pwm"，也可以在"Description"與"Created By"處填字，如圖 4-85。

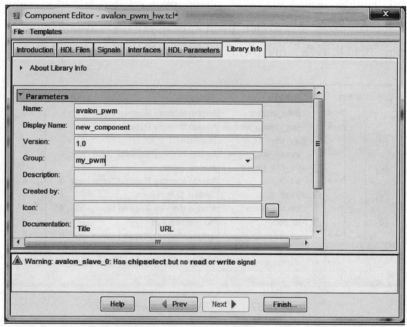

圖 4-85　　Library Info 頁面

點選 Component Editor 視窗中的 Finish 鈕，出現詢問視窗，按 Yes 存檔。回到
SOPC Builder 視窗，展開左邊的"my_pwm"可以看到剛才編輯好的"
avalon_pwm"元件，點選元件，按滑鼠右鍵的"Edit Component"可以再編輯此
元件，如圖 4-86 所示。

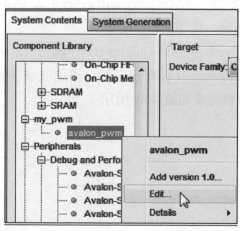

圖 4-86　　"avalon_pwm"元件新增結果

8. 將組件引入 SOPC 系統：選取在 SOPC Builder 畫面的左邊 User Logic 下的 "avalon_pwm"，再按 Add 鈕。開啟「avalon_pwm」對話框，直接按 OK 鈕回到 SOPC Builder 畫面，可以看到 avalon_pwm 的模組名稱為"avalon_pwm_0"出現在 Module Name 下。avalon_pwm 的模組名稱為"avalon_pwm_0"，按右鍵"Rename"可以更名為"my_pwm"，設定結果如圖 4-87 所示。

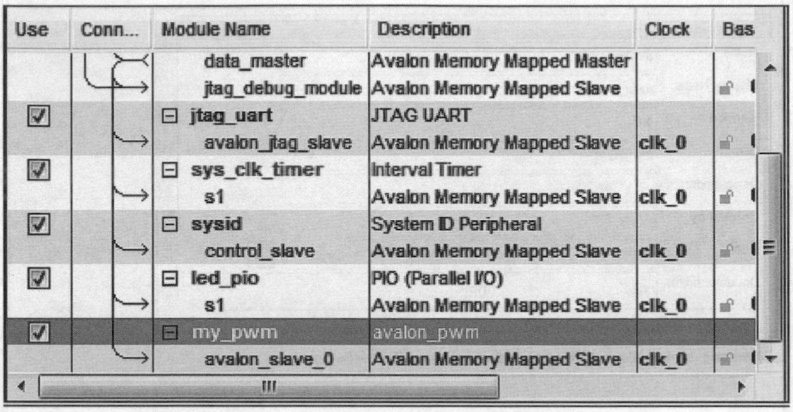

圖 4-87　更名為" my_pwm"

9. 自動指定基底位址：SOPC Builder 會對 Nios 系統模組指定預設位址，你可以修改這些預設值。自動指定基底位址 "Auto Assign Base Address" 功能可使位址被 SOPC Builder 重新自動指定，選擇 SOPC Builder 選單 System → Auto Assign Base Address。

10. 產生系統:最後按"Generate"產生系統。會出現是否存檔的對話框，按 Save 存檔。當系統產生完畢時，會顯示 "System generation was successful" 訊息，按 Exit 鍵關掉 SOPC Builder，按 Save 存檔。

11. 更新 Quartus II 中 Symbol：回到 Quartus II 中，開啟" nios2_quartus2_project.bdf"，點選" first_nios2_system"，按滑鼠右鍵，再選取 Update Symbol or Block，如圖 4-88 所示，更新符號結果如圖 4-89 所示。

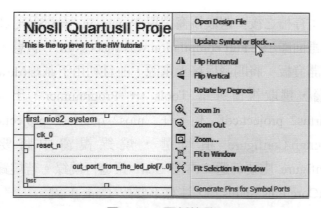

圖 4-88　更新符號

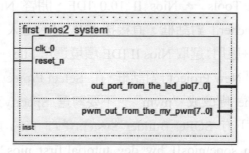

圖 4-89　更換結果

12. 更 換 輸 出 腳 至 " pwm_out_from_the_my_pwm[7..0] " : 將 原 來 接 至 "
out_port_from_the_led_pio[7..0]",的輸出腳"LEDG[7..0]"利用剪下與貼上改接
到"pwm_out_from_the_my_pwm[7..0]"腳位輸出處,如圖 4-90 所示。

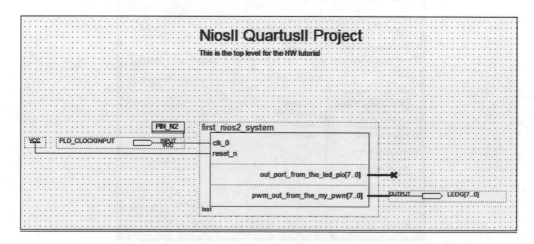

圖 4-90　" pwm_out_from_the_my_pwm[7..0]" 連接八個 LED 的腳位

13. 存檔並組譯：存檔之後，選取視窗選單 Processing → Start Compilation。組譯成功出現報告畫面顯示"Full compilation was successful."訊息，按 OK 鈕關閉。

14. 下載設計至開發板：將開發板接上電源，並且利用下載線(download cable)連接開發板與電腦，選取視窗選單 Tools → Programmer，出現燒錄視窗，出現"nios2_quartus2_project.cdf"檔。在"nios2_quartus2_project.cdf"檔燒錄畫面，要將 Program/Configure 項勾選，燒錄視窗中將要燒錄檔項目的 Program/Configure 處要勾選，再按 Start 鈕進行燒錄。若燒錄完電腦會出現一個畫面「OpenCore Plus Status」，注意不要按 Cancel 鍵。

15. 使用 Nios II 微處理器執行程式：選取開始→所有程式→Altera→Nios II EDS 10.0 →Legacy Nios II Tools → Nios II 10.0 IDE，開啓 Nios II IDE 環境。若出現「Workspace Launcher」對話框，直接按 OK 鍵。進入「Nios II IDE」環境。

16. 開新 Nios II C/C++應用：選取 Nios II IDE 環境選單 File → New → Nios II C/C++ Application，出現「New Project」對話框，在 Select Project Template 處選取"Blank project"，在 name 處改成"pwm"。不要勾選 Specify Location 項目。在 Select Target Hardware 下方 SOPC Builder System PTF File: 處找到剛才系統產生的硬體檔"D:\lyp\pwm_sopc\niosII_hw_dev_tutorial\first_nios2_system.ptf"，如圖 4-117 所示，設定好按 Finish 鍵。Nios II IDE 創造一個新專案出現在工作視窗上。

圖 4-91　設定新專案

17. 建立"pwm.h"檔案：選取 File→New→Header File，出現「New Header File」視窗，在"Source Folder"處選出"pwm"，在"Header File"處填入"pwm.h"，如圖 4-92 所示，設定好按 Finish 鍵。

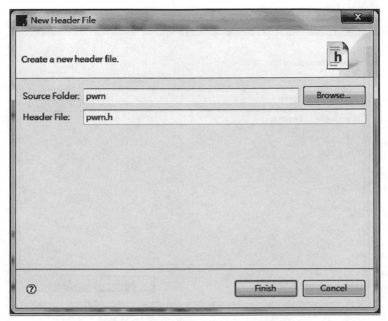

圖 4-92　建立"pwm.h"檔案

18. 編輯"pwm.h"：編輯"pwm.h"結果如表 4-11 所示。

表 4-11　"pwm.h"內容

```
#ifndef PWM_H_
#define PWM_H_
#include <io.h>


#define IORD_AVALON_PWM_DIVIDER(base)           IORD(base, 0)
#define IOWR_AVALON_PWM_DIVIDER(base, data)     IOWR(base, 0, data)


#define IORD_AVALON_PWM_DUTY(base)              IORD(base, 1)
#define IOWR_AVALON_PWM_DUTY(base, data)        IOWR(base, 1, data)


#endif /*PWM_H_*/
```

19. 建立"pwm.c"檔案：選取 File→New→Source File，出現「New Source File」視窗，在"Source Folder"處選出"pwm"，在"Source File"處填入"pwm.c"，如圖 4-93 所示，設定好按 Finish 鍵。

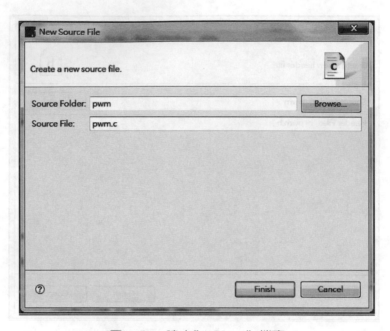

圖 4-93 建立"pwm.c"檔案

20. 編輯"pwm.c"：編輯"pwm.c"結果如表 4-12 所示。程式說明如表 4-13 所示。

表 4-12 "pwm.c"內容

```
#include <stdio.h>
#include "pwm.h"
#include "system.h"
#include "sys/alt_alarm.h"
int main()
{

  printf(" PWM Lab\n");
  IOWR_AVALON_PWM_DIVIDER(MY_PWM_BASE,0xFFFF);
  while (1)
    {
```

```
        IOWR_AVALON_PWM_DUTY(MY_PWM_BASE,0xFFFF);
        usleep(1000000);
        IOWR_AVALON_PWM_DUTY(MY_PWM_BASE,0xFFF);
        usleep(1000000);
        IOWR_AVALON_PWM_DUTY(MY_PWM_BASE,0xF);
        usleep(1000000);
    }
    return 0;
}
```

表 4-13　程式說明

程式	說明
IOWR_AVALON_PWM_DIVIDER(MY_PWM_BASE,0xFFFF);	將 DIVIDER 值設為十六進制數值 FFFF。
IOWR_AVALON_PWM_DUTY(MY_PWM_BASE,0xFFFF);	將 DUTYR 值設為十六進制數值 FFFF。
IOWR_AVALON_PWM_DUTY(MY_PWM_BASE,0xFFF);	將 DUTYR 值設為十六進制數值 FFF。
IOWR_AVALON_PWM_DUTY(MY_PWM_BASE,0xF);	將 DUTYR 值設為十六進制數值 F。

21. 系統性質設定：選取在 Nios II C/C++ Projects 頁面下的"pwm"，按滑鼠右鍵，
    選取 System Library Properties Project ，開啓「Properties for timer」對話框，勾選"
    Program never exits"與" Small C library" ，關閉" Support C++"與" Clean
    exit(flush buffer)" ，如圖 4-94 所示。

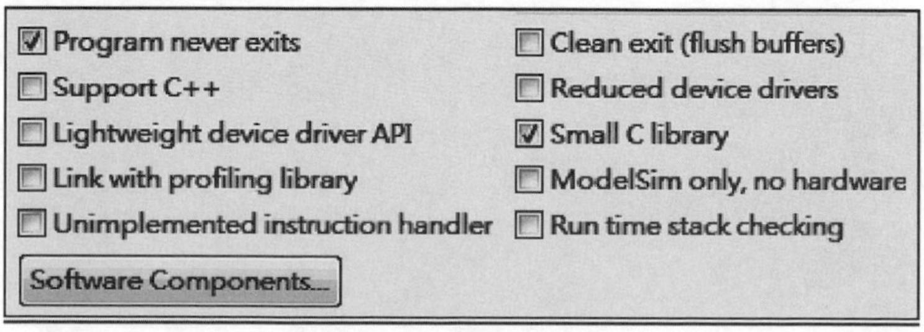

圖 4-94　系統性質設定

22. 建構專案：選取在 Nios II C/C++ Projects 頁面下的 "pwm"，按滑鼠右鍵，選取 Build Project ，則開始進行組繹。當專案組繹成功，則可執行專案。如果有錯誤發生，則有可能是在作硬體設計時，若干設定不正確，回到 SOPC Builder 檢查硬體內容，修改後重新產生系統並重新組譯後再次燒錄元件。修改硬體後再重新執行 Build Project。

23. 執行程式：選取 Run → Run，出現「Run」對話框。在左側 Configurations browser 處，用滑鼠點選 "Nios II Hardware"，按滑鼠右鍵選 New 則開啓執行視窗。在 Main 頁面下的 Project 處要選擇 "pwm"，確認在 Target Hardware 處的 ".PTF" 檔為你的系統硬體設計檔。在 Target Connection 頁面下，若是連接了一個以上的 JTAG 線，則須要選取 Target Connection 鍵，從下拉選單選擇出連接到你的模擬板的線，例如 USB-Blaster 或 ByteBlater。接受預設值並按 Run 鈕。此時開始下載軟體，重置處理器並開始執行軟體。此時在 Nios II IDE 下方 Console 視窗會顯示一些訊息。或選取 Run → Run As → Nios II Hardware。此時開始下載軟體，重置處理器並開始執行軟體。此時在 Nios II IDE 下方 Console 視窗會顯示一些訊息。

24. 觀察執行結果：執行結果在螢幕上出現如圖 4-95 所示。在開發板上的八個 LED 燈會出現三段明亮的輪流顯示。

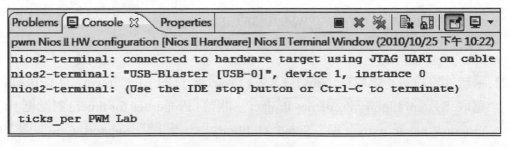

圖 4-95 執行結果

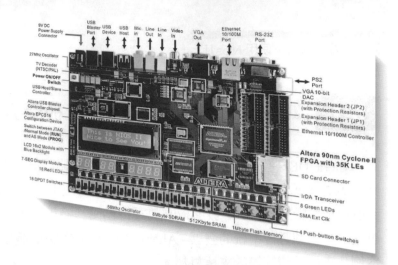

5 章

DE2 發展及教育板發展 SoPC

5-1　Altera DE2 發展及教育板簡介

　　Altera DE2 發展及教育板係用於學習數位邏輯設計、計算機組織及 FPGA 的理想工具。DE2 發展板在硬體及軟體 CAD 工具方面均使用最新科技以使學生及專業人員可接觸到廣泛地各種主題。DE2 發展板的豐富特點使其適用於大專院校的實習、各式各樣的設計專案以及大型數位系統的發展。Altera 公司同時對 DE2 發展板供給一系列包括指引、解決案例及實例驗證等等的支援材料。

　　DE2 發展板使用以 672 腳位封裝的 Cyclone® II 2C35 FPGA。發展板上所有重要元件均連接到此晶片的腳位上，以使使用者可控制發展板上的各項操作。對於簡單的實驗而言，DE2 發展板包含大量的開關(指撥開關及按鈕開關)、發光二極體及七段顯示器。對於進階的實驗，有 SRAM、SDRAM、快閃記憶體晶片及 16 x 2 字元顯示器。對於需要處理器及簡單 I/O 介面的實驗，可使用 Altera's Nios II 處理器以及例如 RS-232 及 PS/2 的標準介面。對於影音訊號相關的實驗，提供有麥克風、音頻輸入、音頻輸出(24 位元音頻編解碼)、影像輸入(電視解碼器)及 VGA(10 位元數位類比轉換)的標準接頭；這些裝置可用以產生 CD 品質的音效應用及專業的影像。對於大型設計專案，DE2 發展板提供 USB 2.0 連線(包括 host 端及 device 端)、10/100 Ethernet、紅外線埠(IrDA)及 SD 記憶卡插槽。此外，尚可藉由兩個擴充槽將其他使用者的電路板連接至 DE2 發展板，如圖 5-1 所示。

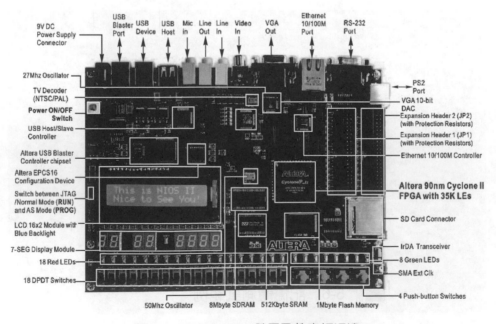

圖 5-1　Altera DE2 發展及教育板週邊

　　DE2 發展板提供的軟體主要為 Quartus® II 網路版 CAD 系統及 Nios® II 嵌入式處理器 並包含例如學習指引及實例應用等數項工具以幫助學生及專業設計者熟悉 DE2 發展板。

　　傳統的 FPGA 教育板製造商提供各式各樣在發展板上實現設計所需的硬體元件及軟 體 CAD 工具，但很少提供可直接用於教學目的的配件，Altera's DE2 發展板卻違背此慣例。 除提供 DE2 發展板的硬體及軟體之外，Altera 公司提供一套完整可用於教授邏輯設計及計 算機組織課程的實習課程。事實上，DE2 發展板及相關課程可直接用於大專院校課程的教 學。

規格

FPGA

- Cyclone II EP2C35F672C6 FPGA 及 EPCS16 系列元件

I/O Devices

- 用於 FPGA 的內建 USB Blaster
- 10/100 Ethernet、RS-232、紅外線埠
- 影像輸出(VGA 10 位元數位類比轉換)
- 影像輸入(NTSC/PAL/Multi-format)
- USB 2.0(type A and type B)
- PS/2 滑鼠或鍵盤埠
- 音頻輸入、音頻輸出、麥克風輸入(24 位元音頻編解碼)
- 擴充槽(76 個訊號腳位)

記憶體

- 8-MB SDRAM, 512-KB SRAM, 4-MB Flash
- SD 記憶卡插槽

開關、發光二極體、顯示器及時脈

- 18 個指撥開關
- 4 個反彈跳按鈕開關
- 18 個紅色發光二極體、9 個綠色發光二極體
- 8 個七段顯示器
- 16 x 2 字元液晶顯示器
- 27-MHz 及 50-MHz 振盪器、外部 SMA 時脈輸入

Altera DE2 發展板腳位表如表 5-1 所示。

表 5-1　Altera DE2 發展板腳位表

訊號名稱	FPGA 腳位編號	說明
SW[0]	PIN_N25	指撥開關[0]
SW[1]	PIN_N26	指撥開關[1]
SW[2]	PIN_P25	指撥開關[2]
SW[3]	PIN_AE14	指撥開關[3]
SW[4]	PIN_AF14	指撥開關[4]
SW[5]	PIN_AD13	指撥開關[5]
SW[6]	PIN_AC13	指撥開關[6]
SW[7]	PIN_C13	指撥開關[7]
SW[8]	PIN_B13	指撥開關[8]
SW[9]	PIN_A13	指撥開關[9]
SW[10]	PIN_N1	指撥開關[10]
SW[11]	PIN_P1	指撥開關[11]
SW[12]	PIN_P2	指撥開關[12]
SW[13]	PIN_T7	指撥開關[13]
SW[14]	PIN_U3	指撥開關[14]
SW[15]	PIN_U4	指撥開關[15]
SW[16]	PIN_V1	指撥開關[16]
SW[17]	PIN_V2	指撥開關[17]

訊號名稱	FPGA 腳位編號	說明
DRAM_ADDR[0]	PIN_T6	SDRAM 位址位元[0]
DRAM_ADDR[1]	PIN_V4	SDRAM 位址位元[1]
DRAM_ADDR[2]	PIN_V3	SDRAM 位址位元[2]
DRAM_ADDR[3]	PIN_W2	SDRAM 位址位元[3]

DRAM_ADDR[4]	PIN_W1	SDRAM 位址位元[4]
DRAM_ADDR[5]	PIN_U6	SDRAM 位址位元[5]
DRAM_ADDR[6]	PIN_U7	SDRAM 位址位元[6]
DRAM_ADDR[7]	PIN_U5	SDRAM 位址位元[7]
DRAM_ADDR[8]	PIN_W4	SDRAM 位址位元[8]
DRAM_ADDR[9]	PIN_W3	SDRAM 位址位元[9]
DRAM_ADDR[10]	PIN_Y1	SDRAM 位址位元[10]
DRAM_ADDR[11]	PIN_V5	SDRAM 位址位元[11]
DRAM_DQ[0]	PIN_V6	SDRAM 資料位元[0]
DRAM_DQ[1]	PIN_AA2	SDRAM 資料位元[1]
DRAM_DQ[2]	PIN_AA1	SDRAM 資料位元[2]
DRAM_DQ[3]	PIN_Y3	SDRAM 資料位元[3]
DRAM_DQ[4]	PIN_Y4	SDRAM 資料位元[4]
DRAM_DQ[5]	PIN_R8	SDRAM 資料位元[5]
DRAM_DQ[6]	PIN_T8	SDRAM 資料位元[6]
DRAM_DQ[7]	PIN_V7	SDRAM 資料位元[7]
DRAM_DQ[8]	PIN_W6	SDRAM 資料位元[8]
DRAM_DQ[9]	PIN_AB2	SDRAM 資料位元[9]
DRAM_DQ[10]	PIN_AB1	SDRAM 資料位元[10]
DRAM_DQ[11]	PIN_AA4	SDRAM 資料位元[11]
DRAM_DQ[12]	PIN_AA3	SDRAM 資料位元[12]
DRAM_DQ[13]	PIN_AC2	SDRAM 資料位元[13]
DRAM_DQ[14]	PIN_AC1	SDRAM 資料位元[14]
DRAM_DQ[15]	PIN_AA5	SDRAM 資料位元[15]
DRAM_BA_0	PIN_AE2	SDRAM Bank 位址位元[0]
DRAM_BA_1	PIN_AE3	SDRAM Bank 位址位元[1]

DRAM_LDQM	PIN_AD2	SDRAM 低位元組資料遮罩
DRAM_UDQM	PIN_Y5	SDRAM 高位元組資料遮罩
DRAM_RAS_N	PIN_AB4	SDRAM 列位置 Strobe
DRAM_CAS_N	PIN_AB3	SDRAM 行位置 Strobe
DRAM_CKE	PIN_AA6	SDRAM 時脈致能位元
DRAM_CLK	PIN_AA7	SDRAM 時脈位元
DRAM_WE_N	PIN_AD3	SDRAM 寫入致能位元
DRAM_CS_N	PIN_AC3	SDRAM 晶片選擇位元

訊號名稱	FPGA 腳位編號	說明
FL_ADDR[0]	PIN_AC18	FLASH 位址位元[0]
FL_ADDR[1]	PIN_AB18	FLASH 位址位元[1]
FL_ADDR[2]	PIN_AE19	FLASH 位址位元[2]
FL_ADDR[3]	PIN_AF19	FLASH 位址位元[3]
FL_ADDR[4]	PIN_AE18	FLASH 位址位元[4]
FL_ADDR[5]	PIN_AF18	FLASH 位址位元[5]
FL_ADDR[6]	PIN_Y16	FLASH 位址位元[6]
FL_ADDR[7]	PIN_AA16	FLASH 位址位元[7]
FL_ADDR[8]	PIN_AD17	FLASH 位址位元[8]
FL_ADDR[9]	PIN_AC17	FLASH 位址位元[9]
FL_ADDR[10]	PIN_AE17	FLASH 位址位元[10]
FL_ADDR[11]	PIN_AF17	FLASH 位址位元[11]
FL_ADDR[12]	PIN_W16	FLASH 位址位元[12]
FL_ADDR[13]	PIN_W15	FLASH 位址位元[13]
FL_ADDR[14]	PIN_AC16	FLASH 位址位元[14]
FL_ADDR[15]	PIN_AD16	FLASH 位址位元[15]

FL_ADDR[16]	PIN_AE16	FLASH 位址位元[16]
FL_ADDR[17]	PIN_AC15	FLASH 位址位元[17]
FL_ADDR[18]	PIN_AB15	FLASH 位址位元[18]
FL_ADDR[19]	PIN_AA15	FLASH 位址位元[19]
FL_ADDR[20]	PIN_Y15	FLASH 位址位元[20]
FL_ADDR[21]	PIN_Y14	FLASH 位址位元[21]
FL_DQ[0]	PIN_AD19	FLASH 資料位元[0]
FL_DQ[1]	PIN_AC19	FLASH 資料位元[1]
FL_DQ[2]	PIN_AF20	FLASH 資料位元[2]
FL_DQ[3]	PIN_AE20	FLASH 資料位元[3]
FL_DQ[4]	PIN_AB20	FLASH 資料位元[4]
FL_DQ[5]	PIN_AC20	FLASH 資料位元[5]
FL_DQ[6]	PIN_AF21	FLASH 資料位元[6]
FL_DQ[7]	PIN_AE21	FLASH 資料位元[7]
FL_CE_N	PIN_V17	FLASH 晶片致能位元
FL_OE_N	PIN_W17	FLASH 輸出致能位元
FL_RST_N	PIN_AA18	FLASH 重置位元
FL_WE_N	PIN_AA17	FLASH 寫入致能位元

訊號名稱	FPGA 腳位編號	說明
SRAM_ADDR[0]	PIN_AE4	SRAM 位址位元[0]
SRAM_ADDR[1]	PIN_AF4	SRAM 位址位元[1]
SRAM_ADDR[2]	PIN_AC5	SRAM 位址位元[2]
SRAM_ADDR[3]	PIN_AC6	SRAM 位址位元[3]
SRAM_ADDR[4]	PIN_AD4	SRAM 位址位元[4]
SRAM_ADDR[5]	PIN_AD5	SRAM 位址位元[5]

SRAM_ADDR[6]	PIN_AE5	SRAM 位址位元[6]
SRAM_ADDR[7]	PIN_AF5	SRAM 位址位元[7]
SRAM_ADDR[8]	PIN_AD6	SRAM 位址位元[8]
SRAM_ADDR[9]	PIN_AD7	SRAM 位址位元[9]
SRAM_ADDR[10]	PIN_V10	SRAM 位址位元[10]
SRAM_ADDR[11]	PIN_V9	SRAM 位址位元[11]
SRAM_ADDR[12]	PIN_AC7	SRAM 位址位元[12]
SRAM_ADDR[13]	PIN_W8	SRAM 位址位元[13]
SRAM_ADDR[14]	PIN_W10	SRAM 位址位元[14]
SRAM_ADDR[15]	PIN_Y10	SRAM 位址位元[15]
SRAM_ADDR[16]	PIN_AB8	SRAM 位址位元[16]
SRAM_ADDR[17]	PIN_AC8	SRAM 位址位元[17]
SRAM_DQ[0]	PIN_AD8	SRAM 資料位元[0]
SRAM_DQ[1]	PIN_AE6	SRAM 資料位元[1]
SRAM_DQ[2]	PIN_AF6	SRAM 資料位元[2]
SRAM_DQ[3]	PIN_AA9	SRAM 資料位元[3]
SRAM_DQ[4]	PIN_AA10	SRAM 資料位元[4]
SRAM_DQ[5]	PIN_AB10	SRAM 資料位元[5]
SRAM_DQ[6]	PIN_AA11	SRAM 資料位元[6]
SRAM_DQ[7]	PIN_Y11	SRAM 資料位元[7]
SRAM_DQ[8]	PIN_AE7	SRAM 資料位元[8]
SRAM_DQ[9]	PIN_AF7	SRAM 資料位元[9]
SRAM_DQ[10]	PIN_AE8	SRAM 資料位元[10]
SRAM_DQ[11]	PIN_AF8	SRAM 資料位元[11]
SRAM_DQ[12]	PIN_W11	SRAM 資料位元[12]
SRAM_DQ[13]	PIN_W12	SRAM 資料位元[13]

SRAM_DQ[14]	PIN_AC9	SRAM 資料位元[14]
SRAM_DQ[15]	PIN_AC10	SRAM 資料位元[15]
SRAM_WE_N	PIN_AE10	SRAM 寫入致能位元
SRAM_OE_N	PIN_AD10	SRAM 輸出致能位元
SRAM_UB_N	PIN_AF9	SRAM 高位元組資料遮罩
SRAM_LB_N	PIN_AE9	SRAM 低位元組資料遮罩
SRAM_CE_N	PIN_AC11	SRAM 晶片致能位元

訊號名稱	FPGA 腳位編號	說明
OTG_ADDR[0]	PIN_K7	ISP1362 位址位元[0]
OTG_ADDR[1]	PIN_F2	ISP1362 位址位元[1]
OTG_DATA[0]	PIN_F4	ISP1362 資料位元[0]
OTG_DATA[1]	PIN_D2	ISP1362 資料位元[1]
OTG_DATA[2]	PIN_D1	ISP1362 資料位元[2]
OTG_DATA[3]	PIN_F7	ISP1362 資料位元[3]
OTG_DATA[4]	PIN_J5	ISP1362 資料位元[4]
OTG_DATA[5]	PIN_J8	ISP1362 資料位元[5]
OTG_DATA[6]	PIN_J7	ISP1362 資料位元[6]
OTG_DATA[7]	PIN_H6	ISP1362 資料位元[7]
OTG_DATA[8]	PIN_E2	ISP1362 資料位元[8]
OTG_DATA[9]	PIN_E1	ISP1362 資料位元[9]
OTG_DATA[10]	PIN_K6	ISP1362 資料位元[10]
OTG_DATA[11]	PIN_K5	ISP1362 資料位元[11]
OTG_DATA[12]	PIN_G4	ISP1362 資料位元[12]
OTG_DATA[13]	PIN_G3	ISP1362 資料位元[13]
OTG_DATA[14]	PIN_J6	ISP1362 資料位元[14]

OTG_DATA[15]	PIN_K8	ISP1362 資料位元[15]
OTG_CS_N	PIN_F1	ISP1362 晶片選擇位元
OTG_RD_N	PIN_G2	ISP1362 讀取位元
OTG_WR_N	PIN_G1	ISP1362 寫入位元
OTG_RST_N	PIN_G5	ISP1362 重置位元
OTG_INT0	PIN_B3	ISP1362 中斷 0
OTG_INT1	PIN_C3	ISP1362 中斷 1
OTG_DACK0_N	PIN_C2	ISP1362 DMA Acknowledge 0
OTG_DACK1_N	PIN_B2	ISP1362 DMA Acknowledge 1
OTG_DREQ0	PIN_F6	ISP1362 DMA Request 0
OTG_DREQ1	PIN_E5	ISP1362 DMA Request 1
OTG_FSPEED	PIN_F3	USB 高速位元, 0 = 致能, Z = 禁能
OTG_LSPEED	PIN_G6	USB 低速位元, 0 = 致能, Z = 禁能

訊號名稱	FPGA 腳位編號	說明
LCD_DATA[0]	PIN_J1	LCD 資料位元[0]
LCD_DATA[1]	PIN_J2	LCD 資料位元[1]
LCD_DATA[2]	PIN_H1	LCD 資料位元[2]
LCD_DATA[3]	PIN_H2	LCD 資料位元[3]
LCD_DATA[4]	PIN_J4	LCD 資料位元[4]
LCD_DATA[5]	PIN_J3	LCD 資料位元[5]
LCD_DATA[6]	PIN_H4	LCD 資料位元[6]
LCD_DATA[7]	PIN_H3	LCD 資料位元[7]
LCD_RW	PIN_K4	LCD 讀取/寫入選擇位元, 0 = 寫入, 1 = 讀取

LCD_EN	PIN_K3	LCD 致能位元
LCD_RS	PIN_K1	LCD 命令/資料選擇位元, 0 = 命令, 1 = 資料
LCD_ON	PIN_L4	LCD 電源開/關
LCD_BLON	PIN_K2	LCD 背光開/關

訊號名稱	FPGA 腳位編號	說明
SD_DAT	PIN_AD24	SD 卡資料
SD_DAT3	PIN_AC23	SD 卡資料 3
SD_CMD	PIN_Y21	SD 卡命令訊號
SD_CLK	PIN_AD25	SD 卡時脈

訊號名稱	FPGA 腳位編號	說明
TDI	PIN_B14	CPLD -> FPGA (資料輸入)
TCS	PIN_A14	CPLD -> FPGA (CS)
TCK	PIN_D14	CPLD -> FPGA (時脈)
TDO	PIN_F14	FPGA -> CPLD (資料輸出)

訊號名稱	FPGA 腳位編號	說明
IRDA_TXD	PIN_AE24	紅外線發送器
IRDA_RXD	PIN_AE25	紅外線接收器

訊號名稱	FPGA 腳位編號	說明
HEX0[0]	PIN_AF10	七段顯示器字元 0[0]
HEX0[1]	PIN_AB12	七段顯示器字元 0[1]
HEX0[2]	PIN_AC12	七段顯示器字元 0[2]
HEX0[3]	PIN_AD11	七段顯示器字元 0[3]

HEX0[4]	PIN_AE11	七段顯示器字元 0[4]
HEX0[5]	PIN_V14	七段顯示器字元 0[5]
HEX0[6]	PIN_V13	七段顯示器字元 0[6]
HEX1[0]	PIN_V20	七段顯示器字元 1[0]
HEX1[1]	PIN_V21	七段顯示器字元 1[1]
HEX1[2]	PIN_W21	七段顯示器字元 1[2]
HEX1[3]	PIN_Y22	七段顯示器字元 1[3]
HEX1[4]	PIN_AA24	七段顯示器字元 1[4]
HEX1[5]	PIN_AA23	七段顯示器字元 1[5]
HEX1[6]	PIN_AB24	七段顯示器字元 1[6]
HEX2[0]	PIN_AB23	七段顯示器字元 2[0]
HEX2[1]	PIN_V22	七段顯示器字元 2[1]
HEX2[2]	PIN_AC25	七段顯示器字元 2[2]
HEX2[3]	PIN_AC26	七段顯示器字元 2[3]
HEX2[4]	PIN_AB26	七段顯示器字元 2[4]
HEX2[5]	PIN_AB25	七段顯示器字元 2[5]
HEX2[6]	PIN_Y24	七段顯示器字元 2[6]
HEX3[0]	PIN_Y23	七段顯示器字元 3[0]
HEX3[1]	PIN_AA25	七段顯示器字元 3[1]
HEX3[2]	PIN_AA26	七段顯示器字元 3[2]
HEX3[3]	PIN_Y26	七段顯示器字元 3[3]
HEX3[4]	PIN_Y25	七段顯示器字元 3[4]
HEX3[5]	PIN_U22	七段顯示器字元 3[5]
HEX3[6]	PIN_W24	七段顯示器字元 3[6]
HEX4[0]	PIN_U9	七段顯示器字元 4[0]
HEX4[1]	PIN_U1	七段顯示器字元 4[1]

HEX4[2]	PIN_U2	七段顯示器字元 4[2]
HEX4[3]	PIN_T4	七段顯示器字元 4[3]
HEX4[4]	PIN_R7	七段顯示器字元 4[4]
HEX4[5]	PIN_R6	七段顯示器字元 4[5]
HEX4[6]	PIN_T3	七段顯示器字元 4[6]
HEX5[0]	PIN_T2	七段顯示器字元 5[0]
HEX5[1]	PIN_P6	七段顯示器字元 5[1]
HEX5[2]	PIN_P7	七段顯示器字元 5[2]
HEX5[3]	PIN_T9	七段顯示器字元 5[3]
HEX5[4]	PIN_R5	七段顯示器字元 5[4]
HEX5[5]	PIN_R4	七段顯示器字元 5[5]
HEX5[6]	PIN_R3	七段顯示器字元 5[6]
HEX6[0]	PIN_R2	七段顯示器字元 6[0]
HEX6[1]	PIN_P4	七段顯示器字元 6[1]
HEX6[2]	PIN_P3	七段顯示器字元 6[2]
HEX6[3]	PIN_M2	七段顯示器字元 6[3]
HEX6[4]	PIN_M3	七段顯示器字元 6[4]
HEX6[5]	PIN_M5	七段顯示器字元 6[5]
HEX6[6]	PIN_M4	七段顯示器字元 6[6]
HEX7[0]	PIN_L3	七段顯示器字元 7[0]
HEX7[1]	PIN_L2	七段顯示器字元 7[1]
HEX7[2]	PIN_L9	七段顯示器字元 7[2]
HEX7[3]	PIN_L6	七段顯示器字元 7[3]
HEX7[4]	PIN_L7	七段顯示器字元 7[4]
HEX7[5]	PIN_P9	七段顯示器字元 7[5]
HEX7[6]	PIN_N9	七段顯示器字元 7[6]

訊號名稱	FPGA 腳位編號	說明
KEY[0]	PIN_G26	按鈕開關[0]
KEY[1]	PIN_N23	按鈕開關[1]
KEY[2]	PIN_P23	按鈕開關[2]
KEY[3]	PIN_W26	按鈕開關[3]

訊號名稱	FPGA 腳位編號	說明
LEDR[0]	PIN_AE23	紅色發光二極體[0]
LEDR[1]	PIN_AF23	紅色發光二極體[1]
LEDR[2]	PIN_AB21	紅色發光二極體[2]
LEDR[3]	PIN_AC22	紅色發光二極體[3]
LEDR[4]	PIN_AD22	紅色發光二極體[4]
LEDR[5]	PIN_AD23	紅色發光二極體[5]
LEDR[6]	PIN_AD21	紅色發光二極體[6]
LEDR[7]	PIN_AC21	紅色發光二極體[7]
LEDR[8]	PIN_AA14	紅色發光二極體[8]
LEDR[9]	PIN_Y13	紅色發光二極體[9]
LEDR[10]	PIN_AA13	紅色發光二極體[10]
LEDR[11]	PIN_AC14	紅色發光二極體[11]
LEDR[12]	PIN_AD15	紅色發光二極體[12]
LEDR[13]	PIN_AE15	紅色發光二極體[13]
LEDR[14]	PIN_AF13	紅色發光二極體[14]
LEDR[15]	PIN_AE13	紅色發光二極體[15]
LEDR[16]	PIN_AE12	紅色發光二極體[16]
LEDR[17]	PIN_AD12	紅色發光二極體[17]
LEDG[0]	PIN_AE22	綠色發光二極體[0]

LEDG[1]	PIN_AF22	綠色發光二極體[1]
LEDG[2]	PIN_W19	綠色發光二極體[2]
LEDG[3]	PIN_V18	綠色發光二極體[3]
LEDG[4]	PIN_U18	綠色發光二極體[4]
LEDG[5]	PIN_U17	綠色發光二極體[5]
LEDG[6]	PIN_AA20	綠色發光二極體[6]
LEDG[7]	PIN_Y18	綠色發光二極體[7]
LEDG[8]	PIN_Y12	綠色發光二極體[8]

訊號名稱	FPGA 腳位編號	說明
CLOCK_27	PIN_D13	發展板上 27 MHz
CLOCK_50	PIN_N2	發展板上 50 MHz
EXT_CLOCK	PIN_P26	外部時脈

訊號名稱	FPGA 腳位編號	說明
UART_RXD	PIN_C25	UART 接收器
UART_TXD	PIN_B25	UART 發送器

訊號名稱	FPGA 腳位編號	說明
PS2_CLK	PIN_D26	PS2 資料位元
PS2_DAT	PIN_C24	PS2 時脈

訊號名稱	FPGA 腳位編號	說明
I2C_SCLK	PIN_A6	I2C 資料位元
I2C_SDAT	PIN_B6	I2C 時脈

訊號名稱	FPGA 腳位編號	說明
TD_DATA[0]	PIN_J9	TV 解碼器資料位元[0]

TD_DATA[1]	PIN_E8	TV 解碼器資料位元[1]
TD_DATA[2]	PIN_H8	TV 解碼器資料位元[2]
TD_DATA[3]	PIN_H10	TV 解碼器資料位元[3]
TD_DATA[4]	PIN_G9	TV 解碼器資料位元[4]
TD_DATA[5]	PIN_F9	TV 解碼器資料位元[5]
TD_DATA[6]	PIN_D7	TV 解碼器資料位元[6]
TD_DATA[7]	PIN_C7	TV 解碼器資料位元[7]
TD_HS	PIN_D5	TV 解碼器水平同步位元
TD_VS	PIN_K9	TV 解碼器垂直同步位元
TD_RESET	PIN_C4	TV 解碼器重製位元

訊號名稱	FPGA 腳位編號	說明
VGA_R[0]	PIN_C8	VGA 紅色位元[0]
VGA_R[1]	PIN_F10	VGA 紅色位元[1]
VGA_R[2]	PIN_G10	VGA 紅色位元[2]
VGA_R[3]	PIN_D9	VGA 紅色位元[3]
VGA_R[4]	PIN_C9	VGA 紅色位元[4]
VGA_R[5]	PIN_A8	VGA 紅色位元[5]
VGA_R[6]	PIN_H11	VGA 紅色位元[6]
VGA_R[7]	PIN_H12	VGA 紅色位元[7]
VGA_R[8]	PIN_F11	VGA 紅色位元[8]
VGA_R[9]	PIN_E10	VGA 紅色位元[9]
VGA_G[0]	PIN_B9	VGA 綠色位元[0]
VGA_G[1]	PIN_A9	VGA 綠色位元[1]
VGA_G[2]	PIN_C10	VGA 綠色位元[2]
VGA_G[3]	PIN_D10	VGA 綠色位元[3]

VGA_G[4]	PIN_B10	VGA 綠色位元[4]
VGA_G[5]	PIN_A10	VGA 綠色位元[5]
VGA_G[6]	PIN_G11	VGA 綠色位元[6]
VGA_G[7]	PIN_D11	VGA 綠色位元[7]
VGA_G[8]	PIN_E12	VGA 綠色位元[8]
VGA_G[9]	PIN_D12	VGA 綠色位元[9]
VGA_B[0]	PIN_J13	VGA 藍色位元[0]
VGA_B[1]	PIN_J14	VGA 藍色位元[1]
VGA_B[2]	PIN_F12	VGA 藍色位元[2]
VGA_B[3]	PIN_G12	VGA 藍色位元[3]
VGA_B[4]	PIN_J10	VGA 藍色位元[4]
VGA_B[5]	PIN_J11	VGA 藍色位元[5]
VGA_B[6]	PIN_C11	VGA 藍色位元[6]
VGA_B[7]	PIN_B11	VGA 藍色位元[7]
VGA_B[8]	PIN_C12	VGA 藍色位元[8]
VGA_B[9]	PIN_B12	VGA 藍色位元[9]
VGA_CLK	PIN_B8	VGA 時脈訊號位元
VGA_BLANK	PIN_D6	VGA 空白訊號位元
VGA_HS	PIN_A7	VGA 水平同步訊號位元
VGA_VS	PIN_D8	VGA 垂直同步訊號位元
VGA_SYNC	PIN_B7	VGA 同步訊號位元

訊號名稱	FPGA 腳位編號	說明
AUD_ADCLRCK	PIN_C5	音效編解碼類比數位轉換器 LR 時脈位元
AUD_ADCDAT	PIN_B5	音效編解碼類比數位轉換器資料位元
AUD_DACLRCK	PIN_C6	音效編解碼數位類比轉換器 LR 時脈位元

AUD_DACDAT	PIN_A4	音效編解碼數位類比轉換器資料位元
AUD_XCK	PIN_A5	音效編解碼晶片時脈位元
AUD_BCLK	PIN_B4	音效編解碼位元流時脈位元

訊號名稱	FPGA 腳位編號	說明
ENET_DATA[0]	PIN_D17	DM9000A 資料位元[0]
ENET_DATA[1]	PIN_C17	DM9000A 資料位元[1]
ENET_DATA[2]	PIN_B18	DM9000A 資料位元[2]
ENET_DATA[3]	PIN_A18	DM9000A 資料位元[3]
ENET_DATA[4]	PIN_B17	DM9000A 資料位元[4]
ENET_DATA[5]	PIN_A17	DM9000A 資料位元[5]
ENET_DATA[6]	PIN_B16	DM9000A 資料位元[6]
ENET_DATA[7]	PIN_B15	DM9000A 資料位元[7]
ENET_DATA[8]	PIN_B20	DM9000A 資料位元[8]
ENET_DATA[9]	PIN_A20	DM9000A 資料位元[9]
ENET_DATA[10]	PIN_C19	DM9000A 資料位元[10]
ENET_DATA[11]	PIN_D19	DM9000A 資料位元[11]
ENET_DATA[12]	PIN_B19	DM9000A 資料位元[12]
ENET_DATA[13]	PIN_A19	DM9000A 資料位元[13]
ENET_DATA[14]	PIN_E18	DM9000A 資料位元[14]
ENET_DATA[15]	PIN_D18	DM9000A 資料位元[15]
ENET_CLK	PIN_B24	DM9000A 時脈 25 MHz
ENET_CMD	PIN_A21	DM9000A 命令/資料選擇位元, 0 =命令, 1 = 資料
ENET_CS_N	PIN_A23	DM9000A 晶片選擇位元
ENET_INT	PIN_B21	DM9000A 中斷位元
ENET_RD_N	PIN_A22	DM9000A 讀取位元

| ENET_WR_N | PIN_B22 | DM9000A 寫入位元 |
| ENET_RST_N | PIN_B23 | DM9000A 重製位元 |

訊號名稱	FPGA 腳位編號	說明
GPIO_0[0]	PIN_D25	GPIO 連接插槽 0[0]
GPIO_0[1]	PIN_J22	GPIO 連接插槽 0[1]
GPIO_0[2]	PIN_E26	GPIO 連接插槽 0[2]
GPIO_0[3]	PIN_E25	GPIO 連接插槽 0[3]
GPIO_0[4]	PIN_F24	GPIO 連接插槽 0[4]
GPIO_0[5]	PIN_F23	GPIO 連接插槽 0[5]
GPIO_0[6]	PIN_J21	GPIO 連接插槽 0[6]
GPIO_0[7]	PIN_J20	GPIO 連接插槽 0[7]
GPIO_0[8]	PIN_F25	GPIO 連接插槽 0[8]
GPIO_0[9]	PIN_F26	GPIO 連接插槽 0[9]
GPIO_0[10]	PIN_N18	GPIO 連接插槽 0[10]
GPIO_0[11]	PIN_P18	GPIO 連接插槽 0[11]
GPIO_0[12]	PIN_G23	GPIO 連接插槽 0[12]
GPIO_0[13]	PIN_G24	GPIO 連接插槽 0[13]
GPIO_0[14]	PIN_K22	GPIO 連接插槽 0[14]
GPIO_0[15]	PIN_G25	GPIO 連接插槽 0[15]
GPIO_0[16]	PIN_H23	GPIO 連接插槽 0[16]
GPIO_0[17]	PIN_H24	GPIO 連接插槽 0[17]
GPIO_0[18]	PIN_J23	GPIO 連接插槽 0[18]
GPIO_0[19]	PIN_J24	GPIO 連接插槽 0[19]
GPIO_0[20]	PIN_H25	GPIO 連接插槽 0[20]
GPIO_0[21]	PIN_H26	GPIO 連接插槽 0[21]

GPIO_0[22]	PIN_H19	GPIO 連接插槽 0[22]
GPIO_0[23]	PIN_K18	GPIO 連接插槽 0[23]
GPIO_0[24]	PIN_K19	GPIO 連接插槽 0[24]
GPIO_0[25]	PIN_K21	GPIO 連接插槽 0[25]
GPIO_0[26]	PIN_K23	GPIO 連接插槽 0[26]
GPIO_0[27]	PIN_K24	GPIO 連接插槽 0[27]
GPIO_0[28]	PIN_L21	GPIO 連接插槽 0[28]
GPIO_0[29]	PIN_L20	GPIO 連接插槽 0[29]
GPIO_0[30]	PIN_J25	GPIO 連接插槽 0[30]
GPIO_0[31]	PIN_J26	GPIO 連接插槽 0[31]
GPIO_0[32]	PIN_L23	GPIO 連接插槽 0[32]
GPIO_0[33]	PIN_L24	GPIO 連接插槽 0[33]
GPIO_0[34]	PIN_L25	GPIO 連接插槽 0[34]
GPIO_0[35]	PIN_L19	GPIO 連接插槽 0[35]
GPIO_1[0]	PIN_K25	GPIO 連接插槽 1[0]
GPIO_1[1]	PIN_K26	GPIO 連接插槽 1[1]
GPIO_1[2]	PIN_M22	GPIO 連接插槽 1[2]
GPIO_1[3]	PIN_M23	GPIO 連接插槽 1[3]
GPIO_1[4]	PIN_M19	GPIO 連接插槽 1[4]
GPIO_1[5]	PIN_M20	GPIO 連接插槽 1[5]
GPIO_1[6]	PIN_N20	GPIO 連接插槽 1[6]
GPIO_1[7]	PIN_M21	GPIO 連接插槽 1[7]
GPIO_1[8]	PIN_M24	GPIO 連接插槽 1[8]
GPIO_1[9]	PIN_M25	GPIO 連接插槽 1[9]
GPIO_1[10]	PIN_N24	GPIO 連接插槽 1[10]
GPIO_1[11]	PIN_P24	GPIO 連接插槽 1[11]

GPIO_1[12]	PIN_R25	GPIO 連接插槽 1[12]
GPIO_1[13]	PIN_R24	GPIO 連接插槽 1[13]
GPIO_1[14]	PIN_R20	GPIO 連接插槽 1[14]
GPIO_1[15]	PIN_T22	GPIO 連接插槽 1[15]
GPIO_1[16]	PIN_T23	GPIO 連接插槽 1[16]
GPIO_1[17]	PIN_T24	GPIO 連接插槽 1[17]
GPIO_1[18]	PIN_T25	GPIO 連接插槽 1[18]
GPIO_1[19]	PIN_T18	GPIO 連接插槽 1[19]
GPIO_1[20]	PIN_T21	GPIO 連接插槽 1[20]
GPIO_1[21]	PIN_T20	GPIO 連接插槽 1[21]
GPIO_1[22]	PIN_U26	GPIO 連接插槽 1[22]
GPIO_1[23]	PIN_U25	GPIO 連接插槽 1[23]
GPIO_1[24]	PIN_U23	GPIO 連接插槽 1[24]
GPIO_1[25]	PIN_U24	GPIO 連接插槽 1[25]
GPIO_1[26]	PIN_R19	GPIO 連接插槽 1[26]
GPIO_1[27]	PIN_T19	GPIO 連接插槽 1[27]
GPIO_1[28]	PIN_U20	GPIO 連接插槽 1[28]
GPIO_1[29]	PIN_U21	GPIO 連接插槽 1[29]
GPIO_1[30]	PIN_V26	GPIO 連接插槽 1[30]
GPIO_1[31]	PIN_V25	GPIO 連接插槽 1[31]
GPIO_1[32]	PIN_V24	GPIO 連接插槽 1[32]
GPIO_1[33]	PIN_V23	GPIO 連接插槽 1[33]
GPIO_1[34]	PIN_W25	GPIO 連接插槽 1[34]
GPIO_1[35]	PIN_W23	GPIO 連接插槽 1[35]

5-2 SOPC 設計範例

這一節描述如何在 SOPC Builder 中建立:Nios II 32 位元 CPU、計時器(Timer)、外部 Flash 記憶體介面(External flash memory interface)、外部 SDRAM 介面、Avalon 三態橋接 裝置(tri-state bridge)、LED PIO、按鈕 PIO、七段顯示器 PIO、重配置要求 PIO(Reconfig request PIO)、JTAG 通用非同步接收/傳送(UART)介面，如圖 5-2 所示。整個設計分兩部 分，先要運用 Quartus II 與 SOPC Builder 設計硬體部分並燒錄至元件中，再進行軟體編寫， 編寫 C 語言控制週邊動作。

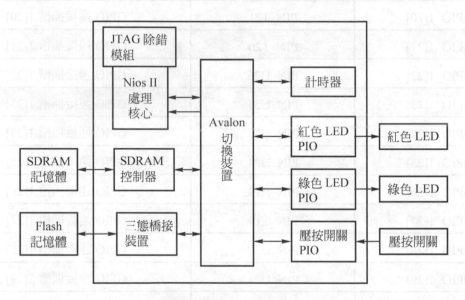

圖 5-2 SOPC 設計範例

在這一個章節的主要步驟分三小節介紹，分別是 5-2-1 的使用 SoPC Builder 建立系 統、5-2-2 的在 Quartus II 中編輯硬體與燒錄與 5-2-3 的使用 Nios II IDE 發展 Nios II 軟體。

5-2-1 使用 SoPC Builder 建立系統

使用 SoPC Builder 建立系統編輯流程為：

● 新增 Quartus II 專案

● 開啟 SOPC Builder

● 指定目標與速度

- 加入 PLL
- 增加外部 Flash 記憶體介面
- 新增外部匯流排
- 增加外部 SDRAM 記憶體介面
- 新增一個 Nios II 處理器
- 加入計時器
- 新增 JTAG 通用非同步接收/傳送(UART)介面
- 新增 Red LED PIO
- 更改名稱為 led_red
- 新增按鈕 Green LED PIO
- 更改名稱為 led_green
- 新增按鈕 PIO
- 更改名稱為 button_pio
- 加入系統 ID
- 自動指定基底位址
- 產生系統

其詳細說明如下：

1. 新增 Quartus II 專案：選取 Quartus II 視窗選單 File → New Project Wizard，出現「New Project Wizard: Introduction」，按 Next 鍵，進入「New Project Wizard: Directory, Name, Top-Level Entity」對話框。我們在工作目錄設定處按 .... 鈕，會出現「Select Directory」選擇目錄對話框，建立新的工作目錄例如 "D:\DE2\example"，再點選新建的目錄 example 兩下，按「開啟」鍵完成工作目錄設定，設定工作目錄為"example"，專案名稱與頂層電路單體名稱設為與工作目錄一樣的名稱，如圖 5-3 所示，專案名稱為 example，頂層電路單體名稱也為 example。接著按 Next 鍵，進入「Add Files」加入檔案對話框。

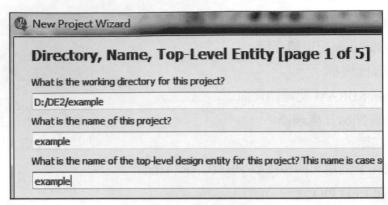

圖 5-3　新建專案

2. 開啓 SOPC Builder：選取視窗 Tools → SOPC Builder，會出現「Create New System」
對話框，在 System Name 處填入"system"，如圖 5-4 所示，設定好按 OK 鍵。

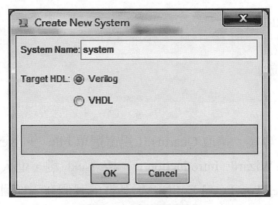

圖 5-4　建立新系統

3. 指定目標與速度：在 SOPC Builder 畫面的 System Contents 中的 Target： 處的下
拉選單處選擇要燒錄模擬板上的元件，例如 Cyclone II，在 Clock Settings 下修改
Name 欄位處的"clk_0"爲"clk"，如圖 5-5 所示。

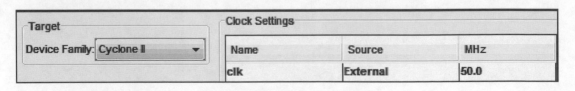

圖 5-5　設定系統元件與時脈

4. 加入 PLL：選取在 SOPC Builder 畫面的左邊 ⟨PLL⟩ 下的"PLL"，如圖 5-6 所示，再按 ⟨Add⟩ 鈕。開啓「PLL-Avalon ALTPLL」對話框，如圖 5-7 所示。按"Launch Altera's ALTPLL MegaWizard"鈕。

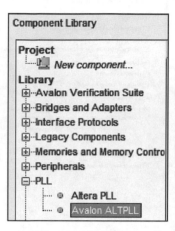

圖 5-6　加入 PLL

出現「ALTPLL」設定頁面，設定如圖 5-7 所示。再選擇"Inputs/Locks"頁面，設定如圖 5-8 所示。

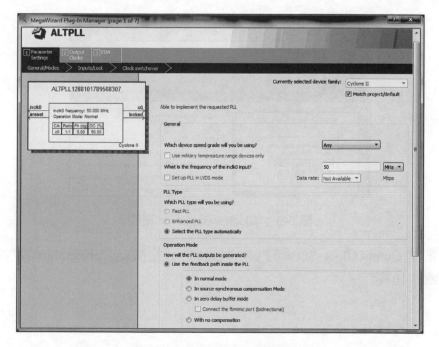

圖 5-7　「ALTPLL」設定頁面

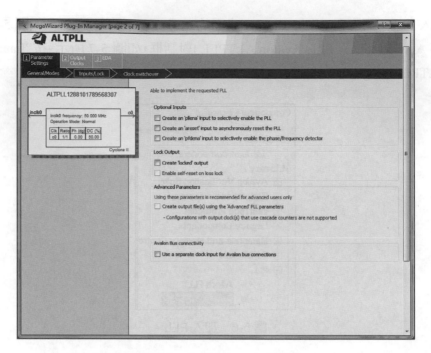

圖 5-8　"Inputs/Locks"頁面

再選擇"Clock switchover"頁面，如圖 5-9 所示。

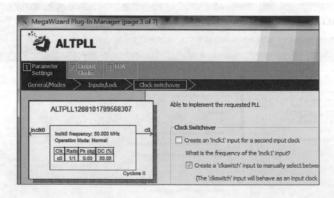

圖 5-9　"Clock switchover"頁面

再選擇"Output Clocks"頁面的"clk c0"頁面，設定"Clock phase shift"為"-3000"deg，如圖 5-10 所示。

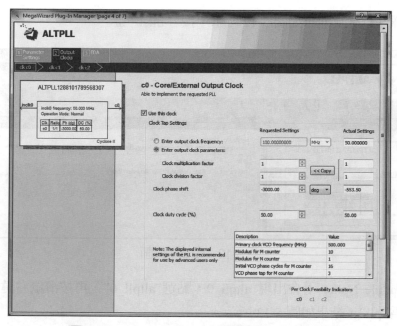

圖 5-10　"Output Clocks"頁面的"clk c0"頁面

再選擇"Output Clocks"頁面的"clk c1"頁面，設定"Clock multiplication factor"為"2"，如圖 5-11 所示。

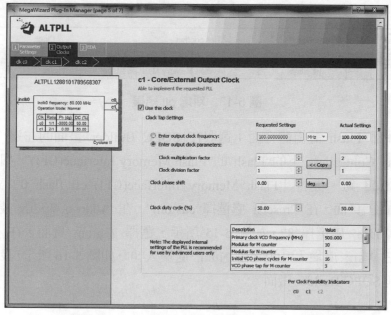

圖 5-11　"Output Clocks"頁面的"clk c1"頁面

再選擇"EDA"頁面，如圖 5-12 所示，按 Finish 鈕。

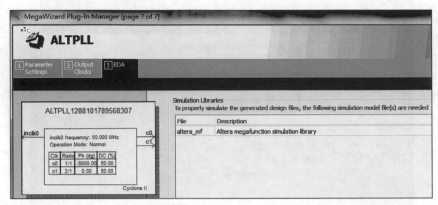

圖 5-12 "EDA"頁面

在 Module Name 下會出現 altpll_0，點選"altpll_0"，再按滑鼠右鍵選 Rename，更名為"pll"，結果如圖 5-13 所示。

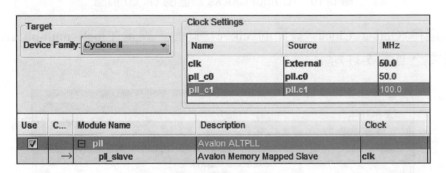

圖 5-13 新增 pll 結果

5. 增加外部 Flash 記憶體介面：選取在 SOPC Builder 畫面的左邊 Memories and Memory Controllers 下的"Flash"的"Flash Memory Interface(CFI)"，如圖 5-14 所示，再按 Add 鈕。開啟「Flash Memory Interface(CFI)–cfi_flash_0」對話框。選擇 Attributes 頁面，在 Presets: 處選擇"custom"，在 Address Width: 處選擇"22"，在 Data Width: 處選擇"8"，如圖 5-15 所示，選擇 Timing 頁面，在 Setup: 處填入 "0"，在 Wait: 處填入"100"，在 Hold: 處填入"0"，如圖 5-16 所示，設定好按 Finish 鍵回到 SOPC Builder 畫面。

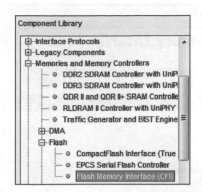

圖 5-14　增加外部 Flash 記憶體介面

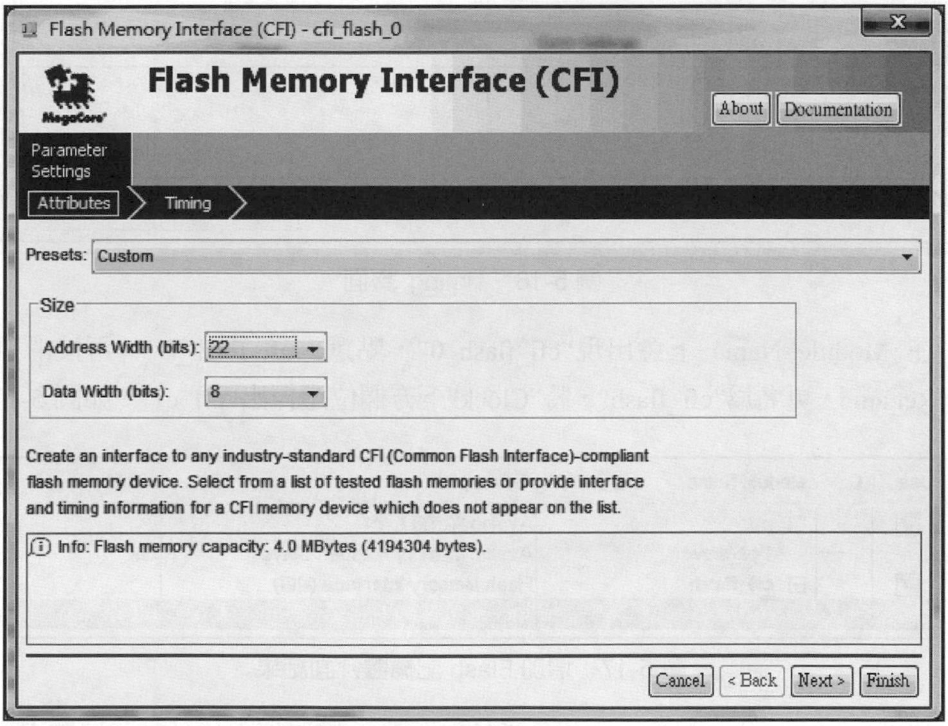

圖 5-15　Attributes 頁面

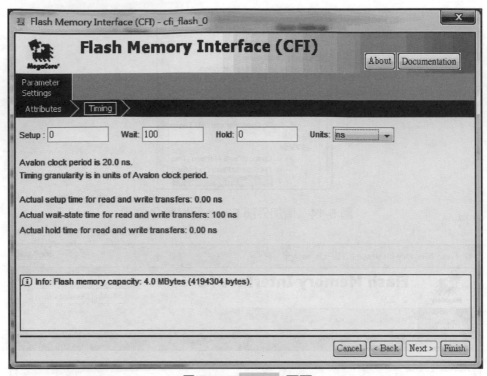

圖 5-16　Timing 頁面

在 Module Name 下會出現"cfi_flash_0"，點選" cfi_flash_0"，再按滑鼠右鍵選 Rename，更名為"cfi_flash"，將"Clock"下方欄位選擇出"pll_c1"，如圖 5-17 所示。

Use	C...	Module Name	Description	Clock
☑		⊟ pll	Avalon ALTPLL	
	→	pll_slave	Avalon Memory Mapped Slave	clk
☑		⊟ cfi_flash	Flash Memory Interface (CFI)	
	→	s1	Avalon Memory Mapped Tristate Slave	pll_c1

圖 5-17　增加 Flash 記憶體介面結果

6. 新增外部匯流排：對於 Nios II 系統與 NiosI 模擬板上的外部記憶體溝通需要在 Avalon-MM 匯流排與外部記憶體所連接的匯流排之間增加一個橋樑。要增加 Avalon-MM 三態橋樑，按下列步驟進行。選取在 SOPC Builder 畫面的左邊 Bridges and Adapters 下的"Memory Mapped"的"Avalon-MM Tristate Bridge"，如圖 5-18 所示，再按 Add 鈕。開啟「Avalon-MM Tristate Bridge - tristate_bridge」對話框，採用預設值，如圖 5-19 所示。按 Finish 鈕回到 SOPC Builder 畫面。

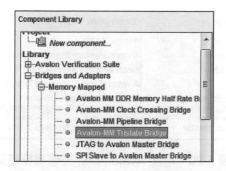

圖 5-18　增加 Avalon-MM 三態橋樑

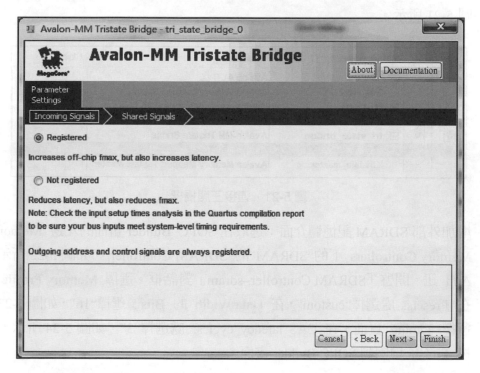

圖 5-19　「Avalon-MM Tristate Bridge - tristate_bridge」對話框

在 Module Name 下會出現"tristate_bridge_0"，點選"tristate_bridge_0"，再按滑鼠右鍵選 Rename，更名為"tristate_bridge"，將"Clock"下方欄位選擇出"pll_c1"，如圖 5-20 所示。

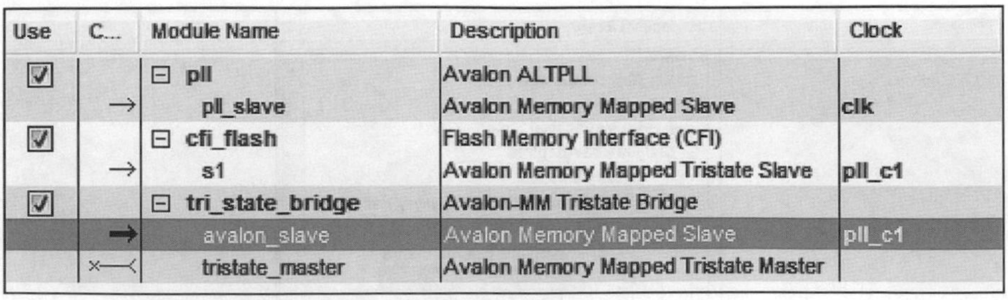

Use	C...	Module Name	Description	Clock
☑		⊟ **pll**	Avalon ALTPLL	
	→	pll_slave	Avalon Memory Mapped Slave	clk
☑		⊟ **cfi_flash**	Flash Memory Interface (CFI)	
	→	s1	Avalon Memory Mapped Tristate Slave	pll_c1
☑		⊟ **tri_state_bridge**	Avalon-MM Tristate Bridge	
	→	avalon_slave	Avalon Memory Mapped Slave	pll_c1
	×—	tristate_master	Avalon Memory Mapped Tristate Master	

圖 5-20　增加 Avalon-MM 三態橋樑結果

在"Connection"下連接"cfi_flash"的"s1"至"tristate_bridge"下的"tristate_master"，如圖 5-21 所示。

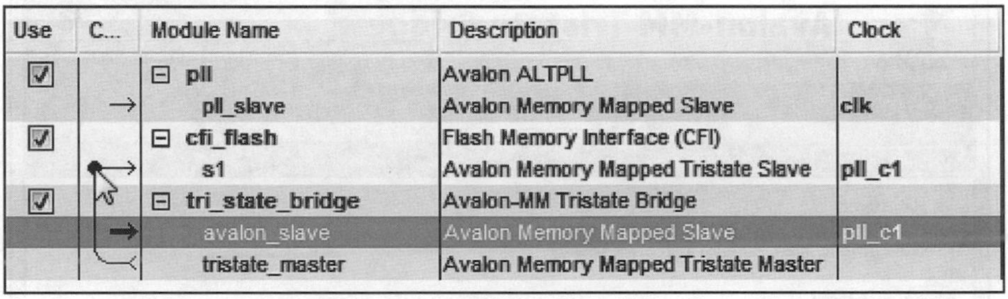

Use	C...	Module Name	Description	Clock
☑		⊟ **pll**	Avalon ALTPLL	
	→	pll_slave	Avalon Memory Mapped Slave	clk
☑		⊟ **cfi_flash**	Flash Memory Interface (CFI)	
	→	s1	Avalon Memory Mapped Tristate Slave	pll_c1
☑		⊟ **tri_state_bridge**	Avalon-MM Tristate Bridge	
	→	avalon_slave	Avalon Memory Mapped Slave	pll_c1
		tristate_master	Avalon Memory Mapped Tristate Master	

圖 5-21　連接三態橋樑

7. 增加外部 SDRAM 記憶體介面：選取在 SOPC Builder 畫面的左邊 Memories and Memory Controllers 下的"SDRAM"的"SDRAM Controller"，如圖 5-22 所示，再按 Add 鈕。開啓「SDRAM Controller–sdram」對話框。選擇 Memory Profile 頁面，在 Presets: 處選擇"custom"，在 Data Width 的 Bits: 選擇"16"，如圖 5-23 所示，選擇 Timing 頁面，在 CAS latency cycles: 處選擇"3"，如圖 5-24 所示，設定好按 Finish 鍵回到 SOPC Builder 畫面。

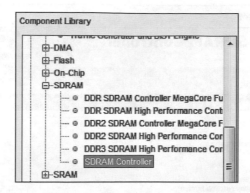

圖 5-22　增加外部 SDRAM 記憶體介面

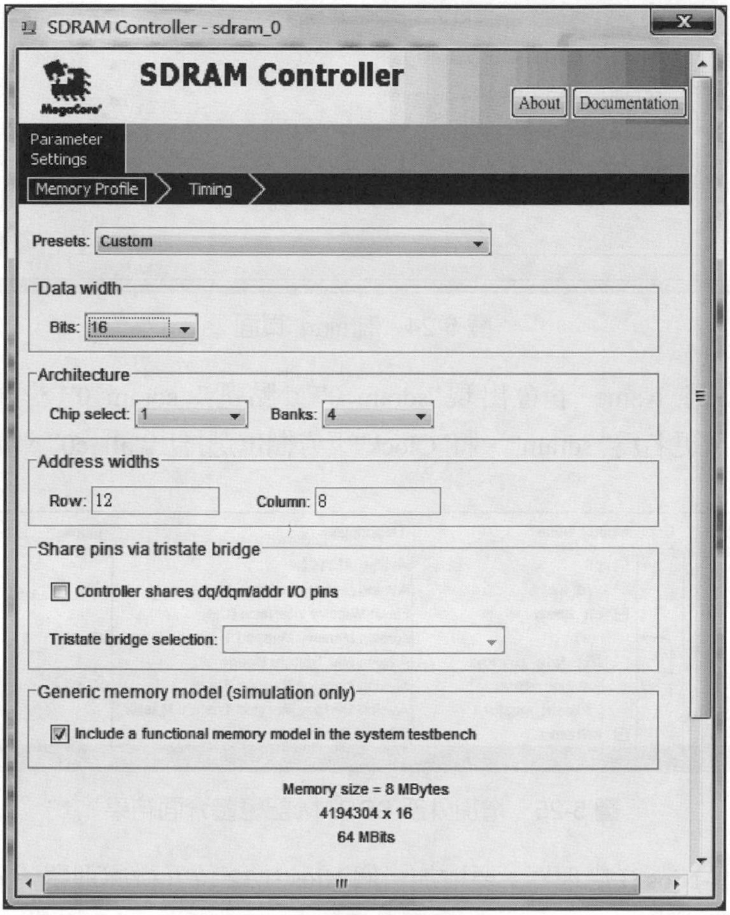

図 SDRAM Controller - sdram_0

SDRAM Controller

About　Documentation

Parameter
Settings

Memory Profile　　Timing

Presets: Custom

Data width

Bits: 16

Architecture

Chip select: 1　　Banks: 4

Address widths

Row: 12　　Column: 8

Share pins via tristate bridge

☐ Controller shares dq/dqm/addr I/O pins

Tristate bridge selection:

Generic memory model (simulation only)

☑ Include a functional memory model in the system testbench

Memory size = 8 MBytes
4194304 x 16
64 MBits

圖 5-23　Memory Profile 頁面

圖 5-24　Timing 頁面

在 Module Name 下會出現"sdram_0"，點選" sdram_0"，再按滑鼠右鍵選 Rename，更名為" sdram"，將"Clock"下方欄位選擇出"pll_c0"，如圖 5-25 所示。

Use	C...	Module Name	Description	Clock
☑		⊟ pll	Avalon ALTPLL	
	→	pll_slave	Avalon Memory Mapped Slave	clk
☑		⊟ cfi_flash	Flash Memory Interface (CFI)	
		s1	Avalon Memory Mapped Tristate Slave	pll_c1
☑		⊟ tri_state_bridge	Avalon-MM Tristate Bridge	
	→	avalon_slave	Avalon Memory Mapped Slave	pll_c1
		tristate_master	Avalon Memory Mapped Tristate Master	
☑		⊟ sdram	SDRAM Controller	
	→	s1	Avalon Memory Mapped Slave	pll_c0

圖 5-25　增加外部 SDRAM 記憶體介面結果

8. 新增一個 Nios II 處理器：要增加一個 Nios II 32 位元微處理器，名字取叫 cpu，依下列步驟，選取 SOPC builder 畫面左邊的 Nios II Processor，如圖 5-26 所示，按 Add 鍵，出現一個「Nios II Processor–cpu」對話框。在 Core Nios II 頁面選擇 Nios II/f

類型，在 Reset Vector:Memory: 處選擇 cfi_flash，Offset: 為"0x0"，在 Exception Vector:Memory: 處選擇 sdram，Offset: 為"0x20"，如圖 5-27 所示。

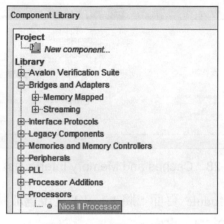

圖 5-26　新增一個 CPU

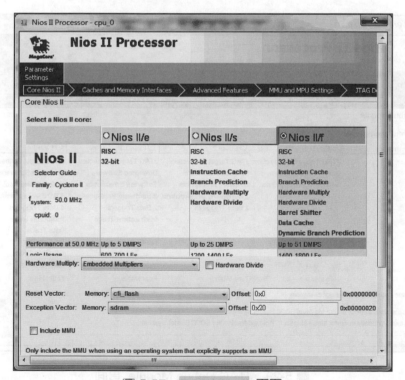

圖 5-27　Core Nios II 頁面

再選擇 Caches and Memory Interfaces 頁面，設定 Instruction Cache Size: 為 4 Kbytes，設定 Data Cache Line Size: 為 4 Bytes，如圖 5-28 所示。

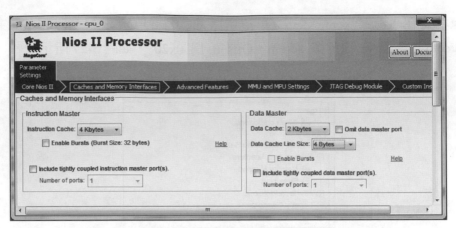

圖 5-28　Caches and Memory Interfaces 頁面

再選擇 JTAG Debug Module 頁面，將 Level 1 呈現選取狀態，如圖 5-29 所示。設定好按 Finish 鍵回到 SOPC Builder 畫面。

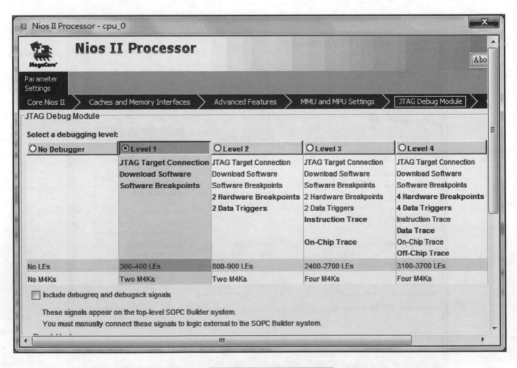

圖 5-29　JTAG Debug Module 頁面

在 Module Name 下會出現"cpu_0"，點選"cpu_0"，再按滑鼠右鍵選 Rename，更名為" cpu"，將"Clock"下方欄位選擇出"pll_c1"，如圖 5-30 所示。

圖 5-30　新增一個 CPU 結果

9. 加入計時器：要增加計時器要做下列步驟，選取在 SOPC Builder 畫面的左邊 Peripherals 下的"Microcontroller Peripherals"下的"Interval Timer"，如圖 5-31 所示，再按 Add 鈕。開啓「Interval Timer – timer」對話框，如圖 5-32 所示。保持原本預設值，直接按 Finish 鈕回到 SOPC Builder 畫面。

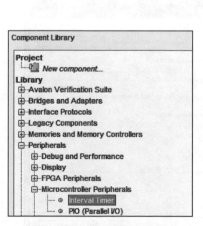

圖 5-31　加入計時器圖

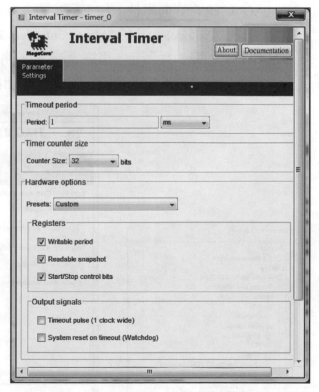

5-32　「Interval Timer – timer」對話框

在 Module Name 下會出現"timer_0"，點選"timer_0"，再按滑鼠右鍵選 Rename ，
更名為" timer"，將"Clock"下方欄位選擇出"pll_c1"，如圖 5-33 所示。

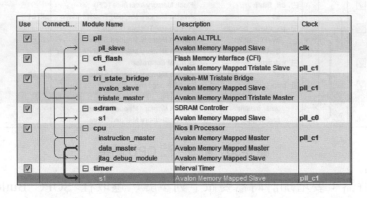

Use	Connecti...	Module Name	Description	Clock
☑		⊟ pll	Avalon ALTPLL	
		pll_slave	Avalon Memory Mapped Slave	clk
☑		⊟ cfi_flash	Flash Memory Interface (CFI)	
		s1	Avalon Memory Mapped Tristate Slave	pll_c1
☑		⊟ tri_state_bridge	Avalon-MM Tristate Bridge	
		avalon_slave	Avalon Memory Mapped Slave	pll_c1
		tristate_master	Avalon Memory Mapped Tristate Master	
☑		⊟ sdram	SDRAM Controller	
		s1	Avalon Memory Mapped Slave	pll_c0
☑		⊟ cpu	Nios II Processor	
		instruction_master	Avalon Memory Mapped Master	pll_c1
		data_master	Avalon Memory Mapped Master	
		jtag_debug_module	Avalon Memory Mapped Slave	
☑		⊟ timer	Interval Timer	
		s1	Avalon Memory Mapped Slave	pll_c1

圖 5-33　加入計時器結果

10. 新增 JTAG 通用非同步接收/傳送(UART)介面：JTAG UART 是 Nios II 嵌入式微
處理器的介面。這是用來降低與 Nios II 模擬板溝通所需要連接的數目。要增加
JTAG UART 介面組件，按下列步驟進行。選取在 SOPC Builder 畫面的左邊
Interface Protocols 下的 "Microcontroller Peripherals"下的 "Serial" 下的 "JTAG
UART"，如圖 5-34 所示，再按 Add 鈕。開啟「JTAG UART–jtag_uart」對話框，
採用預設值，如圖 5-35 所示。按 Finish 鈕回到 SOPC Builder 畫面。

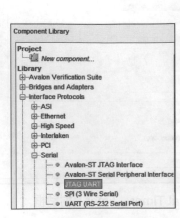

圖 5-34　新增 JTAG UART 介面

圖 5-35　採用預設值

在 Module Name 下會出現"jtag_uart_0"，點選"jtag_uart _0"，再按滑鼠右鍵選 Rename，更名為" jtag_uart "，將"Clock"下方欄位選擇出"pll_c1"，如圖 5-36 所示。

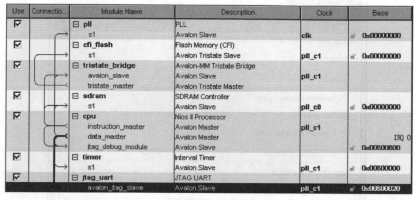

Use	Connectio...	Module Name	Description	Clock	Base
☑		⊟ pll	PLL		
		s1	Avalon Slave	clk	0x00000000
☑		⊟ cfi_flash	Flash Memory (CFI)		
		s1	Avalon Tristate Slave	pll_c1	0x00000000
☑		⊟ tristate_bridge	Avalon-MM Tristate Bridge		
		avalon_slave	Avalon Slave	pll_c1	
		tristate_master	Avalon Tristate Master		
☑		⊟ sdram	SDRAM Controller		
		s1	Avalon Slave	pll_c0	0x00000000
☑		⊟ cpu	Nios II Processor		
		instruction_master	Avalon Master	pll_c1	
		data_master	Avalon Master		IRQ 0
		jtag_debug_module	Avalon Slave		0x00800800
☑		⊟ timer	Interval Timer		
		s1	Avalon Slave	pll_c1	0x00800000
☑		⊟ jtag_uart	JTAG UART		
		avalon_jtag_slave	Avalon Slave	pll_c1	0x00800020

圖 5-36　新增 JTAG UART 結果

11. 新增 Red LED PIO：為了 DE2 模擬板上的紅色 LED 提供一個介面，要增加 LED PIO 週邊。選取在 SOPC Builder 畫面的左邊 Peripherals 下的 "Microcontroller Peripherals" 下的 "PIO(Parallel I/O)"，如圖 5-37 所示，再按 Add 鈕。開啟 「PIO(Parallel I/O)-pio」對話框，設定 Width: 為"18"位元，Direction: 為"Output ports only"，如圖 5-38 所示。按 Finish 鈕回到 SOPC Builder 畫面。

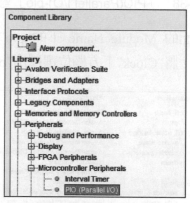

圖 5-37　新增 PIO

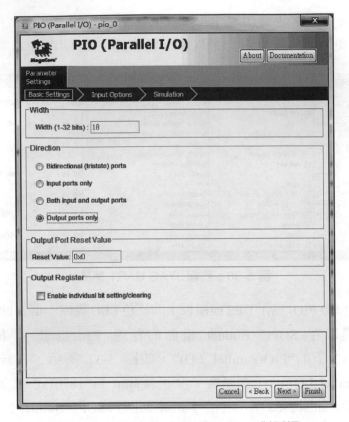

圖 5-38 「PIO(Parallel I/O)-pio」對話框

在 SOPC Builder 畫面的 Module Name 下的"pio"處按右鍵，選取 Rename，將 "pio_0"改為"led_red"，將"Clock"下方欄位選擇出"pll_c1"，如圖 5-39 所示。

Use	Connecti...	Module Name	Description	Clock
☑		⊟ cfi_flash	Flash Memory Interface (CFI)	
		s1	Avalon Memory Mapped Tristate Slave	pll_c1
☑		⊟ tri_state_bridge	Avalon-MM Tristate Bridge	
		avalon_slave	Avalon Memory Mapped Slave	pll_c1
		tristate_master	Avalon Memory Mapped Tristate Master	
☑		⊟ sdram	SDRAM Controller	
		s1	Avalon Memory Mapped Slave	pll_c0
☑		⊟ cpu	Nios II Processor	
		instruction_master	Avalon Memory Mapped Master	pll_c1
		data_master	Avalon Memory Mapped Master	
		jtag_debug_module	Avalon Memory Mapped Slave	
☑		⊟ timer	Interval Timer	
		s1	Avalon Memory Mapped Slave	pll_c1
☑		⊟ jtag_uart	JTAG UART	
		avalon_jtag_slave	Avalon Memory Mapped Slave	pll_c1
☑		⊟ led_red	PIO (Parallel I/O)	
		s1	Avalon Memory Mapped Slave	pll_c1

圖 5-39 更名為 led_red

13. 新增按鈕 Green LED PIO：爲了 DE2 模擬板上的綠色 LED 提供一個介面，要增加 LED PIO 週邊。選取在 SOPC Builder 畫面的左邊 Peripherals 下的"Microcontroller Peripherals" 下的"PIO(Parallel I/O)"，再按 Add 鈕。開啓「PIO(Parallel I/O)-pio」對話框，設定 Width: 爲"9"位元，Direction: 爲"Output ports only"，如圖 5-40 所示。按 Finish 鈕回到 SOPC Builder 畫面。

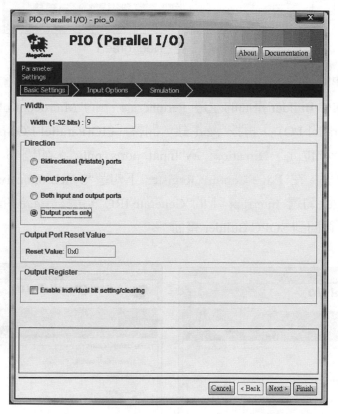

圖 5-40　「PIO(Parallel I/O)-pio」對話框

在 SOPC Builder 畫面的 Module Name 下的"pio_0"處按右鍵，選取 Rename，將 "pio_0"改爲"led_green"，將"Clock"下方欄位選擇出"pll_c1"，如圖 5-41 所示。

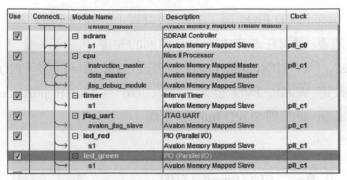

圖 5-41　更名 led_green

15. 新增按鈕 PIO：爲了 DE2 模擬板上的按鈕提供一個介面，要增加按鈕 PIO 週邊。
選取在 SOPC Builder 畫面的左邊 Peripherals 下的"Microcontroller Peripherals" 下
的"PIO(Parallel I/O)"，再按 Add 鈕。開啟「PIO(Parallel I/O)-pio」對話框，設定
Width: 爲"4"位元，Direction: 爲"Input ports only"，如圖 5-42，再選擇"Input
Options"頁面，在 Edge Capture Register 下勾選"Synchronously capture"，並選擇
Falling Edge，勾選 Interrupt 下的"Generate IRQ"，選擇 Edge 項，如圖 5-43 所示。
按 Finish 鈕回到 SOPC Builder 畫面"。

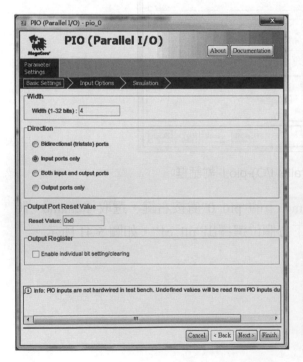

圖 5-42　「PIO(Parallel I/O)-pio」對話框

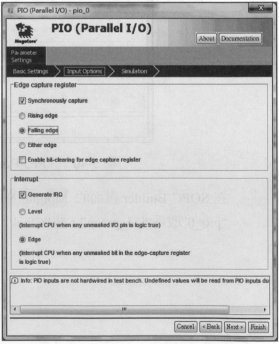

圖 5-43　"Input Options"頁面

在 SOPC Builder 畫面的 Module Name 下的"pio_0"處按右鍵，選取 Rename，將
"pio_0"改爲"button_pio"，將"Clock"下方欄位選擇出"pll_c1"，如圖 5-44 所示。

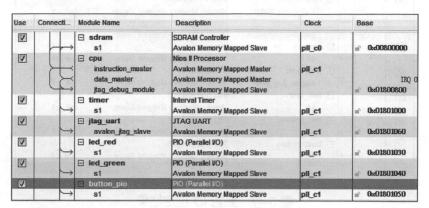

Use	Connecti...	Module Name	Description	Clock	Base
☑		☐ sdram	SDRAM Controller		
		s1	Avalon Memory Mapped Slave	pll_c0	0x00800000
☑		☐ cpu	Nios II Processor		
		instruction_master	Avalon Memory Mapped Master	pll_c1	
		data_master	Avalon Memory Mapped Master		IRQ 0
		jtag_debug_module	Avalon Memory Mapped Slave		0x01800800
☑		☐ timer	Interval Timer		
		s1	Avalon Memory Mapped Slave	pll_c1	0x01801000
☑		☐ jtag_uart	JTAG UART		
		avalon_jtag_slave	Avalon Memory Mapped Slave	pll_c1	0x01801060
☑		☐ led_red	PIO (Parallel I/O)		
		s1	Avalon Memory Mapped Slave	pll_c1	0x01801030
☑		☐ led_green	PIO (Parallel I/O)		
		s1	Avalon Memory Mapped Slave	pll_c1	0x01801040
☑		☐ button_pio	PIO (Parallel I/O)		
		s1	Avalon Memory Mapped Slave	pll_c1	0x01801050

圖 5-44　更名按鈕 PIO

17. 加入系統 ID：若系統有系統 ID，則 Nios II IDE 可以防止使用者下載到不對的系
統程式。要增加系統 ID 要做下列步驟，選取在 SOPC Builder 畫面的左邊
Peripherals 下的"Debug and Performance"，再按"System ID Peripheral"，如圖 5-45
所示，再按 Add 鈕。開啓「System ID Peripheral-sysid」對話框，如圖 5-46 所示，
按 Finish 鈕回到 SOPC Builder 畫面，可以看到，系統 ID 的模組名稱爲"sysid_0"。

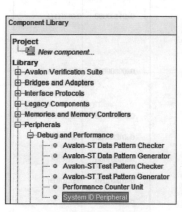

圖 5-45　加入系統 ID

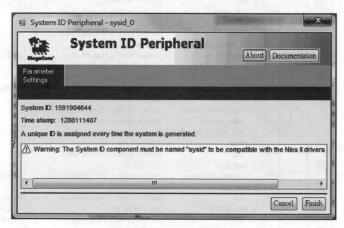

圖 5-46　系統 ID 設定

在 SOPC Builder 畫面的 Module Name 下的"sysid_0"處按右鍵，選取 Rename，
將"sysid_0"改爲"sysid"，將"Clock"下方欄位選擇出"pll_c1"，如圖 5-47 所示。

Use	Connecti...	Module Name		Description	Clock
☑		⊟ sdram		SDRAM Controller	
			s1	Avalon Memory Mapped Slave	pll_c0
☑		⊟ cpu		Nios II Processor	
			instruction_master	Avalon Memory Mapped Master	pll_c1
			data_master	Avalon Memory Mapped Master	
			jtag_debug_module	Avalon Memory Mapped Slave	
☑		⊟ timer		Interval Timer	
			s1	Avalon Memory Mapped Slave	pll_c1
☑		⊟ jtag_uart		JTAG UART	
			avalon_jtag_slave	Avalon Memory Mapped Slave	pll_c1
☑		⊟ led_red		PIO (Parallel I/O)	
			s1	Avalon Memory Mapped Slave	pll_c1
☑		⊟ led_green		PIO (Parallel I/O)	
			s1	Avalon Memory Mapped Slave	pll_c1
☑		⊟ button_pio		PIO (Parallel I/O)	
			s1	Avalon Memory Mapped Slave	pll_c1
☑		⊟ sysid		System ID Peripheral	
			control_slave	Avalon Memory Mapped Slave	pll_c1

圖 5-47　系統 ID 設定結果

18. 自動指定基底位址：SOPC Builder 會對 Nios 系統模組指定預設位址，你可以修改這些預設值。自動指定基底位址"Auto Assign Base Address"功能可使位址被 SOPC Builder 重新自動指定，選擇 SOPC Builder 選單 System → Auto Assign Base Address。設定完如圖 5-48 所示。

Use	Connecti...	Module Name		Description	Clock	Base	End
☑		⊟ pll		Avalon ALTPLL			
			pll_slave	Avalon Memory Mapped Slave	clk	0x01801020	0x0180102f
☑		⊟ cfi_flash		Flash Memory Interface (CFI)			
			s1	Avalon Memory Mapped Tristate Slave	pll_c1	0x01400000	0x017fffff
☑		⊟ tri_state_bridge		Avalon-MM Tristate Bridge			
			avalon_slave	Avalon Memory Mapped Slave	pll_c1		
			tristate_master	Avalon Memory Mapped Tristate Master			
☑		⊟ sdram		SDRAM Controller			
			s1	Avalon Memory Mapped Slave	pll_c0	0x00800000	0x00ffffff
☑		⊟ cpu		Nios II Processor			
			instruction_master	Avalon Memory Mapped Master	pll_c1		
			data_master	Avalon Memory Mapped Master		IRQ 0	IRQ 31
			jtag_debug_module	Avalon Memory Mapped Slave		0x01800800	0x01800fff
☑		⊟ timer		Interval Timer			
			s1	Avalon Memory Mapped Slave	pll_c1	0x01801000	0x0180101f
☑		⊟ jtag_uart		JTAG UART			
			avalon_jtag_slave	Avalon Memory Mapped Slave	pll_c1	0x01801060	0x01801067
☑		⊟ led_red		PIO (Parallel I/O)			
			s1	Avalon Memory Mapped Slave	pll_c1	0x01801030	0x0180103f
☑		⊟ led_green		PIO (Parallel I/O)			
			s1	Avalon Memory Mapped Slave	pll_c1	0x01801040	0x0180104f
☑		⊟ button_pio		PIO (Parallel I/O)			
			s1	Avalon Memory Mapped Slave	pll_c1	0x01801050	0x0180105f
☑		⊟ sysid		System ID Peripheral			
			control_slave	Avalon Memory Mapped Slave	pll_c1	0x01801068	0x0180106f

圖 5-48　自動指定基底位址

在 IRQ 部分，在 SOPC Builder 視窗左下方有紅色的 Error 訊息，提示 jtag_uart、button_pio 與 timer 的 IRQ 相衝。解決的方法是將"jtag_uart"的 IRQ 設定為 1，設定方法為點選"jtag_uart"的 IRQ 值，鍵入 1，再按 Enter 鍵。將"timer"的 IRQ 設定為 3，設定方法為點選"timer"的 IRQ 值，鍵入 1，再按 Enter 鍵。將"button_pio"的 IRQ 設定為 5，設定方法為點選"button_pio"的 IRQ 值，鍵入 5，再按 Enter 鍵。設定完可以看到左下角的 Error 消失，如圖 5-49 所示。

Use	Connecti...	Module Name	Description	Clock	Base	End	Tags	IRQ
☑		⊟ pll	Avalon ALTPLL					
		pll_slave	Avalon Memory Mapped Slave	clk	0x01801020	0x0180102f		
☑		⊟ cfi_flash	Flash Memory Interface (CFI)					
		s1	Avalon Memory Mapped Tristate Slave	pll_c1	0x01400000	0x017fffff		
☑		⊟ tri_state_bridge	Avalon-MM Tristate Bridge					
		avalon_slave	Avalon Memory Mapped Slave	pll_c1				
		tristate_master	Avalon Memory Mapped Tristate Master					
☑		⊟ sdram	SDRAM Controller					
		s1	Avalon Memory Mapped Slave	pll_c0	0x00800000	0x00ffffff		
☑		⊟ cpu	Nios II Processor					
		instruction_master	Avalon Memory Mapped Master	pll_c1				
		data_master	Avalon Memory Mapped Master		IRQ 0	IRQ 31		
		jtag_debug_module	Avalon Memory Mapped Slave		0x01800800	0x01800fff		
☑		⊟ timer	Interval Timer					
		s1	Avalon Memory Mapped Slave	pll_c1	0x01801000	0x0180101f		3
☑		⊟ jtag_uart	JTAG UART					
		avalon_jtag_slave	Avalon Memory Mapped Slave	pll_c1	0x01801060	0x01801067		1
☑		⊟ led_red	PIO (Parallel I/O)					
		s1	Avalon Memory Mapped Slave	pll_c1	0x01801030	0x0180103f		
☑		⊟ led_green	PIO (Parallel I/O)					
		s1	Avalon Memory Mapped Slave	pll_c1	0x01801040	0x0180104f		
☑		⊟ button_pio	PIO (Parallel I/O)					
		s1	Avalon Memory Mapped Slave	pll_c1	0x01801050	0x0180105f		5
☑		⊟ sysid	System ID Peripheral					
		control_slave	Avalon Memory Mapped Slave	pll_c1	0x01801068	0x0180106f		

圖 5-49　更改 IRQ 結果

19. 產生系統：接著在 SOPC Builder 畫面按 System Generation 鍵，不要勾選在 Options 下的 Simulation.Create project simulator files. 選項，按 Generate 鍵，會出現是否存檔的對話框，按 Save 存檔。當系統產生完畢時，會顯示"System generation was successful"訊息，如圖 5-50 所示。按 Exit 鍵關掉 SOPC Builder。

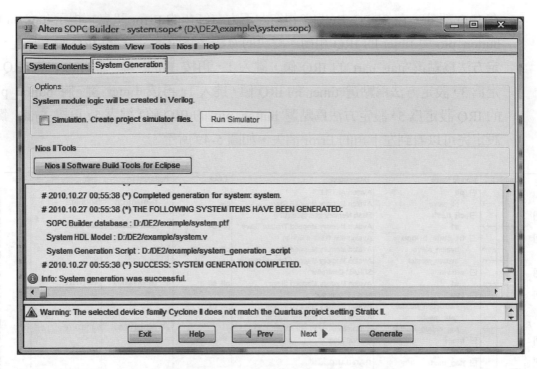

圖 5-50　系統產生完畢視窗

5-2-2　使用 Quartus II 編輯硬體與燒錄

使用 Quartus II 編輯與燒錄流程爲：

- 開啓新檔
- 加入符號至 BDF 檔中
- 加入輸入腳
- 加入輸出腳與雙向腳
- 儲存檔案
- 指定元件
- 組譯
- 指定接腳
- 硬體連接
- 開啓燒錄視窗
- 硬體設定
- 燒錄設計至開發板

詳細說明如下

1. 開啓新檔：回到 Quartus II 的"example"專案，選取視窗選單 File → New，出現「New」對話框，選取"Block Diagram/Schematic File"，如圖 5-51 所示，再按 OK。

圖 5-51　「New」對話框

2. 加入符號至 BDF 檔中：回到 Quartus II，在"Bolck1.bdf"範圍中用滑鼠快點兩下，開啓「Symbol」對話框，展開對話框中的 Project，點取 system，如圖 5-52 所示，再按 OK。在 BDF 範圍內點滑鼠左鍵一下將符號放入，如圖 5-53 所示。

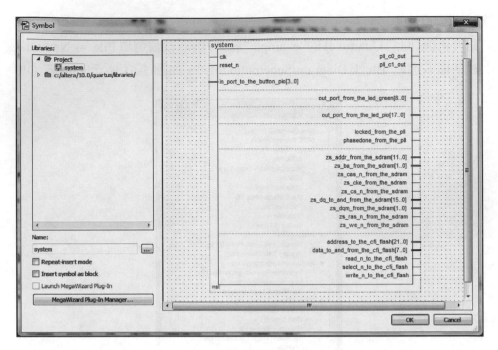

圖 5-52　點取 system

圖 5-53　放置"system"符號

3. 加入輸入腳：在圖形檔編輯範圍內用滑鼠快點兩下，或點選 ⊡ 符號，會出現「Symbol」對話框。在 Name: 處輸入 input。若勾選 Repeat-insert mode，可以連續插入數個符號。設定好後按 ok 鈕。在圖形檔編輯範圍內選好擺放位置按左鍵放置一個"input"符號，再換位置點左鍵一下按放上第二個"input"符號，再換位置點左鍵一下按放上第三個"input"符號。按 Esc 可終止放置符號。可用滑鼠點選符號兩下，滑鼠不要放可拖曳符號調整位置。在其中一個"input"符號範圍內用滑鼠快點兩下，出現「Pin Properties」對話框。在 General 頁面的 Pin name 處文字框內容更改為 clk。設定好後按 確定 鈕。也可以在腳位名字上用滑鼠點兩下更名。同樣方式將另兩個"input"符號名分別更名為 reset_n 與 in_port_to_the_button_pio[3..0]。

4. 加入輸出腳與雙向腳：在圖形檔編輯範圍內用滑鼠快點兩下，或點選 ⊡ 符號，會出現「Symbol」對話框。在 Name: 處輸入 output。若勾選 Repeat-insert mode，可以連續插入數個符號。設定好後按 ok 鈕。在圖形檔編輯範圍內選好擺放位置按左鍵放置一個"output"符號，再換位置點左鍵一下按放上第二個"output"符號，再換位置點左鍵一下按放上第三個"output"符號，共需十六個"output"符號。按 Esc 可終止放置符號。在圖形檔編輯範圍內用滑鼠快點兩下，或點選 ⊡ 符號，會出現「Symbol」對話框。在 Name: 處輸入 bidir。若勾選 Repeat-insert mode，可以連續插入數個符號。設定好後按 ok 鈕。在圖形檔編輯範圍內選好擺放位置按左鍵放置一個"bidir"符號，再換位置點左鍵一下按放上第二個"bidir"符號，共需二個"output"符號。按 Esc 可終止放置符號。可用滑鼠點選符號兩下，滑鼠不要放可拖曳符號調整位置。再加入一個"vcc"符號。分別將輸出腳與雙向腳依表 5-2 更改名稱，連線結果如圖 5-59 所示。

表 5-2　腳位連接

"system" 腳位	連接符號	更改腳位名稱
pll_c0_out	output	pll_c0_out
out_port_from_the_led_green[8..0]	output	out_port_from_the_led_green[8..0]
out_port_from_the_led_red[17..0]	output	out_port_from_the_led_red[17..0]
zs_addr_from_the_sdram[11..0]	output	zs_addr_from_the_sdram[11..0]
zs_ba_from_the_sdram[1..0]	output	zs_ba_from_the_sdram[1..0]
zs_cas_n_from_the_sdram	output	zs_cas_n_from_the_sdram

zs_cke_from_the_sdram	output	zs_cke_from_the_sdram
zs_cs_n_from_the_sdram	output	zs_cs_n_from_the_sdram
zs_dq_to_and_from_the_sdram[15..0]	bidir	zs_dq_to_and_from_the_sdram[15..0]
zs_dqm_from_the_sdram[1..0]	output	zs_dqm_from_the_sdram[1..0]
zs_ras_n_from_the_sdram	output	zs_ras_n_from_the_sdram
zs_we_n_from_the_sdram	output	zs_we_n_from_the_sdram
address_to_the_cfi_flash[21..0]	output	address_to_the_cfi_flash[21..0]
data_to_and_from_the_cfi_flash[7..0]	bidir	data_to_and_from_the_cfi_flash[7..0]
read_n_to_the_cfi_flash	output	read_n_to_the_cfi_flash
select_n_to_the_cfi_flash	output	select_n_to_the_cfi_flash
write_n_to_the_cfi_flash	output	write_n_to_the_cfi_flash
Vcc	output	flash_reset

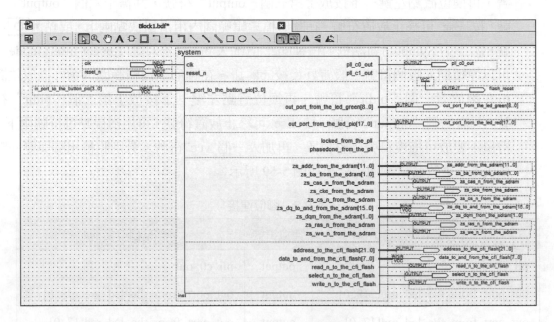

圖 5-54　輸入輸出腳連接結果

5.　儲存檔案：選取視窗選單 File → Save 儲存檔案，存檔成”example.bdf”。

6. 指定元件：選取視窗選單 Assignments → Device 處，開啓「Setting」對話框。在 Family 處選擇元件類別，例如選擇"Cyclone II"，在 Target device 處選擇第二個選項"Specific device selected in Available devices list "。在 Available devices 處選元件編號"EP2C35F672C6"，如圖 5-55 所示。再選取 Device and Pin Options，開啓「Device and Pin Options」對話框，選取 Unused Pin 頁面，將 Reserve all unused pins 設定成 As input, tri-stated，如圖 5-56 所示，按 確定 鈕回到「Setting」對話框，再按 OK 鈕。

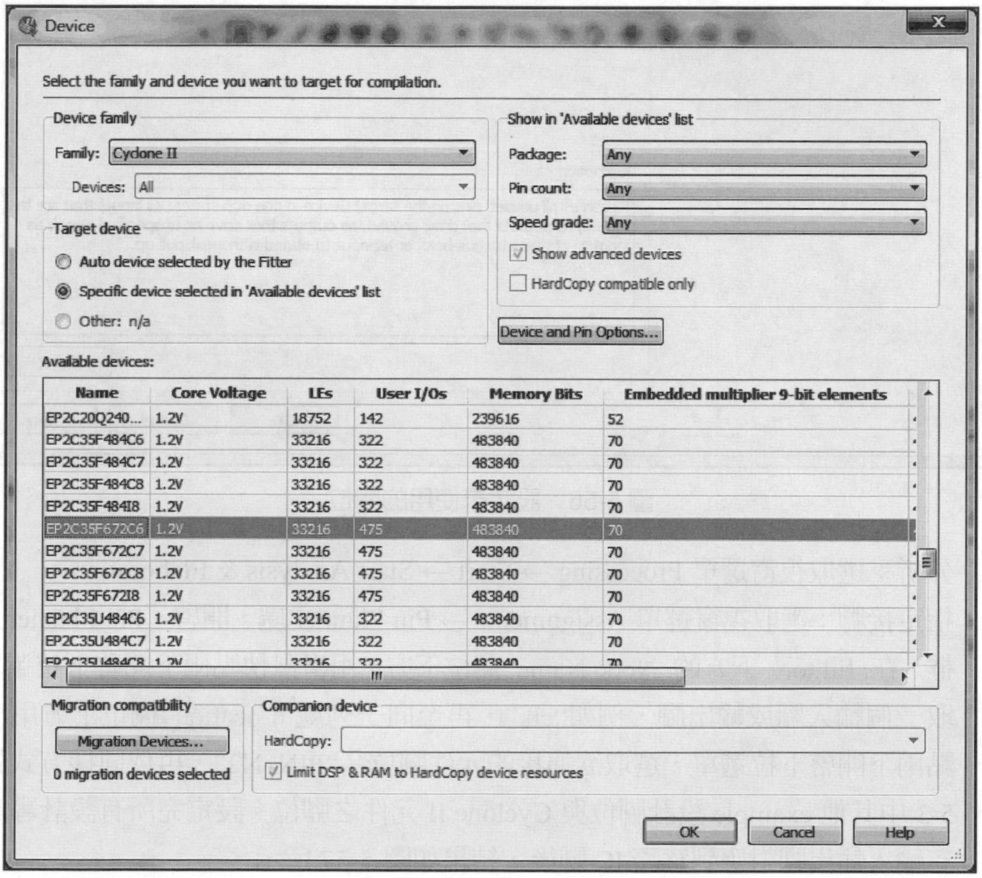

圖 5-55　元件指定

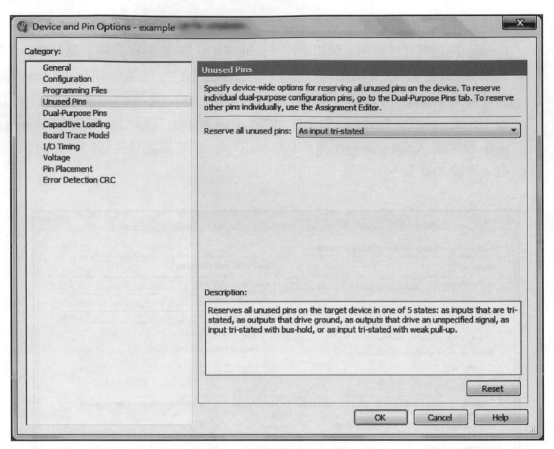

圖 5-56　設定未使用的腳位

7. 分析：選取視窗選單 Processing → Start → Start Analysis & Elaboration。

8. 指定接腳：選取視窗選單 Assignments → Pin Planner 處，開啓「Pin Planner」對話框，在 Editor: 下方的 Node Name 欄位下方，用滑鼠快點兩下開啓下拉選單，選取一個輸入腳或輸出腳，例如"clk"，再至同一列處 Location 欄位下方用滑鼠快點兩下開啓下拉選單，選取欲連接的元件腳位名"PIN_N2"，再依同樣方式對應表 5-3 中其他 example 設計腳位與 Cyclone II 元件之腳位。設定完所有設計專案之所有輸入輸出腳對應到實際 IC 腳後，結果如圖 5-57 所示。

表 5-3　腳位指定

example 設計腳位	Cyclone II 元件腳位	說明
In_port_to_the_button_pio[3]	PIN_W26	按鈕開關[3]
In_port_to_the_button_pio[2]	PIN_P23	按鈕開關[2]

In_port_to_the_button_pio[1]	PIN_N23	按鈕開關[1]
in_port_to_the_button_pio[0]	PIN_G26	按鈕開關[0]
out_port_from_the_led_red[17]	PIN_AD12	紅色發光二極體[17]
out_port_from_the_led_red[16]	PIN_AE12	紅色發光二極體[16]
out_port_from_the_led_red[15]	PIN_AE13	紅色發光二極體[15]
out_port_from_the_led_red[14]	PIN_AF13	紅色發光二極體[14]
out_port_from_the_led_red[13]	PIN_AE15	紅色發光二極體[13]
out_port_from_the_led_red[12]	PIN_AD15	紅色發光二極體[12]
out_port_from_the_led_red[11]	PIN_AC14	紅色發光二極體[11]
out_port_from_the_led_red[10]	PIN_AA13	紅色發光二極體[10]
out_port_from_the_led_red[9]	PIN_Y13	紅色發光二極體[9]
out_port_from_the_led_red[8]	PIN_AA14	紅色發光二極體[8]
out_port_from_the_led_red[7]	PIN_AC21	紅色發光二極體[7]
out_port_from_the_led_red[6]	PIN_AD21	紅色發光二極體[6]
out_port_from_the_led_red[5]	PIN_AD23	紅色發光二極體[5]
out_port_from_the_led_red[4]	PIN_AD22	紅色發光二極體[4]
out_port_from_the_led_red[3]	PIN_AC22	紅色發光二極體[3]
out_port_from_the_led_red[2]	PIN_AB21	紅色發光二極體[2]
out_port_from_the_led_red[1]	PIN_AF23	紅色發光二極體[1]
out_port_from_the_led_red[0]	PIN_AE23	紅色發光二極體[0]
out_port_from_the_led_green[8]	PIN_Y12	綠色發光二極體[8]
out_port_from_the_led_green[7]	PIN_Y18	綠色發光二極體[7]
out_port_from_the_led_green[6]	PIN_AA20	綠色發光二極體[6]
out_port_from_the_led_green[5]	PIN_U17	綠色發光二極體[5]
out_port_from_the_led_green[4]	PIN_U18	綠色發光二極體[4]
out_port_from_the_led_green[3]	PIN_V18	綠色發光二極體[3]

out_port_from_the_led_green[2]	PIN_W19	綠色發光二極體[2]
out_port_from_the_led_green[1]	PIN_AF22	綠色發光二極體[1]
out_port_from_the_led_green[0]	PIN_AE22	綠色發光二極體[0]
clk	PIN_N2	發展板上 50 MHz
reset_n	PIN_V1	指撥開關 SW[16]
zs_addr_from_the_sdram[11]	PIN_V5	SDRAM 位址位元[11]
zs_addr_from_the_sdram[10]	PIN_Y1	SDRAM 位址位元[10]
zs_addr_from_the_sdram[9]	PIN_W3	SDRAM 位址位元[9]
zs_addr_from_the_sdram[8]	PIN_W4	SDRAM 位址位元[8]
zs_addr_from_the_sdram[7]	PIN_U5	SDRAM 位址位元[7]
zs_addr_from_the_sdram[6]	PIN_U7	SDRAM 位址位元[6]
zs_addr_from_the_sdram[5]	PIN_U6	SDRAM 位址位元[5]
zs_addr_from_the_sdram[4]	PIN_W1	SDRAM 位址位元[4]
zs_addr_from_the_sdram[3]	PIN_W2	SDRAM 位址位元[3]
zs_addr_from_the_sdram[2]	PIN_V3	SDRAM 位址位元[2]
zs_addr_from_the_sdram[1]	PIN_V4	SDRAM 位址位元[1]
zs_addr_from_the_sdram[0]	PIN_T6	SDRAM 位址位元[0]
zs_dq_to_and_from_the_sdram[15]	PIN_AA5	SDRAM 資料位元[15]
zs_dq_to_and_from_the_sdram[14]	PIN_AC1	SDRAM 資料位元[14]
zs_dq_to_and_from_the_sdram[13]	PIN_AC2	SDRAM 資料位元[13]
zs_dq_to_and_from_the_sdram[12]	PIN_AA3	SDRAM 資料位元[12]
zs_dq_to_and_from_the_sdram[11]	PIN_AA4	SDRAM 資料位元[11]
zs_dq_to_and_from_the_sdram[10]	PIN_AB1	SDRAM 資料位元[10]
zs_dq_to_and_from_the_sdram[9]	PIN_AB2	SDRAM 資料位元[9]
zs_dq_to_and_from_the_sdram[8]	PIN_W6	SDRAM 資料位元[8]
zs_dq_to_and_from_the_sdram[7]	PIN_V7	SDRAM 資料位元[7]

zs_dq_to_and_from_the_sdram[6]	PIN_T8	SDRAM 資料位元[6]
zs_dq_to_and_from_the_sdram[5]	PIN_R8	SDRAM 資料位元[5]
zs_dq_to_and_from_the_sdram[4]	PIN_Y4	SDRAM 資料位元[4]
zs_dq_to_and_from_the_sdram[3]	PIN_Y3	SDRAM 資料位元[3]
zs_dq_to_and_from_the_sdram[2]	PIN_AA1	SDRAM 資料位元[2]
zs_dq_to_and_from_the_sdram[1]	PIN_AA2	SDRAM 資料位元[1]
zs_dq_to_and_from_the_sdram[0]	PIN_V6	SDRAM 資料位元[0]
zs_ba_from_the_sdram[1]	PIN_AE3	SDRAM Bank 位址位元[1]
zs_ba_from_the_sdram[0]	PIN_AE2	SDRAM Bank 位址位元[0]
zs_dqm_from_the_sdram[1]	PIN_Y5	SDRAM 高位元組資料遮罩
zs_dqm_from_the_sdram[0]	PIN_AD2	SDRAM 低位元組資料遮罩
zs_ras_n_from_the_sdram	PIN_AB4	SDRAM 列位置 Strobe
zs_cas_n_from_the_sdram	PIN_AB3	SDRAM 行位置 Strobe
zs_cke_from_the_sdram	PIN_AA6	SDRAM 時脈致能位元
pll_c0_out	PIN_AA7	SDRAM 時脈位元
zs_we_n_from_the_sdram	PIN_AD3	SDRAM 寫入致能位元
zs_cs_n_from_the_sdram	PIN_AC3	SDRAM 晶片選擇位元
address_to_the_cfi_flash[21]	PIN_Y14	FLASH 位址位元[21]
address_to_the_cfi_flash[20]	PIN_Y15	FLASH 位址位元[20]
address_to_the_cfi_flash[19]	PIN_AA15	FLASH 位址位元[19]
address_to_the_cfi_flash[18]	PIN_AB15	FLASH 位址位元[18]
address_to_the_cfi_flash[17]	PIN_AC15	FLASH 位址位元[17]
address_to_the_cfi_flash [16]	PIN_AE16	FLASH 位址位元[16]
address_to_the_cfi_flash [15]	PIN_AD16	FLASH 位址位元[15]
address_to_the_cfi_flash [14]	PIN_AC16	FLASH 位址位元[14]
address_to_the_cfi_flash [13]	PIN_W15	FLASH 位址位元[13]

address_to_the_cfi_flash [12]	PIN_W16	FLASH 位址位元[12]
address_to_the_cfi_flash [11]	PIN_AF17	FLASH 位址位元[11]
address_to_the_cfi_flash [10]	PIN_AE17	FLASH 位址位元[10]
address_to_the_cfi_flash [9]	PIN_AC17	FLASH 位址位元[9]
address_to_the_cfi_flash [8]	PIN_AD17	FLASH 位址位元[8]
address_to_the_cfi_flash [7]	PIN_AA16	FLASH 位址位元[7]
address_to_the_cfi_flash [6]	PIN_Y16	FLASH 位址位元[6]
address_to_the_cfi_flash [5]	PIN_AF18	FLASH 位址位元[5]
address_to_the_cfi_flash [4]	PIN_AE18	FLASH 位址位元[4]
address_to_the_cfi_flash [3]	PIN_AF19	FLASH 位址位元[3]
address_to_the_cfi_flash [2]	PIN_AE19	FLASH 位址位元[2]
address_to_the_cfi_flash [1]	PIN_AB18	FLASH 位址位元[1]
address_to_the_cfi_flash [0]	PIN_AC18	FLASH 位址位元[0]
data_to_and_from_the_cfi_flash[7]	PIN_AE21	FLASH 資料位元[7]
data_to_and_from_the_cfi_flash [6]	PIN_AF21	FLASH 資料位元[6]
data_to_and_from_the_cfi_flash [5]	PIN_AC20	FLASH 資料位元[5]
data_to_and_from_the_cfi_flash [4]	PIN_AB20	FLASH 資料位元[4]
data_to_and_from_the_cfi_flash [3]	PIN_AE20	FLASH 資料位元[3]
data_to_and_from_the_cfi_flash [2]	PIN_AF20	FLASH 資料位元[2]
data_to_and_from_the_cfi_flash [1]	PIN_AC19	FLASH 資料位元[1]
data_to_and_from_the_cfi_flash [0]	PIN_AD19	FLASH 資料位元[0]
select_n_to_the_cfi_flash	PIN_V17	FLASH 晶片致能位元
read_n_to_the_cfi_flash	PIN_W17	FLASH 輸出致能位元
write_n_to_the_cfi_flash	PIN_AA17	FLASH 寫入致能位元
flash_reset	PIN_AA18	FLASH 重置位元

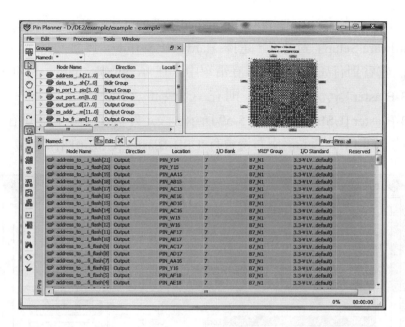

圖 5-57　腳位指定

9. 組譯：須再重新組譯一次，選取視窗選單 Processing → Start Compilation。

10. 硬體連接：模擬板上有 USB-Blaster 連接埠。連接方式為將 USB-Blaster 連接線接頭與電腦 USB 埠相接，另一頭接頭與模擬板上 USB 接頭相接。再將模擬板接上電源。

11. 開啓燒錄視窗：選取視窗選單 Tools → Programmer，開啓"example.cdf"檔，如圖 5-58 所示。

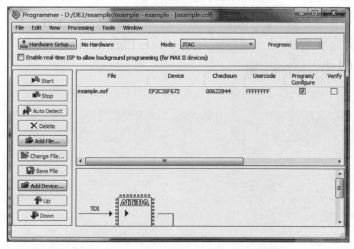

圖 5-58　Chain Description File 畫面

12. 硬體設定：在 example_time_limited.cdf 畫面選取 Hardware Setup 鍵，開啟「Hardware Setup」對話框，選擇 Hardware Settings 頁面，在 Available hardware items: 處看到有 USB-Blaster 在清單中，在 Available hardware items: 清單中的 "USB-Blaster" 上快點兩下，則在 Currently selected hardware: 右邊會出現 "USB-Blaster [USB-0]"，如圖 5-59 所示。設定好按 Close 鈕。則在 Chain1.cdf 畫面中的 Hardware Setup 處右邊會有 "USB-Blaster [USB-0]" 出現。

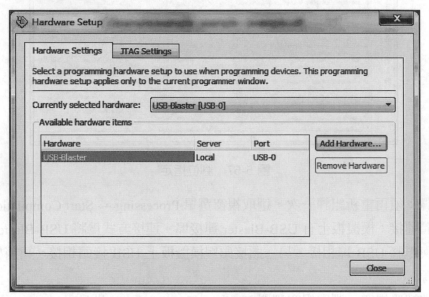

圖 5-59　設定硬體

13. 燒錄設計至開發板：從燒錄視窗的 Add File 鍵加入燒錄檔 "example.sof"，並在要燒錄檔項目的 Program/Configure 處要勾選。如圖 5-60 所示。再按 Start 鈕進行燒錄。燒錄完電腦會出現一個畫面「OpenCore Plus Status」，注意不要按 Cancel 鍵。把指撥開關 SW[16] 向上撥。

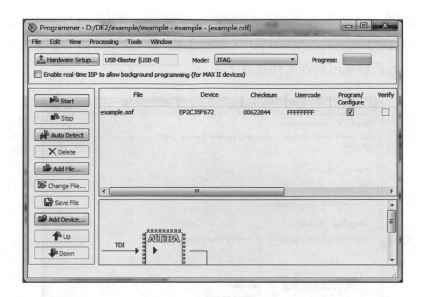

圖 5-60　選取燒錄檔案

5-2-3　使用 Nios II IDE 發展軟體

本小節將在 Nios II IDE 發展 Nios II 軟體，測試 SDRAM 的寫入與讀出。並讓 LED 燈閃爍。

使用 NiosII IDE 發展軟體流程為：

● 開啟 Nios II IDE

● 新增 Nios II C/C++應用

● 建立"DE2_test.c"檔案

● 編輯"DE2_test.c"

● 建構專案

● 執行程式

● 觀看執行結果

詳細說明如下：

1. 開啟 Nios II IDE：選取開始→所有程式→Altera→Nios II EDS 10.0 →Legacy Nios II Tools → Nios II 10.0 IDE，開啟 Nios II IDE 環境。若出現「Workspace Launcher」對話框，直接按 OK 鍵。進入「Nios II IDE」環境。

2. 新增 Nios II C/C++應用：選取 Nios II IDE 環境選單 File → New → Nios II C/C++ Application，出現「New Project」對話框，在 Select Project Template 處選取"Blank project"，在 name 處改成"DE2_test"。不要勾選 Specify Location 項目。在 Select

Target Hardware 下方 SOPC Builder System PTF File: 處找到剛才系統產生的硬體檔"d:\DE2\example\system.ptf"，如圖 5-61 示，設定好按 Finish 鍵。Nios II IDE 創造一個新專案出現在工作視窗上。

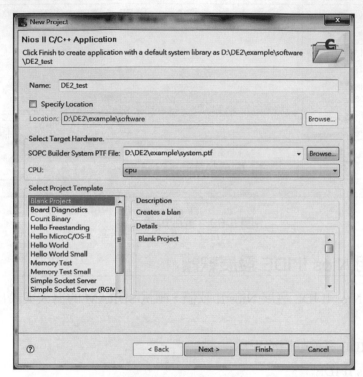

圖 5-61　設定新專案

3. 建立"DE2_test.c"檔案：選取 File→New→Source File，出現「New Source File」視窗，在"Source Folder"處選出"DE2_test"，在"Source File"處填入"DE2_test.c"，如圖 5-62 所示，設定好按 Finish 鍵。

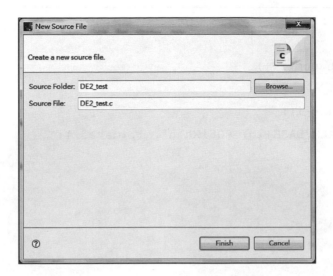

圖 5-62　建立"DE2_test.c"檔案

4. 編輯"DE2_test.c"：編輯"DE2_test.c"結果如表 5-4 所示。程式說明如表 5-5 所示。

表 5-4　"DE2_test.c"編輯內容

```
#include "alt_types.h"
#include "altera_avalon_pio_regs.h"
#include "sys/alt_irq.h"
#include "system.h"
#include <stdio.h>
#include <unistd.h>


void sdram_rw(void)
{
int i;
const int test_num = 8;
alt_32 data32;
alt_32* addr;

(alt_32*)addr = (alt_32*)SDRAM_BASE; //sdram


for(i=0;i<test_num;i++)
 {
```

```
  *(addr+i) = i;
 }
 for(i=0;i<test_num;i++)
 {
 data32 = *(addr+i);
 printf("*(SDRAM_BASE+%d)=%08lXh\n", i, data32);
 }
}


int main (void)
{
    sdram_rw();

    while(1){
        IOWR_ALTERA_AVALON_PIO_DATA(LED_RED_BASE,0x3FFFF );
        IOWR_ALTERA_AVALON_PIO_DATA(LED_GREEN_BASE,0x1FF );
        usleep(1000000);
         IOWR_ALTERA_AVALON_PIO_DATA(LED_RED_BASE,0x0 );
         IOWR_ALTERA_AVALON_PIO_DATA(LED_GREEN_BASE,0x0 );
      usleep(1000000);
        }
  return 0;
}
```

表 5-5 程式說明

程式	說明
void sdram_rw(void)	SDRAM 寫入與讀出程序，存取位址從"SDRAM_BASE"開始，先寫入，再讀出。
int main (void)	主程式，呼叫 sdram_rw 程序，將綠燈設定全亮，將紅燈設定全亮，隔一秒變全部燈暗。暗亮交替出現。

5. 建構專案：選取在 Nios II C/C++ Projects 頁面下的"DE2_test"，按滑鼠右鍵，選取 Build Project，則開始進行組繹。當專案組繹成功，則可執行專案。如果有錯誤發生，則有可能是在作硬體設計時，若干設定不正確，回到 SOPC Builder 檢查硬體內容，修改後重新產生系統並重新組譯後再次燒錄元件。修改硬體後再重新執行 Build Project。

6. 執行程式：選取 Run → Run，出現「Run」對話框。在左側 Configurations browser 處，用滑鼠點選"Nios II Hardware"，按滑鼠右鍵選 New 則開啟執行視窗。在 Main 頁面下的 Project 處要選擇"DE2_test"，確認在 Target Hardware 處的 ".PTF" 檔為你的系統硬體設計檔。在 Target Connection 頁面下，若是連接了一個以上的 JTAG 線，則須要選取 Target Connection 鍵，從下拉選單選擇出連接到你的模擬板的線，例如 USB-Blaster 或 ByteBlater。接受預設值並按 Run 鈕。此時開始下載軟體，重置處理器並開始執行軟體。此時在 Nios II IDE 下方 Console 視窗會顯示一些訊息。或選取 Run → Run As → Nios II Hardware。此時開始下載軟體，重置處理器並開始執行軟體。此時在 Nios II IDE 下方 Console 視窗會顯示一些訊息。

7. 觀看執行結果：執行結果在螢幕上出現如圖 5-63 所示。模擬板上則是 LED 燈亮暗交替。注意 SW16 指撥開關要向上撥，向下撥會 reset。

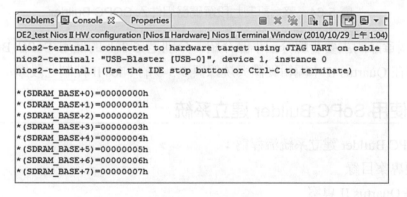

圖 5-63　執行結果

5-3　整合訂製七段解碼器組件入 SOPC Builder 範例

本範例以整合第 3-2 小節的"七段解碼器"，來說明如何創造 SOPC Builder 組件並在系統中引用的方法。整合訂製的七段解碼器組件的系統如圖 5-64 所示。

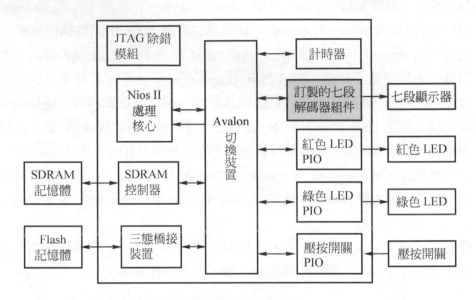

圖 5-64　整合訂製七段解碼器組件入 SOPC Builder

在這一個章節的主要步驟分三小節介紹，分別是 5-3-1 的使用 SoPC Builder 建立系統、5-3-2 的在 Quartus II 中編輯硬體與燒錄與 5-3-3 的 Nios II 控制七段顯示器。

5-3-1　使用 SoPC Builder 建立系統

使用 SoPC Builder 建立系統流程為：

- 複製專案目錄
- 開啓 Quartus II 專案
- 觀察七段解碼器設計規格
- 複製目錄
- 創造 SOPC Builder 組件
- 將元件引入 SOPC 系統
- 產生系統

詳細說明如下：

1. 複製專案目錄：將 5-2 小節的"d:\DE2\example"目錄，複製至"d:\DE2\5_3"下，如圖 5-65 所示。

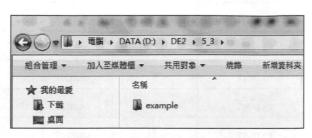

圖 5-65　複製"example"目錄

2. 開啟 Quartus II 專案：開啟 Quartus II 軟體。選取視窗 File → Open Project，開啟「Open Project」對話框，選擇設計檔案的目錄為" d:\DE2\5_3\examples\"，再選取 "example.qpf"專案，按"開啟"鍵開啟。

3. 觀察七段解碼器設計規格：本小節將七段解碼器訂製組件，整合在 SOPC Builder 中，七段解碼器訂製組件在 3-2 小節有介紹，共有兩個檔案，整理如表 5-6 所示。腳位說明整理如表 5-7 所示。

表 5-6　七段解碼器訂製組件檔案描述

檔案名稱	描述
SEG7_8.v	最頂層的檔案，引用了 8 個七段解碼器。
seven_seg.v	為 Verilog HDL 檔案包括七段解碼器的核心功能。

表 5-7　腳位說明

HDL 中的訊號名稱	Avalon-MM 訊號型態	寬度	方向	註解
iCLK	clk	1	input	所有的元件都同步於時脈
iD	writedata	32	input	寫入的資料
cs	chipselect	1	input	對 slave 埠的晶片選擇
iWR	write	1	input	寫要求輸入端道

iRST_N	reset_n	1	input	重置系統
oS0	export	8	output	輸出訊號
oS1	export	8	output	輸出訊號
oS2	export	8	output	輸出訊號
oS3	export	8	output	輸出訊號
oS4	export	8	output	輸出訊號
oS5	export	8	output	輸出訊號
oS6	export	8	output	輸出訊號
oS7	export	8	output	輸出訊號
oS8	export	8	output	輸出訊號

4. 複製目錄：將 3-2 小節的七段解碼器目錄，將"d:\lyp\seven_seg"目錄複製至"d:\DE2\5_3\example"下。結果如圖 5-66 所示。

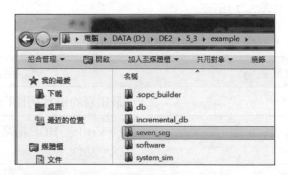

圖 5-66　複製"seven_seg"目錄至"d:\DE2\5_3\example"下

5. 創造 SOPC Builder 組件：在 Quartus II 中選取視窗 Tools → SOPC Builder，開啟 SOPC Builder 視窗，選取 Create New Component 視窗，出現 Component Editor 視窗，點選 HDL Files 頁面，按 Add HDL File 鈕，選出"d:\DE2\5_3\example\seven_seg"目錄下的檔案"SEG7_8.v"，再按 開啟 鈕。當分析完成後按 Close 鈕，如圖 5-67 所示。

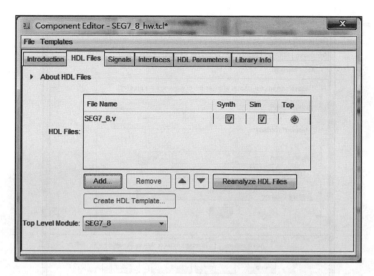

圖 5-67　加入最頂層檔案"SEG7_8.v"

再按 Add HDL File 鈕，選出 "d:\DE2\5_3\example\seven_seg" 目錄下的檔案 "seven_seg.v"，再按 開啓 鈕。當分析完成後按 Close 鈕，如圖 5-68 所示。

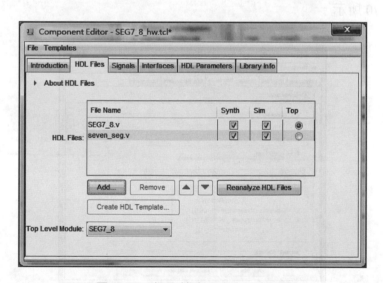

圖 5-68　加入檔案"seven_seg.v"

6. 設定 Interfaces 頁面：點選 Component Editor 視窗中的 Interfaces 頁面，點選 "Add Interface"，將新增加的介面的 Name 改名爲 "export"，將 Type 選爲 "Conduit"，結果如圖 5-69 所示。

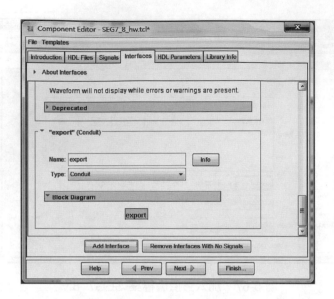

圖 5-69　修改新增加的介面

修改"avalon_slave_0"介面的 Name 改名為"clk"，將 Type 選為"clk input"，結果如圖 5-70 所示。

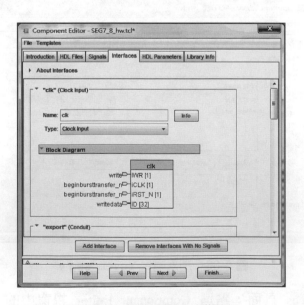

圖 5-70　新增介面設定為 clk

點選"Add Interface"，將新增加"avalon_slave"介面的 Associated Clok 改名為"clk"，結果如圖 5-71 所示。

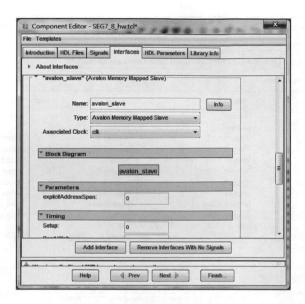

圖 5-71　設定 avlon_slvae

7. 設定 Signals 頁面：點選 Component Editor 視窗中的 Signals 頁面，最頂層電路的每一個 I/O 訊號要設定所對應的訊號型態，參考表 5-8，設定結果如圖 5-72 所示。

表 5-8　訊號型態

Name	Interface	Signal Type	Width	Direction
iCLK	clk	clk	1	input
iD	avalon_slave	writedata	32	input
iWR	avalon_slave	write	1	input
iRST_N	clk	reset_n	1	input
oS0	export	export	7	output
oS1	export	export	7	output
oS2	export	export	7	output
oS3	export	export	7	output
oS4	export	export	7	output
oS5	export	export	7	output
oS6	export	export	7	output
oS7	export	export	7	output

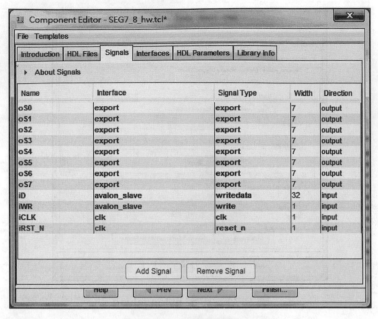

圖 5-72　訊號型態設定

點選 Component Editor 視窗中的 Library Info 頁面，在"Component Group"處填入"User Logic"，也可以在"Description"與"Created By"處填字，如圖 5-73。

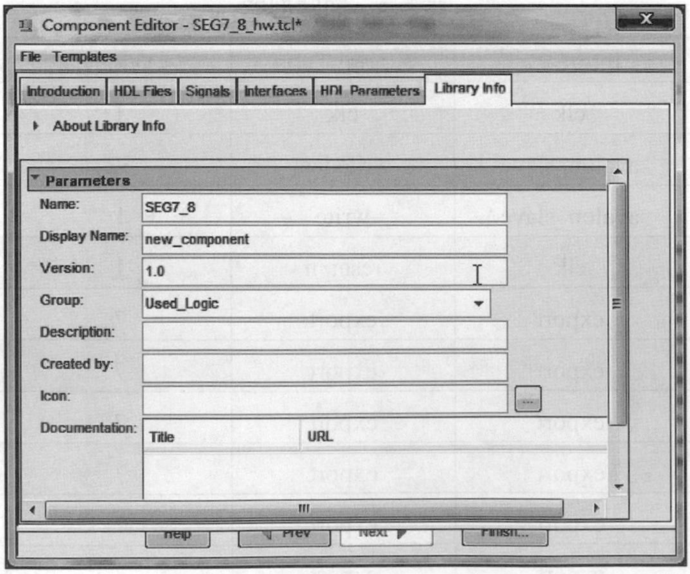

圖 5-73　Library Info 頁面

點選 Component Editor 視窗中的 Finish 鈕，出現詢問視窗，按 Yes 存檔。回到 SOPC Builder 視窗，展開左邊的"User Logic"可以看到剛才編輯好的"SEG7_8"元件，如圖 5-74。

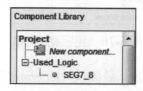

圖 5-74　"SEG7_8"元件新增結果

4. 將元件引入 SOPC 系統：選取在 SOPC Builder 畫面的左邊 User Logic 下的 SEG7_8"，再按 Add 鈕。開啟「SEG7_8-SEG7_8_inst」對話框，如圖 5-75，直接按 Finish 鈕回到 SOPC Builder 畫面，可以看到 SEG7_8 的模組名稱為"SEG7_8_inst"出現在 Module Name 下。按右鍵"Rename"可以更名為"SEG7"，將"Clock"下方欄位選擇出"pll_c1"，設定結果如圖 5-76 所示。SOPC Builder 會對 Nios 系統模組指定預設位址，你可以修改這些預設值。自動指定基底位址"Auto Assign Base Address"功能可使位址被 SOPC Builder 重新自動指定，選擇 SOPC Builder 選單 System → Auto Assign Base Address。

圖 5-75　「SEG7_8-SEG7_8_0」對話框

led_green	PIO (Parallel I/O)					
s1	Avalon Memory Mapped Slave	pll_c1		0x01801040	0x0180104f
button_pio	PIO (Parallel I/O)					
s1	Avalon Memory Mapped Slave	pll_c1		0x01801050	0x0180105f
sysid	System ID Peripheral					
control_slave	Avalon Memory Mapped Slave	pll_c1		0x01801068	0x0180106f
SEG7	SEG7_8					
avalon_slave	Avalon Memory Mapped Slave	pll_c1		0x01801070	0x01801073

圖 5-76 更名為"SEG7"

18. 產生系統自動指定基底位址：最後按"Generate"產生系統，會出現是否存檔的對話
框，按 Yes,Save 存檔。當系統產生完畢時，會顯示 "System generation was
successful"訊息，按 Exit 鍵關掉 SOPC Builder，會出現是否存檔的對話框，按
Save 存檔。

5-3-2 在 Quartus II 中編輯硬體與燒錄

在 Quartus II 中編輯硬體與燒錄流程為：

- 在 Quartus II 中編輯硬體設計
- 加入八組輸出腳
- 分析電路
- 腳位指定
- 存檔並組譯
- 下載設計至開發板

其詳細說明如下：

1. 在 Quartus II 中編輯硬體設計：回到 Quartus II 中的"d:\DE2\5_3\example.qpf"專案，
開啟"example.bdf"檔，選取"inst"符號(system 模組)，按滑鼠右鍵，選取"Update
Symbol or Block"，更新"system"符號。移動一下原先的腳位，結果如圖 5-77 所示。

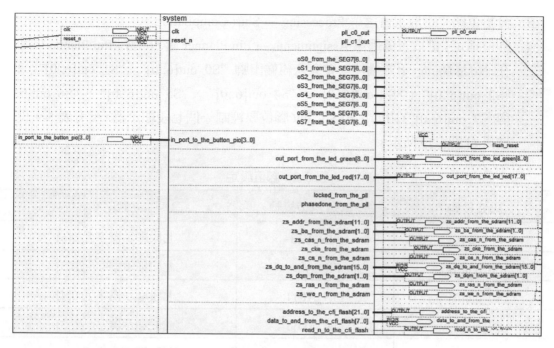

圖 5-77　更新"system"符號與移動腳位

2. 加入八組輸出腳：在圖形檔編輯範圍內用滑鼠快點兩下，或點選 ⊡ 符號，會出現「Symbol」對話框。在 Name: 處輸入 output。若勾選 Repeat-insert mode，可以連續插入數個符號。設定好後按 ok 鈕。在圖形檔編輯範圍內選好擺放位置按左鍵放置一個 "output" 符號，再換位置點左鍵一下按放上第二個 "output" 符號，再換位置點左鍵一下按放上第三個 "output" 符號，共需八個 "output" 符號。按 Esc 可終止放置符號。並更名為"S0_out[6..0]"、"S1_out[6..0]"、"S2_out[6..0]"、"S3_out[6..0]"、"S4_out[6..0]"、"S5_out[6..0]"、"S6_out[6..0]"與"S7_out[6..0]"，結果如圖 5-78 所示。

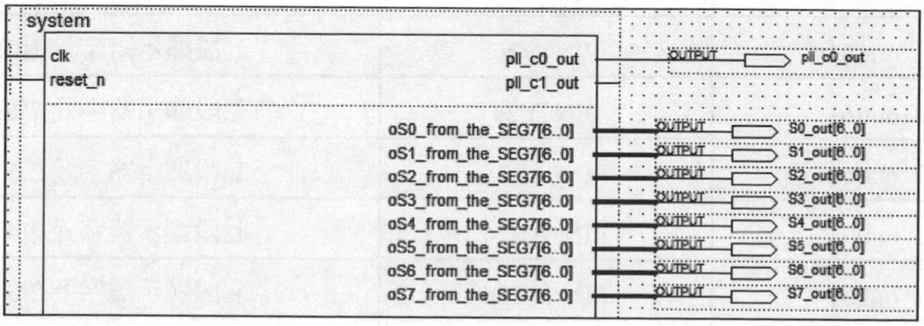

圖 5-78　加入輸出符號

3. 分析電路：選取視窗選單 Processing → Start Compilation。
4. 腳位指定：選取視窗選單 Assignments → Pin Planner 處，開啟「Pin Planner」視窗，在 Node Name 下方欄位，會有八組輸出腳 ”S0_out[6..0]”、”S1_out[6..0]”、”S2_out[6..0]”、”S3_out[6..0]”、”S4_out[6..0]”、”S5_out[6..0]”、”S6_out[6..0]” 與”S7_out[6..0]”，由於每組 SN_out 腳位要控制一個七段顯示器，參考表 5-9 設定，結果如圖 5-79 所示。

表 5-9　腳位設定

訊號名稱	FPGA 腳位編號	說明
S0_out[6]	PIN_V13	七段顯示器字元 0[6]
S0_out[5]	PIN_V14	七段顯示器字元 0[5]
S0_out[4]	PIN_AE11	七段顯示器字元 0[4]
S0_out[3]	PIN_AD11	七段顯示器字元 0[3]
S0_out[2]	PIN_AC12	七段顯示器字元 0[2]
S0_out[1]	PIN_AB12	七段顯示器字元 0[1]
S0_out[0]	PIN_AF10	七段顯示器字元 0[0]
S1_out[6]	PIN_AB24	七段顯示器字元 1[6]
S1_out[5]	PIN_AA23	七段顯示器字元 1[5]
S1_out[4]	PIN_AA24	七段顯示器字元 1[4]
S1_out[3]	PIN_Y22	七段顯示器字元 1[3]
S1_out[2]	PIN_W21	七段顯示器字元 1[2]
S1_out[1]	PIN_V21	七段顯示器字元 1[1]
S1_out[0]	PIN_V20	七段顯示器字元 1[0]
S2_out[6]	PIN_Y24	七段顯示器字元 2[6]
S2_out[5]	PIN_AB25	七段顯示器字元 2[5]
S2_out[4]	PIN_AB26	七段顯示器字元 2[4]
S2_out[3]	PIN_AC26	七段顯示器字元 2[3]
S2_out[2]	PIN_AC25	七段顯示器字元 2[2]

S2_out[1]	PIN_V22	七段顯示器字元 2[1]
S2_out[0]	PIN_AB23	七段顯示器字元 2[0]
S3_out[6]	PIN_W24	七段顯示器字元 3[6]
S3_out[5]	PIN_U22	七段顯示器字元 3[5]
S3_out[4]	PIN_Y25	七段顯示器字元 3[4]
S3_out[3]	PIN_Y26	七段顯示器字元 3[3]
S3_out[2]	PIN_AA26	七段顯示器字元 3[2]
S3_out[1]	PIN_AA25	七段顯示器字元 3[1]
S3_out[0]	PIN_Y23	七段顯示器字元 3[0]
S4_out[6]	PIN_T3	七段顯示器字元 4[6]
S4_out[5]	PIN_R6	七段顯示器字元 4[5]
S4_out[4]	PIN_R7	七段顯示器字元 4[4]
S4_out[3]	PIN_T4	七段顯示器字元 4[3]
S4_out[2]	PIN_U2	七段顯示器字元 4[2]
S4_out[1]	PIN_U1	七段顯示器字元 4[1]
S4_out[0]	PIN_U9	七段顯示器字元 4[0]
S5_out[6]	PIN_R3	七段顯示器字元 5[6]
S5_out[5]	PIN_R4	七段顯示器字元 5[5]
S5_out[4]	PIN_R5	七段顯示器字元 5[4]
S5_out[3]	PIN_T9	七段顯示器字元 5[3]
S5_out[2]	PIN_P7	七段顯示器字元 5[2]
S5_out[1]	PIN_P6	七段顯示器字元 5[1]
S5_out[0]	PIN_T2	七段顯示器字元 5[0]
S6_out[6]	PIN_M4	七段顯示器字元 6[6]
S6_out[5]	PIN_M5	七段顯示器字元 6[5]
S6_out[4]	PIN_M3	七段顯示器字元 6[4]

S6_out[3]	PIN_M2	七段顯示器字元 6[3]
S6_out[2]	PIN_P3	七段顯示器字元 6[2]
S6_out[1]	PIN_P4	七段顯示器字元 6[1]
S6_out[0]	PIN_R2	七段顯示器字元 6[0]
S7_out[6]	PIN_N9	七段顯示器字元 7[6]
S7_out[5]	PIN_P9	七段顯示器字元 7[5]
S7_out[4]	PIN_L7	七段顯示器字元 7[4]
S7_out[3]	PIN_L6	七段顯示器字元 7[3]
S7_out[2]	PIN_L9	七段顯示器字元 7[2]
S7_out[1]	PIN_L2	七段顯示器字元 7[1]
S7_out[0]	PIN_L3	七段顯示器字元 7[0]

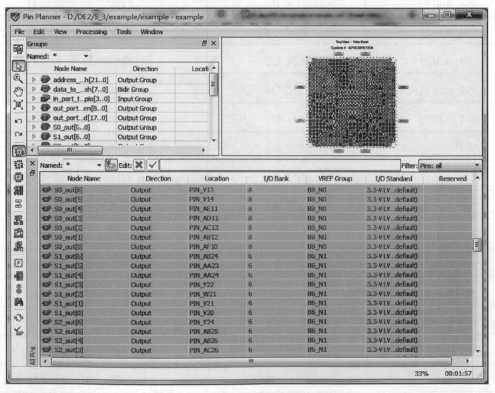

圖 5-79　八組七段顯示器的腳位

5. 存檔並組譯：選取視窗選單 File→Save，存檔之後，選取視窗選單 Processing → Start Compilation。組譯成功出現報告畫面顯示"Full compilation was successful."訊息，按 OK 鈕關閉。

6. 下載設計至開發板：將開發板接上電源，並且利用下載線(download cable)連接開發板與電腦，選取視窗選單 Tools → Programmer，出現燒錄視窗，出現 "example.cdf"檔。在"example.cdf"檔燒錄畫面，要將 Program/Configure 項勾選，燒錄視窗中將要燒錄檔項目的 Program/Configure 處要勾選，再按 Start 鈕進行燒錄。燒錄完電腦會出現一個畫面「OpenCore Plus Status」，注意不要按 Cancel 鍵。把指撥開關 SW[16]向上撥。

5-3-3　Nios II 控制七段顯示器

Nios II 控制七段顯示器流程為：

- 開啟 Nios II IDE
- 建立 Nios II C/C++應用
- 建立"seven_seg.c"檔案
- 編輯"seven_seg.c"
- 建構專案
- 執行程式
- 觀看執行結果
- 更改"seven_seg.c"
- 執行程式
- 觀看執行結果

其詳細說明如下:

1. 開啟 Nios II IDE：選取開始→所有程式→Altera→Nios II EDS 10.0 →Legacy Nios II Tools → Nios II 10.0 IDE，開啟 Nios II IDE 環境。若出現「Workspace Launcher」對話框，直接按 OK 鍵。進入「Nios II IDE」環境。

2. 建立 Nios II C/C++應用：選取 Nios II IDE 環境選單 File → New → Nios II C/C++ Application，出現「New Project」對話框，在 Select Project Template 處選取"Blank project"，在 name 處改成"seven_seg"。不要勾選 Specify Location 項目。在 Select Target Hardware 下方 SOPC Builder System PTF File: 處找到剛才系統產生的硬體檔" D:\DE2\5_3\example\system.ptf"，如圖 5-80 所示，設定好按 Finish 鍵。Nios II IDE 創造一個新專案出現在工作視窗上。

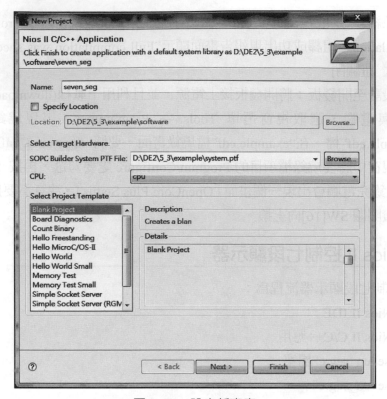

圖 5-80　設定新專案

3. 建立"seven_seg.c"檔案：選取 File→New→Source File，出現「New Source File」視窗，在"Source Folder"處選出" seven_seg"，在"Source File"處填入"seven_seg.c"，如圖 5-83 所示，設定好按 Finish 鍵。

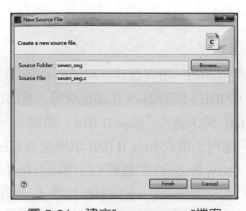

圖 5-81　建立"seven_seg.c"檔案

4. 編輯"seven_seg.c"：先測試七段顯示器的控制程式，編輯"seven_seg.c"結果如表 5-10 所示。程式說明如表 5-11 所示。

表 5-10　編輯"seven_seg.c"結果

```
#include "alt_types.h"
#include "altera_avalon_pio_regs.h"
#include "sys/alt_irq.h"
#include "system.h"
#include <stdio.h>
#include <unistd.h>


int main (void)
{
static alt_u32 Cnt;
  Cnt=0x12345678;
  while(Cnt >1){

    Cnt = Cnt >> 4;
      printf("Cnt=%08lXh\n",Cnt);
 IOWR_ALTERA_AVALON_PIO_DATA(SEG7_BASE,Cnt );

  usleep(1000000);

   }
  printf("the end \n");
  return 0;
}
```

表 5-11　程式說明

程式內容	說明
Cnt = Cnt >> 4;	Cnt 右移四個位元
IOWR_ALTERA_AVALON_PIO_DATA(SEG7_BASE,Cnt);	將 Cnt 值送至七段顯示器顯示
int main (void)	設定 Cnt 初始值為 Cnt=0x12345678; 一次右移四個位元並由七段顯示器顯示。執行條件為 Cnt>1。

5. 建構專案：選取在 Nios II C/C++ Projects 頁面下的"seven_seg"，按滑鼠右鍵，選取 Build Project，則開始進行組繹。當專案組繹成功，則可執行專案。如果有錯誤發生，則有可能是在作硬體設計時，若干設定不正確，回到 SOPC Builder 檢查硬體內容，修改後重新產生系統並重新組譯後再次燒錄元件。修改硬體後再重新執行 Build Project。

6. 執行程式：把指撥開關 SW[16]向上撥。選取 Run → Run，出現「Run」對話框。在左側 Configurations browser 處，用滑鼠點選"Nios II Hardware"，按滑鼠右鍵選 New 則開啟執行視窗。在 Main 頁面下的 Project 處要選擇"seven_seg"，確認在 Target Hardware 處的 ".PTF" 檔為你的系統硬體設計檔。在 Target Connection 頁面下，若是連接了一個以上的 JTAG 線，則須要選取 Target Connection 鍵，從下拉選單選擇出連接到你的模擬板的線，例如 USB-Blaster 或 ByteBlaster。接受預設值並按 Run 鈕。此時開始下載軟體，重置處理器並開始執行軟體。此時在 Nios II IDE 下方 Console 視窗會顯示一些訊息。或選取 Run → Run As → Nios II Hardware。此時開始下載軟體，重置處理器並開始執行軟體。此時在 Nios II IDE 下方 Console 視窗會顯示一些訊息。

7. 觀看執行結果：執行結果在螢幕上出現如圖 5-82 所示。在開發板上的八個七段顯示器會出現數字右移的顯示。

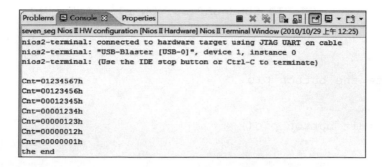

圖 5-82　執行結果

8. 更改"seven_seg.c"：結合按鍵中斷與七段顯示器的控制程式，編輯"seven_seg.c" 結果如表 5-12 所示。程式說明如表 5-13 所示。

表 5-12　編輯"seven_seg.c"結果

```c
#include "alt_types.h"
#include "altera_avalon_pio_regs.h"
#include "sys/alt_irq.h"
#include "system.h"
#include <stdio.h>
#include <unistd.h>
  static alt_u32 Cnt;
volatile int edge_capture;

#ifdef BUTTON_PIO_BASE
static void handle_button_interrupts(void* context, alt_u32 id)
{
   /* Cast context to edge_capture's type. It is important that this be
    * declared volatile to avoid unwanted compiler optimization.
    */
   volatile int* edge_capture_ptr = (volatile int*) context;
   /* Store the value in the Button's edge capture register in *context.
*/
   *edge_capture_ptr                                              =
IORD_ALTERA_AVALON_PIO_EDGE_CAP(BUTTON_PIO_BASE);
   /* Reset the Button's edge capture register. */
```

```
      IOWR_ALTERA_AVALON_PIO_EDGE_CAP(BUTTON_PIO_BASE, 0);
}

/* Initialize the button_pio. */

static void init_button_pio()
{
   /* Recast the edge_capture pointer to match the alt_irq_register()
function
    * prototype. */
   void* edge_capture_ptr = (void*) &edge_capture;
   /* Enable all 4 button interrupts. */
   IOWR_ALTERA_AVALON_PIO_IRQ_MASK(BUTTON_PIO_BASE, 0xf);
   /* Reset the edge capture register. */
   IOWR_ALTERA_AVALON_PIO_EDGE_CAP(BUTTON_PIO_BASE, 0x0);
   /* Register the interrupt handler. */
   alt_irq_register( BUTTON_PIO_IRQ, edge_capture_ptr,
                    handle_button_interrupts );
}
#endif

static void shift_sevenseg(alt_u8 type )
{
   switch (type)
       {
           /* right shfit. */
       case 'r':
           Cnt = Cnt >>4;
           break;
           /* left shfit. */
       case 'l':
            Cnt= Cnt << 4;
           break;
           /*  counting up. */
```

```
        case 'u':
            Cnt = Cnt + 1;
          break;
          /*  counting down. */
        case 'd':
            Cnt = Cnt - 1;
          break;
    default:
            Cnt = Cnt;
          break;
      }

    IOWR_ALTERA_AVALON_PIO_DATA( SEG7_BASE,Cnt );
     printf("Cnt=%08lXh\n",Cnt);


    }


static void handle_button_press(alt_u8 type)
{
    /* Button press actions while counting. */
    if (type == 'c')
    {
        switch (edge_capture)
        {
           /* Button 1:  right shfit. */
        case 0x1:
            shift_sevenseg('r');
            break;
           /* Button 2:  left shift. */
        case 0x2:
             shift_sevenseg('l');
            break;
           /* Button 3:  counting up. */
```

```
        case 0x4:
            shift_sevenseg('u');
          break;
          /* Button 4:  counting down. */
        case 0x8:
            shift_sevenseg('d');
          break;
          /* If value ends up being something different (shouldn't) do
             same as 8. */
        default:
            shift_sevenseg('r');
          break;
      }
    }
    /* If 'type' is anything else, assume we're "waiting"...*/
    else
    {
        switch (edge_capture)
        {
        case 0x1:
            printf( "Button 1\n");
            edge_capture = 0;
            break;
        case 0x2:
            printf( "Button 2\n");
            edge_capture = 0;
            break;
        case 0x4:
            printf( "Button 3\n");
            edge_capture = 0;
            break;
        case 0x8:
            printf( "Button 4\n");
```

```
            edge_capture = 0;
            break;
        default:
            printf( "Button press UNKNOWN!!\n");
        }
    }
}
int main (void)
{
   printf("Begin \n");

 Cnt=0x12345678;

#ifdef BUTTON_PIO_BASE
   init_button_pio();
#endif

    while( 1 )
    {
      usleep(1000000);
      if (edge_capture != 0)
      {
         /* Handle button presses */
         handle_button_press('c');
      }
      /* If no button presses, shift right. */
      else
      {
         shift_sevenseg('r');
      }
    }

  return 0;
}
```

表 5-13　程式說明

程式	說明
`static void handle_button_interrupts(void* context, alt_u32 id)`	中斷處理程序
`static void init_button_pio()`	起始化按鍵程序
`static void shift_sevenseg(alt_u8 type )`	左移、右移、上數與下數副程式，若 type 等於 r ，則 Cnt = Cnt >>4; 若 type 等於 u ，則 Cnt = Cnt+1; 若 type 等於 d ，則 Cnt = Cnt-1;
`static void handle_button_press(alt_u8 type)`	中斷執行程式， 若壓按按鍵 1， 呼叫 `shift_sevenseg('r');` 若壓按按鍵 2， 呼叫 `shift_sevenseg('l');` 若壓按按鍵 3， 呼叫 `shift_sevenseg('u');` 若壓按按鍵 4， 呼叫 `shift_sevenseg('d');`
`int main (void)`	主程式，全域變數 Cnt=0x12345678;若有壓按到壓按開關，呼叫 `handle_button_press('c');` 否則 呼叫 `shift_sevenseg('r');`

9. 建構專案：選取在 Nios II C/C++ Projects 頁面下的"seven_seg"，按滑鼠右鍵，選取 Build Project，則開始進行組繹。當專案組繹成功，則可執行專案。如果有錯誤發生，則有可能是在作硬體設計時，若干設定不正確，回到 SOPC Builder 檢查硬體內容，修改後重新產生系統並重新組譯後再次燒錄元件。修改硬體後再重新執行 Build Project 。

10. 執行程式：選擇"seven_seg"專案，選取 Run → Run As → Nios II Hardware。此時開始下載軟體，重置處理器並開始執行軟體。此時在 Nios II IDE 下方 Console 視窗會顯示一些訊息。

11. 觀看執行結果：執行結果在螢幕上出現如圖 5-83 所示。在開發板上的四個壓按開關與八個七段顯示器會出現變化。實驗結果整理如表 5-14 所示。

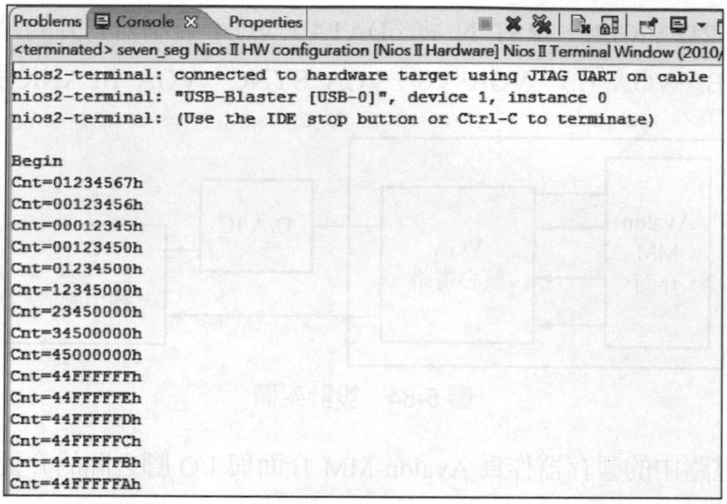

```
Problems  Console ☒  Properties
<terminated> seven_seg Nios II HW configuration [Nios II Hardware] Nios II Terminal Window (2010/
nios2-terminal: connected to hardware target using JTAG UART on cable
nios2-terminal: "USB-Blaster [USB-0]", device 1, instance 0
nios2-terminal: (Use the IDE stop button or Ctrl-C to terminate)

Begin
Cnt=01234567h
Cnt=00123456h
Cnt=00012345h
Cnt=00123450h
Cnt=01234500h
Cnt=12345000h
Cnt=23450000h
Cnt=34500000h
Cnt=45000000h
Cnt=44FFFFFFh
Cnt=44FFFFFEh
Cnt=44FFFFFDh
Cnt=44FFFFFCh
Cnt=44FFFFFBh
Cnt=44FFFFFAh
```

圖 5-83　執行結果

表 5-14　實驗結果

壓按開關	實驗結果
壓按 KEY0	七段顯示器數字右移
壓按 KEY1	七段顯示器數字左移
壓按 KEY2	七段顯示器數字遞增
壓按 KEY3	七段顯示器數字遞減

5-4　發展 Avalon 週邊-VGA 應用

　　第三章已介紹過 VGA 顯示的基本範例，本章節要介紹將 VGA 控制電路增加至 Avalon-MM 匯流排的方式，最後再撰寫 C 程式由 Nios II 控制 VGA 顯示。本章範例程式所使用到的 Avalon-MM 匯流排是 ALTERA 公司的介面匯流排，用於 Nios II CPU，它的優點是：多個 MASTER 可以同步使用，而且它可以根據週邊介面之大小作調整。在傳統的匯流排控制，當一個 MASTER 用匯流排時，其他的單位不能用，而 Avalon-MM 匯流排卻允許他們共用。微處理器藉由讀和寫 Avalon-MM 介面控制 VGA 控制電路，使 VGA 控制電路核心從記憶體抓取資料並送 RGB 訊號至 D/A 裝置處理後輸出至 VGA 輸出裝置，如圖 5-86 所示。在晶片中的 Avalon MM 介面與 VGA 控制器之間的訊號線有 iDATA、iADDR、iWR、iRD、iCLK、iRST_N 與 oDATA。VGA 控制器對外的輸出有 VGA_R、VGA_G、VGA_B、VGA_HS、VGA_VS、VGA_SYNC、VGA_BLANK 與 VGA_CLK。

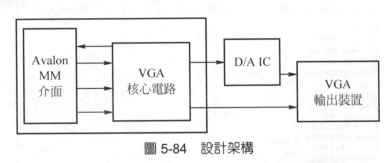

圖 5-84　設計架構

VGA 核心電路中的暫存器作為 Avalon-MM 介面與 I/O 腳之間的介面，此暫存器配置整理如表 5-15 所示。

表 5-15　VGA 核心電路暫存器配置

Offset	暫存器名稱	R/W	2	1	0	說明
0-307199	idata	Write			該畫素有無顏色控制	螢幕畫面只有雙色顯示，1 有顏色(需配合 RGB 致能控制)，0 為黑色
307200+0	RGBenable	Read/Write	紅色致能	綠色致能	藍色致能	0 為關掉其中的顏色輸出

在這一個章節的主要步驟分四小節介紹，分別是 5-4-1 的 VGA 核心電路設計、5-4-2 的建立 SOPC Builder 的 VGA 組件、5-4-3 的在 Quartus II 中編輯硬體燒錄與 5-4-4 的 Nios II 控制螢幕顯示。

5-4-1　VGA 核心電路設計

若將要顯示在 VGA 顯示器的資料，先存在記憶體中，再取出由 VGA 顯示裝置顯示。需將每個畫素對應的顏色資料，存在記憶體中。再控制位址存取對應的記憶體資料輸出至螢幕上。以 640×480 的解析度為例，共有 640×480 個畫素資料，規劃螢幕畫面水平方向對應的計憶體位址為由上而下，由左而右如圖 5-87 所示。第一列(Y 座標＝0)對應位址為

0-639，第二列(Y 座標＝1)為 640-1279，最後一列為 306560-307199(Y 座標＝479)。計算公式如式 5-1 所示。

$$對應位址＝Y 座標×640+X 座標 \tag{5-1}$$

其中 Y 座標範圍從 0-479，X 座標範圍從 0-639。

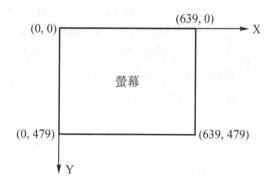

圖 5-85　螢幕座標

每個畫素的顏色資料若以 RGB 各十個位元計算共須三十個位元。故一個畫面的資料共有 640×480×30 個位元。但是由於晶片內記憶體的容量限制，故將畫面資料只規畫成有顏色與無顏色(1 或 0)來儲存，故一個畫素只需一個位元的顏色資料，共有需要記憶體 640×480×1 個位元大小。詳細步驟如下。

電路架構如圖 5-88 所示。分成四個部份設計，一個是除頻器，一個是 307200×1 的記憶體，一個是 VGA 訊號控制器與一個暫存器，各模組說明整理如表 5-16 所示。

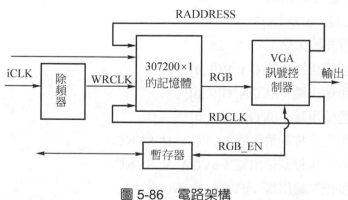

圖 5-86　電路架構

表 5-16　電路架構說明

區塊	說明
記憶體	寫入與讀出控制分開的 RAM，有 307200×1 個位元。讀的位址輸入端由 VGA 訊號控制器的位址輸出訊號 RAddress 控制。寫的位址由輸入控制。
VGA 訊號控制器	VGA 訊號控制器輸入時脈爲 25MHz，VGA 訊號控制器的輸入來自記憶體的輸出。位址輸出端 RAddress 控制記憶體資料讀出位址。VGA 訊號控制器對外的輸出有 VGA_R、VGA_G、VGA_B、VGA_HS、VGA_VS、VGA_SYNC、VGA_BLANK 與 VGA_CLK。
暫存器	在晶片中的 Avalon MM 介面與 VGA 控制器之間的訊號線有 iDATA、 iADDR、iWR、iRD、iCLK、iRST_N 與 oDATA。此暫存器作爲 Avalon-MM 介面與 I/O 腳之間的介面。
除頻器	產生 25MHz 時脈。

電路腳位：

　　脈波輸入端：iCLK

　　非同步清除輸入端：iRST_N

　　晶片選擇輸入端：iCS

　　資料輸入端：iDATA[31..0]

　　寫入位址輸入端：iADDR[18..0]

　　寫入致能輸入端：iWR

　　讀出致能輸入端：iRD

　　資料輸出端：oDATA[31..0]

　　25MHz 脈波輸入端：iCLK_25

　　VGA 紅色輸出端：oVGA_R[9..0]

　　VGA 綠色輸出端：oVGA_G[9..0]

　　VGA 藍色輸出端：oVGA_B[9..0]

　　VGA 水平同步控制輸出端：oVGA_H_SYNC

　　VGA 垂直同步控制輸出端：oVGA_V_SYNC

　　VGA 同步控制輸出端：oVGA_SYNC;

　　VGA Blank 輸出端：oVGA_BLANK

　　VGA 時脈輸出端：oVGA_CLOCK;

設計流程

- 新增"binary_VGA"專案
- 專案導覽
- 開啓檔案" d:\lyp\VGA\VGA2.v"
- 另存新檔"d:\lyp\binary_VGA\VGA_ctr.v"
- 修改 module 名稱爲"VGA_ctr"
- 存檔
- 更改最頂層檔案爲"VGA_ctr.v"
- 檢查電路
- 創造電路符號"VGA_ctr.bsf"
- 新增記憶體檔案
- 觀看"ram_binary_VGA.bsf"
- 新增 MIF 檔案
- 編輯 MIF 檔案
- 另存新檔
- 新增檔案
- 另存新檔
- 編輯"binary_VGA.v"檔(引用 VGA_ctr 模組與 ram_binary_VGA 模組)
- 存檔
- 更改最頂層檔案爲"binary_VGA.v"
- 組譯

其詳細說明如下：

1. 新增專案：選取 Quartus II 視窗選單 File → New Project Wizard，出現「New Project Wizard: Introduction」新增專案精靈介紹視窗，按 Next 鈕後會進入「New Project Wizard: Directory, Name, and Top-Level Entity」的目錄，名稱與最高層設計單體 (top-level design entity)設定對話框。在「New Project Wizard: Directory, Name, and Top-Level Entity [page 1 of 5]」的目錄，名稱與最高層設計單體設定對話框的第一個文字框中塡入工作目錄，若是所塡入的目錄不存在，Quartus II 會自動幫你創造。在第二個文字框中塡入專案名稱，在第三個文字框中則塡入專案的頂層設計單體(top-level design entity)名稱，如圖 5-89 所示。單體名稱對於大小寫是有區別的，所以大小寫必須配合檔案中的單體名稱。

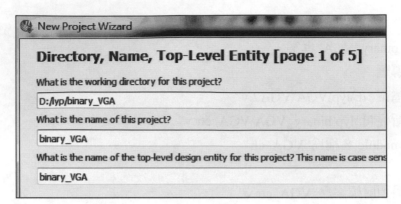

圖 5-87　目錄，名稱與最高層設計單體設定對話框

接著按 Finish 鍵，完成專案建立。建立專案"binary_VGA"。

2. 專案導覽：在視窗左邊「Project Navigator」專案導覽視窗中 Hierarchy 處列出最頂層單體名稱 binary_VGA。若沒有出現，可選取視窗選單 View→Utility Windows →Project Navigator 開啟專案導覽視窗。

3. 開啟檔案：選取視窗選單 File→Open，開啟" d:\lyp\VGA\VGA2.v"檔。

4. 另存新檔：將新增的檔案另存為"d:\lyp\binary_VGA\VGA_ctr.v"的檔案名，注意要勾選 Add file to current project 並按 儲存 鈕，將檔案加入現在的專案中。存檔完點選視窗左邊專案導覽視窗中 Files 鈕，再用滑鼠在 Device Design Files 處點兩下展開會看到 VGA_ctr.v 檔名出現。

5. 修改 module 名稱：更改電路名稱"VGA2"成與檔名相同的名字"VGA_ctr"。修改結果如表 5-17 所示。

表 5-17　"VGA_ctr.v"完整程式

```
module VGA_ctr
(i_RGB_EN,iRed,iGreen,iBlue,oVGA_R,oVGA_G,oVGA_B,oVGA_H_SYNC,
oVGA_V_SYNC,oVGA_SYNC,oVGA_BLANK,oVGA_CLOCK,    iCLK_25, iRST_N, oAddress);
input              iCLK_25;
input              iRST_N;
input       [2:0] i_RGB_EN;
input       [9:0] iRed,iGreen,iBlue;
output            [19:0]      oAddress;
output            [9:0] oVGA_R,oVGA_G,oVGA_B;
output                  oVGA_H_SYNC,oVGA_V_SYNC;
```

```verilog
output                    oVGA_SYNC;
output                    oVGA_BLANK;
output                    oVGA_CLOCK;


//    H_Sync Generator, Ref. 25 MHz Clock
parameter  H_SYNC_CYC  =   96;
parameter  H_SYNC_TOTAL=   800;


reg        [9:0]        H_Cont;
reg                oVGA_H_SYNC;
always@(posedge iCLK_25 or negedge iRST_N)
begin
    if(!iRST_N)
    begin
        H_Cont           <=   0;
        oVGA_H_SYNC<=   0;
    end
    else
    begin
        //      H_Sync Counter
        if( H_Cont < H_SYNC_TOTAL)   //H_SYNC_TOTAL＝800
        H_Cont     <=   H_Cont+1;
        else
        H_Cont     <=   0;
        //      H_Sync Generator
    if( H_Cont < H_SYNC_CYC ) //H_SYNC_CYC  ＝96
        oVGA_H_SYNC<=   0;
        else
        oVGA_H_SYNC<=   1;
    end
end
```

```
parameter  V_SYNC_TOTAL=   525;
parameter  V_SYNC_CYC  =    2;
 reg       [9:0]        V_Cont;
reg              oVGA_V_SYNC;

//    V_Sync Generator, Ref. H_Sync
always@(posedge iCLK_25 or negedge iRST_N)
begin
    if(!iRST_N)
    begin
        V_Cont          <=   0;
        oVGA_V_SYNC<=   0;
    end
    else
    begin
        //    When H_Sync Re-start
        if(H_Cont==0)
        begin
            //    V_Sync Counter
            if( V_Cont < V_SYNC_TOTAL ) //V_SYNC_TOTAL  =525
            V_Cont    <=   V_Cont+1;
            else
            V_Cont    <=   0;
            //    V_Sync Generator
    if(    V_Cont < V_SYNC_CYC ) // V_SYNC_CYC  =2
            oVGA_V_SYNC<=   0;
            else
            oVGA_V_SYNC<=   1;
        end
    end
end
```

```
parameter  H_SYNC_BACK＝     45+3;
parameter  V_SYNC_BACK＝     30+2;
parameter  X_START      ＝     H_SYNC_CYC+H_SYNC_BACK+4;
parameter  Y_START      ＝     V_SYNC_CYC+V_SYNC_BACK;
parameter  H_SYNC_ACT  ＝     640;
parameter  V_SYNC_ACT  ＝     480;
reg        [9:0] oVGA_R,oVGA_G,oVGA_B;
always@(H_Cont or V_Cont or i_RGB_EN or iRed or iGreen or iBlue )
begin
if(H_Cont>＝X_START+9 && H_Cont<X_START+H_SYNC_ACT+9 &&
V_Cont>＝Y_START && V_Cont<Y_START+V_SYNC_ACT)
begin
        if (i_RGB_EN[2]＝＝1)
          oVGA_R＝iRed ;
          else
          oVGA_R＝0;
          if (i_RGB_EN[1]＝＝1)
          oVGA_G＝iGreen       ;
          else
          oVGA_G＝0;
          if (i_RGB_EN[0]＝＝1)
          oVGA_B＝iBlue ;
          else
          oVGA_B＝0;
    end
    else
    begin
        oVGA_R＝0;oVGA_G＝0;oVGA_B＝0;
    end
end

assign oVGA_BLANK       ＝     oVGA_H_SYNC & oVGA_V_SYNC;
```

```verilog
assign oVGA_SYNC  =     1'b0;
assign oVGA_CLOCK＝     ~iCLK_25;

 reg [9:0]   oCoord_X,oCoord_Y;
 reg [19:0] oAddress;
always@(posedge iCLK_25 or negedge iRST_N)
begin
    if(!iRST_N)
    begin
        oCoord_X  <=   0;
        oCoord_Y  <=   0;
        oAddress  <=   0;
    end
    else
    begin
if(H_Cont>＝X_START && H_Cont<X_START+H_SYNC_ACT &&
V_Cont>＝Y_START && V_Cont<Y_START+V_SYNC_ACT )
        begin
            oCoord_X  <=   H_Cont-X_START;
            oCoord_Y  <=   V_Cont-Y_START;
oAddress  <=  oCoord_Y*H_SYNC_ACT+oCoord_X-3;
        end
    end
end

endmodule

//    VGA Side

//    Internal Registers and Wires
```

6. 存檔：選取視窗選單 File→Save。

7. 更改最頂層檔案：選取視窗選單 Projetc→Set as Top-Level Entity。在視窗左邊「Project Navigator」專案導覽視窗中 △Hierarchy 處列出最頂層單體名稱 VGA_ctr。若沒有出現，可選取視窗選單 View→Utility Windows→Project Navigator 開啟專案導覽視窗。

8. 檢查電路：選取視窗選單 Processing → Start → Start Analysis & Elaboration。最後出現成功訊息視窗，按 確定 鈕關閉視窗。

9. 創造電路符號：回到編輯視窗，選取視窗選單 File→Create/Update→Create Symbol Files for Current File，出現產生符號檔成功之訊息，會產生電路符號檔 "VGA_ctr.bsf"。可選取視窗選單 File→Open 開啟"VGA_ctr.bsf"檔觀看，如圖 5-88 所示。觀察無誤後關閉"VGA_ctr.bsf"檔。

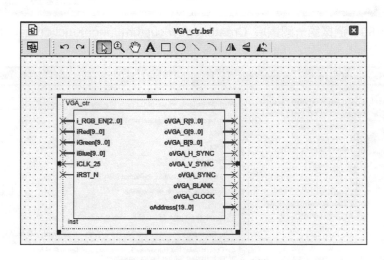

圖 5-88　"VGA_ctr.bsf"檔

10. 新增記憶體檔案：接下來選擇視窗選單 Tools→MegaWizard Plug-In Manager，出現「MegaWizard Plug-In Manager」對話框，如圖 5-89 所示，選擇第一個選項 Create a new custom megafunction variation，按 Next 鈕進入「Page2a」對話框，選擇左列 Select a megafunction from the list below 下的"Memory Compiler"，點兩下展開後選擇"RAM-2 PORT"，在右邊選項 Which type of file do you want to create？處選擇輸出檔的形式，若選擇"Verilog HDL"則在 What name do you want for the output file? 處的檔名為"ram_bibary_VGA.v"，在"Which device family will you be using?"處選擇"Cyclone II"，如圖 5-90。設定好按 Next 鍵。

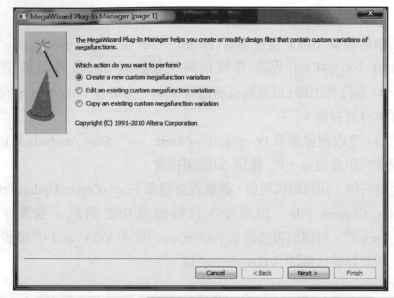

圖 5-89　選擇第一個選項 Create a new custom megafunction variation

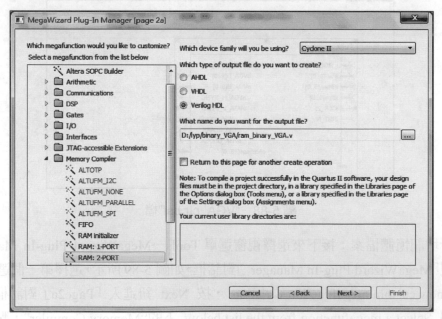

圖 5-90　「MegaWizard Plug-In Manager」視窗

進入"General"頁面，設定如圖 5-91 所示。設定好按 Next 鍵。

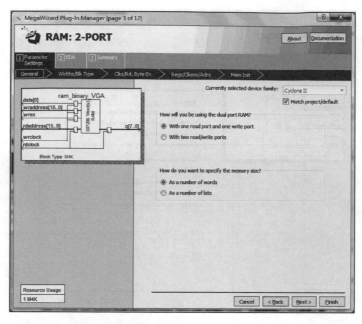

圖 5-91　"General" 頁面

進入"Widths/Blk Type"頁面，設定如圖 5-92 所示。設定好按 Next 鍵。

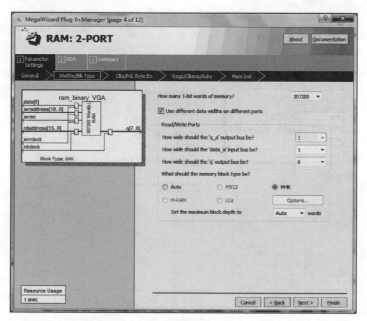

圖 5-92　"Widths/Blk Type" 頁面

進入"Clks/Rd, Byte En"頁面，設定如圖 5-93 所示。設定好按 Next 鍵。

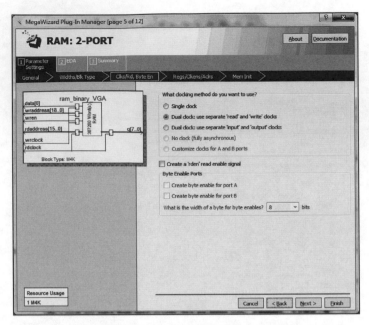

圖 5-93　"Clks/Rd, Byte En" 頁面

進入"Regs/Clkens/Aclrs"頁面，設定如圖 5-94 所示。設定好按 Next 鍵。

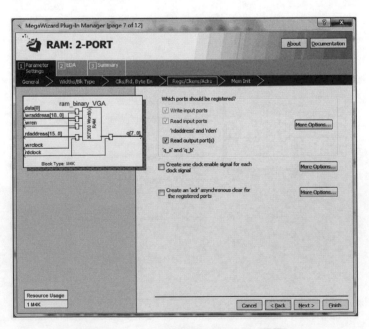

圖 5-94　"Regs/Clkens/Aclrs"頁面

進入"Mem Init"頁面，設定如圖 5-95 所示。設定好按 Next 鍵。

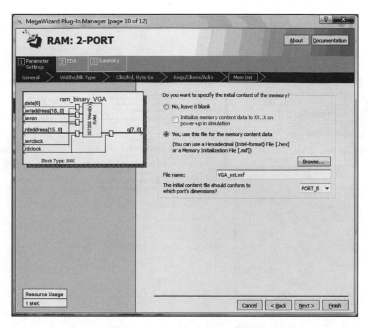

圖 5-95　"Mem Init" 頁面

進入"EDA"頁面，如圖 5-96 所示。按 Next 鍵。

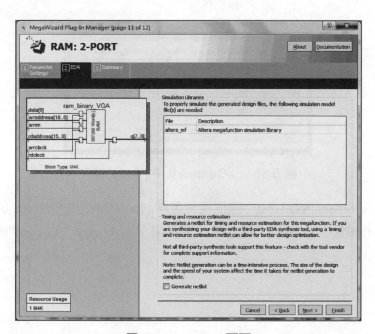

圖 5-96　"EDA" 頁面

進入"Summary"頁面，設定如圖 5-97 所示。設定好按 Finish 鍵。

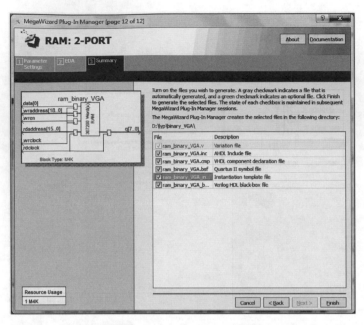

圖 5-97 "Summary" 頁面

出現「Quartus II IP Files」視窗，如圖 5-98 所示，選 Yes 鍵。

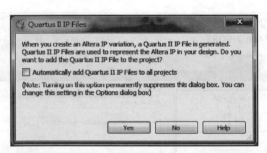

圖 5-98 「Quartus II IP Files」視窗

11. 觀看"ram_binary_VGA.bsf"：選擇視窗選單 File→Open，開啟"ram_binary_VGA.bsf" 檔觀看，如圖 5-99 所示。觀察無誤後關閉"ram_binary_VGA.bsf"檔。

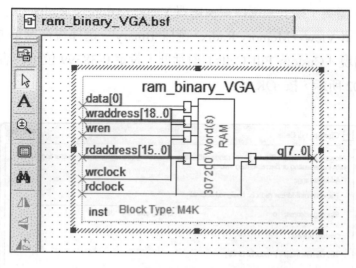

圖 5-99　觀看"ram_binary_VGA.bsf"檔

12. 新增 MIF 檔案：記憶體初始值可由 MIF 檔設定，選擇視窗選單 File→New，開啓
新增「New」對話框，選擇 Other Files 頁面下的 Memory Initialization File，如圖
5-100 所示，按 OK 鈕會出現"Number of Words&Word Size"對話框，設定如圖
5-101 所示，再按 OK 鈕。

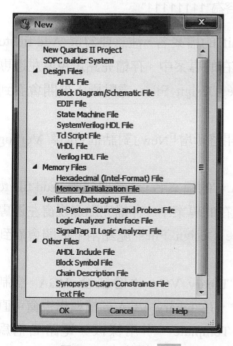

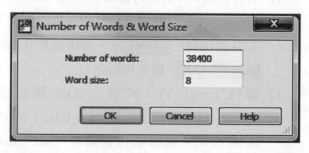

圖 5-100　新增 MIF　　　　圖 5-101　"Number of Words&Word Size"對話框

13. 編輯 MIF 檔案：接下來選擇視窗選單 View→Address Radix，選擇"Decimal"，選擇視窗選單 View→Memory Radix，選擇"Binary"。選擇視窗選單 Edit→Custom Fill Cells，出現「Custom Fill Cells」對話框，設定 0-38399 位址內容為"11111111"，如圖 5-102 所示，按 OK 鈕。。

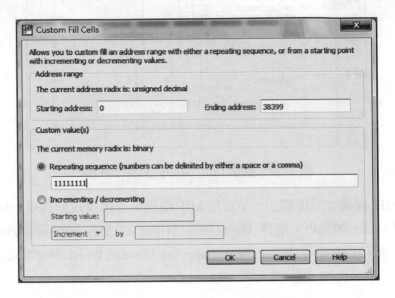

圖 5-102　設定 0-38399 位址內容為"11111111"

14. 另存新檔：將新增的檔案另存為"VGA_init.mif"的檔案名，注意要勾選 Add file to current project 並按 儲存 鈕，將檔案加入現在的專案中。存檔完點選視窗左邊專案導覽視窗中 Files 鈕，再用滑鼠在 Device Design Files 處點兩下展開會看到 VGA_init.mif 檔名出現。

15. 新增檔案：接下來選擇視窗選單 File→New，開啟新增「New」對話框，選擇 Verilog HDL File，按 OK 鈕新增 Verilog 檔。

16. 另存新檔：將新增的檔案另存為"binary_VGA.v"的檔案名，注意要勾選 Add file to current project 並按 儲存 鈕，將檔案加入現在的專案中。存檔完點選視窗左邊專案導覽視窗中 Files 鈕，再用滑鼠在 Device Design Files 處點兩下展開會看到 binary_VGA.v 檔名出現。

17. 編輯"binary_VGA.v"檔：VGA 核心電路"binary_VGA.v"檔結合 VGA 控制器"VGA_ctr.v"與記憶體"ram_bibary_VGA.v"，在"binary_VGA.v"檔編輯視窗可直接輸入文字或選取視窗選單 Edit→Insert Template，引用樣板。電路名稱為 binary_VGA。輸入腳位名稱為"iDATA,oDATA, iADDR, iWR, iRD, iCS, iRST_N,

iCLK,　VGA_R,VGA_G,VGA_B,VGA_HS,VGA_VS,VGA_SYNC,　VGA_BLANK,
VGA_CLK"。完整程式如表 5-18 所示。程式說明如表 5-19 所示。

表 5-18 　"binary_VGA.v"完整程式

```
module      binary_VGA (  iDATA,    oDATA,    iADDR,iWR,iRD,iCS, iRST_N, iCLK,
                          VGA_R,   VGA_G,   VGA_B,   VGA_HS,VGA_VS,
                          VGA_SYNC, VGA_BLANK,VGA_CLK        );


output [31:0] oDATA;
input [31:0] iDATA;
input [18:0] iADDR;
input   iWR,iRD,iCS;
input   iCLK,iRST_N;
output   [9:0] VGA_R;
output   [9:0]VGA_G;
output   [9:0] VGA_B;
output   VGA_HS;
output   VGA_VS;
output   VGA_SYNC;
output   VGA_BLANK;
output   VGA_CLK;
wire    iCLK_25;
reg   [2:0] RGB_EN;
reg   [31:0] oDATA;
wire   [18:0] mVGA_ADDR;
reg   [9:0] oRed;
reg   [9:0]oGreen;
reg   [9:0] oBlue;
parameter   RAM_SIZE＝19'h4B000;
always@(posedge iCLK or negedge iRST_N)
begin
    if(!iRST_N)
```

```
        begin
            RGB_EN  <=  0;
            oDATA   <=  0;
        end
        else
        begin
            if(iCS)
            begin
                if(iWR)
                begin
                    case(iADDR)
                    RAM_SIZE+0 :  RGB_EN  <=  iDATA;
                    endcase
                end
                else if(iRD)
                begin
                    case(iADDR)
                    RAM_SIZE+0 :  oDATA   <=  RGB_EN  ;
                    endcase
                end
            end
        end
end

ram_binary_VGA    u1   (    //    Write In Side
                    .data(iDATA[2:0]),
                    .wren(iWR && (iADDR < RAM_SIZE) && iCS),
                    .wraddress({iADDR[18:3],~iADDR[2:0]}),
                    .wrclock(iCLK),
                    //    Read Out Side
                    .rdaddress(mVGA_ADDR[18:3]),
                    .rdclock(VGA_CLK),
```

```verilog
                                    .q(ROM_DATA));

reg        [2:0]        ADDR_d;
reg        [2:0]        ADDR_dd;
wire [7:0]        ROM_DATA;


tff    t0(.clk(iCLK),.t(1'b1),.q(iCLK_25));
always@(posedge VGA_CLK or negedge iRST_N)
begin
    if(!iRST_N)
    begin
        oRed <=   0;
        oGreen    <=   0;
        oBlue<=   0;
        ADDR_d   <=   0;
        ADDR_dd  <=   0;
    end
    else
    begin
        ADDR_d   <=   mVGA_ADDR[2:0];
        ADDR_dd  <=   ~ADDR_d;
        oRed <=   ROM_DATA[ADDR_dd]?   10'b1111111111:10'b0000000000;
        oGreen    <=   ROM_DATA[ADDR_dd]?    10'b1111111111:10'b0000000000;
        oBlue<=   ROM_DATA[ADDR_dd]?   10'b1111111111:10'b0000000000;
    end
end

VGA_ctr        u0   (    //    Host Side
                    .i_RGB_EN(RGB_EN),
                    .oAddress(mVGA_ADDR),
                    .iRed (oRed),
```

```
                    .iGreen      (oGreen),
                    .iBlue       (oBlue),
                    //      VGA Side
                    .oVGA_R(VGA_R),
                    .oVGA_G(VGA_G),
                    .oVGA_B(VGA_B),
                    .oVGA_H_SYNC(VGA_HS),
                    .oVGA_V_SYNC(VGA_VS),
                    .oVGA_SYNC(VGA_SYNC),
                    .oVGA_BLANK(VGA_BLANK),
                    .oVGA_CLOCK(VGA_CLK),
                    //      Control Signal
                    .iCLK_25(iCLK_25),
                    .iRST_N(iRST_N)        );

Endmodule
```

表 5-19　程式說明

程式	說明

always@(posedge iCLK or negedge iRST_N)
begin
　　if(!iRST_N)
　　begin
　　　　RGB_EN　<=　0;
　　　　oDATA　<=　0;
　　end
　　else
　　begin
　　　　if(iCS)
　　　　begin
　　　　　　if(iWR)
　　　　　　begin
	若 iCLK 為正緣觸發或 iRST_N 由 1 變 0 時，
	若 iRST_N 等於 0，則 RGB_EN 等於 0；且 oDATA 等於 0。
	除此之外，
	　　若 iCS 等於 1，則
	　　　　若 iWR 等於 1，
	　　　　　　當 iADDR 等於 RAM_SIZE+0，則 RAM_SIZE+0 等於 iDATA。
	除此之外，若 iRD 等於 1，
	則當 iADDR 等於 RAM_SIZE+0 時，oDATA 等於 RGB_EN。

<table>
<tr><td>

```
            case(iADDR)
            RAM_SIZE+0 : RGB_EN <=
iDATA;
            endcase
        end
        else if(iRD)
        begin
            case(iADDR)
            RAM_SIZE+0 : oDATA <=
RGB_EN ;
            endcase
            end
        end
    end
end
```

</td><td>

oDATA 等於 RGB_EN。

</td></tr>
<tr><td>

```
ram_binary_VGA     u1  (    //     Write In Side
                    .data(iDATA),
                    .wren(iWR && (iADDR <
RAM_SIZE) && iCS),

.wraddress({iADDR[18:3],~iADDR[2:0]}),
                    .wrclock(iCLK),
                    //     Read Out Side

.rdaddress(mVGA_ADDR[18:3]),
                    .rdclock(VGA_CLK),
                    .q(ROM_DATA));
```

</td><td>

引用記憶體模組 ram_binary_VGA 模組，取名為 u1，u1 的 data 腳接 iDATA 訊號，u1 的 wren 腳接 iWR && (iADDR < RAM_SIZE) && iCS 訊號，u1 的 wraddress 腳接 {iADDR[18:3],~iADDR[2:0]}訊號，u1 的 wrclock 腳接 iCLK 訊號，u1 的 rdaddress 腳接 mVGA_ADDR[18:3]訊號，u1 的 rdclock 腳接 VGA_CLK 訊號，u1 的 q 腳接 ROM_DATA 訊號。

</td></tr>
<tr><td>

```
reg     [2:0]     ADDR_d;
reg     [2:0]     ADDR_dd;
```

</td><td>

當 VGA_CLK 為正緣觸發時，或 iRST_N 由 1 變成 0 時，

</td></tr>
</table>

| ```verilog
wire [7:0]        ROM_DATA;


always@(posedge VGA_CLK or negedge iRST_N)
begin
    if(!iRST_N)
    begin
        oRed <=   0;
        oGreen    <=   0;
        oBlue<=   0;
        ADDR_d  <=   0;
        ADDR_dd <=   0;
    end
    else
    begin
        ADDR_d  <=   mVGA_ADDR[2:0];
        ADDR_dd <=   ~ADDR_d;
        oRed <=   ROM_DATA[ADDR_dd]?
10'b11111111:10'b0000000000;
        oGreen    <=   ROM_DATA[ADDR_dd]?
10'b11111111:10'b0000000000;
        oBlue<=   ROM_DATA[ADDR_dd]?
10'b11111111:10'b0000000000;
    end
end
``` | 若 iRST_N 等於 0 則<br>　　oRed 等於 0；且<br>　　　oGreen 等於 0；且<br>　　　oBlue 等於 0；且<br>　　　ADDR_d 等於 0；且<br>　　　ADDR_dd 等於 0；<br>除此之外，<br>　　ADDR_d　　　等　　於<br>mVGA_ADDR[2:0]；<br>　　ADDR_dd 等於 ~ADDR_d；<br>　　　若 ROM_DATA[ADDR_dd]<br>為 1，則 oRed 等於 10'b11111111；若<br>ROM_DATA[ADDR_dd]為 0，則 oRed<br>等於 10'b000000000。<br>若 ROM_DATA[ADDR_dd]為 1，則<br>oGreen 等於 10'b11111111；若<br>ROM_DATA[ADDR_dd] 為 0，則<br>oGreen 等於 10'b000000000。<br>若 ROM_DATA[ADDR_dd]為 1，則<br>oBlue 等於 10'b11111111；若<br>ROM_DATA[ADDR_dd]為 0，則 oBlue<br>等於 10'b000000000。 |
| ```verilog
tff t0(.clk(iCLK),.t(1'b1),.q(iCLK_25));
``` | 引用 tff 模組，取名叫 t0，t0 的 clk 腳<br>接 iCLK 訊號，t0 的 t 腳接 1'b1 訊號，<br>t0 的 q 腳接 iCLK_25 訊號。<br>tff 做為除頻器(除以 2)。 |
| ```verilog
VGA_ctr        u0    (  //      Host Side
                    .i_RGB_EN(RGB_EN),
``` | 引用 VGA 控制器模組 VGA_ctr，取名<br>叫 u0，u0 的 i_RGB_EN 腳接 RGB_EN<br>訊號，u0 的 oAddress 腳接<br>mVGA_ADDR 訊號，u0 的 iRed 腳接 |
```

```
                    .oAddress(mVGA_ADDR),
                    .iRed (oRed),
                    .iGreen      (oGreen),
                    .iBlue       (oBlue),
                    //      VGA Side
                    .oVGA_R(VGA_R),
                    .oVGA_G(VGA_G),
                    .oVGA_B(VGA_B),
.oVGA_H_SYNC(VGA_HS),

.oVGA_V_SYNC(VGA_VS),

.oVGA_SYNC(VGA_SYNC),

.oVGA_BLANK(VGA_BLANK),

.oVGA_CLOCK(VGA_CLK),
                    //      Control Signal
                    .iCLK_25(iCLK_25),
                    .iRST_N(iRST_N)      );
```

iRed 訊號，u0 的 iGreen 腳接 oGreen 訊號，u0 的 iBlue 腳接 oBlue 訊號，u0 的 oVGA_R 腳接 VGA_R 訊號，u0 的 oVGA_G 腳接 VGA_G 訊號，u0 的 oVGA_B 腳接 VGA_B 訊號，u0 的 oVGA_H_SYNC 腳接 VGA_HS 訊號，u0 的 oVGA_V_SYNC 腳接 VGA_VS 訊號，u0 的 oVGA_SYNC 腳接 VGA_SYNC 訊號，u0 的 oVGA_BLANK 腳接 VGA_BLANK 訊號，u0 的 oVGA_CLOCK 腳接 VGA_CLK 訊號，u0 的 iCLK_25 腳接 iCLK_25 訊號，u0 的 iRST_N 腳接 iRST_N 訊號。

18. 存檔：選取視窗選單 File→Save。

19. 更改最頂層檔案：選取視窗選單 Projetc→Set as Top-Level Entity。在視窗左邊「Project Navigator」專案導覽視窗中 ⛰Hierarchy 處列出最頂層單體名稱 binary_VGA。若沒有出現，可選取視窗選單 View→Utility Windows→Project Navigator 開啟專案導覽視窗。

20. 組譯：選取視窗選單 Processing → Start → Start Compilation。最後出現成功訊息視窗，按 確定 鈕關閉視窗。

5-4-2 建立 SOPC Builder 的 VGA 組件

整合訂製的 VGA 組件的系統如圖 5-103 所示。

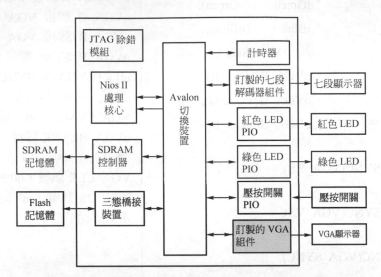

圖 5-103　整合訂製的 VGA 組件入 SOPC Builder

建立 SOPC Builder 的 VGA 組件流程爲：

● 複製專案

● 複製目錄

● 開啓 Quartus II 專案

● 創造 SOPC Builder 元件

● 將組件引入 SOPC 系統

● 產生系統

其詳細說明如下：

1. 複製專案目錄：將 5-3 小節的 "d:\DE2\5_3\example" 目錄，複製至 "d:\DE2\5_4" 下，如圖 5-104 所示。

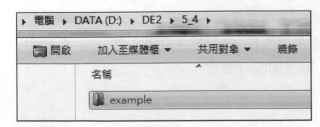

圖 5-104　複製專案目錄至至 "d:\DE2\5_4" 下

2. 複製目錄：將 5-4-1 的"d:\lyp\binary_VGA"目錄複製至"d:\DE2\5_4\example"下。結果如圖 5-105 所示。

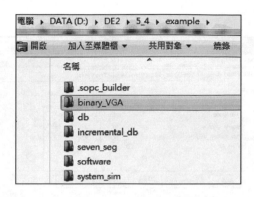

圖 5-105　複製目錄

3. 開啓 Quartus II 專案：執行 Quartus II 軟體，選取視窗 File → Open Project，開啓「Open Project」對話框，選擇設計檔案的目錄爲" d:\DE2\5_4\examples\"，再選取 "example.qpf"專案，按"開啓"鍵開啓。

4. 創造 SOPC Builder 元件：在 Quartus II 中選取視窗 Tools → SOPC Builder，開啓 SOPC Builder 視窗，選取 Create New Component 視窗，出現 Component Editor 視窗，點選 HDL Files 頁面，按 Add HDL File 鈕 ，選出"d:\DE2\5_4\example\binary _VGA"目錄下的檔案"binary_VGA.v"，再按 開啓 鈕。當分析完成後按 Close 鈕，如圖 5-106 所示。

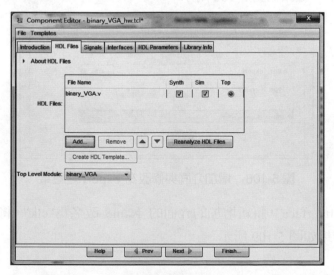

圖 5-106　加入最頂層檔案"binary_VGA.v"

再按 Add HDL File 鈕，選出"d:\DE2\5_4\example\binary_VGA"目錄下的檔案"ram_binary_VGA.v"，再按 開啟 鈕，按 Close 鈕，再加入"VGA_ctr.v"，如圖 5-107 所示。

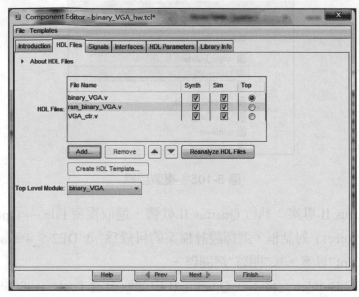

圖 5-107 加入檔案"VGA_ctr.v"與"ram_binary_VGA.v"

5. 設定 Interfaces 頁面：點選 Component Editor 視窗中的 Interfaces 頁面，點選"Add Interface"，將新增加的介面的 Name 改名為"export"，將 Type 選為"Conduit"，結果如圖 5-108 所示。

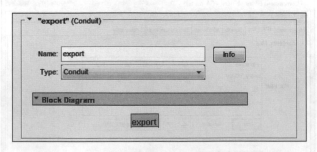

圖 5-108　增加介面與修改為"export"之結果

點選"Add Interface"，將新增加的介面的 Name 改名為"clk"，將 Type 選為"Clock Input"，結果如圖 5-109 所示。

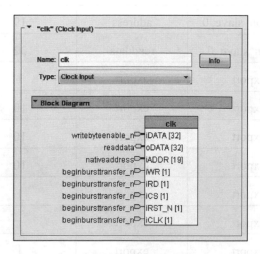

圖 5-109　增加介面與修改為"clk"之結果

修改"avalon_slave_0"介面的"Associated Clock"為"clk"，如圖 5-110 所示。

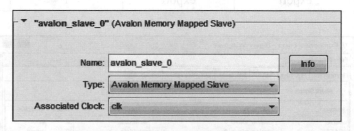

圖 5-110　修改"avalon_slave_0"介面

6. 設定 Signals 頁面：點選 Component Editor 視窗中的 Signals 頁面，最頂層電路的每一個 I/O 訊號要設定所對應的訊號型態，參考表 5-20，設定結果如圖 5-111 所示。

表 5-20　訊號型態

Name	Interface	Signal Type	Width	Direction
iCLK	clk	clk	1	input
iDATA	avalon_slave_0	writedata	32	input
iWR	avalon_slave_0	write	1	input
iCS	avalon_slave_0	chipselect	1	input
iRST_N	clk	reset_n	1	input
iRD	avalon_slave_0	read	1	input

iADDR	avalon_slave_0	address	19	input
oDATA	avalon_slave_0	readdata	32	output
VGA_CLK	export	export	1	output
VGA_R	export	export	10	output
VGA_B	export	export	10	output
VGA_G	export	export	10	output
VGA_HS	export	export	1	output
VGA_VS	export	export	1	output
VGA_SYNC	export	export	1	output
VGA_BLANK	export	export	1	output
VGA_CLK	export	export	1	output

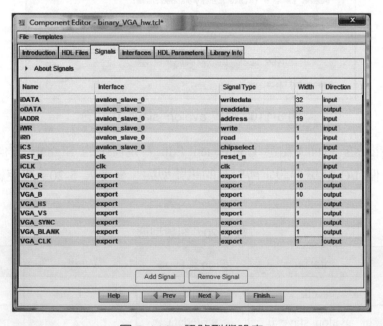

圖 5-111　訊號型態設定

7. 設定 Library Info 頁面：點選 Component Editor 視窗中的 Library Info 頁面，在 "Group" 處填入 "User Logic"，也可以在 "Description" 與 "Created By" 處填字，如圖 5-112。

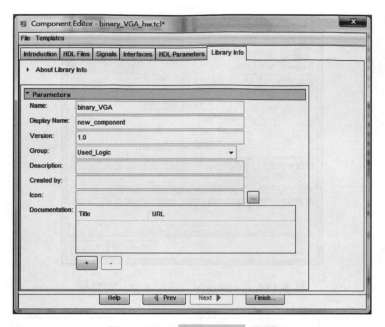

圖 5-112　Library Info 頁面

點選 Component Editor 視窗中的 Finish 鈕，出現詢問視窗，按 Yes,Save 存檔。
回到 SOPC Builder 視窗，展開左邊的 "User Logic" 可以看到剛才編輯好
的 "binary_VGA" 元件，如圖 5-113 所示。

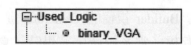

圖 5-113　" binary_VGA" 元件新增結果

8. 將組件引入 SOPC 系統：選取在 SOPC Builder 視窗的左邊 User Logic 下的
binary_VGA"，再按 Add 鈕。開啓「binary_VGA_inst」對話框，如圖 5-114，直
接按 Finish 鈕回到 SOPC Builder 畫面，可以看到 binary_VGA 的模組名稱爲 "
binary_VGA_inst" 出現在 Module Name 下。按右鍵 "Rename" 可以更名爲 "VGA"，
將 "Clock" 下方欄位選擇出 "pll_c0"，設定結果如圖 5-115 所示。SOPC Builder 會對
Nios 系統模組指定預設位址，你可以修改這些預設值。自動指定基底位址 "Auto
Assign Base Address" 功能可使位址被 SOPC Builder 重新自動指定，選擇 SOPC
Builder 選單 System → Auto Assign Base Address。

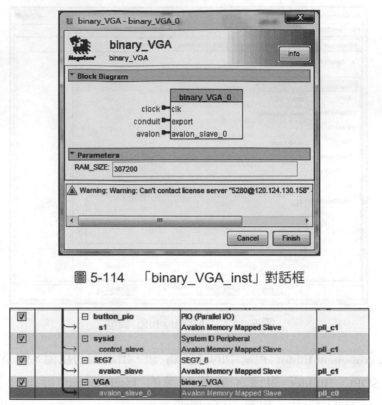

圖 5-114 「binary_VGA_inst」對話框

圖 5-115 更名為"VGA"

9. 產生系統：按在 SOPC Builder 視窗的"Generate"鍵，產生系統。會出現是否存檔的對話框，按 Save 存檔。當系統產生完畢時，會顯示"System generation was successful"訊息，按 Exit 鍵關掉 SOPC Builder，按 Save 存檔。

5-4-3 在 Quartus II 中編輯硬體與燒錄

在 Quartus II 中編輯硬體與燒錄流程為：

● 在 Quartus II 中編輯硬體設計
● 元件指定
● 分析電路
● 腳位指定
● 存檔並組譯
● 下載設計至開發板

其詳細說明如下：

1.　在 Quartus II 中編輯硬體設計：回到 Quartus II 中，開啓"example.bdf"檔，選取"inst" 符號(system 模組)，按滑鼠右鍵，選取"Update Symbol or Block"，更新"system"符 號。移動一下原先的腳位。在圖形檔編輯範圍內用滑鼠快點兩下，或點選 ▷ 符號， 會出現「Symbol」對話框。在 Name: 處輸入 output。若勾選 Repeat-insert mode， 可以連續插入數個符號。設定好後按 ok 鈕。在圖形檔編輯範圍內選好擺放位置 按左鍵放置一個 "output" 符號，再換位置點左鍵一下按放上第二個 "output" 符 號，再換位置點左鍵一下按放上第三個 "output" 符號，共需八個 "output" 符號。 按 Esc 可終止放置符號。並更名為" VGA_R[9..0]"、" VGA_G[9..0]"、" VGA_B[9..0]"、" VGA_HS"、" VGA_VS"、" VGA_SYNC"、" VGA_BLANK"與" VGA_CLK"，結果如圖 5-116 所示。

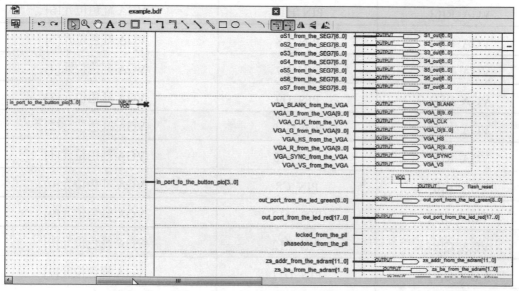

圖 5-116　更新"system"符號與移動腳位並加入輸出腳

2.　元件指定：選取視窗選單 Assignments → Device 處，開啓「Setting」對話框。在 Family 處選擇元件類別，例如選擇"Cyclone II"，在 Target device 處選擇第二個 選項"Specific device selected in Available devices list "。在 Available devices 處選 元件編號"EP2C35F672C6"。再選取 Device and Pin Options，開啓「Device and Pin Options」對話框，選取 Unused Pin 頁面，將 Reserve all unused pins 設定成 As input, tri-stated。按 確定 鈕回到「Setting」對話框，再按 OK 鈕。

3.　分析電路:選取視窗選單 Processing → Start Compilation。

4. 腳位指定:選取視窗選單 Assignments → Pin Planner 處,開啓「Pin Planner」視窗,在 Node Name 下方欄位,會有八組輸出腳"VGA_R[9..0]"、"VGA_B[9..0]"、"VGA_G[9..0]"、"VGA_HS"、"VGA_VS"、"VGA_BLANK"、"VGA_SYNC"與"VGA_CLK",參考表 5-21 設定,結果如圖 5-117 所示。

表 5-21　指定腳位

example 設計腳位	Cyclone II 元件腳位	說明
VGA_R[9]	PIN_E10	VGA 紅色位元[9]
VGA_R[8]	PIN_F11	VGA 紅色位元[8]
VGA_R[7]	PIN_H12	VGA 紅色位元[7]
VGA_R[6]	PIN_H11	VGA 紅色位元[6]
VGA_R[5]	PIN_A8	VGA 紅色位元[5]
VGA_R[4]	PIN_C9	VGA 紅色位元[4]
VGA_R[3]	PIN_D9	VGA 紅色位元[3]
VGA_R[2]	PIN_G10	VGA 紅色位元[2]
VGA_R[1]	PIN_F10	VGA 紅色位元[1]
VGA_R[0]	PIN_C8	VGA 紅色位元[0]
VGA_G[9]	PIN_D12	VGA 綠色位元[9]
VGA_G[8]	PIN_E12	VGA 綠色位元[8]
VGA_G[7]	PIN_D11	VGA 綠色位元[7]
VGA_G[6]	PIN_G11	VGA 綠色位元[6]
VGA_G[5]	PIN_A10	VGA 綠色位元[5]
VGA_G[4]	PIN_B10	VGA 綠色位元[4]
VGA_G[3]	PIN_D10	VGA 綠色位元[3]
VGA_G[2]	PIN_C10	VGA 綠色位元[2]
VGA_G[1]	PIN_A9	VGA 綠色位元[1]
VGA_G[0]	PIN_B9	VGA 綠色位元[0]

VGA_B[9]	PIN_B12	VGA 藍色位元[9]
VGA_B[8]	PIN_C12	VGA 藍色位元[8]
VGA_B[7]	PIN_B11	VGA 藍色位元[7]
VGA_B[6]	PIN_C11	VGA 藍色位元[6]
VGA_B[5]	PIN_J11	VGA 藍色位元[5]
VGA_B[4]	PIN_J10	VGA 藍色位元[4]
VGA_B[3]	PIN_G12	VGA 藍色位元[3]
VGA_B[2]	PIN_F12	VGA 藍色位元[2]
VGA_B[1]	PIN_J14	VGA 藍色位元[1]
VGA_B[0]	PIN_J13	VGA 藍色位元[0]
VGA_CLK	PIN_B8	VGA 時脈訊號位元
VGA_BLANK	PIN_D6	VGA 空白訊號位元
VGA_HS	PIN_A7	VGA 水平同步訊號位元
VGA_VS	PIN_D8	VGA 垂直同步訊號位元
VGA_SYNC	PIN_B7	VGA 同步訊號位元

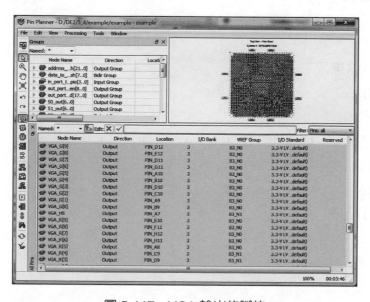

圖 5-117　VGA 輸出的腳位

5. 存檔並組譯：選取視窗選單 File → Save，存檔之後，選取視窗選單 Processing → Start Compilation。組譯成功出現報告畫面顯示"Full compilation was successful."訊息，按 OK 鈕關閉。

6. 燒錄設計至開發板：將開發板接上電源，並且利用下載線(download cable)連接開發板與電腦，選取視窗選單 Tools → Programmer，出現燒錄視窗，出現 "example.cdf"檔。在"example.cdf"檔燒錄畫面，要將 Program/Configure 項勾選，燒錄視窗中將要燒錄檔項目的 Program/Configure 處要勾選，再按 Start 鈕進行燒錄。若是燒錄完電腦會出現一個畫面「OpenCore Plus Status」，注意不要按 Cancel 鍵。

5-4-4 Nios II 控制螢幕顯示

Nios II 控制螢幕顯示流程為：

● 開啟 Nios II IDE
● 建立" VGA"專案
● 建立"VGA.h"檔案
● 編輯"VGA.h"檔案
● 建立"VGA.c"檔案
● 編輯"VGA.c
● 建構專案
● 執行程式
● 觀看執行結果
● 更改"VGA.c"
● 執行程式
● 觀看執行結果
● 更改"VGA.c"
● 執行程式
● 觀看執行結果

其詳細說明如下：

1. 開啓 Nios II IDE：選取開始→所有程式→Altera→Nios II EDS 10.0 →Legacy Nios II Tools → Nios II 10.0 IDE，開啓 Nios II IDE 環境。若出現「Workspace Launcher」對話框，直接按 OK 鍵。進入「Nios II IDE」環境。若出現歡迎視窗。按歡迎畫面右上方的"Workbench"切至工作視窗。

2. 建立專案：選取 Nios II IDE 環境選單 File → New → Nios II C/C++ Application，出現「New Project」對話框，在 Select Project Template 處選取"Blank project"，在 name 處改成"VGA"。不要勾選 Specify Location 項目。在 Select Target Hardware 下方 SOPC Builder System PTF File: 處找到剛才系統產生的硬體檔"D:\DE2\5_4\example\system.ptf"，如圖 5-118 所示，設定好按 Finish 鍵。Nios II IDE 創造一個新專案出現在工作視窗上。

圖 5-118　設定新專案

3. 建立"VGA.h"檔案：選取 File→New→Header File，出現「New Header File」視窗，在"Source Folder"處選出"VGA"，在" Header File"處填入 VGA.h"，如圖 5-119 所示，設定好按 Finish 鍵。

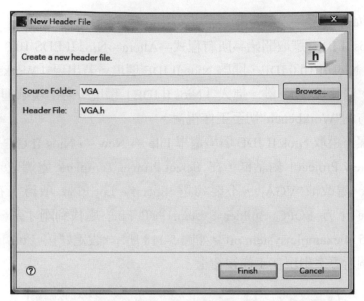

圖 5-119 建立"VGA.h"檔案

4. 編輯"VGA.h"檔案：編輯"VGA.h"檔案結果如表 5-22 所示。

表 5-22 編輯"VGA.h"檔案結果

```
#ifndef VGA_H_
#define VGA_H_
#define VGA_WIDTH     640
#define VGA_HEIGHT    480
#define OSD_MEM_ADDR  VGA_WIDTH*VGA_HEIGHT

#define Vga_Write_Ctrl(base,value)          IOWR(base, OSD_MEM_ADDR,
value)
#define Vga_Set_Pixel(base,x,y)             IOWR(base, y*VGA_WIDTH+x, 1)
#define Vga_Clr_Pixel(base,x,y)             IOWR(base, y*VGA_WIDTH+x, 0)
#endif /*VGA_H_*/
```

5. 建立"VGA.c"檔案：選取 File→New→Source File，出現「New Source File」視窗，
   在"Source Folder"處選出"VGA"，在"Source File"處填入 VGA.c"，如圖 5-120 所示，
   設定好按 Finish 鍵。

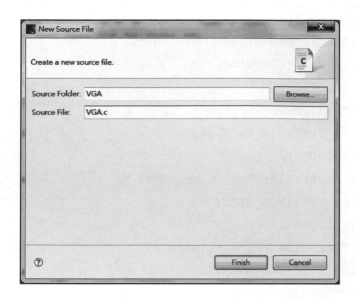

圖 5-120　建立"VGA.c"檔案

6. 編輯"VGA.c"：先測試 VGA 的控制程式，編輯"VGA.c"結果如表 5-23 所示。程式說明如表 5-24 所示。

表 5-23　編輯"VGA.c"結果

```c
#include <io.h>
#include "system.h"
#include "VGA.h"
int main(void)
{
    while(1)
    {
        printf("Red \n");
        Vga_Write_Ctrl(VGA_BASE,4);
        printf("Green \n");
        usleep(1000000);
        Vga_Write_Ctrl(VGA_BASE,2);
        printf("Blue \n");
        usleep(1000000);
        Vga_Write_Ctrl(VGA_BASE,1);
```

```
      usleep(1000000);
      printf("Red+Green+Blue＝While \n");
      Vga_Write_Ctrl(VGA_BASE,7);
      usleep(1000000);
      printf("Red+Green＝Yellow \n");
      Vga_Write_Ctrl(VGA_BASE,6);
      usleep(1000000);
      printf("Green+Blue＝Sky Blue \n");
      Vga_Write_Ctrl(VGA_BASE,3);
      usleep(1000000);
      printf("Red+Blue＝Purple \n");
      Vga_Write_Ctrl(VGA_BASE,5);
      usleep(1000000);
      printf("None\n");
      Vga_Write_Ctrl(VGA_BASE,0);
      usleep(1000000);
   }
         return (0);
}
```

表 5-24　程式說明

程式內容	說明
usleep(1000000);	停 1 秒
Vga_Write_Ctrl(VGA_BASE,4);	控制 VGA 控制電路裝置的 RGB 顏色致能，4 為紅色致能，藍色與綠色禁能。
Vga_Write_Ctrl(VGA_BASE,2);	控制 VGA 控制電路裝置的 RGB 顏色致能，2 為紅色禁能，綠色致能，藍色禁能。
Vga_Write_Ctrl(VGA_BASE,1);	控制 VGA 控制電路裝置的 RGB 顏色致能，1 為紅色禁能，綠色禁能，藍色致能。
Vga_Write_Ctrl(VGA_BASE,7);	控制 VGA 控制電路裝置的 RGB 顏

	色致能，7 為紅色致能，綠色致能，藍色致能。
Vga_Write_Ctrl(VGA_BASE,6);	控制 VGA 控制電路裝置的 RGB 顏色致能，6 為紅色致能，綠色致能，藍色禁能。
Vga_Write_Ctrl(VGA_BASE,3);	控制 VGA 控制電路裝置的 RGB 顏色致能，3 為紅色禁能，綠色致能，藍色致能。
Vga_Write_Ctrl(VGA_BASE,5);	控制 VGA 控制電路裝置的 RGB 顏色致能，5 為紅色致能，綠色禁能，藍色致能。
Vga_Write_Ctrl(VGA_BASE,0);	控制 VGA 控制電路裝置的 RGB 顏色致能，0 為紅色禁能，綠色禁能，藍色禁能。

7. 建構專案：選取在 Nios II C/C++ Projects 頁面下的"VGA"，按滑鼠右鍵，選取 Build Project，則開始進行組繹。當專案組繹成功，則可執行專案。如果有錯誤發生，則有可能是在作硬體設計時，若干設定不正確，回到 SOPC Builder 檢查硬體內容，修改後重新產生系統並重新組譯後再次燒錄元件。修改硬體後再重新執行 Build Project。

8. 執行程式：請先確認 DE2 發展板已接好電源，並已在 Quartus II 環境執行 5-4-3 之燒錄硬體動作。選取 Run → Run，出現「Run」對話框。在左側 Configurations browser 處，用滑鼠點選"Nios II Hardware"，按滑鼠右鍵選 New 則開啓執行視窗。在 Main 頁面下的 Project 處要選擇"VGA"，確認在 Target Hardware 處的 ".PTF" 檔為你的系統硬體設計檔。在 Target Connection 頁面下，若是連接了一個以上的 JTAG 線，則須要選取 Target Connection 鍵，從下拉選單選擇出連接到你的模擬板的線，例如 USB-Blaster 或 ByteBlater。接受預設值並按 Run 鈕。此時開始下載軟體，重置處理器並開始執行軟體。此時在 Nios II IDE 下方 Console 視窗會顯示一些訊息。或選取 Run → Run As → Nios II Hardware。此時開始下載軟體，重置處理器並開始執行軟體。此時在 Nios II IDE 下方 Console 視窗會顯示一些訊息。

9. 觀看執行結果：執行結果在螢幕下方出現如圖 5-118 所示之文字。將 DE2 發展板的 VGA 輸出端接上顯示器，如圖 5-119 所示，由 VGA 輸出端輸出之畫面為紅、綠、藍、白、黃、天藍、紫、黑輪流出現，每個畫面停留時間為 1 秒。

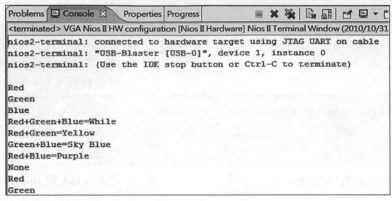

圖 5-121　執行結果

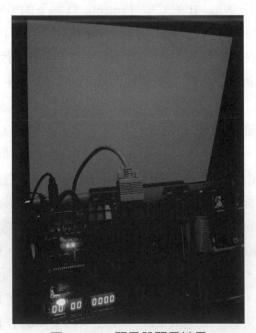

圖 5-122　顯示器顯示結果

10. 更改"VGA.c"：更改"VGA.c"內容，使 VGA 控制電路中的 RAM 的內容改變，將輸出螢幕的左下角畫面資料清為 0，再重寫為 1，編輯"VGA.c"結果如表 5-25 所示。程式說明如表 5-26 所示。

表 5-25　編輯"VGA.c"結果

```c
#include <io.h>
#include "system.h"
#include "VGA.h"

int main(void)
{
      int x,y;
       printf("White\n");
    Vga_Write_Ctrl(VGA_BASE,7);
    for (y = 0; y < 480; y++)
      {
       for (x =0; x < 640; x++)
         {
           Vga_Set_Pixel(VGA_BASE,x,y);
         }
      }
    while(1)

    {

            printf("Clr\n");

            for (y = 480/2; y < 480; y++)
              {
               for (x =0; x < 640/2; x++)
                {
                 Vga_Clr_Pixel(VGA_BASE,x,y);
                }
              }
            usleep(1000000);
          printf("Set\n");
```

```
              for (y = 480/2; y <480 ; y++)
                {
                  for (x =0; x < 640/2; x++)
                  {
                   Vga_Set_Pixel(VGA_BASE,x,y);
                   }
                }
             usleep(1000000);
           }
          return (0);
}
```

表 5-26　程式說明

程式內容	說明
usleep(1000000);	停 1 秒
Vga_Write_Ctrl(VGA_BASE,7);	控制 VGA 控制電路裝置的 RGB 顏色致能，7 為紅色致能，綠色致能與藍色致能。

for (y = 480/2; y < 480; y++)
　　{
　　　for (x =0; x < 640/2; x++)
　　　{
 	
Vga_Clr_Pixel(VGA_BASE,x,y);
　　　}
　　}
	將 y 座標 240 至 479，x 座標 0 至 319 畫面清除。

for (y = 480/2; y < 480; y++)
　　{
　　　for (x =0; x < 640/2; x++)
　　　{
 	
Vga_Set_Pixel(VGA_BASE,x,y);
　　　}
　　}
	將 y 座標 240 至 479，x 座標 0 至 319 畫面恢復。

11. 執行程式：選擇"VGA"專案，選取 Run → Run As → Nios II Hardware。此時開始下載軟體，重置處理器並開始執行軟體。此時在 Nios II IDE 下方 Console 視窗會顯示一些訊息。

12. 觀看執行結果：執行結果在螢幕下方出現如圖 5-123 所示之文字。將 DE2 發展板的 VGA 輸出端接上顯示器，如圖 5-124 所示，由 VGA 輸出端輸出之畫面為左下角畫面會消失與出現輪流出現，每個畫面停留時間為 1 秒。

```
Problems  Console ☒  Properties  Progress           ■ ✖ ✖  ▣ ▦  ▣ ▣ ▾ ▣
<terminated> VGA Nios II HW configuration [Nios II Hardware] Nios II Terminal Window (2010/10/31
nios2-terminal: connected to hardware target using JTAG UART on cable
nios2-terminal: "USB-Blaster [USB-0]", device 1, instance 0
nios2-terminal: (Use the IDE stop button or Ctrl-C to terminate)

White
Clr
Set
Clr
Set
Clr
Set
Clr
Set
```

圖 5-123　執行結果

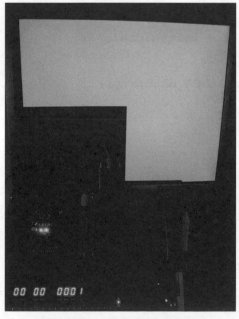

圖 5-124　顯示器顯示結果

13. 更改"VGA.c"：更改"VGA.c"內容，使 VGA 控制電路中的 RAM 的內容改變，將輸出螢幕的左上角畫面資料清為 0，再將右上角畫面資料清為 0，再將左下上角畫面資料清為 0，再將右下角畫面資料清為 0，再將左上角畫面資料重寫為 1，再將右上角畫面資料重寫為 1，再將左下角畫面資料重寫為 1，再將右下角畫面資料重寫為 1，編輯"VGA.c"結果如表 5-27 所示。程式說明如表 5-28 所示。

表 5-27　編輯"VGA.c"結果

```
#include <io.h>
#include "system.h"
#include "VGA.h"

void Set_color(unsigned int left,  unsigned int top,
            unsigned int width, unsigned int height)
{
   unsigned int  x,y;



   for (y = top; y < top+height; ++y)
   {
      for (x =left; x < left+width; ++x)
      {
         Vga_Set_Pixel(VGA_BASE,x,y);
      }


   }



}


void clr(unsigned int left,  unsigned int top,
            unsigned int width, unsigned int height)
{
   unsigned int  x,y;
   for (y = top; y < top+height; ++y)
```

```
    {
        for (x =left; x < left+width; ++x)
        {
            Vga_Clr_Pixel(VGA_BASE,x,y);
        }


    }
}


int main(void)
{
  Set_color(0,  0, VGA_WIDTH, VGA_HEIGHT);
    while(1)
    {
            Vga_Write_Ctrl(VGA_BASE,7);
            usleep(1000000);
            printf("clear  range:left = 0,top = 0,width = 640/2,  height =
480/2;\n");
            clr(0,  0, VGA_WIDTH/2, VGA_HEIGHT/2);
            usleep(1000000);
            printf("clear  range:left = 640/2,top = 480/2,width = 640/2,
height=480/2;\n");
            clr(VGA_WIDTH/2, 0 , VGA_WIDTH/2, VGA_HEIGHT/2);
             usleep(1000000);
            printf("clear  range:left=640/2,top=0,width=640/2,  height
=480/2;\n");
            clr(0,VGA_HEIGHT/2,  VGA_WIDTH/2, VGA_HEIGHT/2);
             usleep(1000000);
            printf("clear  range:left = 640/2,top = 480/2,width = 640/2,
height=480/2;\n");
            clr(VGA_WIDTH/2, VGA_HEIGHT/2, VGA_WIDTH/2, VGA_HEIGHT/2);
             usleep(1000000);
            printf("Set  range:left = 0,top = 0,width = 640/2,  height =
480/2;\n");
```

```
        Set_color(0,  0, VGA_WIDTH/2, VGA_HEIGHT/2);
        usleep(1000000);
        printf("Set range:left＝640/2,top＝0,width＝640/2, height＝
480/2;\n");
        Set_color(VGA_WIDTH/2,0, VGA_WIDTH/2, VGA_HEIGHT/2);
         usleep(1000000);
       printf("Set range:left＝0,top＝480/2,width＝640/2, height＝
480/2;\n");
        Set_color(0,VGA_HEIGHT/2,  VGA_WIDTH/2, VGA_HEIGHT/2);
         usleep(1000000);
        printf("Set range:left＝640/2,top＝480/2,width＝640/2, height
＝480/2;\n");
        Set_color(        VGA_WIDTH/2,VGA_HEIGHT/2,        VGA_WIDTH/2,
VGA_HEIGHT/2);
    }
        return (0);
}
```

表 5-28　程式說明

程式內容	說明
usleep(1000000);	停 1 秒
Vga_Write_Ctrl(VGA_BASE,7);	控制 VGA 控制電路裝置的 RGB 顏色致能，4 為紅色致能，綠色致能與藍色致能。
void Set_color(unsigned int left, unsigned int top, unsigned int width, unsigned int height)	將 x 座標 left 至 left+width-1，y 座標 top 至 top+ height-1 畫面恢復。
void clr(unsigned int left, unsigned int top, unsigned int width, unsigned int height)	將 x 座標 left 至 left+width-1，y 座標 top 至 top+ height-1 畫面清除。

`clr(0,        0,      VGA_WIDTH/2, VGA_HEIGHT/2);`	將 x 座標 0 至 VGA_WIDTH/2-1，y 座標 0 至 VGA_HEIGHT/2-1 畫面清除。
`clr(VGA_WIDTH/2, 0 , VGA_WIDTH/2, VGA_HEIGHT/2);`	將 x 座標 VGA_WIDTH/2 至 VGA_WIDTH-1，y 座標 0 至 VGA_HEIGHT/2-1 畫面清除。
`clr(0,VGA_HEIGHT/2,   VGA_WIDTH/2, VGA_HEIGHT/2);`	將 x 座標 0 至 VGA_WIDTH/2-1，y 座標 VGA_HEIGHT/2 至 VGA_HEIGHT-1 畫面清除。
`clr(VGA_WIDTH/2,      VGA_HEIGHT/2, VGA_WIDTH/2, VGA_HEIGHT/2);`	將 x 座標 VGA_WIDTH/2 至 VGA_WIDTH-1，y 座標 VGA_HEIGHT/2 至 VGA_HEIGHT-1 畫面清除。
`Set_color(0,       0,    VGA_WIDTH/2, VGA_HEIGHT/2);`	將 x 座標 0 至 VGA_WIDTH/2-1，y 座標 0 至 VGA_HEIGHT/2-1 畫面顏色恢復。
`Set_color(VGA_WIDTH/2,0, VGA_WIDTH/2, VGA_HEIGHT/2);`	將 x 座標 VGA_WIDTH/2 至 VGA_WIDTH-1，y 座標 0 至 VGA_HEIGHT/2-1 畫面顏色恢復。
`Set_color(0,VGA_HEIGHT/2, VGA_WIDTH/2, VGA_HEIGHT/2);`	將 x 座標 0 至 VGA_WIDTH/2-1，y 座標 VGA_HEIGHT/2 至 VGA_HEIGHT-1 畫面顏色恢復。
`Set_color( VGA_WIDTH/2,VGA_HEIGHT/2, VGA_WIDTH/2, VGA_HEIGHT/2);`	將 x 座標 VGA_WIDTH/2 至 VGA_WIDTH-1，y 座標 VGA_HEIGHT/2 至 VGA_HEIGHT-1 畫面顏色恢復。

14. 執行程式：選擇"VGA"專案，選取 Run → Run As → Nios II Hardware。此時開始下載軟體，重置處理器並開始執行軟體。此時在 Nios II IDE 下方 Console 視窗會顯示一些訊息。

15. 觀看執行結果：執行結果在螢幕下方出現如圖 5-125 所示之文字。將 DE2 發展板的 VGA 輸出端接上顯示器，如圖 5-126 所示，由 VGA 輸出端輸出之螢幕的左上角畫面清除，再將右上角畫面清除，再將左下上角畫面清除，再將右下角畫面清除，再將左上角畫面恢復顏色，再將右上角畫面恢復顏色，再將左下角畫面畫面恢復顏色，再將右下角畫面畫面恢復顏色，每個畫面停留時間為 1 秒。

```
Problems  ■ Console ※   Properties  Progress        ■ ✖ ✗ | ▣ ▣ | ▣ ▣ ▾ ▢
<terminated> VGA Nios II HW configuration [Nios II Hardware] Nios II Terminal Window (2010/10/31
nios2-terminal: connected to hardware target using JTAG UART on cable
nios2-terminal: "USB-Blaster [USB-0]", device 1, instance 0
nios2-terminal: (Use the IDE stop button or Ctrl-C to terminate)

Clr
Set
Clr
clear range:left=0,top=0,width=640/2, height=480/2;
clear range:left=640/2,top=480/2,width=640/2, height=480/2;
clear range:left=640/2,top=0,width=640/2, height=480/2;
clear range:left=640/2,top=480/2,width=640/2, height=480/2;
Set range:left=0,top=0,width=640/2, height=480/2;
```

圖 5-125　執行結果

圖 5-126　執行結果

5-5　Nios II 控制乒乓球遊戲

Nios II 控制乒乓球遊戲流程為：

● 開啟 Nios II IDE

● 建立” ping_pong”專案

● 建立” ping_pong.h”檔案

● 編輯” ping_pong.h”檔案

● 建立” ping_pong.c”檔案

● 編輯” ping_pong.c

● 建構專案

● 執行程式

● 觀看執行結果

● 更改” ping_pong.c”

● 執行程式

● 觀看執行結果

● 更改” ping_pong.c”

● 執行程式

● 觀看執行結果

其詳細說明如下：

1. 開啟 Nios II IDE：選取開始→所有程式→Altera→Nios II EDS 10.0 →Legacy Nios II Tools → Nios II 10.0 IDE，開啟 Nios II IDE 環境。若出現「Workspace Launcher」對話框，直接按 OK 鍵。進入「Nios II IDE」環境。若出現「Workspace Launcher」對話框，按 OK 鈕，出現歡迎視窗。按歡迎畫面右上方的”Workbench”切至工作視窗。

2. 建立” ping_pong”專案：選取 Nios II IDE 環境選單 File → New → Nios II C/C++ Application，出現「New Project」對話框，在 Select Project Template 處選取“Blank project”，在 name 處改成“ping_pong”。不要勾選 Specify Location 項目。在 Select Target Hardware 下方 SOPC Builder System PTF File: 處找到剛才系統產生的硬體檔” D:\DE2\5_4\example\system.ptf”，如圖 5-127 所示，設定好按 Finish 鍵。Nios II IDE 創造一個新專案出現在工作視窗上。

圖 5-127　設定新專案

3. 建立"ping_pong.h"檔案：選取 File→New→Header File，出現「New Header File」視窗，在"Source Folder"處選出"ping_pong"，在" Header File"處填入 ping_pong.h"，如圖 5-128 所示，設定好按 Finish 鍵。

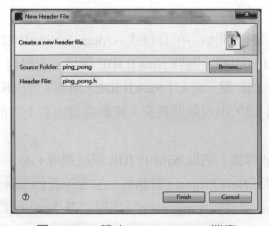

圖 5-128　建立"ping_pong.h"檔案

4. 編輯" ping_pong.h"檔案：編輯"ping_pong.h"檔案結果如表 5-33 所示。

表 5-33　編輯"ping_pong.h"檔案結果

```
#ifndef PING_PONG_H_
#define PING_PONG_H_
#define VGA_WIDTH      640
#define VGA_HEIGHT     480
#define OSD_MEM_ADDR  VGA_WIDTH*VGA_HEIGHT

// VGA Set Function
#define Vga_Write_Ctrl(base,value)        IOWR(base, OSD_MEM_ADDR    ,
value)
#define Vga_Set_Pixel(base,x,y)           IOWR(base, y*VGA_WIDTH+x, 1)
#define Vga_Clr_Pixel(base,x,y)           IOWR(base, y*VGA_WIDTH+x, 0)


#endif /*PING_PONG_H_*/
```

5. 建立"ping_pong.c"檔案：選取 File→New→Source File，出現「New Source File」
   視窗，在"Source Folder"處選出"ping_pong"，在"Source File"處填入"ping_pong.c"，
   如圖 5-129 所示，設定好按 Finish 鍵。

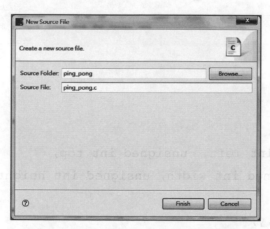

圖 5-129　建立" ping_pong.c"檔案

5-5-1 產生一個移動的球與一個擋板

1. 編輯" ping_pong.c"：先產生一個移動的球與一個擋板，球碰到螢幕邊緣會反射，編輯" ping_pong.c"結果如表 5-34 所示。程式說明如表 5-35 所示。

表 5-34　編輯" ping_pong.c"結果

```c
#include <io.h>
#include "system.h"
#include "ping_pong.h"

void Set_color(unsigned int left,  unsigned int top,
            unsigned int width, unsigned int height)
{
    unsigned int  x,y;



    for (y = top; y < top+height; ++y)
    {
        for (x =left; x < left+width; ++x)
        {
            Vga_Set_Pixel(VGA_BASE,x,y);
        }


    }


}

void clr(unsigned int left,  unsigned int top,
            unsigned int width, unsigned int height)
{
    unsigned int  x,y;
    for (y = top; y < top+height; ++y)
    {
        for (x =left; x < left+width; ++x)
```

```
      {
          Vga_Clr_Pixel(VGA_BASE,x,y);
      }
    }
  }
int main(void)
{
    int counter_y,counter_x;
    int board_x, board_y;
    int dx,dy;
  Vga_Write_Ctrl(VGA_BASE,7);
  printf("clear range:left＝0,top＝0,width＝640, height＝480;\n");
  clr(0,  0, VGA_WIDTH, VGA_HEIGHT);
   usleep(1000000);
  counter_x＝VGA_WIDTH/2;
  counter_y＝VGA_HEIGHT/2;
  board_x＝VGA_WIDTH/2;
  board_y＝0;
  dx＝1;
  dy＝1;
   while(1)
      {
          if (counter_x>640-8)  //ball_size＝8
           dx＝-1;
          else
            {if (counter_x<＝0)
            dx＝1;
            }
          counter_x＝counter_x+dx;
          if (counter_y>480-8)  //ball_size＝8
            dy＝-1;
          else
            {if (counter_y<＝0)
```

```
                  dy＝1;
                  }
            counter_y＝counter_y+dy;
            printf("Set ball range:left＝counter_x,top＝counter_y,width
＝8, height＝8;\n");
            Set_color(counter_x,  counter_y, 8,8 );
            usleep(10000);
            printf("Clear    ball    range:left  =  counter_x,top  =
counter_y,width＝8, height＝8;\n");
            clr(counter_x,  counter_y, 8,8 );
            Set_color(board_x,board_y,40,5);
       }
            return (0);
}
```

表 5-35   程式說明

程式內容	說明
usleep(1000000);	停 1 秒
void Set_color(unsigned int left, unsigned int top, unsigned int width, unsigned int height)	將 x 座標 left 至 left+width-1，y 座標 top 至 top+ height-1 畫面恢復。
void clr(unsigned int left, unsigned int top, unsigned int width, unsigned int height)	將 x 座標 left 至 left+width-1，y 座標 top 至 top+ height-1 畫面清除。
Vga_Write_Ctrl(VGA_BASE,7);	控制 VGA 控制電路裝置的 RGB 顏色致能，4 為紅色致能，綠色致能與藍色致能。
clr(0, 0, VGA_WIDTH, VGA_HEIGHT);	將 x 座標 0 至 VGA_WIDTH-1，y 座標 0 至 VGA_HEIGHT-1 畫面清除。
counter_x＝VGA_WIDTH/2; counter_y＝VGA_HEIGHT/2;	變數初始值。

| ```
board_x=VGA_WIDTH/2;
board_y=0;
dx=1;
dy=1;
``` | |
| ```
if (counter_x>640-8)
        dx=-1;
        else
        {if (counter_x<=0)
        dx=1;
        }
counter_x=counter_x+dx;
``` | 若球 x 座標 counter_x 大於 640-8，則 dx＝-1，除此之外，若球 x 座標 counter_x 小於＝0，則 dx=1。<br><br>球 x 座標 counter_x＝counter_x+dx |
| ```
if (counter_y>480-8)
        dy=-1;
        else
        {if (counter_y<=0)
        dy=1;

        }
        counter_y        =
counter_y+dy;
``` | 若球 y 座標 counter_y 大於 480-8，則 dy＝-1，除此之外，若球 y 座標 counter_y 小於＝0，則 dy=1。<br><br>球 y 座標 counter_y＝counter_y+dy |
| ```
Set_color(counter_x,
counter_y, 8,8 );
``` | 將 x 座標 counter_x 至 counter_x +8-1，y 座標 counter_y 至 counter_y +8-1 畫面顏色恢復。 |
| ```
clr(counter_x,  counter_y, 8,8 );
``` | 將 x 座標 counter_x 至 counter_x +8-1，y 座標 counter_y 至 counter_y +8-1 畫面清除。 |
| ```
Set_color(board_x,board_y,40,5);
``` | 將 x 座標 board_x 至 board_x +40-1，y 座標 board_y 至 board_y+5-1 畫面顏色恢復。 |

2. 建構專案：選取在 Nios II C/C++ Projects 頁面下的"ping_pong"，按滑鼠右鍵，選取 Build Project ，則開始進行組繹。當專案組繹成功，則可執行專案。如果有錯誤發生，則有可能是在作硬體設計時，若干設定不正確，回到 SOPC Builder 檢查硬體內容，修改後重新產生系統並重新組譯後再次燒錄元件。修改硬體後再重新執行 Build Project 。

3. 執行程式：請先確認 DE2 發展板已接好電源，並已在 Quartus II 環境執行 5-4-3 之燒錄硬體動作。選取 Run → Run，出現「Run」對話框。在左側 Configurations browser 處，用滑鼠點選"Nios II Hardware"，按滑鼠右鍵選 New 則開啟執行視窗。在 Main 頁面下的 Project 處要選擇"ping_pong"，確認在 Target Hardware 處的 ".PTF" 檔為你的系統硬體設計檔。在 Target Connection 頁面下，若是連接了一個以上的 JTAG 線，則須要選取 Target Connection 鍵，從下拉選單選擇出連接到你的模擬板的線，例如 USB-Blaster 或 ByteBlater。接受預設值並按 Run 鈕。此時開始下載軟體，重置處理器並開始執行軟體。此時在 Nios II IDE 下方 Console 視窗會顯示一些訊息。選取在 Nios II C/C++ Projects 頁面下的"ping_pong"，按滑鼠右鍵，再選取 Run As → Nios II Hardware。此時開始下載軟體，重置處理器並開始執行軟體。此時在 Nios II IDE 下方 Console 視窗會顯示一些訊息，如圖 5-130 所示。

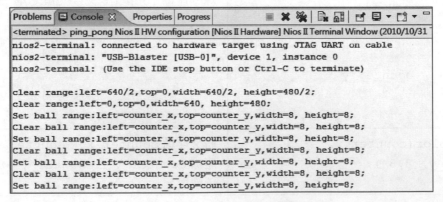

圖 5-130　　Console 視窗

4. 觀看執行結果：將 DE2 發展板的 VGA 輸出端接上顯示器，執行結果由 VGA 輸出端輸出之畫面為一個長方形擋板與一個移動的小方塊遇到螢幕邊緣會反彈。

5-5-2　壓按開關觸發擋板移動與七段顯示器記分

1. 更改"ping_pong.c"：更改" ping_pong.c"內容，使長方形擋板位置由壓按開關觸發改變，有右移觸發與左移觸發，並有七段顯示器記分，還有由壓按開關觸發的重玩按鈕。編輯" ping_pong.c"結果如表 5-36 所示。程式說明如表 5-37 所示。

表 5-36　編輯" ping_pong.c"結果

```c
#include <io.h>
#include "system.h"
#include "alt_types.h"
#include "altera_avalon_pio_regs.h"
#include "sys/alt_irq.h"

#include "ping_pong.h"
volatile int edge_capture;
int board_x;
int board_width,board_height;
int ball_size;
int counter_y,counter_x;

static alt_u32 scale;

#ifdef BUTTON_PIO_BASE
static void handle_button_interrupts(void* context, alt_u32 id)
{
    /* Cast context to edge_capture's type. It is important that this be
     * declared volatile to avoid unwanted compiler optimization.
     */
    volatile int* edge_capture_ptr = (volatile int*) context;
    /* Store the value in the Button's edge capture register in *context.
*/
    *edge_capture_ptr                                          =
IORD_ALTERA_AVALON_PIO_EDGE_CAP(BUTTON_PIO_BASE);
    /* Reset the Button's edge capture register. */
```

```
      IOWR_ALTERA_AVALON_PIO_EDGE_CAP(BUTTON_PIO_BASE, 0);
}


/* Initialize the button_pio. */


static void init_button_pio()
{
    /* Recast the edge_capture pointer to match the alt_irq_register()
function
     * prototype. */
    void* edge_capture_ptr = (void*) &edge_capture;
    /* Enable all 4 button interrupts. */
    IOWR_ALTERA_AVALON_PIO_IRQ_MASK(BUTTON_PIO_BASE, 0xf);
    /* Reset the edge capture register. */
    IOWR_ALTERA_AVALON_PIO_EDGE_CAP(BUTTON_PIO_BASE, 0x0);
    /* Register the interrupt handler. */
    alt_irq_register( BUTTON_PIO_IRQ, edge_capture_ptr,
                 handle_button_interrupts );
}
#endif



static void shift_board(alt_u8 type )
{
    switch (type)
        {
            /*  right shfit. */
        case 'r':
            {if (board_x<640-board_width)
            board_x = board_x +1;


            }
            break;
            /*  left shfit. */
```

```
        case 'l':
            {if (board_x>0)
            board_x = board_x -1;


            }
            break;
            /*  counting up. */
         default:
            board_x = board_x;
            break;
        }


    }
 static void replay( )


{

    counter_x=VGA_WIDTH/2;
    counter_y=VGA_HEIGHT/2;
    scale=0;


}



static void handle_button_press(alt_u8 type)
{
    static alt_u32 state;
    state=IORD_ALTERA_AVALON_PIO_DATA(BUTTON_PIO_BASE);
    /* Button press actions while counting. */


    if (type == 'c')
    {
        switch (edge_capture)
        {
            /* Button 1:  right shfit. */
```

```
        case 0x1:
            if (state==14)
            shift_board('r');
            else
            edge_capture=0;
            break;
            /* Button 2:  left shift. */
        case 0x2:
             if (state==13)
            shift_board('l');
            else
            edge_capture=0;
            break;
         case 0x8:
            replay();
            edge_capture=0;
            break;

        default:
             shift_board('s');
            edge_capture=0;

            break;
        }
    }
/* If 'type' is anything else, assume we're "waiting"...*/
    else
    {
        switch (edge_capture)
        {
        case 0x1:
            printf( "Button 1\n");
            edge_capture = 0;
```

```
            break;
        case 0x2:
            printf( "Button 2\n");
            edge_capture = 0;
            break;
        case 0x4:
            printf( "Button 3\n");
            edge_capture = 0;
            break;
        case 0x8:
            printf( "Button 4\n");
            edge_capture = 0;
            break;
        default:
            printf( "Button press UNKNOWN!!\n");
        }
    }
}


void Set_color(unsigned int left,  unsigned int top,
            unsigned int width, unsigned int height)
{
    unsigned int  x,y;


    for (y = top; y < top+height; ++y)
    {
        for (x =left; x < left+width; ++x)
        {
            Vga_Set_Pixel(VGA_BASE,x,y);
        }
```

```
    }

}

void clr(unsigned int left, unsigned int top,
             unsigned int width, unsigned int height)
{
    unsigned int x,y;


    for (y = top; y < top+height; ++y)
    {
        for (x =left; x < left+width; ++x)
        {
            Vga_Clr_Pixel(VGA_BASE,x,y);
        }


    }



}
int main(void)
{
    int board_y;
    int dx,dy;

  Vga_Write_Ctrl(VGA_BASE,7);
  printf("clear range:left=0,top=0,width=640, height=480;\n");
  clr(0, 0, VGA_WIDTH, VGA_HEIGHT);

  usleep(1000000);
  counter_x=VGA_WIDTH/2;
  counter_y=VGA_HEIGHT/2;
```

```
    board_x=VGA_WIDTH/2;
    board_y=0;
    board_width=40;
    board_height=5;
    ball_size=8;
    dx=1;
    dy=1;
    scale=0;

#ifdef BUTTON_PIO_BASE
    init_button_pio();
#endif


    while(1)

    {
            IOWR_ALTERA_AVALON_PIO_DATA( SEG7_BASE,scale );
             printf("scale=%08lXh\n",scale);

            if (counter_x>640-ball_size)
             dx=-1;
            else
              {if (counter_x<=0)
              dx=1;

              }
            counter_x=counter_x+dx;

            if (counter_y>480-ball_size)
              dy=-1;
            else
             {if(   (counter_y< = board_height)&&(counter_y> = 0)&&
(counter_x<board_x+board_width)&& (counter_x>board_x))
```

```
        // { if (counter_y<=0)
          { dy=1;
           scale=scale+1;}


          }
        counter_y=counter_y+dy;



        printf("Set ball range:left=counter_x,top=counter_y,width
=8, height=8;\n");
        Set_color(counter_x,  counter_y, ball_size,ball_size );
        usleep(10000);
        printf("Clear    ball    range:left  =  counter_x,top  =
counter_y,width=8, height=8;\n");

         clr(counter_x,  counter_y, ball_size,ball_size );

        if (edge_capture != 0)
            {
             /* Handle button presses */
              handle_button_press('c');
            }
          else
            {
          handle_button_press('s');;
              }

        Set_color(board_x,board_y,board_width,board_height);
         usleep(10000);

        clr(board_x,board_y,board_width,board_height );
    }
```

```
        return (0);
}
```

表 5-37　程式說明

程式內容	說明
static void init_button_pio()	壓按開關初始化
static void shift_board(alt_u8 type)	若 type 等於'r'，board_x 加 1(最大到 640-board_size)，若 type 等於'l'，board_x 減 1(最小到 0)
static void replay( )	重新開始，球的座標設定在 (VGA_WIDTH/2,VGA_HEIGHT/2)，且分數歸 0。
static void handle_button_press(alt_u8 type)	按鍵中斷判斷按鍵狀況，若 KEY0 被觸發且在按下的情況，呼叫 shift(r)；若 KEY1 被觸發且在按下的情況，呼叫 shift(l)。若 KEY3 被觸發且在按下的情況，呼叫 replay()。
void Set_color(unsigned int left, unsigned int top,　　　unsigned int width, unsigned int height)	將 x 座標 left 至 left+width-1，y 座標 top 至 top+ height-1 畫面恢復。
void Clr(unsigned int left, unsigned int top,　　　unsigned int width, unsigned int height)	將 x 座標 left 至 left+width-1，y 座標 top 至 top+ height-1 畫面清除。
IOWR_ALTERA_AVALON_PIO_DATA (SEG7_BASE,scale);	將 scale 的值輸出至七段顯示器上。

| ```
if (counter_x>640-ball_size)
        dx=-1;
      else
        {if (counter_x<=0)
        dx=1;


        }
      counter_x=counter_x+dx;
``` | 若球 x 座標 counter_x 大於 640-8，則 dx=-1，除此之外，若球 x 座標 counter_x 小於＝0，則 dx ＝1。<br><br>球 x 座 標 counter_x ＝ counter_x+dx |
| ```
        if
(counter_y>480-ball_size)
        dy=-1;
      else
        {if( (counter_y<=
board_height)&&(counter_y>=0)&&
(counter_x<board_x+board_width)&&
(counter_x>board_x))
        { dy=1;
        scale=scale+1;}
        }
      counter_y=counter_y+dy;
``` | 若球 y 座標 counter_y 大於 480-8，則 dy=-1，除此之外，若球 y 座標 (counter_y 小於等於 board_height) 並且 (counter_y 大於等於 0) 並且 (counter_x 小於 board_x+board_width) 並且 (counter_x 大於 board_x)，則 dy ＝1 且 scale 等於 scale 加 1。<br><br>球 y 座 標 counter_y ＝ counter_y+dy |

2. 執行結果：選取在 Nios II C/C++ Projects 頁面下的 "ping_pong"，按滑鼠右鍵，再選取 Run As → Nios II Hardware。此時開始下載軟體，重置處理器並開始執行軟體。此時在 Nios II IDE 下方 Console 視窗會顯示一些訊息，如圖 5-131 所示。

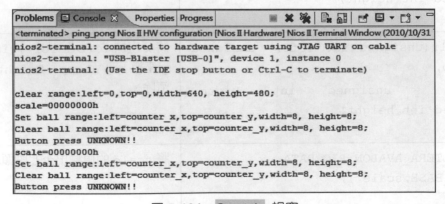

圖 5-131　Console 視窗

3. 觀看執行結果：將 DE2 發展板的 VGA 輸出端接上顯示器，執行結果由 VGA 輸出端輸出之畫面爲一個長方形擋板與一個移動的小方塊遇到長方形擋板會反彈，長方形擋板由壓按開關 KEY0 控制右移與 KEY1 控制左移，並有七段顯示器記分，還有由壓按開關 KEY2 觸發的重玩按鈕。實驗結果整理如表 5-38 所示。

表 5-38　實驗結果

壓按開關	實驗結果
壓按 KEY0	長方形擋板右移
放開 KEY0	長方形擋板停止
壓按 KEY1	長方形擋板左移
放開 KEY1	長方形擋板停止
壓按 KEY1 或 KEY0	碰到球，球會反彈，七段顯示器顯示值加 1
壓放 KEY3	球回到中間，七段顯示器分數歸 0(重玩)

5-6 記憶體測試範例

本章節使用前兩小節的專案 "example" 專案，增加 "SRAM" 記憶體週邊，系統架構如圖 5-132 所示。

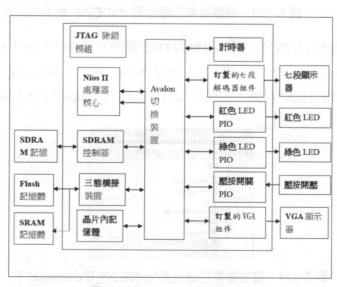

圖 5-132　SOPC 設計範例

5-6-1 SRAM 測試範例

開發板上都會有外接記憶體，例如 SRAM、SDRAM、Flash、CF 卡、SD 卡、SSRAM…
等記憶體。本小節介紹 SRAM 的存取。在這一個章節的主要步驟整理如下：

- 複製專案
- 開啟 Quartus II 專案
- 開啟 SOPC Builder 元件
- 增加 SRAM controller
- 產生系統
- 在 Quartus II 中組譯硬體設計
- 下載設計至開發板
- 使用 Nios II 微處理器執行程式

其詳細說明如下：

1. 複製專案目錄：將 5-4 小節的"d:\DE2\5_4\example"目錄，複製至"d:\DE2\5_6"下，
   如圖 5-133 所示。

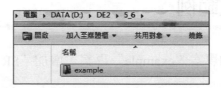

圖 5-133　複製專案目錄至至"d:\DE2\5_6"下

2. 複製 IP 目錄：將友晶公司網站提供的 DE2 範例光碟中的" DE2_System_v1.6"下的"
   DE2_demonstrations" 下 的 " DE2_NIOS_HOST_MOUSE_VGA" 下 的 "
   SRAM_16Bit_512K"目錄，複製至"d:\DE2\5_6\example"下，如圖 5-134 所示。

圖 5-134　複製專案目錄至至"d:\DE2\5_6\example"下

3. 開啓 Quartus II 專案：執行 Quartus II 軟體，選取視窗 File → Open Project，開啓「Open Project」對話框，選擇設計檔案的目錄爲"d:\DE2\5_6\example"，再選取"example.qpf"專案。

4. 開啓 SOPC Builder：在 Quartus II 中選取視窗 Tools → SOPC Builder，開啓 SOPC Builder 視窗。

5. 增加 SRAM controller：展開左方視窗 "Terasic Technologies Inc"，選取的"SRAM_16Bit_512K"，如圖 5-135 所示。選取"SRAM_16Bit_512K"，按滑鼠右鍵，選 Upgrade，出現「Component Editor」，再按 Finish 鍵。選取"SRAM_16Bit_512K"，出現如圖 5-136 所示，再按 Finish 鍵。

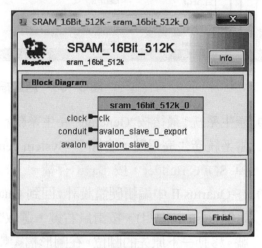

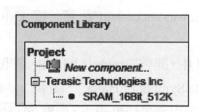

圖 5-135　SRAM 元件編輯視窗　　　　圖 5-136　增加 SRAM controller

在 SOPC Builder 畫面的 Module Name 下的"sram_16bit_512k_0"處按右鍵，選取 Rename，將"sram_16bit_512k_0"改爲"sram"，將"Clock"下方欄位選擇出"pll_c1"，如圖 5-137 所示。

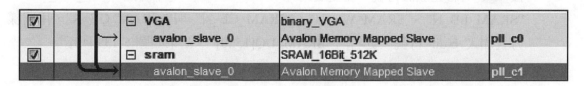

圖 5-137　更名結果

18. 自動指定基底位址：SOPC Builder 會對 Nios 系統模組指定預設位址，你可以修改這些預設值。自動指定基底位址"Auto Assign Base Address"功能可使位址被 SOPC Builder 重新自動指定，選擇 SOPC Builder 選單 System → Auto Assign Base Address。設定完如圖 5-138 所示。

Use	Connecti...	Module Name	Description	Clock	Base	End	Tags	IRQ
☑		⊟ led_red	PIO (Parallel I/O)					
		s1	Avalon Memory Mapped Slave	pll_c1	0x01b01030	0x01b0103f		
☑		⊟ led_green	PIO (Parallel I/O)					
		s1	Avalon Memory Mapped Slave	pll_c1	0x01b01040	0x01b0104f		
☑		⊟ button_pio	PIO (Parallel I/O)					
		s1	Avalon Memory Mapped Slave	pll_c1	0x01b01050	0x01b0105f		5
☑		⊟ sysid	System ID Peripheral					
		control_slave	Avalon Memory Mapped Slave	pll_c1	0x01b01068	0x01b0106f		
☑		⊟ SEG7	SEG7_8					
		avalon_slave	Avalon Memory Mapped Slave	pll_c1	0x01b01070	0x01b01073		
☑		⊟ VGA	binary_VGA					
		avalon_slave_0	Avalon Memory Mapped Slave	pll_c0	0x01800000	0x019fffff		
☑		⊟ sram	SRAM_16Bit_512K					
		avalon_slave_0	Avalon Memory Mapped Slave	pll_c1	0x01a80000	0x01affff		

圖 5-138　自動指定基底位址

19. 產生系統：最後按"Generate"產生系統。會出現是否存檔的對話框，按 Save 存檔。當系統產生完畢時，會顯示"System generation was successful"訊息，按 Exit 鍵關掉 SOPC Builder，按 Save 存檔。

20. 在 Quartus II 中編輯硬體設計：回到 Quartus II 中，開啟"example.bdf"檔，選取"inst"符號(system 模組)，按滑鼠右鍵，選取"Update Symbol or Block"，更新"system"符號。移動一下原先的腳位。在圖形檔編輯範圍內用滑鼠快點兩下，或點選 ⊡ 符號，會出現「Symbol」對話框。在 Name: 處輸入 output。若勾選 Repeat-insert mode，可以連續插入數個符號。設定好後按 ok 鈕。在圖形檔編輯範圍內選好擺放位置按左鍵放置一個"output"符號，再換位置點左鍵一下按放上第二個"output"符號，再換位置點左鍵一下按放上第三個"output"符號，共需八個"output"符號。按 Esc 可終止放置符號。並更名為" SRAM_ADDR[17..0]"、" SRAM_UB_N"、"SRAM_LB_N"、"SRAM_WE_N"、"SRAM_CE_N" 與" SRAM_OE_N"，用同樣方式加入 bidir 符號，更名為" SRAM_DQ[15..0]"、結果如圖 5-139 所示。

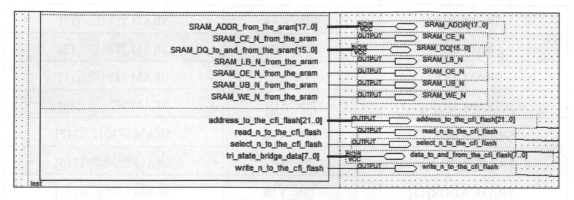

圖 5-139　加入 sram 接腳

21. 分析電路：選取視窗選單 Processing → Start Compilation。

22. 腳位指定：選取視窗選單 Assignments → Pin Planner 處，開啟「Pin Planner」視窗，
在 Node Name 下方欄位，會有輸出輸入腳” SRAM_ADDR[17..0]”、”SRAM_UB
_N”、”SRAM_LB_N”、”SRAM_WE_N”、”SRAM_CE_N”與”SRAM_OE_N”，參
考表 5-9 設定，結果如圖 5-140 所示。

表 5-39　腳位設定

頂層輸出輸入腳	Cyclone II 腳位	說明
SRAM_DQ[15]	PIN_AC10	SRAM 資料位元[15]
SRAM_DQ[14]	PIN_AC9	SRAM 資料位元[14]
SRAM_DQ[13]	PIN_W12	SRAM 資料位元[13]
SRAM_DQ[12]	PIN_W11	SRAM 資料位元[12]
SRAM_DQ[11]	PIN_AF8	SRAM 資料位元[11]
SRAM_DQ[10]	PIN_AE8	SRAM 資料位元[10]
SRAM_DQ[9]	PIN_AF7	SRAM 資料位元[9]
SRAM_DQ[8]	PIN_AE7	SRAM 資料位元[8]
SRAM_DQ[7]	PIN_Y11	SRAM 資料位元[7]
SRAM_DQ[6]	PIN_AA11	SRAM 資料位元[6]
SRAM_DQ[5]	PIN_AB10	SRAM 資料位元[5]
SRAM_DQ[4]	PIN_AA10	SRAM 資料位元[4]

SRAM_DQ[3]	PIN_AA9	SRAM 資料位元[3]
SRAM_DQ[2]	PIN_AF6	SRAM 資料位元[2]
SRAM_DQ[1]	PIN_AE6	SRAM 資料位元[1]
SRAM_DQ[0]	PIN_AD8	SRAM 資料位元[0]
SRAM_ADDR[17]	PIN_AC8	SRAM 位址位元[17]
SRAM_ADDR[16]	PIN_AB8	SRAM 位址位元[16]
SRAM_ADDR[15]	PIN_Y10	SRAM 位址位元[15]
SRAM_ADDR[14]	PIN_W10	SRAM 位址位元[14]
SRAM_ADDR[13]	PIN_W8	SRAM 位址位元[13]
SRAM_ADDR[12]	PIN_AC7	SRAM 位址位元[12]
SRAM_ADDR[11]	PIN_V9	SRAM 位址位元[11]
SRAM_ADDR[10]	PIN_V10	SRAM 位址位元[10]
SRAM_ADDR[9]	PIN_AD7	SRAM 位址位元[9]
SRAM_ADDR[8]	PIN_AD6	SRAM 位址位元[8]
SRAM_ADDR[7]	PIN_AF5	SRAM 位址位元[7]
SRAM_ADDR[6]	PIN_AE5	SRAM 位址位元[6]
SRAM_ADDR[5]	PIN_AD5	SRAM 位址位元[5]
SRAM_ADDR[4]	PIN_AD4	SRAM 位址位元[4]
SRAM_ADDR[3]	PIN_AC6	SRAM 位址位元[3]
SRAM_ADDR[2]	PIN_AC5	SRAM 位址位元[2]
SRAM_ADDR[1]	PIN_AF4	SRAM 位址位元[1]
SRAM_ADDR[0]	PIN_AE4	SRAM 位址位元[0]
SRAM_WE_N	PIN_AE10	SRAM 寫入致能位元
SRAM_OE_N	PIN_AD10	SRAM 輸出致能位元
SRAM_UB_N	PIN_AF9	SRAM 高位元組資料遮罩
SRAM_LB_N	PIN_AE9	SRAM 低位元組資料遮罩
SRAM_CE_N	PIN_AC11	SRAM 晶片致能位元

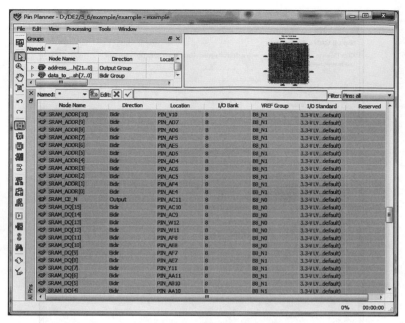

圖 5-140　腳位指定結果

22. 組譯：須再重新組譯一次，選取視窗選單 Processing → Start Compilation。

23. 硬體連接：模擬板上有 USB-Blaster 連接埠。連接方式為將 USB-Blaster 連接線接頭與電腦 USB 埠相接，另一頭接頭與模擬板上 USB 接頭相接。再將模擬板接上電源。

24. 開啟燒錄視窗：選取視窗選單 Tools → Programmer，開啟"example.cdf"檔，如圖 5-58 所示。燒錄完電腦若出現一個畫面「OpenCore Plus Status」，注意不要按 Cancel 鍵。

25. 使用 Nios II 微處理器執行程式：選取開始→所有程式→Altera→Nios II EDS 10.0 →Legacy Nios II Tools → Nios II 10.0 IDE，開啟 Nios II IDE 環境。若出現「Workspace Launcher」對話框，按 OK 鈕，出現歡迎視窗。按歡迎畫面右上方的"Workbench"切至工作視窗。

26. 開新 Nios II C/C++應用：選取 Nios II IDE 環境選單 File → New → Nios II C/C++ Application，出現「New Project」對話框，在 Select Project Template 處選取"Blank project"，在 name 處改成"mem_test"。不要勾選 Specify Location 項目。在 Select Target Hardware 下方 SOPC Builder System PTF File: 處找到剛才系統產生的硬體檔"d:\DE2\5_6\example\system.ptf"，如圖 5-141 所示，設定好按 Finish 鍵。Nios II IDE 創造一個新專案出現在工作視窗上。

圖 5-141　設定新專案

27. 建新檔案"mem_test.c"：選取 File→New→Source File，出現「New Source File」視窗，在"Source Folder"處選出"mem_test"，在"Source File"處填入"mem_test.c"，如圖 5-142 所示，設定好按 Finish 鍵。

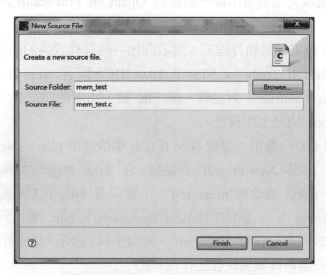

圖 5-142　建立"mem_test.c"檔案

28. 編輯"mem_test.c"：編輯"mem_test.c"結果如表 5-40 所示，說明如表 5-41 所示。

表 5-40　編輯"mem_test.c"結果

```
#include "alt_types.h"
#include "altera_avalon_pio_regs.h"
#include "sys/alt_irq.h"
#include "system.h"
#include <stdio.h>
#include <unistd.h>


void sdram_rw(void)
{
int i;
const int test_num = 8;
alt_32 data32;
alt_32* addr;

(alt_32*)addr = (alt_32*)SDRAM_BASE; //sdram

for(i=0;i<test_num;i++)
 {
  *(addr+i) = i;
 }
 for(i=0;i<test_num;i++)
 {
  data32 = *(addr+i);
  printf("*(SDRAM_BASE+%d)=%08lXh\n", i, data32);
 }
}


void sram_rw(void)
{
int i;
```

```
const int test_num = 8;
alt_32 data32;
alt_32* addr;

(alt_32*)addr = (alt_32*)SRAM_BASE; //sram

for(i=0;i<test_num;i++)
 {
  *(addr+i) = i;
 }
 for(i=0;i<test_num;i++)
 {
 data32 = *(addr+i);
 printf("*(SRAM_BASE+%d)=%081Xh\n", i, data32);
 }
}


int main (void)
{
 sram_rw();
 sdram_rw();
  return 0;
}
```

表 5-41　程式說明

程式	說明
void sdram_rw(void)	SDRAM 寫入與讀出程序，存取位址從"SDRAM_BASE"開始
void sram_rw(void)	SRAM 寫入與讀出程序，存取位址從"SRAM_BASE"開始
int main (void)	主程式，呼叫 sdram_rw 程序與 sram_rw

29. 建構專案：選取在 Nios II C/C++ Projects 頁面下的"mem_test"，按滑鼠右鍵，選取 Build Project，則開始進行組繹。當專案組繹成功，則可執行專案。如果有錯誤發生，則有可能是在作硬體設計時，若干設定不正確，回到 SOPC Builder 檢查硬體內容，修改後重新產生系統並重新組譯後再次燒錄元件。修改硬體後再重新執行 Build Project。

30. 執行程式：選取 Run → Run，出現「Run」對話框。在左側 Configurations browser 處，用滑鼠點選"Nios II Hardware"，按滑鼠右鍵選 New 則開啟執行視窗。在 Main 頁面下的 Project 處要選擇"mem_test"，確認在 Target Hardware 處的 ".PTF" 檔為你的系統硬體設計檔。在 Target Connection 頁面下，若是連接了一個以上的 JTAG 線，則須要選取 Target Connection 鍵，從下拉選單選擇出連接到你的模擬板的線，例如 USB-Blaster 或 ByteBlater。接受預設值並按 Run 鈕。此時開始下載軟體，重置處理器並開始執行軟體。此時在 Nios II IDE 下方 Console 視窗會顯示一些訊息。或選取 Run → Run As → Nios II Hardware。此時開始下載軟體，重置處理器並開始執行軟體。此時在 Nios II IDE 下方 Console 視窗會顯示一些訊息。

31. 觀察執行結果：執行結果在螢幕上出現如圖 5-143 所示。

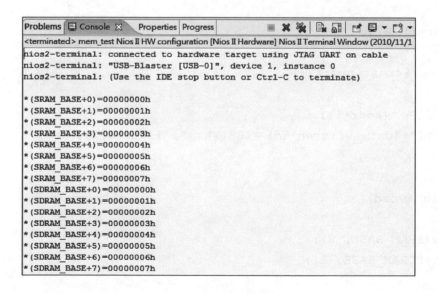

圖 5-143　執行結果

32. 更改程式：更改"mem_test.c"結果如表 5-42 所示。程式說明如表 5-43 所示。

表 5-42　更改"mem_test.c"結果

```c
#include "alt_types.h"
#include "altera_avalon_pio_regs.h"
#include "sys/alt_irq.h"
#include "system.h"
#include <stdio.h>
#include <unistd.h>

void ram_rw(alt_32* BASE ,int test_num)
{
int i;

alt_32 data32;
alt_32* addr;

(alt_32*)addr = (alt_32*)BASE;

for(i=0;i<test_num;i++)
 {
  *(addr+i) = i;
 }
 for(i=0;i<test_num;i++)
 {
  data32 = *(addr+i);
  printf("*(data_written+%d)=%08lXh\n", i, data32);
 }
}
int main (void)
{
 ram_rw(SRAM_BASE, 8);
 ram_rw(SDRAM_BASE, 8);

 return 0;
}
```

表 5-43　程式說明

程式	說明
`void ram_rw(alt_32* BASE ,int test_num)`	RAM 寫入與讀出程序，存取位址從"BASE"開始，存取筆數為 `test_num`
`int main (void)`	主程式，呼叫 `ram_rw(SRAM_BASE, 8)`，存取位址從" SRAM_BASE"開始，存取筆數為 8； 呼 叫 `ram_rw(SDRAM_BASE, 8)` ，存 取 位 址 從 " SDRAM_BASE"開始，存取筆數為 8；

33. 建構專案：選取在 Nios II C/C++ Projects 頁面下的"mem_test"，按滑鼠右鍵，選取 Build Project，則開始進行組繹。當專案組繹成功，則可執行專案。如果有錯誤發生，則有可能是在作硬體設計時，若干設定不正確，回到 SOPC Builder 檢查硬體內容，修改後重新產生系統並重新組譯後再次燒錄元件。修改硬體後再重新執行 Build Project。

34. 執行程式：選取 Run → Run As → Nios II Hardware。此時開始下載軟體，重置處理器並開始執行軟體。此時在 Nios II IDE 下方 Console 視窗會顯示一些訊息。

35. 觀察執行結果：執行結果如圖 5-144 所示。

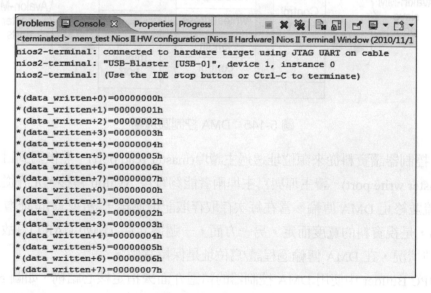

圖 5-144　執行結果

5-7 DMA 測試範例

本小節介紹 DMA(Direct Memory Access)的使用，使用記憶體為 SDRAM 與 SRAM，實驗設計先寫資料入 SRAM，再利用 DMA 通道將 SRAM 資料搬到 SDRAM，並列印 SRAM 與 SDRAM 內容比較。

5-7-1 DMA 控制器介紹

DMA 控制器是用來做直接記憶體讀取資料轉移從一個來源位址空間到一個目標位址空間。此來源與目標可以是 Avalon-MM 從週邊裝置或是在記憶體的位址範圍。DMA 控制器能夠發出一個中斷要求(IRQ)的訊號當一個 DMA 傳送完成。DMA 控制器有兩個 Avalon-MM 主埠:一個主讀埠(master readport)與一個主寫埠(master write port)，與一個 Avalon-MM 從埠(slave port)，如圖 5-145 所示。

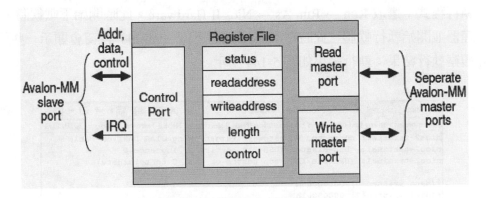

圖 5-145　DMA 控制區塊圖

DMA 控制器讀資料從來源位址透過主讀埠(master read port)，然後寫到目標位址透過主寫埠(master write port)。讀主埠與寫主埠兩者能夠實現 Avalon 轉移，允許從週邊裝置去控制資料流並終止 DMA 傳輸。當在每次存取存取記憶體後，讀(或寫)位址增量為 1、2、4、8 或 16，是視資料的寬度而定。另一方面，一週邊元件 (例如 UART)有故定的暫存器位址。這種情況，在 DMA 傳輸過程讀/寫位址是保持常數。

在 SOPC Builder 中使用 DMA 控制器的精靈介面去指定核心結構，如圖 5-146 所示。在 SOPC Builder 中引用 DMA 控制器會創造一個從埠(slave port)與兩個主埠(master port)，如圖 5-147 所示。使用者必須指明那些從週邊裝置(slave peripheral)能夠藉由讀與寫主埠被存取。同樣地，使用者必須指明那一些其它的主(master)週邊設備能夠使用 DMA 控制埠並起始化 DMA 傳輸。DMA 控制器並不輸出任何訊號到系統模組的頂層。

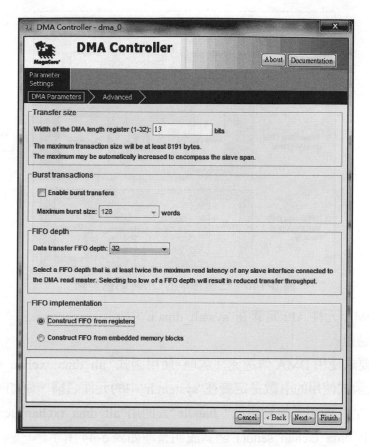

圖 5-146　DMA 元件編輯視窗"DMA Parameters"頁面

☑		⊟ sdram	SDRAM Controller	
		s1	Avalon Memory Mapped Slave	pll_c0
☑		⊟ sram	SRAM_16Bit_512K	
		avalon_slave_0	Avalon Memory Mapped Slave	pll_c1
☑		⊟ dma	DMA Controller	
		control_port_slave	Avalon Memory Mapped Slave	clk
		read_master	Avalon Memory Mapped Master	
		write_master	Avalon Memory Mapped Master	

圖 5-147　SOPC Builder 視窗

　　對於 Nios II 處理器使用者，Altera 提供 HAL 系統資料庫驅動程式使使用者去存取 DMA 控制器核心使用 HAL API 對於 DMA 元件。HAL DMA 驅動程式提供 DMA 程序的兩個端點; 驅動程式暫存器本身像一個接收通道 (alt_dma_rxchan) 和一個傳輸通道 (alt_dma_txchan)。

圖 5-148 顯示三種基本的 DMA 傳輸型態。複製資料從記憶體到記憶體同時牽涉了接收與傳輸 DMA 通道。

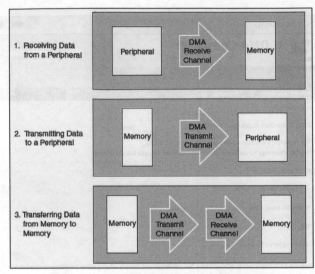

圖 5-148　三種基本的 DMA 傳輸型態

　　對於存取 DMA 元件 API 定義在"sys/alt_dma.h"中。

a.　DMA 傳送通道

　　DMA 傳輸要求使用 DMA 傳送元件處理。使用函式" alt_dma_txchan_open()"去獲得一個" handle"。此函式使用的引數是定義在"system.h"中的元件名稱，例如" alt_dma_txchan_open("/dev/dma")"。使用者能夠用此" handle"去使用"alt_dma_txchan_send()"函式宣告一個傳送要求。"alt_dma_txchan_send()"函式說明整理如表 5-44 所示。

表 5-44　"alt_dma_txchan_send()"函式

函式	說明
typedef void (alt_txchan_done)(void* handle); int alt_dma_txchan_send (alt_dma_txchan dma, const void* from, alt_u32 length, alt_txchan_done* done, void* handle);	呼叫"alt_dma_txchan_send()"送一個傳送要求給通道 dma。引數"length" 指明要傳送資料的 byte 數，引數"from" 指明來源位址。此函式在全部 DMA 傳輸完成之前回傳。回傳值指是否此要求是成功的佇列。一個負值的回傳值指此要求失敗。當傳輸完成，使用者準備的函式"done"會被呼叫引數"handle"去提供通知。

　　兩個其他有關 dma 傳輸的函式有"alt_dma_txchan_space()"與"alt_dma_txchan_ioctl()"。"alt_dma_txchan_space()"函式回傳額外的傳送要求的數目。" alt_dma_txchan_ioctl()"函式執行指定傳送元件運作。若要用 Altera Avalon-MM DMA 元件去傳送到硬體(非記憶體對記憶體傳送)。呼叫"alt_dma_txchan_ioctl()"函式設定"request"引數為"ALT_DMA_TX_ONLY_ON"。

b.　DMA 接收通道

　　DMA 接收通道操作方式類似 DMA 傳輸通道。對一個 DMA 接收通道軟體能夠使用"alt_dma_rxchan_open()" 函式獲得一個 "handle" ，例如 " alt_dma_rxchan_open ("/dev/dma_0")"。使用者能夠使用"alt_dma_rxchan_prepare()"函式去宣告接收要求。函式說明整理如表 5-45 所示。

表 5-45　"alt_dma_rxchan_prepare()"函式

函式	說明
typedef void (alt_rxchan_done)(void* handle, void* data); int alt_dma_rxchan_prepare (alt_dma_rxchan dma, void* data, alt_u32 length, alt_rxchan_done* done, void* handle);	呼叫"alt_dma_rxchan_ prepare()"送一個接收要求給通道 dma。引數"length" 指明要放資料長度 length 的 byte 數的資料到位址 data 處。此函式在全部 DMA 傳輸完成之前回傳。回傳值指是否此要求是成功的佇列。一個負值的回傳值指此要求失敗。當傳輸完成，使用者準備的函式 "done" 會被呼叫引數"handle"去提供通知與一個指標到接收的資料。

　　對於 DMA 接收運作的其它兩個函式是"alt_dma_rxchan_depth()"與"alt_dma_rxchan_ioctl()"。

c.　記憶體對記憶體 DMA 傳輸

　　複製資料從一個記憶體緩衝器到其他的緩衝器牽涉到接收與傳送 DMA 驅動程式。

5-7-2 使用 DMA 控制器

在這一個章節的主要流程整理如下：

● 複製專案目錄

● 開啓 Quartus II 專案

● 觀察 SOPC Builder 元件

● 產生系統

● 在 Quartus II 中組譯硬體設計

● 下載設計至開發板

● 開啓 Nios II IDE 環境

● 新增 Nios C/C++應用

● 建立新檔

● 編輯檔案內容

● 建構專案

● 執行程式

● 觀察結果

其詳細說明如下：

1. 複製專案目錄：將 5-6 小節的”d:\DE2\5_6\example”目錄，複製至”d:\DE2\5_7”下，
   如圖 5-148-1 所示。

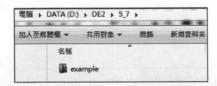

圖 5-148　複製專案目錄至至”d:\DE2\5_7”下

2. 開啓 Quartus II 專案：選取視窗 File → Open Project，開啓「Open Project」對話框，
   選擇設計檔案的目錄爲”d:\DE2\5_7\example”，再選取“example.qpf”專案，按”Open”
   鍵開啓。

3. 開啓 SOPC Builder 視窗：在 Quartus II 中選取視窗 Tools → SOPC Builder，開啓
   SOPC Builder 視窗。

4. 加入DMA：選取在SOPC Builder畫面的左邊 Memories and Memory Controllers 下
   的“DMA”下的“DMA Controller”，如圖 5-149 所示，再按 Add 鈕。開啓「DMA

Controller–dma_0」對話框。選擇 Memory Profile 頁面，在 FIFO Implememntation: 處選擇 "Construct FIFO from regiters"，如圖 5-150 所示，DMA 元件編輯視窗 "Advanced" 頁面如圖 5-151 所示，設定好按 Finish 鍵回到 SOPC Builder 畫面。

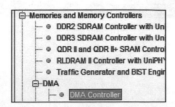

圖 5-149　加入 "DMA Controller"

DMA Controller - dma_0

DMA Controller

About　Documentation

Parameter Settings

DMA Parameters 〉 Advanced 〉

Transfer size

Width of the DMA length register (1-32): 13　bits

The maximum transaction size will be at least 8191 bytes.
The maximum may be automatically increased to encompass the slave span.

Burst transactions

☐ Enable burst transfers

Maximum burst size: 128　▼　words

FIFO depth

Data transfer FIFO depth: 32　▼

Select a FIFO depth that is at least twice the maximum read latency of any slave interface connected to the DMA read master. Selecting too low of a FIFO depth will result in reduced transfer throughput.

FIFO implementation

◉ Construct FIFO from registers

◯ Construct FIFO from embedded memory blocks

Cancel　< Back　Next >　Finish

圖 5-150　"DMA Controller" 設定

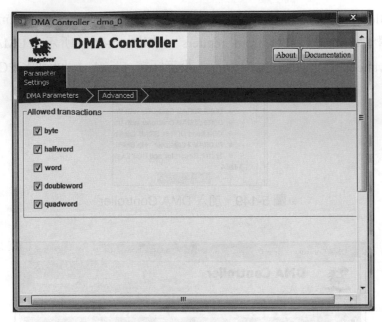

圖 5-151　DMA 元件編輯視窗"Advanced"頁面

5. 移動 sdram 與更改名稱：將 SOPC Builder 視窗下的 Module Name 下的"sdram"模組往下移動，並選取在 Module Name 下的"dma_0"，點選"dma_0"，再按滑鼠右鍵選 Rename，更名為" dma"，將"Clock"下方欄位選擇出"pll_c1"，如圖 5-152 所示。

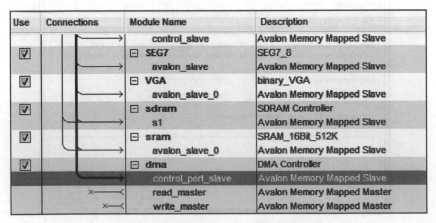

圖 5-152　移動 sdram 與更改名稱

6. 連接接點：將 dma 的"read_master"與"write_master"連接"sram"的"Avalon_slave_0"與"sdram"的"s1"。結果如圖 5-153 所示。

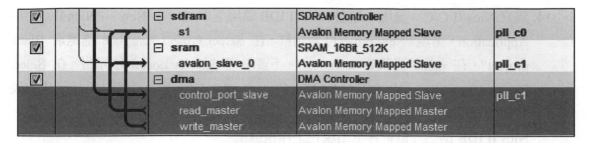

圖 5-153　連接接點

7. 自動指定基底位址：SOPC Builder 會對 Nios 系統模組指定預設位址，你可以修改這些預設值。自動指定基底位址"Auto Assign Base Address"功能可使位址被 SOPC Builder 重新自動指定，選擇 SOPC Builder 選單 System → Auto Assign Base Address。

8. 產生系統：最後按"Generate"產生系統。會出現是否存檔的對話框，按 Yes,Save 存檔。當系統產生完畢時，會顯示"System generation was successful"訊息，按 Exit 鍵關掉 SOPC Builder，選 Save。

9. 在 Quartus II 中組譯硬體設計：在 Quartus II 中選取"inst"符號(system 模組)，按滑鼠右鍵，選取"Update Symbol or Block"，更新"system"符號。

10. 存檔：在 Quartus II 中選取視窗選單 File → Save。

11. 組譯：在 Quartus II 中選取視窗選單 Processing → Start Compilation。組譯成功出現報告畫面顯示"Full compilation was successful."訊息，按 OK 鈕關閉。

12. 下載設計至開發板：將開發板接上電源，並且利用下載線(download cable)連接開發板與電腦，選取視窗選單 Tools → Programmer，出現燒錄視窗，出現"example.cdf"檔。在"example.cdf"檔燒錄畫面，要將 Program/Configure 項勾選，燒錄視窗中將要燒錄檔項目的 Program/Configure 處要勾選，再按 Start 鈕進行燒錄。燒錄完若電腦會出現一個畫面「OpenCore Plus Status」，注意不要按 Cancel 鍵。

13. 開啓 Nios II IDE 環境：選取開始→所有程式→Altera→Nios II EDS 10.0 →Legacy Nios II Tools → Nios II 10.0 IDE，開啓 Nios II IDE 環境。若出現「Workspace Launcher」對話框，按 OK 鈕，出現歡迎視窗。按歡迎畫面右上方的"Workbench"切至工作視窗。

14. 建立 Nios II C/C++應用：選取 Nios II IDE 環境選單 File → New → Nios II C/C++ Application，出現「New Project」對話框，在 Select Project Template 處選取"Blank project"，在 name 處改成"dma_test"。不要勾選 Specify Location 項目。在 Select Target Hardware 下方 SOPC Builder System PTF File: 處找到剛才系統產生的硬體檔"d:\DE2\5_7\example\example.ptf"，如圖 5-154 所示，設定好按 Finish 鍵。Nios II IDE 創造一個新專案出現在工作視窗上。

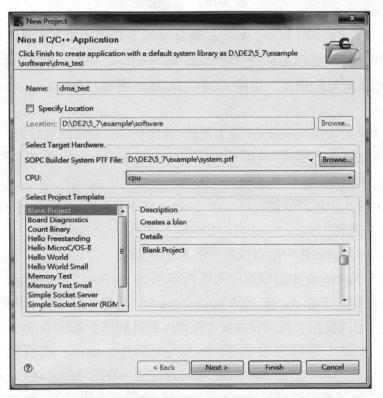

圖 5-154　設定新專案

14. 建立新檔"dma_test.c"：選取 File→New→Source File，出現「New Source File」視窗，在"Source Folder"處選出"dma_test"，在"Source File"處填入"dma_test.c"，如圖 5-155 所示，設定好按 Finish 鍵。

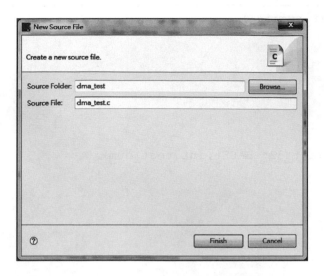

圖 5-155　建立"dma_test.c"檔案

15. 編輯"dma_test.c"：編輯"dma_test.c"結果如表 5-46 所示。程式說明如表 5-47 所示。

表 5-46　編輯"dma_test.c"結果

```c
#include "alt_types.h"
#include "altera_avalon_pio_regs.h"
#include "sys/alt_irq.h"
#include "system.h"
#include <stdio.h>
#include <unistd.h>

#include "sys/alt_dma.h"
static volatile int rx_done = 0;
void ram_write(alt_32* BASE ,int test_num)
{
int i;



alt_32* addr;


(alt_32*)addr = (alt_32*)BASE;

```

```
for(i＝0;i<test_num;i++)
 {
  *(addr+i) = i;
 }


}
void ram_read(alt_32* BASE ,int test_num)
{
int i;
alt_32 data32;
alt_32* addr;


(alt_32*)addr = (alt_32*)BASE ;

 for(i＝0;i<test_num;i++)
 {
  data32 = *(addr+i);
  printf("(data_read+%d)＝%08lXh\n", i, data32);
 }
}


static void dma_done (void* handle, void* data)
{
  rx_done++;
}

static void MemDMATest(void)
{
  int rc;

  alt_dma_txchan txchan;
  alt_dma_rxchan rxchan;
  void* data_written;
```

```
void* data_read;


data_written = (void*)SRAM_BASE;
data_read = (void*)SDRAM_BASE;
 /* Fill write sram with known values */
ram_write((alt_32*) data_written ,8);
  ram_read((alt_32*) data_written ,8);
 /* Create the transmit channel */
if ((txchan = alt_dma_txchan_open("/dev/dma")) == NULL)
{
  printf ("Failed to open transmit channel\n");
  exit (1);
}

/* Create the receive channel */
if ((rxchan = alt_dma_rxchan_open("/dev/dma")) == NULL)
{
  printf ("Failed to open receive channel\n");
  exit (1);
}


  /* Use DMA to transfer from write sram to sdram */
  /* Post the transmit request */
  if ((rc = alt_dma_txchan_send (txchan, data_written, 0x10, NULL,
NULL)) < 0)
  {
    printf ("Failed to post transmit request, reason = %i\n", rc);
    exit (1);
  }

  /* Post the receive request */
  if ((rc = alt_dma_rxchan_prepare (rxchan, data_read, 0x10,
dma_done, NULL)) < 0)
```

```
    {
      printf ("Failed to post read request, reason = %i\n", rc);
      exit (1);
    }


    /* Wait for transfer to complete */
    while (!rx_done);
    rx_done = 0;
     ram_read((alt_32*) data_read,8);


}


int main (void)
{
 MemDMATest();
  return 0;
}
```

表 5-47 程式說明

程式	說明
Void ram_write(alt_32* BASE ,int test_num)	RAM 寫入資料，寫入位址從 "BASE" 開始，寫入筆數為 test_num
Void ram_read(alt_32* BASE ,int test_num)	RAM 讀出資料，讀出位址從 "BASE" 開始，讀出筆數為 test_num
static void dma_done (void* handle, void* data)	DMA 結束時所呼叫的程序，執行內容為將 rx_done 加 1
static void MemDMATest(void)	此程序執行內容為先將 SRAM 寫入 8 筆資料，利用 DMA 通道將 SRAM 資料搬至 SDRAM，搬移內容為 16Bytes，再印出 SDRAM 內容。共會有 (16*8/32)＝4 筆資料被搬移。
int main (void)	主程式，呼叫 MemDMATest() 程序

16. 建構專案：選取在 Nios II C/C++ Projects 頁面下的"dma_test"，按滑鼠右鍵，選取 Build Project，則開始進行組繹。當專案組繹成功，則可執行專案。如果有錯誤發生，則有可能是在作硬體設計時，若干設定不正確，回到 SOPC Builder 檢查硬體內容，修改後重新產生系統並重新組譯後再次燒錄元件。修改硬體後再重新執行 Build Project。

17. 執行程式：選取 Run → Run，出現「Run」對話框。在左側 Configurations browser 處，用滑鼠點選"Nios II Hardware"，按滑鼠右鍵選 New 則開啟執行視窗。在 Main 頁面下的 Project 處要選擇"dma_test"，確認在 Target Hardware 處的 ".PTF" 檔為你的系統硬體設計檔。在 Target Connection 頁面下，若是連接了一個以上的 JTAG 線，則須要選取 Target Connection 鍵，從下拉選單選擇出連接到你的模擬板的線，例如 USB-Blaster 或 ByteBlaster。接受預設值並按 Run 鈕。此時開始下載軟體，重置處理器並開始執行軟體。此時在 Nios II IDE 下方 Console 視窗會顯示一些訊息。或選取 Run → Run As → Nios II Hardware。此時開始下載軟體，重置處理器並開始執行軟體。此時在 Nios II IDE 下方 Console 視窗會顯示一些訊息。

18. 觀察執行結果：執行結果在螢幕上出現如圖 5-156 所示。從結果看出，利用 DMA 搬移四筆資料。

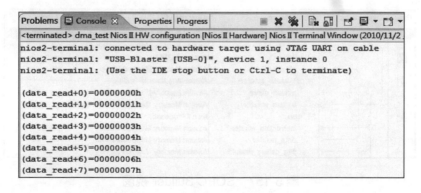

圖 5-156　執行結果

5-7-3　Flash 測試範例

本小節介紹 Flash 記憶體的使用，實驗設計為抹除 Flash 記憶體。在這一個章節的主要步驟整理如下：

在這一個章節的主要流程整理如下：

- 開啓 Quartus II 專案
- 觀察 SOPC Builder 元件
- 產生系統
- 在 Quartus II 中組譯硬體設計
- 下載設計至開發板
- 開啓 Nios II IDE 環境
- 新增 Nios C/C++應用
- 建立新檔
- 編輯檔案內容
- 建構專案
- 執行程式
- 觀察結果

其詳細說明如下：

1. 開啓 Quartus II 專案：可從電腦中的"d:\DE2\5_7\example"目錄，選取"example.qpf"
   專案，按"Open"鍵開啓。

2. 觀察 SOPC Builder 元件：在 Quartus II 中選取視窗 Tools → SOPC Builder，開啓
   SOPC Builder 視窗，如圖 5-157 所示。

Use	Connections	Module Name	Description	Clock
☑		⊟ cfi_flash	Flash Memory Interface (CFI)	
		s1	Avalon Memory Mapped Tristate Slave	pll_c1
☑		⊟ pll	Avalon ALTPLL	
		pll_slave	Avalon Memory Mapped Slave	clk
☑		⊟ tri_state_bridge	Avalon-MM Tristate Bridge	
		avalon_slave	Avalon Memory Mapped Slave	pll_c1
		tristate_master	Avalon Memory Mapped Tristate Master	
☑		⊟ cpu	Nios II Processor	
		instruction_master	Avalon Memory Mapped Master	pll_c1
		data_master	Avalon Memory Mapped Master	
		jtag_debug_module	Avalon Memory Mapped Slave	

圖 5-157　SOPC Builder 視窗

注意：選取 Module Name 下方的"cfi_flash"，出現 FLASH 元件編輯視窗。觀
　　　察"Attributes"頁面，如圖 5-158 所示，觀察完按 Cancel 鈕。

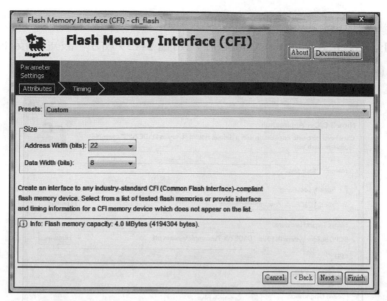

圖 5-158　Flash 元件編輯視窗"Attributes"頁面

3. 產生系統：最後按"Generate"產生系統。會出現是否存檔的對話框，按 是 存檔。
   當系統產生完畢時，會顯示"System generation was successful"訊息，按 Exit 鍵關
   掉 SOPC Builder。

4. 在 Quartus II 中組譯硬體設計：在 Quartus II 中選取視窗選單 Processing → Start
   Compilation。組譯成功出現報告畫面顯示"Full compilation was successful."訊息，
   按 OK 鈕關閉。

5. 下載設計至開發板：將開發板接上電源，並且利用下載線(download cable)連接開
   發板與電腦，選取視窗選單 Tools → Programmer，出現燒錄視窗，出現
   "example.cdf"檔。在"example.cdf"檔燒錄畫面，要將 Program/Configure 項勾選，
   燒錄視窗中將要燒錄檔項目的 Program/Configure 處要勾選，再按 Start 鈕進行燒
   錄。燒錄完若電腦會出現一個畫面「OpenCore Plus Status」，注意不要按 Cancel 鍵。

6. 開啓 Nios II IDE 環境：選取開始→所有程式→Altera→Nios II EDS 10.0 →Legacy
   Nios II Tools → Nios II 10.0 IDE，開啓 Nios II IDE 環境。若出現「Workspace
   Launcher」對話框，按 OK 鈕，出現歡迎視窗。按歡迎畫面右上方的"Workbench"
   切至工作視窗。

7. 開新 Nios II C/C++應用：選取 Nios II IDE 環境選單 File → New → Nios II C/C++
   Application，出現「New Project」對話框，在 Select Project Template 處選取"Blank
   project"，在 name 處改成"flash_test"。不要勾選 Specify Location 項目。在 Select

Target Hardware 下方 SOPC Builder System PTF File: 處找到剛才系統產生的硬體檔"d:\DE2\5_7\example\system.ptf"，如圖 5-159 所示，設定好按 Finish 鍵。Nios II IDE 創造一個新專案出現在工作視窗上。

圖 5-159　設定新專案

8. 建新檔案:選取 Filc→New→Source File，出現「New Source File」視窗，在"Source Folder"處選出"flash_test"，在"Source File"處填入"flash_test.c"，如圖 5-160 所示，設定好按 Finish 鍵。

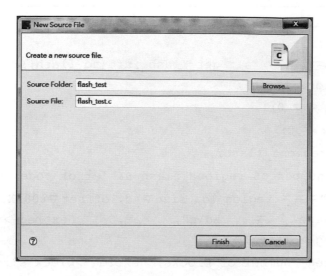

圖 5-160　建立"flash_test.c"檔案

9. 編輯"flash_test.c"：編輯"flash_test.c"結果如表 5-48 所示。

表 5-48　"flash_test.c" 編輯結果

```c
#include <stdio.h>
//#include "altera_avalon_pwm.h"
#include "system.h"
#include "alt_types.h"
#include "altera_avalon_pio_regs.h"
#include "sys/alt_irq.h"
#include "system.h"
#include <stdio.h>
#include <unistd.h>
#include <sys/alt_flash.h>

void flash_erase(void)
{
 alt_flash_fd* fd_flash;
 flash_region *regions_flash=0,*nextreg;
 int number_of_regions_flash=0;
 int error_code, r, i, offset;
 alt_u32 length, block_index;
```

```
fd_flash = alt_flash_open_dev("/dev/cfi_flash");
if (fd_flash){
error_code        =        alt_get_flash_info(fd_flash,&regions_flash,
&number_of_regions_flash);
if (error_code == 0){
    block_index = 0;
    nextreg = regions_flash;
    for(r=0;r<number_of_regions_flash && !error_code;r++){
        printf("=== region %d, size=%d, offset=%08lX, block_num=
%d,     block_size    =    %d\n",    r,    nextreg->region_size,
(alt_u32)nextreg->offset,
            nextreg->number_of_blocks, nextreg->block_size);
        offset = nextreg->offset;
        for(i=0;i<nextreg->number_of_blocks && !error_code;i++){
            length = nextreg->block_size;
            error_code  =  alt_erase_flash_block(fd_flash,  offset,
length);
            if (error_code)
                printf("faied to erase flash block %d\n", block_index);
            else
                printf("erase block %d success\n", block_index);
            offset += length;
            block_index++;
        } // for i
    nextreg++;
  } // or r
  printf("faied to get flash info\n");
}
  alt_flash_close_dev(fd_flash);
}else
{
printf("failed to open flash\n");
}
}
```

```
int main (void)
{
 flash_erase();
 return 0;
}
```

10. 建構專案：選取在 Nios II C/C++ Projects 頁面下的"flash_test"，按滑鼠右鍵，選取 Build Project，則開始進行組繹。當專案組繹成功，則可執行專案。如果有錯誤發生，則有可能是在作硬體設計時，若干設定不正確，回到 SOPC Builder 檢查硬體內容，修改後重新產生系統並重新組譯後再次燒錄元件。修改硬體後再重新執行 Build Project。

11. 執行程式：選取 Run → Run，出現「Run」對話框。在左側 Configurations browser 處，用滑鼠點選"Nios II Hardware"，按滑鼠右鍵選 New 則開啟執行視窗。在 Main 頁面下的 Project 處要選擇"flash_test"，確認在 Target Hardware 處的 ".PTF" 檔為你的系統硬體設計檔。在 Target Connection 頁面下，若是連接了一個以上的 JTAG 線，則須要選取 Target Connection 鍵，從下拉選單選擇出連接到你的模擬板的線，例如 USB-Blaster 或 ByteBlater。接受預設值並按 Run 鈕。此時開始下載軟體，重置處理器並開始執行軟體。此時在 Nios II IDE 下方 Console 視窗會顯示一些訊息。或選取 Run → Run As → Nios II Hardware。此時開始下載軟體，重置處理器並開始執行軟體。此時在 Nios II IDE 下方 Console 視窗會顯示一些訊息。

12. 觀察執行結果：執行結果在螢幕上出現如圖 5-161 所示。

```
Problems  🖳 Console ☒   Properties  Progress          ■ ✕ ⚒ | 🗎 🖺 | 🗗 🖳 ▼ 🗗 ▼
<terminated> flash_test Nios II HW configuration [Nios II Hardware] Nios II Terminal Window (2010/11/2 上
nios2-terminal: connected to hardware target using JTAG UART on cable
nios2-terminal: "USB-Blaster [USB-0]", device 1, instance 0
nios2-terminal: (Use the IDE stop button or Ctrl-C to terminate)

=== region 0, size=65536, offset=00000000, block_num=8, block_size=8192
erase block 0 success
erase block 1 success
erase block 2 success
erase block 3 success
erase block 4 success
erase block 5 success
erase block 6 success
erase block 7 success
=== region 1, size=4128768, offset=00010000, block_num=63, block_size=65536
erase block 8 success
erase block 9 success
erase block 10 success
erase block 11 success
erase block 12 success
erase block 13 success
```

圖 5-161　執行結果

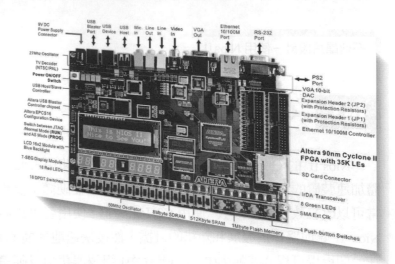

6章

進階應用

■ 6-1 C2H 硬體加速介紹

■ 6-2 網路應用

6-1 C2H 硬體加速介紹

Nios II 的 C 到硬體加速(C2H)組譯器，允許使用者直接從 ANSI C 程式創造訂製的硬體加速裝置的一種工具。硬體加速裝置是一個在硬體上實現 C 函式的邏輯區塊，如此通常可以改善效能一個級數。使用 C2H 組譯器，使用者可以將 C 語言寫的演算法，把 Altera Nios II 處理器作爲發展和除錯的目標，然後快速地轉換 C 程式碼到硬體加速裝置，實現在一個現場可程式閘陣列(FPGA)上。C2H 組譯器藉由以硬體加速裝置實現特定的 C 函式，改進 Nios II 程式的效能。C2H 組譯器並不是設計用來從 C 程式碼創造任意的硬體系統。更確切地說，C2H 組譯器是一個爲了產生硬體加速裝置模組的工具，功能相同於原始 C 函式，可增加 Nios II 處理器效能。

使用 C2H 組譯器去加速一個函式典型的設計流程爲下列步驟：

1. 把 Nios II 處理器系統作爲目標，以 C 語言發展與除錯演算法。
2. 寫出程式碼，分辨出會從硬體加速裝置得到好處的範圍。
3. 隔離出想要加速的程式碼變成一個個別的 C 函式。
4. 在 Nios II IDE 中指定你想要加速的函式。
5. 在 Nios II IDE 中重新建構專案。
6. 在 Nios II IDE 中從 C2H 報告觀察結果。
7. 假如這結果與設計要求不符合，修改 C 程式碼與系統架構。
8. 回到第五步，重複流程。

C2H 組譯器在安裝整套完整的 Altera Quartus II 設計組就安裝時好了。使用者在使用 C2H 組譯器的設計過程中，會用到下列工具：

- Nios II 整合發展環境(IDE)：可以在 Nios II IDE 中爲所選擇的函式加速。加速函式的結果會記錄在 Nios II IDE 中。C2H 組譯器也會在背景執行 SOPC Builder 與 Quartus II 軟體以重新產生 Nios II 系統與更新 SRAM 目標檔(.sof)。
- SOPC Builder：SOPC Builder 管理產生的 C2H 邏輯與 Avalon-MM 系統，使硬體加速裝置的結構連接到處理器。在軟體建立的過程中，Nios II IDE 能夠在背景執行 SOPC Builder，在必要時去更新硬體加速裝置並整合進 Nios II 硬體設計。這個輸出是一組硬體描述語言(HDL)檔(.v or .vhd) 與一個 SOPC Builder 系統檔(.sopc)，定義了系統 Nios II 處理器核心、硬體驅動程式、加速裝置、晶片上記憶體與連到晶片外界面的記憶體。

● Quartus II 軟體：Quartus II 軟體組譯與合成由 C2H 組譯器與 SOPC Builder 工具產
生的 HDL，與其他在 Quartus II 專案中訂製的邏輯在一起。在軟體建構的過程中，
Nios II IDE 能夠在背景使用 Quartus II 軟體去重新組譯 Quartus II 專案。輸出檔是
一個 SRAM 目標檔(.sof)，包括了更新過的有加速裝置的 Nios II 系統。

以下介紹一個 C2H 組譯器加速一個函式的範例。將在 Nios II IDE 中創造一個新的軟
體專案，使用已提供的 C 程式設計範例檔，加速一個函式，並觀察效能的改善。

6-1-1　程式分析

Altera 公司提供 C2H 範例程式"dma_c2h_tutorial.c"，下載網址為
http://www.altera.com/literature/lit-nio2.jsp。"dma_c2h_tutorial.c"的完整內容如表 6-1 所示。

表 6-1　"dma_c2h_tutorial.c"的完整內容

```c
#include <stdio.h>
#include <string.h>
#include <sys/alt_cache.h>
#include "sys/alt_alarm.h"

#define TRANSFER_LENGTH 1048576
#define ITERATIONS 100

int do_dma( int * __restrict__ dest_ptr, int * __restrict__ source_ptr, int length )
{
    int i;

    for( i = 0; i < (length >> 2); i++ )
    {
        *dest_ptr++ = *source_ptr++;
    }
    return( 0 );
}


int main( void )
{
```

```c
int i;
int *source_ptr, *dest_ptr;
int start_time, finish_time, total_time;

// Buffers we'll be transferring to and from.
source_ptr = (int*)malloc(TRANSFER_LENGTH);
dest_ptr = (int*)malloc(TRANSFER_LENGTH);

// Fill the source buffer and erase the dest buffer
for( i = 0; i < (TRANSFER_LENGTH / 4); i++ )
{
    *(source_ptr + i) = i;
    *(dest_ptr + i) = 0x0;
}

printf("This simple program copies %d bytes of data from a source buffer to a destination
        buffer.\n", TRANSFER_LENGTH);
printf("The program performs %d iterations of the copy operation, and calculates the time
        spent.\n\n", ITERATIONS);

printf("Copy beginning\n");

start_time = alt_nticks();

for( i = 0; i < ITERATIONS; i++ )
{
    do_dma( dest_ptr, source_ptr, TRANSFER_LENGTH );
}

finish_time = alt_nticks();

if( memcmp( dest_ptr, source_ptr, TRANSFER_LENGTH ) )
{
    printf("ERROR: Source and destination data do not match. Copy failed.\n");
```

```
}
else
{
    printf("SUCCESS: Source and destination data match. Copy verified.\n");
}

free(dest_ptr);
free(source_ptr);

total_time = ((finish_time - start_time) * 1000) /
                  alt_ticks_per_second();

printf("Total time: %d ms\n", total_time);

return 0;
}
```

"dma_c2h_tutorial.c"的內容，包括兩個函式，說明整理如表 6-2 所示。

表 6-2　函式說明

函式	說明
do_dma()	這是要被加速的函式。在執行一個記憶體區塊的複製。
main()	main()執行下列的動作： 1.分配在主記憶體中兩區 1 MB 緩衝器。 2.將遞增的數目填入來源緩衝器。 3.將目的緩衝器填入 0x0。 4.呼叫 do_dma()函式 100 次。 5.檢查被複製的資料去確認沒有錯誤。 6.肆放出兩個已分配的緩衝器。 7.計算複製完成所需花的時間。

6-1-2 以 Nios 開發板進行 C2H 加速範例

C2H 組譯器加速範例編輯流程為：

- 設定硬體
- 創造軟體專案
- 只用軟體執行專案
- 創造硬體加速器
- 重新建構專案
- 觀察報告檔中的結果
- 觀察在 SOPC Builder 中的加速器

6-1-2-1 準備硬體

硬體設計是使用 Nios II EDS 提供的"standard"硬體範例設計。軟體設計是一個名為"dma_c2h_tutorial.c"的 C 程式檔，可以從 Altera 網站下載。可以在任何 Nios 開發板執行這個範例。程式說明請參考 6-1-1。

準備硬體流程為：

- 複製專案目錄
- 開啟專案
- 設定硬體專案目錄
- 開啟 Quartus II 專案
- 開啟 SOPC Builder
- 產生系統
- 組譯
- 下載硬體設計到 FPGA
- 燒錄硬體

詳細說明如下：

1. 複製專案目錄：將 5-7 小節的"d:\DE2\5_7\example"目錄，複製至"d:\DE2\6_1"下，如圖 6-1 所示。

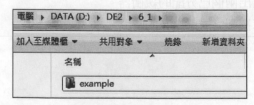

圖 6-1　複製專案目錄至"d:\DE2\6_1"下

2. 開啓 Quartus II 專案：執行 Quartus II 軟體，選取視窗 File → Open Project，開啓「Open Project」對話框，選擇設計檔案的目錄爲"d:\DE2\6_1\example"，再選取"example.qpf"專案。若出現警告"Do you want to overwrite the database ... created by Quartus II Version <version>...."，按 Yes 。

3. 連接開發板：將 Nios 開發板接上電源，並用 Altera 下載線連接 Nios 開發板至主控電腦。

4. 開啓 SOPC Builder：選取視窗 Tools → SOPC Builder，開啓 SOPC Builder。

5. 產生系統：接著在 SOPC Builder 畫面按 System Generation 鍵，不要勾選在 Options 下的 Simulation.Create project simulator files. 選項，按 Generate 鍵，會出現是否存檔的對話框，按 是 存檔。當系統產生完畢時，會顯示"System generation was successful"訊息，如圖 6-2 所示。按 Exit 鍵關掉 SOPC Builder。出現是否存檔視窗，按 Save 鍵。

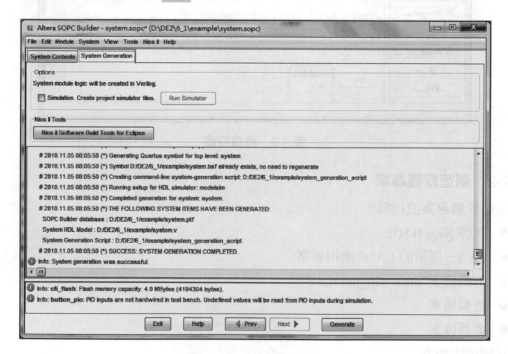

圖 6-2　產生系統完成

6. 組譯：在 Quartus II 軟體中，選取視窗選單 Processing → Start Compilation。組譯成功出現報告畫面顯示"Full compilation was successful."訊息，按 OK 鈕關閉。

7. 下載硬體設計到 FPGA：選取視窗選單 Tools → Programmer，出現燒錄視窗，出現"examplecdf"檔，SRAM 目標檔"example.sof"會自動出現。

8. 燒錄硬體：在 "example.cdf" 檔燒錄畫面，要將 Program/Configure 項勾選，燒錄視窗中將要燒錄檔項目的 Program/Configure 處要勾選，如圖 6-3 所示，再按 Start 鈕進行燒錄。燒錄完若電腦會出現一個畫面「OpenCore Plus Status」，注意不要按 Cancel 鍵。

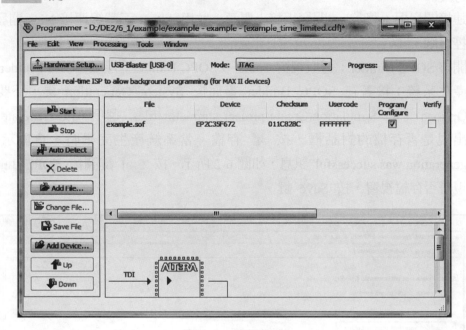

圖 6-3　燒錄視窗

6-1-2-2　創造軟體專案

創造軟體專案流程為：

- 開啟 Nios II IDE
- 創造一個新的 C/C++應用專案
- 下載檔案"dma_c2h_tutorial.c"
- 複製檔案
- 更新專案

詳細說明如下：

1. 開啟 Nios II IDE：選取開始→所有程式→Altera→Nios II EDS 10.0 →Legacy Nios II Tools → Nios II 10.0 IDE，開啟 Nios II IDE 環境。若出現「Workspace Launcher」對話框，按 OK 鈕，出現歡迎視窗「Welcome to the Altera Nios II IDE」。按歡迎畫面右上方的"Workbench"切至工作視窗。若是「Workspace Launcher」對話框出現，按 OK。

2. 創造一個新的 C/C++應用專案：選取視窗選單 File→ New→ C/C++ Application。
   出現「New Project」對話框。在 Name 的欄位，填入"c2h_tutorial_sw"。在 Select
   Project Template 選單中，選擇 Blank Project。在 Select Target Hardware，選擇
   在"c2h_tutorial_hw"目錄中的 SOPC Builder 系統(.ptf)檔。在指定好 SOPC Builder
   系統後，IDE 自動將 CPU 設定為"cpu"，這是在 SOPC Builder 中設定的系統 Nios
   II 處理器核心。如圖 6-4 所示。按 Finish 鍵。IDE 產生一個新的專
   案"c2h_tutorial_sw"與一個新的系統庫目錄"c2h_tutorial_sw_syslib"。

圖 6-4 創造一個新的 C/C++應用專案

3. 下載檔案"dma_c2h_tutorial.c"：從 Nios II 文件網頁 http://www.altera.com/literature
   /lit-nio2.jsp 中下載軟體檔"dma_c2h_tutorial.c"至主控電腦。或是在本書範例光碟中
   的"\example\lyp\C2h"中可以找到"dma_c2h_tutorial.c"檔。

4. 複製檔案：將 C 檔"dma_c2h_tutorial.c "載入至"c2h_tutorial_sw"專案。最簡單的方
   法是去用檔案總管，將檔案複製至"c2h_tutorial_sw"專案目錄中，例如，複製檔案
   至"d:\DE2\6-1\example\software\c2h_tutorial_sw"目錄中，如圖 6-5 所示。

圖 6-5 複製檔案至" d:\DE2\6-1\example\software\c2h_tutorial_sw"目錄中

5. 更新專案：到 Nios II IDE 視窗，在"Nios II C/C++ Projects"頁面，在"c2h_tutorial_sw"
   專案處按滑鼠右鍵，點選" Refresh"。則可以看到在"c2h_tutorial_sw"專案下多
   了"dma_c2h_tutorial.c "檔案，如圖 6-6 所示。

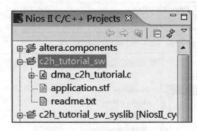

圖 6-6 更新專案結果

6-1-2-3 只以軟體執行專案

只以軟體實現，並觀查執行程式需花費的時間。只以軟體執行專案流程為：

● 建構並執行專案
● 觀察結果

詳細說明如下：

1. 建構並執行專案：注意指撥開關 SW16 要往上撥，在"Nios II C/C++ Projects"頁面
   中的"c2h_tutorial_sw"專案處按滑鼠右鍵，點選 Run As，再點選 Nios II Hardware。
   Nios II IDE 花一些時間建構與執行程式。
2. 觀察結果：在"Console"頁面觀察執行的時間，如圖 6-7 所示。執行花費的時間約
   30876 ms。這結果會視板子不同而有所差異。

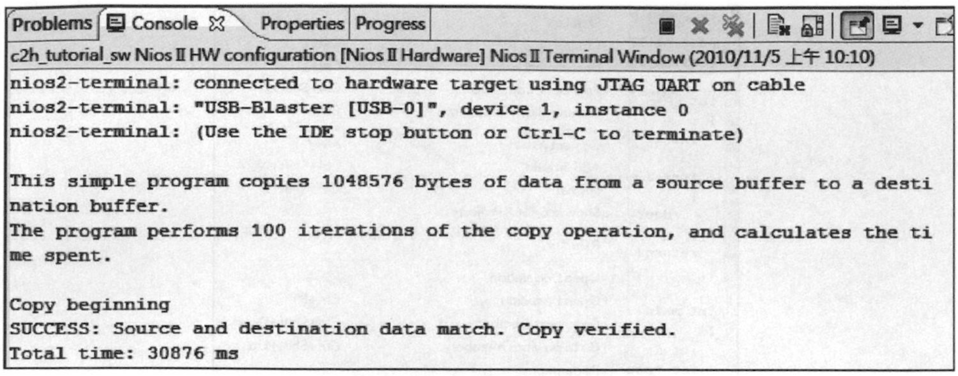

```
Problems | Console ⊠ | Properties | Progress          ■ ✖ ✖ | ⬛ ⬛ | ⬛ ⬛ ▾ ⬛
c2h_tutorial_sw Nios II HW configuration [Nios II Hardware] Nios II Terminal Window (2010/11/5 上午 10:10)
nios2-terminal: connected to hardware target using JTAG UART on cable
nios2-terminal: "USB-Blaster [USB-0]", device 1, instance 0
nios2-terminal: (Use the IDE stop button or Ctrl-C to terminate)

This simple program copies 1048576 bytes of data from a source buffer to a desti
nation buffer.
The program performs 100 iterations of the copy operation, and calculates the ti
me spent.

Copy beginning
SUCCESS: Source and destination data match. Copy verified.
Total time: 30876 ms
```

圖 6-7 觀察只以軟體執行專案結果

6-1-2-4 創造與建構硬體加速裝置

創造與建構硬體加速裝置流程為：

- 開啟檔案"dma_c2h_tutorial.c"
- 選擇要被加速的函式 do_dma()
- 設定加速裝置建構選項
- 重新建構專案

詳細說明如下：

1. 開啟檔案：在 Nios II IDE 編輯器中，開啟"dma_c2h_tutorial.c"程式。

2. 選擇要被加速的函式：選取在 do_dma()函式處用滑鼠左鍵雙擊它。在 "do_dma" 處按滑鼠右鍵，選取"Accelerate with the Nios II C2H Compiler"，如圖 6-8 所示。在 Nios II IDE 的視窗下方會出現"C2H"頁面，如圖 6-9 所示。

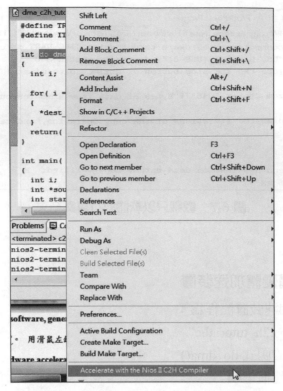

圖 6-8　選取"Accelerate with the Nios IIC2H Compiler"

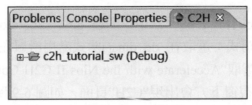

圖 6-9　"C2H"頁面

3. 設定加速裝置建構選項：用滑鼠左鍵展開"C2H"頁面下的" c2h_tutorial_sw"，勾選"Build software, generate SOPC Builder system, and run Quartus II compilation"。用滑鼠左鍵展開"C2H"頁面下的 do_dma() ，選取 do_dma()下的" Use hardware accelerator in place of software implementation. Flush data cache before each call"。設定結果如圖 6-10 所示。設定加速裝置建構選項設定說明整理如表 6-3 所示。

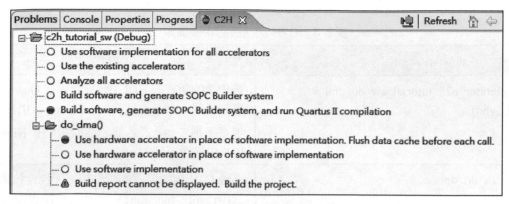

圖 6-10　設定加速裝置建構選項

表 6-3　設定加速裝置建構選項設定說明

設定	說明
Build software, generate SOPC Builder system, and run Quartus II compilation	當要在 Nios II IDE 中建構專案時，選擇此項目會使 C2H 組譯器在背景使用到 SOPC Builder 與 Quartus II 軟體來產生一個新的 SRAM 目標檔(.sof)。
Use hardware accelerator in place of software implementation. Flush data cache before each call	C2H 包裹函式(wrapper function) 在加速裝置有動作之前清除處理器快取(cache)。避免處理器與加速裝置發生同時寫入相同的快取(cache)。

4. 重新建構專案：回到 Nios II IDE 視窗，在"Nios II C/C++ Projects"頁面，在"c2h_tutorial_sw"專案處按滑鼠右鍵，點選" Build Project"。這個重新建構的過程可能要花上 20 分鐘以上。在背景 Nios II IDE 執行一些任務：使用 C2H 組譯器去分析 do_dma()函式，產生硬體加速器，並且產生 C 包裹函式(wapper function)，使用 SOPC Builder 去連接加速裝置到 SOPC Builder 系統中；在建構的過程修改了在 Quartus II 專案目錄下的 SOPC Builder 系統檔(.ptf)，包含了新的加速裝置組件作為一個系統組件；使用 Quartus II 軟體去組譯硬體專案並且重新產生 SRAM 目標檔。重新建構 C/C++ 應用專案並且將加速裝置包裹函式連結進來。

5. 觀察"Console"視窗：可以在"Console"視窗看到會有一些檔案產生，整理如表 6-4 所示。

表 6-4　C2H 加速裝置相關檔案

檔案	說明
accelerator_c2h_tutorial_sw_do_dma.v (或 .vhd)	被加速的函式的 HDL 碼。被儲存在 Quartus II 專案目錄，命名方式為"accelerator_<IDE 專案名稱>_<函式名稱>。這個檔在 Nios II IDE 中是看不到的。
alt_c2h_do_dma.c	這是 C2H 加速裝置的驅動檔案，包含包裹函式(wrapper function)。它存在軟體專案目錄的" Debug"或" Release"目錄下，命名方式為"alt_c2h_<函式名稱>.c"。
c2h_accelerator_base_addresses.h	這是一個 C2H 加速裝置基底位址標頭檔。所在的目錄與"alt_c2h_<函式名稱>.c"相同。

6-1-2-5　觀察結果報告檔

　　C2H 組譯器產生一個詳細的建構報告在 C2H 頁面。建構報告包括了加速裝置效能的資訊與資源的使用資訊，可以使用這資訊將 C 程式對 C2H 組譯器作最佳化。

1. 觀察"Resources" 報告：選取在 Nios II IDE 中的"C2H"頁面，展開"c2h_tutorial_sw" → do_dma()→ Build report。展開"Glossary"部份，這部份定義了在報告中的術語。展開"Resources"部份與其他部份，如圖 6-11 所示。

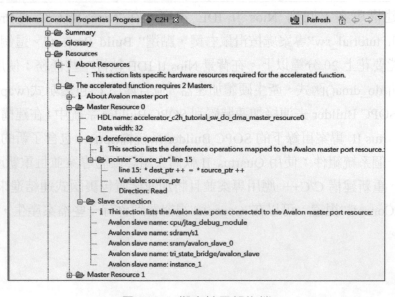

圖 6-11　觀察結果報告檔

在"Resources"部份列出了在硬體加速裝置上的所有的主埠。每一個主埠(master port) 相當在原始程式中的一個指標提取。在這個範例中，有兩個主埠(master ports)：一個是為了提取讀的指標"*source_ptr"，與另一個是為了提取寫的指標"*dest_ptr"。

2. 觀察" Performance"報告：展開"Performance"部分，結果如圖 6-12 所示。

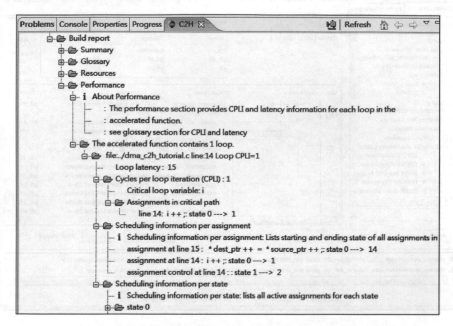

圖 6-12　觀察結果報告檔中的"Performance"部分

"Performance"部分顯示在被加速的函式中的每一個迴圈的效能特性。有兩個計量決定一個迴圈的效能： 迴圈延遲(Loop latency)與每一個迴圈重覆的週期(CPLI)。迴圈延遲(Loop latency)是被需要去填入管線的週期的數目。CPLI 是 is the number of cycles 被需要完成重覆一次迴圈的週期數目，假設管線被填滿而且沒有停下來。例如，這個被加速的函式的 loop latency 等於 15 而且 CPLI 等於 1。(這個值會依所使用的開發板上的記憶體延遲(latency)不同而有所不同。)這數字是指管線花了 15 個週期才填滿。一旦管線被填滿，每個週期會產生出新的結果。通常，最佳化一個應用的目標對於比較好的加速裝置的效能是去降低迴圈延遲(loop latency)與 CPLI。

3. 觀察在 SOPC Builder 中的加速裝置：在 C2H 組譯器增加了硬體加速裝置到 SOPC Builder 系統後，加速裝置會出現在 SOPC Builder 中。回到 Quartus II 視窗，選取視窗選單 Tools→ SOPC Builder...，開啓 SOPC Builder。在 SOPC Builder 中的"

System Contents"頁面，注意有一個新的組件"accelerator_c2h_tutorial_sw_do_dma"
在所使用的組件列表的最底下，如圖 6-13 所示。注意不能修改 SOPC Builder。必
需使用 Nios II IDE 介面去移除或改變它。

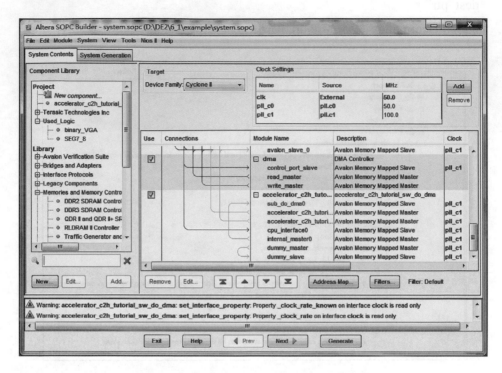

圖 6-13　在 SOPC Builder 中的加速裝置

4. 關閉 SOPC Builder：點選 SOPC Builder 視窗中的 Exit 鍵，關閉 SOPC Builder。
5. 組譯：選取視窗選單 Processing → Star Compilation，進行組譯。

6-1-2-6　執行有加速裝置的專案

執行有加速裝置的專案流程為：
- 開啟硬體燒錄視窗
- 燒錄硬體
- 執行 Nios II IDE 中有加速裝置的專案
- 觀察結果

其詳細說明如下：

1. 開啟硬體燒錄視窗：回到 Quartus II 視窗，選取視窗選單 Tools → Programmer，開
啟燒錄視窗為 example.sof 檔。

2. 燒錄硬體：並在要燒錄檔項目的 Program/Configure 處要勾選。再按 Start 鈕進行燒錄。將指撥開關 SW16 往上撥。

3. 執行 Nios II IDE 中有加速裝置的專案：回到 Nios II IDE 視窗，在"Nios II C/C++ Projects"頁面，在"c2h_tutorial_sw"專案處按滑鼠右鍵，點選"Run As"，再點選"Nios II Hardware"。Nios II IDE 下載加速過的程式到板子上並執行。

4. 觀察結果：在"Console"頁面觀察執行所花費的時間約有 23275 ms，如圖 6-14 所示。這個結果會視開發板的不同而有所差異。

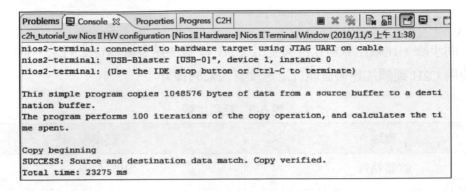

圖 6-14　有硬體加速裝置的執行結果

6-1-2-7　移除加速裝置

加速裝置移除流程為：

● 移除加速裝置

● 重新建構專案

其詳細說明如下：

1. 移除加速裝置：在 Nios II IDE 中，在 C2H 頁面中的"do_dma()"函式上按滑鼠右鍵，選取"Remove C2H Accelerator"，如圖 6-15 所示。若出現詢問視窗，按 Yes 鍵。再出現提示視窗，按 OK 鍵。

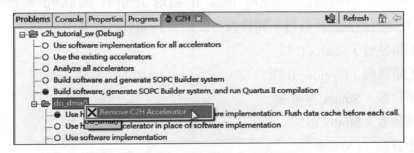

圖 6-15　移除 C2H 加速裝置

2. 重新建構專案：在 Nios II IDE 中，選取在 Nios II C/C++ Projects 頁面下的 "c2h_tutorial_sw"，按滑鼠右鍵，選取 Build Project，則開始進行組繹。必需要重新建構專案才能將硬體加速裝置從 SOPC Builder 系統硬體移除。C2H 組譯器重新產生 SOPC Builder 系統並且重新組譯 Quartus II 專案去產生一個沒有加速裝置硬體的 SRAM 目標檔。注意，要從硬體系統移除加速裝置，必需在 Nios II IDE 中使用"Remove C2H Accelerator"指令。不要使用 SOPC Builder 去從系統手動刪除組件。

6-1-2-8 結果比較

由上面步驟，比較出軟體執行與使用 C2H 硬體加速裝置執行之結果，整理如表 6-3 所示。使用 C2H 硬體加速裝置執行之速度有大幅的提升。

表 6-3 結果比較

實驗	結果
軟體執行	30876 ms
使用 C2H 硬體加速裝置執行	23275ms

6-2 網路應用

6-2-1 Nios II 開發板實作網路應用

這是一個在 MicroC/OS-II 上使用 NichStack 的 HTTP 伺服器範例。這是伺服器可以處理基本的要求從 Altera 唯讀 zip 檔案系統提供 HTML、JPEG 與 GIF 檔。一個唯讀的 zip 檔案系統必需被設定入 flash 記憶體元件，基底位址是 0x0。本範例介紹網路伺服器從 flash 記憶體的檔案執行。硬體設計是使用 Nios II EDS 提供的"standard"硬體範例設計或"Full_Featured"硬體範例設計皆可。開發板可使用下列開發板的其中之一：

- Nios II 開發板，Stratix II 版
- Nios II 開發板，Cyclone II 版
- Nios 開發板，Stratix 專業版
- Nios 開發板，Stratix 版
- Nios 開發板，Cyclone 版

本範例使用到的裝置有：

- Ethernet MAC (在 SOPC Builder 中命名爲 "lan91c111")

- STDOUT 元件 (UART 或 JTAG UART)

- LCD Display (在 SOPC Builder 中命名爲 "lcd_display")

本範例將使用"full_featured"專案，系統架構如圖 6-16 所示。

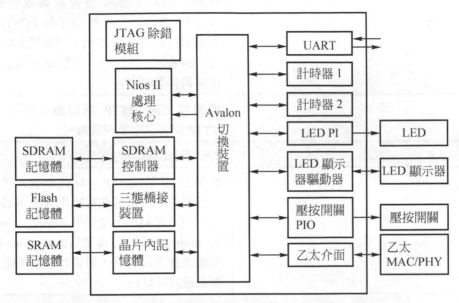

圖 6-16　"full_featured"設計範例

　　這範例使用 sockets 介面。要執行 HTTP 伺服器，必需先使用 Nios II IDE 的"Flash Programmer"燒錄工具燒錄檔案系統。唯讀的 zip 檔案系統包括一個 zip 檔 (預設爲 "ro_zipfs.zip") 在應用專案系統 "syslib"目錄中。當網路伺服器應用建立(Build)好後，這個 zip 檔內容會被解開來並轉換成一個 flash 燒錄檔。這個檔可被燒錄進 flash，可以讓 HTTP 伺服器在執行的時後去取得內容。

　　本範例使用到的軟體來源檔整理如表 6-6 所示。

表 6-6　軟體來源檔說明

程式	說明
web_server.c	包函主程式 main()、網路初始化例行程序、網頁伺服器任務 (WSTask)與板子控制任務。
http.c	HTTP 伺服器的實現包括所有需要的 sockets 呼叫去處理一個多重連接與處理基本的 HTTP 指令命，去處理 GET 與 POST 要求。藉由 HTTP GET 要求指示伺服器去取這個檔案，如果是可得到的，就從 flash 檔案系統取出送到有要求的客戶端。
http.h	標頭檔定義 HTTP 伺服器實現與常見的 HTTP 伺服器字串與常數。
web_server.h	對整個範例應用的定義
network_utilities.c	包函 MAC 位址、IP 位址與 DHCP 例行任務去管理位址。這是在初始化時被 NicheStack 使用。(若是對於不是使用 Altera　Nios 開發板 Stratix、Stratix 專業版或 Cyclone 版的模擬板來實現這範例，需要修改這個檔案以控制系統的位址)。
alt_error_handler.[ch]	包含對於 MicroC/OS-II 的錯誤的簡單的錯誤處理。
srec_flash.c	包含需要遙控配置的 SREC 處理與 flash 程式例行任務。

Nios II 開發板實作網路應用流程為：

- 連接開發板
- 設定硬體專案目錄
- 開啟 Quartus II 專案
- 開啟 SOPC Builder
- 產生系統
- 組譯
- 下載硬體設計到 FPGA
- 開啟 Nios II IDE

- 創造一個新的 C/C++應用專案
- 建構專案
- 執行專案
- 觀察結果

其詳細說明如下：

1. 連接開發板：將 Nios 開發板接上電源，並用 Altera 下載線連接 Nios 開發板至主控電腦。將一條網路線的一端接到開發板的 RJ-45 插座，網路線的一端接上 DHCP 伺服器。

2. 設定硬體專案目錄：在主控電腦中使用檔案總管，找到配合 Nios 開發板的範例檔目錄"standard "或"full_featured"，例如，"c:/altera/72sp1/nios2eds/examples/verilog/開發板型號/standard"。或 c:/altera/72sp1/nios2eds/examples/verilog/開發板型號/full_featured"。

3. 開啓 Quartus II 專案：開啓 Quartus II 軟體，開啓在" c:/altera/72sp1/nios2eds/examples/verilog/ 開 發 板 型 號 /full_featured " 目 錄 下 的 " 開 發 板 型 號 _full_featured.qpf"專案，例如，"NiosII_cyclone_1c20_ full_featured.qpf"。若出現警告 "Do you want to overwrite the database ... created by Quartus II Version <version>...."，按 Yes 。

4. 開啓 SOPC Builder：選取視窗 Tools → SOPC Builder，開啓 SOPC Builder。

5. 產生系統：接著在 SOPC Builder 畫面按 System Generation 鍵，不要勾選在 Options 下的 Simulation.Create project simulator files. 選項，按 Generate 鍵，會出現是否存檔的對話框，按 是 存檔。當系統產生完畢時，會顯示 "System generation was successful"訊息。按 Exit 鍵關掉 SOPC Builder 。

6. 組譯：在 Quartus II 軟體中，選取視窗選單 Processing → Start Compilation。組譯成功出現報告畫面顯示"Full compilation was successful."訊息，按 OK 鈕關閉。

7. 下載硬體設計到 FPGA：選取視窗選單 Tools → Programmer，出現燒錄視窗，出現"開發板型號_ full_featured.cdf"檔，SRAM 目標檔"開發板型號_ full_featured.sof"會 自 動 出 現 。 在 " 開 發 板 型 號 _full_featured.cdf" 檔 燒 錄 畫 面 ， 要 將 Program/Configure 項勾選，燒錄視窗中將要燒錄檔項目的 Program/Configure 處要勾選，再按 Start 鈕進行燒錄。

8. 開啓 Nios II IDE：選取開始→所有程式→Altera→Nios II EDS 7.2→Nios II 7.2 IDE 開啓 Nios II IDE 環境。若出現「Workspace Launcher」對話框，按 OK 鈕，出現

歡迎視窗「Welcome to the Altera Nios II IDE」。按歡迎畫面右上方的"Workbench"切至工作視窗。若是 「Workspace Launcher」對話框出現，按 OK 。

9. 創造一個新的 C/C++應用專案：選取視窗選單 File→ New→ C/C++ Application。出現「 New Project 」對話框。在 Select Project Template 選單中，選擇 Web Server ，在 Name 的欄位，自動會出現" web_sever0"。在 Select Target Hardware，選擇在" c:/altera/72sp1/nios2eds/examples/verilog/開發板型號/full_featured"目錄中的 SOPC Builder 系統(.ptf)檔。在指定好 SOPC Builder 系統後，IDE 自動將 CPU 設定為"cpu"，這是在 SOPC Builder 中設定的系統 Nios II 處理器核心。如圖 6-17 所示。按 Finish 鍵。IDE 產生一個新的專案"web_server0"與一個新的系統庫目錄"web_server0_syslib"。

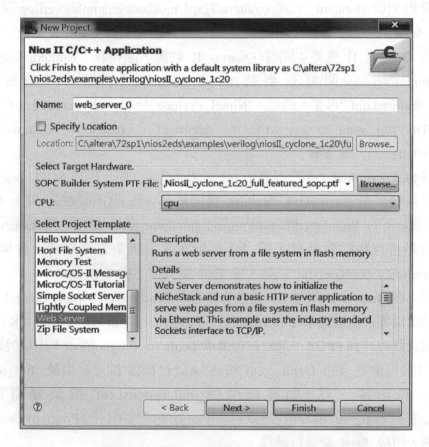

圖 6-17 創造一個新的 C/C++應用專案

10. 建構專案：在"Nios II C/C++ Projects"頁面中的" web_server0"專案處按滑鼠右鍵，
    點選 Build Project。Nios II IDE 花一些時間建構專案程式。當網路伺服器應用建立
    (Build)好後，這個 zip 檔內容會被解開來並轉換成一個 flash 燒錄檔(產生
    在"web_server_0_syslib\Debug\filesys.flash")。

11. 燒錄 Flash 選擇在"Nios II C/C++ Projects"頁面中的" web_server0"專案。選取視窗
    選單 Tools→Flash Programmer"，出現「Flash Programmer」視窗，點選左邊"Flash
    Programmer"處，按滑鼠左鍵，選 New ，出現"web_server0_programmer"。點選"
    web_server0_programmer"，右邊出現 web_server0_programmer 視窗，勾
    選"Program a file into flash memory"，按 File 欄位右方的 Browser 處選出檔案"
    C:\altera\72sp1\nios2eds\examples\verilog\niosII_cyclone_1c20\full_featured\software
    \web_server_0_syslib\Debug\filesys.flash" 或 "C:\altera\72sp1\nios2eds\examples
    \verilog\niosII_cyclone_1c20\full_featured\software\web_server_0_syslib\ro_zipfs.zip"
    ，Offset 處設定為"0x0"，如圖 6-18 所示，切到 Target Connection 頁面，在 JTAG
    cable 處選"USB-Blaster[USB-0]"，再按 Program Flash 鍵將燒錄檔案至 flash 中。
    燒錄 Flash 完成，出現結果為圖 6-19 或圖 6-20 所示。在 Flash 中就儲存了網路伺
    服器應用，唯讀 zip 檔系統內容，與開機複製程式。當發展板被燒錄進"standard"
    或"full_featured.sof"檔，網路伺服器應用將會開機並且從 flash 中 zip 檔案系統的
    提供網頁內容。

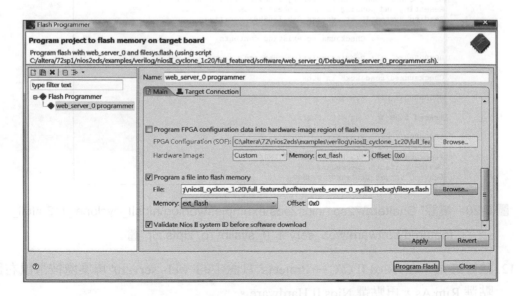

圖 6-18 「Flash Programmer」視窗設定

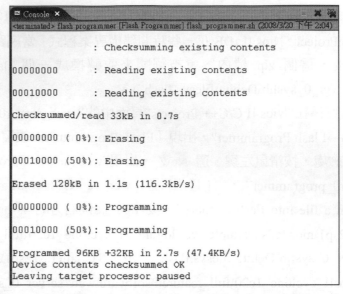

圖 6-19　燒錄” C:\altera\72sp1\nios2eds\examples\verilog\niosII_cyclone_1c20\full_
featured\software\web_server_0_syslib\Debug\filesys.flash”檔

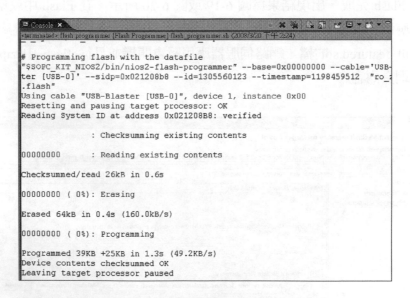

圖 6-20　燒錄” C:\altera\72sp1\nios2eds\examples\verilog\niosII_cyclone_1c20\full_
featured\software\web_server_0_syslib\ ro_zipfs.zip”檔

12. 執行專案：在”Nios II C/C++ Projects”頁面中的”web_server0”專案處按滑鼠右鍵，
點選 Run As，再點選 Nios II Hardware。

13. 觀察結果：若是有 DHCP，此應用會試著從 DHCP 伺服器去獲得一個 IP 位址。否則，一個固定的 IP 位址(定義在 web_server.h 中)在一段時間過後會被指定。在發展板上觀察 LCD 畫面，出現取得的 IP 位址，例如，10.10.239.240，在螢幕出現的結果如圖 6-21 所示。從其他台也接上同一台 DHCP 伺服器的電腦，開啓瀏覽器，瀏覽位址鍵入"http:// 10.10.239.240"，結果如圖 6-22 所示。

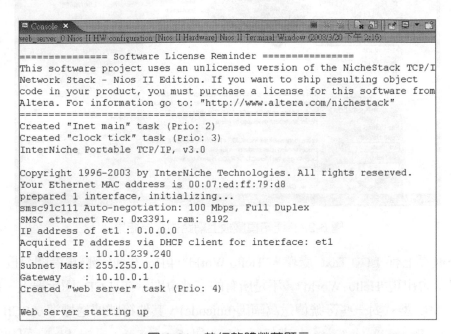

```
================ Software License Reminder ================
This software project uses an unlicensed version of the NicheStack TCP/I
Network Stack - Nios II Edition. If you want to ship resulting object
code in your product, you must purchase a license for this software from
Altera. For information go to: "http://www.altera.com/nichestack"
============================================================
Created "Inet main" task (Prio: 2)
Created "clock tick" task (Prio: 3)
InterNiche Portable TCP/IP, v3.0

Copyright 1996-2003 by InterNiche Technologies. All rights reserved.
Your Ethernet MAC address is 00:07:ed:ff:79:d8
prepared 1 interface, initializing...
smsc91c111 Auto-negotiation: 100 Mbps, Full Duplex
SMSC ethernet Rev: 0x3391, ram: 8192
IP address of et1 : 0.0.0.0
Acquired IP address via DHCP client for interface: et1
IP address : 10.10.239.240
Subnet Mask: 255.255.0.0
Gateway    : 10.10.0.1
Created "web server" task (Prio: 4)

Web Server starting up
```

圖 6-21　執行軟體螢幕顯示

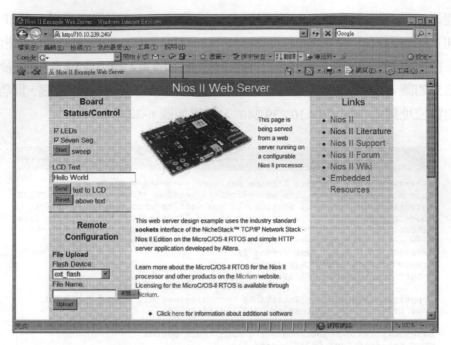

圖 6-22　連結模擬板上網路伺服器結果

在網頁上有 LCD Text 處填入"Hello World"，再按 Send 鍵。再看開發板上的LCD
螢幕會出現"Hello World"。不是所有的字都會顯示在 LCD 顯示器上。這是因為
HTML 型式對一些符號傳送萬國碼(unicode)，其他符號傳送標準 ASCII。在網頁
上有 Board Status/Control 處勾選 LED 與 Seven Seg，再按 Start。可以看到發展
板上 LED 燈號左移右移與七段顯示器出現遞增變化。

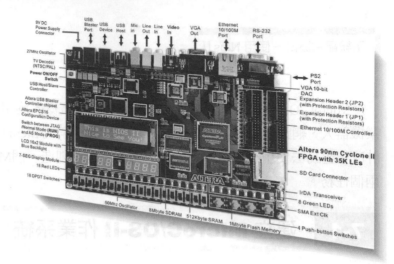

7 章

使用 MicroC/OS-II
作業系統

MicroC/OS-II一種即時作業系統(RTOS)，被廣泛的應用在各種嵌入式系統上，例如工業機器人、網路設備、自動提款機、醫療機械等等。Altera將MicroC/OS-II的Nios II實現設計成很容易去使用。本章介紹如何用Nios II IDE創造一個MicroC/OS-II專案，並多工執行兩個任務。

7-1　建立 MicroC/OS-II 作業系統

7-1-1　準備 Quartus II 專案

準備 Quartus II 專案流程為：

- 複製專案目錄
- 開啓 Quartus II 專案
- 開啓 SOPC Builder
- 產生系統
- 存檔並組譯
- 設計至開發板

詳細說明如下：

1. 複製專案目錄：將 5-7 小節的"d:\DE2\5_7\example"目錄，複製至"d:\DE2\7_1"下，如圖 7-1 所示。

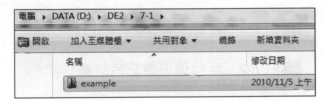

圖 7-1　複製專案目錄至至"d:\DE2\7_1"下

2. 開啓 Quartus II 專案：開啓 Quartus II 10.0 軟體，選取 Quartus II 視窗選單 File → Open Project，出現「Open Project」，選取"d:\DE2\7_1\example.pdf"專案，開啓之。

3. 開啓 SOPC Builder：選取視窗 Tools → SOPC Builder，開啓「Altera SOPC Builder」視窗。

4. 產生系統：接著在 SOPC Builder 畫面按 System Generation 鍵，不要勾選在 Options 下的 Simulation.Create project simulator files. 選項，按 Generate 鍵。當

系統產生完畢時，會顯示"System generation was successful"訊息。按 Exit 鍵關掉 SOPC Builder。

5. 存檔並組譯：選取視窗選單 File→Save，存檔之後，選取視窗選單 Processing → Start Compilation。組譯成功出現報告畫面顯示"Full compilation was successful."訊息，按 OK 鈕關閉。

6. 下載設計至開發板：將開發板接上電源，並且利用下載線(download cable)連接開發板與電腦，選取視窗選單 Tools → Programmer，出現燒錄視窗，出現 "example.cdf"檔。在"example.cdf"檔燒錄畫面，要將 Program/Configure 項勾選，燒錄視窗中將要燒錄檔項目的 Program/Configure 處要勾選，再按 Start 鈕進行燒錄。燒錄完若電腦會出現一個畫面「OpenCore Plus Status」，注意不要按 Close 鍵。

7-1-2　Nios II 專案建立

Nios II 專案建立流程為：

● 開啓 Nios II IDE
● 建立"MicroC/OS II 專案
● 建構專案
● 執行程式
● 觀看執行結果

其詳細說明如下：

1. 開啓 NiosII IDE 軟體：選取開始→所有程式→Altera→Nios II EDS 10.0 →Legacy Nios II Tools → Nios II 10.0 IDE，開啓 Nios II IDE 環境。若出現「Workspace Launcher」對話框，按 OK 鈕，出現歡迎視窗。按歡迎畫面右上方的"Workbench" 切至工作視窗。

2. 建立 Micro C/OS II：專案選取 Nios II IDE 環境選單 File → New → Nios II C/C++ Application，出現「New Project」對話框，在 Select Project Template 處選取"Hello MicroC"。不要勾選 Specify Location 項目。在 Select Target Hardware 下方 SOPC Builder System PTF File: 處找到 7-1-1 的系統硬體檔"d:\DE2\7-1\example\ example.ptf"，如圖 7-2 所示，設定好按 Finish 鍵。Nios II IDE 創造一個新專案出現在工作視窗上，並開啓"hello_ucosii.c"， "hello_ucosii.c"內容如表 7-1 所示。

圖 7-2　建新 Nios II 專案

表 7-1　"hello_ucosii.c"內容

```
#include <stdio.h>
#include "includes.h"

/* Definition of Task Stacks */
#define    TASK_STACKSIZE        2048
OS_STK    task1_stk[TASK_STACKSIZE];
OS_STK    task2_stk[TASK_STACKSIZE];

/* Definition of Task Priorities */

#define TASK1_PRIORITY        1
#define TASK2_PRIORITY        2

/* Prints "Hello World" and sleeps for three seconds */
```

```
void task1(void* pdata)
{
  while (1)
  {
    printf("Hello from task1\n");
    OSTimeDlyHMSM(0, 0, 3, 0);
  }
}
/* Prints "Hello World" and sleeps for three seconds */
void task2(void* pdata)
{
  while (1)
  {
    printf("Hello from task2\n");
    OSTimeDlyHMSM(0, 0, 3, 0);
  }
}
/* The main function creates two task and starts multi-tasking */
int main(void)
{

  OSTaskCreateExt(task1,
            NULL,
            (void *)&task1_stk[TASK_STACKSIZE],
            TASK1_PRIORITY,
            TASK1_PRIORITY,
            task1_stk,
            TASK_STACKSIZE,
            NULL,
            0);


  OSTaskCreateExt(task2,
```

```
                NULL,
                (void *)&task2_stk[TASK_STACKSIZE],
                TASK2_PRIORITY,
                TASK2_PRIORITY,
                task2_stk,
                TASK_STACKSIZE,
                NULL,
                0);
    OSStart();
    return 0;
}
```

3. 建構專案：選取在 Nios II C/C++ Projects 頁面下的"hello_ucossii_0"，按滑鼠右鍵，選取 Build Project ，則開始進行組繹。當專案組繹成功，則可執行專案。如果有錯誤發生，則有可能是在作硬體設計時，若干設定不正確，回到 SOPC Builder 檢查硬體內容，修改後重新產生系統並重新組譯後再次燒錄元件。修改硬體後再重新執行 Build Project 。

4. 執行程式：確認指撥開關 SW16 往上撥，選取在 Nios II C/C++ Projects 頁面下的 "hello_ucossii_0"，按滑鼠右鍵，選取 Run → Run As → Nios II Hardware。此時開始下載軟體，重置處理器並開始執行軟體。此時在 Nios II IDE 下方 Console 視窗會顯示程序 task1 與 task2 輪流被執行的結果，如圖 7-3 所示。

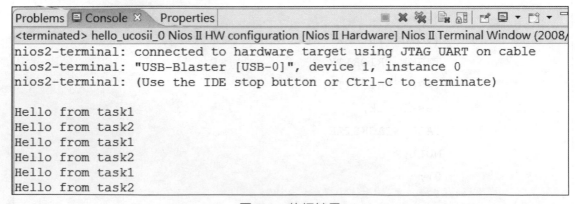

圖 7-3　執行結果

7-2　乒乓球遊戲結合音樂

結合第五章的乒乓球範例與音樂範例(「系統晶片設計－使用 quartus II」第八章)，專案設計整理如表 7-2 所示。

表 7-2　專案設計

程式	說明
乒乓球程序(任務 1)	由 VGA 螢幕輸出乒乓球遊戲
音樂程序(任務 2)	播放音樂
主程式	乒乓球任務(任務 1)與音樂任務(任務 2)輪流執行

7-2-1　Quartus II 專案建立

Quartus II 專案建立流程為：

- 複製專案
- 開啟專案
- 更改系統
- 建立系統
- 編輯 example.bdf 檔
- 引入 music 符號
- 連線
- 存檔並組譯
- 指定接腳
- 存檔並組譯
- 燒錄

詳細說明如下：

1. 複製專案與目錄：將第五章建立的專案目錄 ”d:\DE2\5-7\example” 複製至”d:\DE2\7-2”目錄。再將光碟中的”光碟:\ex\lyp\”目錄下的”music”目錄複製至”d:\DE2\7-2\example\”下，如圖 7-4 所示。

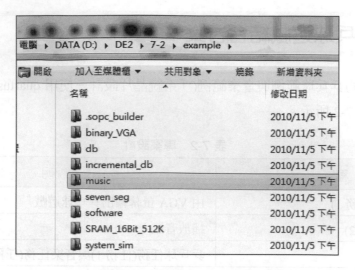

圖 7-4　複製"music"目錄

2. 開啟專案：執行 Quartus II 10.0 軟體，選取視窗 File → Open Project，開啟「Open Project」對話框，選擇設計檔案的目錄為 "d:\DE2\7-3\example"，再選取 "example.qpf" 專案，按"開啟"鍵開啟。

3. 加入資料庫：選取視窗選單 File→Add/Remove Files in Project，開啟「Setting-example」對話框，先選擇 Category 下方的 Libraries，在「Setting- example」對話框內右方的 Project library name: 處選出音樂專案的目錄"music"，再按 Add 鍵加入 Libraries: 下方的清單中，如圖 7-5 所示。

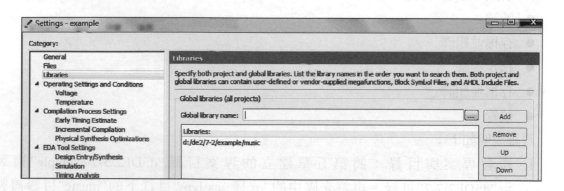

圖 7-5　加入"music"目錄於資料庫

4. 更改系統：選取視窗選單 Tools→SOPC Builder，開啟「SOPC Builder」對話框，先選擇 System Contents 頁面左方的 Peripherals 下的 Microcontroller Peripherals

下的 PIO(Parallel I/O)，按 Add 鍵，出現「PIO」對話框，將 Width 處的值改為"3"，在 Direction 處選"Output ports only"，如圖 7-6 所示，再按 Finish 鍵。則在「SOPC Builder」對話框的 Module name 下方出現了 pio 模組，選擇 pio 模組按滑鼠右鍵，選 Remane 更改名稱為 music_pio，並在 Clock 處選出"pll_c0"，如圖 7-7 所示。

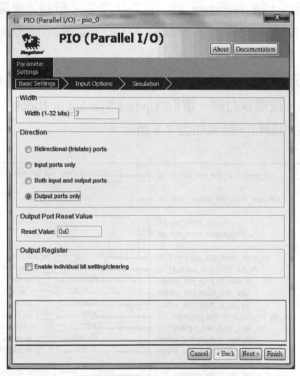

圖 7-6　「PIO」對話框

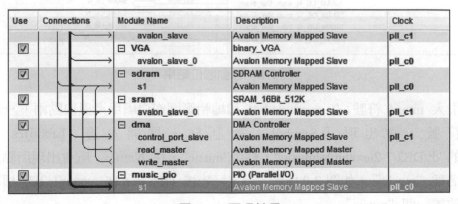

圖 7-7　更名結果

5. 自動指定基底位址：SOPC Builder 會對 Nios 系統模組指定預設位址，你可以修改這些預設值。自動指定基底位址"Auto Assign Base Address"功能可使位址被 SOPC Builder 重新自動指定，選擇 SOPC Builder 選單 System → Auto Assign Base Address。

6. 建立系統：在「SOPC Builder」對話框，選取視窗選單 File→Save，存檔。選擇 System Generation 頁面，按 Generate 鍵。當系統產生完畢時，會顯示"System generation was successful"訊息，按 Exit 鍵關掉 SOPC Builder。出現詢問是否存檔視窗，按 Save 鍵。

7. 編輯 example.bdf 檔：回到 Quartus II 中，開啟"example.bdf"檔，選取"inst"符號 (system 模組)，按滑鼠右鍵，選取"Update Symbol or Block"，更新"system"符號。移動一下原先的腳位，結果如圖 7-8 所示。

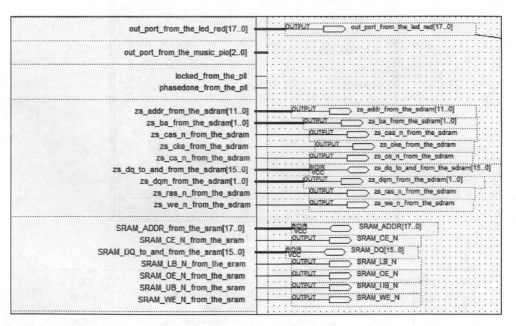

圖 7-8　移動腳位結果

8. 引入 music 符號：在 example.bdf 檔編輯範圍空白處用滑鼠快點兩下，或點選 ⊅ 符號，會出現「Symbol」對話框。展開左邊 Libraries 選單中的"d:/DE2/7-2/example/music"，點選"music"，在 Name: 處會出現所點選的符號名稱 "music"，如圖 7-9 所示。設定好後按 OK 鈕。在 example.bdf 檔編輯範圍放置一個 "music"。

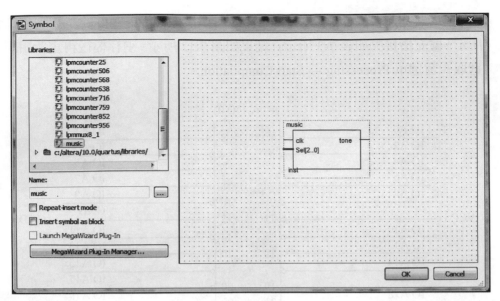

圖 7-9　引入"music"符號

9. 連線：將 system 符號的 output_port_from_the_music_pio 與 music 符號的 Sel[2..0] 相連接。在將 music 符號的 clk 連接一條接線並命名為"pll_c0_out"。再加入一個輸出符號"output"，並更名為"tone"，再連接至 music 符號的 tone，如圖 7-10 所示。

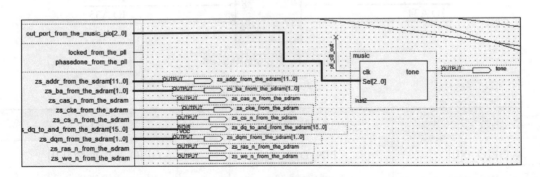

圖 7-10　連線結果

10. 存檔並組譯：在 Quartus II 軟體中，選取視窗選單 File→Save，存檔，再選取視窗選單 Processing → Start Compilation。組譯成功出現報告畫面顯示"Full compilation was successful."訊息，按 OK 鈕關閉。

11. 指定接腳：選取視窗選單 Assignments → Pins 處，開啟「Pin Planner」對話框，選取一個輸出腳"tone"，再至同一列處 Location 欄位下方用滑鼠快點兩下開啟下拉選單，選取欲連接的元件腳位名"PIN_J20"(DE2 開發板的 JP0 的 7 號腳，如圖 7-11 所示，擴充槽接腳如表 7-3 所示)，結果如圖 7-12 所示。須存檔後再重新組譯一次，選取視窗選單 Processing → Start Compilation。

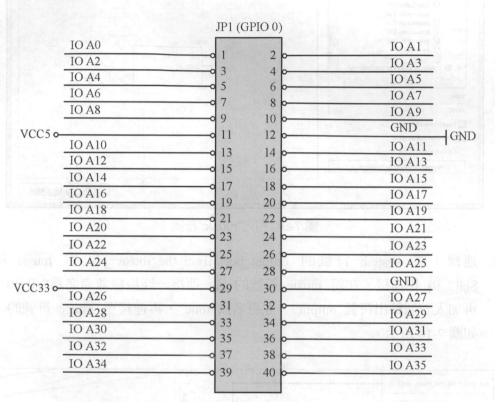

圖 7-11　擴充槽編號圖

表7-3　擴充槽接腳表

訊號名稱	FPGA 腳位編號	說明
GPIO_0[0]	PIN_D25	GPIO 連接插槽 0[0]
GPIO_0[1]	PIN_J22	GPIO 連接插槽 0[1]
GPIO_0[2]	PIN_E26	GPIO 連接插槽 0[2]
GPIO_0[3]	PIN_E25	GPIO 連接插槽 0[3]
GPIO_0[4]	PIN_F24	GPIO 連接插槽 0[4]
GPIO_0[5]	PIN_F23	GPIO 連接插槽 0[5]
GPIO_0[6]	PIN_J21	GPIO 連接插槽 0[6]

GPIO_0[7]	PIN_J20	GPIO 連接插槽 0[7]
GPIO_0[8]	PIN_F25	GPIO 連接插槽 0[8]
GPIO_0[9]	PIN_F26	GPIO 連接插槽 0[9]
GPIO_0[10]	PIN_N18	GPIO 連接插槽 0[10]
GPIO_0[11]	PIN_P18	GPIO 連接插槽 0[11]
GPIO_0[12]	PIN_G23	GPIO 連接插槽 0[12]
GPIO_0[13]	PIN_G24	GPIO 連接插槽 0[13]
GPIO_0[14]	PIN_K22	GPIO 連接插槽 0[14]
GPIO_0[15]	PIN_G25	GPIO 連接插槽 0[15]
GPIO_0[16]	PIN_H23	GPIO 連接插槽 0[16]
GPIO_0[17]	PIN_H24	GPIO 連接插槽 0[17]
GPIO_0[18]	PIN_J23	GPIO 連接插槽 0[18]
GPIO_0[19]	PIN_J24	GPIO 連接插槽 0[19]
GPIO_0[20]	PIN_H25	GPIO 連接插槽 0[20]
GPIO_0[21]	PIN_H26	GPIO 連接插槽 0[21]
GPIO_0[22]	PIN_H19	GPIO 連接插槽 0[22]
GPIO_0[23]	PIN_K18	GPIO 連接插槽 0[23]
GPIO_0[24]	PIN_K19	GPIO 連接插槽 0[24]
GPIO_0[25]	PIN_K21	GPIO 連接插槽 0[25]
GPIO_0[26]	PIN_K23	GPIO 連接插槽 0[26]
GPIO_0[27]	PIN_K24	GPIO 連接插槽 0[27]
GPIO_0[28]	PIN_L21	GPIO 連接插槽 0[28]
GPIO_0[29]	PIN_L20	GPIO 連接插槽 0[29]
GPIO_0[30]	PIN_J25	GPIO 連接插槽 0[30]
GPIO_0[31]	PIN_J26	GPIO 連接插槽 0[31]
GPIO_0[32]	PIN_L23	GPIO 連接插槽 0[32]
GPIO_0[33]	PIN_L24	GPIO 連接插槽 0[33]
GPIO_0[34]	PIN_L25	GPIO 連接插槽 0[34]
GPIO_0[35]	PIN_L19	GPIO 連接插槽 0[35]

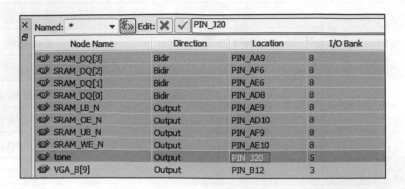

圖 7-12　腳位指定

12. 燒錄設計至開發板：將開發板接上電源，並且利用下載線(download cable)連接開發板與電腦，選取視窗選單 Tools → Programmer，出現燒錄視窗，出現 "example.cdf"檔。在"example.cdf"檔燒錄畫面，要將 Program/Configure 項勾選，燒錄視窗中將要燒錄檔項目的 Program/Configure 處要勾選，再按 Start 鈕進行燒錄。燒錄完電腦會出現一個畫面「OpenCore Plus Status」，注意不要按 Close 鍵。

7-2-2 Nios II 控制螢幕顯示

Nios II 控制螢幕顯示流程為：

- 開啓 Nios II IDE
- 建立"MicroC_test"專案
- 建構專案
- 執行程式
- 觀看執行結果
- 建立"MicroC.h"檔案
- 編輯"MicroC.h"檔案
- 編輯"hello_ucosii .c
- 建構專案
- 執行程式
- 觀看執行結果
- 更改"hello_ucosii.c"
- 執行程式

● 觀看執行結果

其詳細說明如下：

1. 開啓 Nios II IDE：選取開始→所有程式→Altera→Nios II EDS 10.0 →Legacy Nios II Tools → Nios II 10.0 IDE，開啓 Nios II IDE 環境。若出現「Workspace Launcher」對話框，按 OK 鈕，出現歡迎視窗。按歡迎畫面右上方的"Workbench"切至工作視窗。

2. 建立專案：選取 Nios II IDE 環境選單 File → New → Nios II C/C++ Application，出現「New Project」對話框，在 Select Project Template 處選取 "Hello MicroC/OS-II"，在 name 處改成"MicroC_test"。不要勾選 Specify Location 項目。在 Select Target Hardware 下方 SOPC Builder System PTF File: 處找到剛才系統產生的硬體檔"D:\DE2\7-2\example\system.ptf"，如圖 7-13 所示，設定好按 Finish 鍵。Nios II IDE 創造一個新專案出現在工作視窗上。

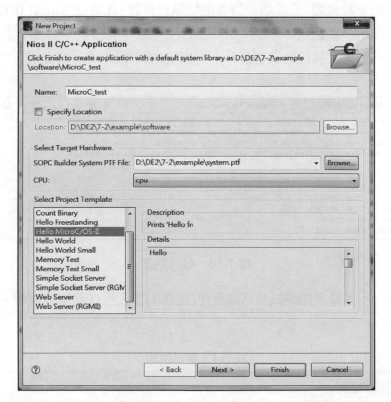

圖 7-13　設定新專案

3. 建構專案：選取在 Nios II C/C++ Projects 頁面下的"MicroC_test"，按滑鼠右鍵，選取 Build Project ，則開始進行組繹。當專案組繹成功，則可執行專案。如果有錯誤發生，則有可能是在作硬體設計時，若干設定不正確，回到 SOPC Builder 檢查硬體內容，修改後重新產生系統並重新組譯後再次燒錄元件。修改硬體後再重新執行 Build Project 。

4. 執行程式：請先確認 DE2 發展板已接好電源，並已在 Quartus II 環境執行 7-2-1 之燒錄硬體動作。確認 DE2 開發板上的指撥開關"SW16"有往上撥。選取 Run → Run，出現「Run」對話框。用滑鼠點選"Nios II Hardware"，按滑鼠右鍵選 New 則開啓執行視窗。在 Main 頁面下的 Project 處要選擇"MicroC"，確認在 Target Hardware 處的 ".PTF" 檔爲你的系統硬體設計檔。在 Target Connection 頁面下，若是連接了一個以上的 JTAG 線，則須要選取 Target Connection 鍵，從下拉選單選擇出連接到你的模擬板的線，例如 USB-Blaster 或 ByteBlaster。接受預設值並按 Run 鈕。此時開始下載軟體，重置處理器並開始執行軟體。此時在 Nios II IDE 下方 Console 視窗會顯示一些訊息。或選取 Run → Run As → Nios II Hardware。此時開始下載軟體，重置處理器並開始執行軟體。此時在 Nios II IDE 下方 Console 視窗會顯示一些訊息。

5. 觀看執行結果：執行結果在螢幕下方出現如圖 7-14 所示之文字。

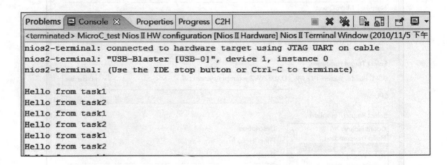

圖 7-14　執行結果

6. 專案設計：本專案先測試乒乓球程序(任務 1)加入至任務 1 之實驗。專案說明如表 7-4 所示。

表 7-4　專案說明

程式	說明
乒乓球程序(任務 1)	由 VGA 螢幕輸出乒乓球遊戲
印字任務 (任務 2)	列印"task 2"文字
主程式	乒乓球任務(任務 1)與印字任務(任務 2)輪流執行

7. 建立"MircoC.h"檔案：選取 File→New→Header File，出現「New Header File」視窗，在"Source Folder"處選出"MicroC_test"，在"Header File"處填入"MicroC.h "，如圖 7-15 所示，設定好按 Finish 鍵。

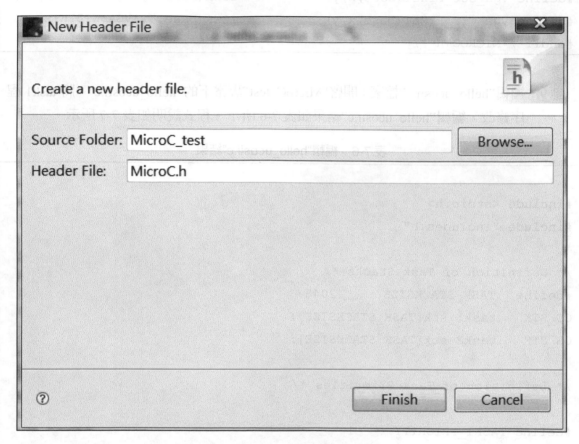

圖 7-15　建立"MicroC.h"檔案

8. 編輯"MicroC.h"檔案：編輯"MicroC.h"檔案結果如表 7-5 所示。

表 7-5　編輯"MicroC.h"檔案結果

```
#ifndef MICROC_H_
#define MICROC_H_
#define VGA_WIDTH      640
#define VGA_HEIGHT     480
#define OSD_MEM_ADDR   VGA_WIDTH*VGA_HEIGHT
```

```
// VGA Set Function
#define Vga_Write_Ctrl(base,value)          IOWR(base, OSD_MEM_ADDR   ,
value)
#define Vga_Set_Pixel(base,x,y)             IOWR(base, y*VGA_WIDTH+x, 1)
#define Vga_Clr_Pixel(base,x,y)             IOWR(base, y*VGA_WIDTH+x, 0)
#endif /*MICROC_H_*/
```

9. 編輯"hello_ucosii.c"檔案：開啓"MicroC_test"專案下的"hello_ucosii.c"，將 task1 程序修改，編輯"hello_ucosii.c"結果如表 7-6 所示。程式說明如表 7-7 所示。

表 7-6　編輯"hello_ucosii.c"結果

```
#include <stdio.h>
#include "includes.h"


/* Definition of Task Stacks */
#define   TASK_STACKSIZE       2048
OS_STK    task1_stk[TASK_STACKSIZE];
OS_STK    task2_stk[TASK_STACKSIZE];


/* Definition of Task Priorities */


#define TASK1_PRIORITY      1
#define TASK2_PRIORITY      2


/* Prints "Hello World" and sleeps for three seconds */
  #include <io.h>
#include "system.h"
#include "alt_types.h"
#include "altera_avalon_pio_regs.h"
#include "sys/alt_irq.h"


#include "MicroC.h"
volatile int edge_capture;
```

```c
int board_x;
int board_width,board_height;
int ball_size;
int counter_y,counter_x;

static alt_u32 scale;

#ifdef BUTTON_PIO_BASE
static void handle_button_interrupts(void* context, alt_u32 id)
{
    /* Cast context to edge_capture's type. It is important that this be
     * declared volatile to avoid unwanted compiler optimization.
     */
    volatile int* edge_capture_ptr = (volatile int*) context;
    /* Store the value in the Button's edge capture register in *context.
*/
    *edge_capture_ptr                                                    =
IORD_ALTERA_AVALON_PIO_EDGE_CAP(BUTTON_PIO_BASE);
    /* Reset the Button's edge capture register. */
    IOWR_ALTERA_AVALON_PIO_EDGE_CAP(BUTTON_PIO_BASE, 0);
}

/* Initialize the button_pio. */

static void init_button_pio()
{
    /* Recast the edge_capture pointer to match the alt_irq_register()
function
     * prototype. */
    void* edge_capture_ptr = (void*) &edge_capture;
    /* Enable all 4 button interrupts. */
    IOWR_ALTERA_AVALON_PIO_IRQ_MASK(BUTTON_PIO_BASE, 0xf);
    /* Reset the edge capture register. */
    IOWR_ALTERA_AVALON_PIO_EDGE_CAP(BUTTON_PIO_BASE, 0x0);
```

```
    /* Register the interrupt handler. */
    alt_irq_register( BUTTON_PIO_IRQ, edge_capture_ptr,
                handle_button_interrupts );
}
#endif


static void shift_board(alt_u8 type )
{
  switch (type)
  {
        /* right shfit. */
    case 'r':
        {if (board_x<640-board_width)
        board_x = board_x +1;


        }
        break;
        /*  left shfit. */
    case 'l':
        {if (board_x>0)
        board_x = board_x -1;


        }
        break;
        /*  counting up. */
    default:
        board_x = board_x;
        break;
    }

  }
static void replay( )
```

```
{
    counter_x=VGA_WIDTH/2;
    counter_y=VGA_HEIGHT/2;
    scale=0;

}

static void handle_button_press(alt_u8 type)
{
     static alt_u32 state;
    state=IORD_ALTERA_AVALON_PIO_DATA(BUTTON_PIO_BASE);
    /* Button press actions while counting. */

    if (type == 'c')
    {
        switch (edge_capture)
        {
            /* Button 1:  right shfit. */
        case 0x1:
            if (state==14)
            shift_board('r');
            else
            edge_capture=0;
            break;
            /* Button 2:  left shift. */
        case 0x2:
             if (state==13)
            shift_board('l');
            else
            edge_capture=0;
            break;
          case 0x8:
```

```
            replay();
            edge_capture=0;
            break;


        default:
             shift_board('s');
            edge_capture=0;


            break;
        }
    }
    /* If 'type' is anything else, assume we're "waiting"...*/
    else
    {
        switch (edge_capture)
        {
        case 0x1:
            printf( "Button 1\n");
            edge_capture = 0;
            break;
        case 0x2:
            printf( "Button 2\n");
            edge_capture = 0;
            break;
        case 0x4:
            printf( "Button 3\n");
            edge_capture = 0;
            break;
        case 0x8:
            printf( "Button 4\n");
            edge_capture = 0;
            break;
        default:
```

```
            printf( "Button press UNKNOWN!!\n");
        }
    }
}



void Set_color(unsigned int left,  unsigned int top,
            unsigned int width, unsigned int height)
{
    unsigned int  x,y;



    for (y = top;  y < top+height;  ++y)
    {
        for (x =left;  x < left+width;  ++x)
        {
            Vga_Set_Pixel(VGA_BASE,x,y);
        }


    }


}


void clr(unsigned int left,  unsigned int top,
            unsigned int width, unsigned int height)
{
    unsigned int  x,y;



    for (y = top;  y < top+height;  ++y)
    {
        for (x =left;  x < left+width;  ++x)
        {
```

```
                Vga_Clr_Pixel(VGA_BASE,x,y);
        }


    }



}
void task1(void* pdata)
{
    int  board_y;
    int dx,dy;
    while (1)
    {
      Vga_Write_Ctrl(VGA_BASE,7);
      printf("clear range:left=0,top=0,width=640, height=480;\n");
      clr(0,  0, VGA_WIDTH, VGA_HEIGHT);
      usleep(1000000);
      counter_x=VGA_WIDTH/2;
      counter_y=VGA_HEIGHT/2;
      board_x=VGA_WIDTH/2;
      board_y=0;
      board_width=40;
      board_height=5;
      ball_size=8;
      dx=1;
      dy=1;
      scale=0;
      #ifdef BUTTON_PIO_BASE
       init_button_pio();
      #endif

    while(1)
```

```
    {
            IOWR_ALTERA_AVALON_PIO_DATA( SEG7_BASE,scale );
             printf("scale=%08lXh\n",scale);

            if (counter_x>640-ball_size)
             dx=-1;
            else
              {if (counter_x<=0)
              dx=1;

              }
            counter_x=counter_x+dx;

            if (counter_y>480-ball_size)
              dy=-1;
            else
              {
              if(              (counter_y<=board_height)&&(counter_y>=0)&&
(counter_x<board_x+board_width)&& (counter_x>board_x))
        // { if (counter_y<=0)
                { dy=1;
                 scale=scale+1;}
              }
            counter_y=counter_y+dy;
            printf("Set ball range:left=counter_x,top=counter_y,width=8,
height=8;\n");
            Set_color(counter_x,  counter_y, ball_size,ball_size );
            usleep(10000);
            printf("Clear                                          ball
range:left=counter_x,top=counter_y,width=8, height=8;\n");

            clr(counter_x,  counter_y, ball_size,ball_size );
```

```
              if (edge_capture != 0)
                 {
                   /* Handle button presses */
                    handle_button_press('c');
                 }
              else
                 {
                   handle_button_press('s');;
                 }

              Set_color(board_x,board_y,board_width,board_height);
               usleep(10000);

              clr(board_x,board_y,board_width,board_height );
        }


}
   printf("Hello from task1\n");
   OSTimeDlyHMSM(0, 0, 3, 0);
  }


/* Prints "Hello World" and sleeps for three seconds */
void task2(void* pdata)
{
  while (1)
  {
   printf("Hello from task2\n");
   OSTimeDlyHMSM(0, 0, 3, 0);
  }
}
/* The main function creates two task and starts multi-tasking */
int main(void)
```

```
{

  OSTaskCreateExt(task1,
          NULL,
          (void *)&task1_stk[TASK_STACKSIZE],
          TASK1_PRIORITY,
          TASK1_PRIORITY,
          task1_stk,
          TASK_STACKSIZE,
          NULL,
          0);


  OSTaskCreateExt(task2,
          NULL,
          (void *)&task2_stk[TASK_STACKSIZE],
          TASK2_PRIORITY,
          TASK2_PRIORITY,
          task2_stk,
          TASK_STACKSIZE,
          NULL,
          0);
  OSStart();
  return 0;
}
```

表 7-7　程式說明

程式內容	說明
static void init_button_pio()	壓按開關初始化
static void shift_board(alt_u8 type)	若 type 等於'r'，board_x 加 1(最大到 640-board_size)，若 type

	等於'1'，board_x 減 1 (最小到 0)
`static void replay( )`	重新開始，球的座標設定在 (VGA_WIDTH/2,VGA_HEIGHT/2)，且分數歸 0。
`static void handle_button_press (alt_u8 type)`	按鍵中斷判斷按鍵狀況，若 KEY0 被觸發且在按下的情況，呼叫 shift(r)；若 KEY1 被觸發且在按下的情況，呼叫 shift(l)。若 KEY3 被觸發且在按下的情況，呼叫 replay()。
`void Set_color(unsigned int left,` `unsigned int top,` `        unsigned int width,` `unsigned int height)`	將 x 座標 left 至 left+width-1，y 座標 top 至 top+ height-1 畫面恢復。
`void Clr(unsigned int left, unsigned int top,` `        unsigned int width,` `unsigned int height)`	將 x 座標 left 至 left+width-1，y 座標 top 至 top+ height-1 畫面清除。
`IOWR_ALTERA_AVALON_PIO_DATA ( SEG7_BASE,scale );`	將 scale 的值輸出至七段顯示器上。
`if (counter_x>640-ball_size)` `        dx=-1;` `        else` `          {if (counter_x<=0)` `          dx=1;` `          }` `        counter_x=counter_x+dx;`	若球 x 座標 counter_x 大於 640-8，則 dx=-1，除此之外，若球 x 座標 counter_x 小於=0，則 dx=1。球 x 座標 counter_x=counter_x+dx
`        if` `(counter_y>480-ball_size)` `        dy=-1;` `        else`	若球 y 座標 counter_y 大於 480-8，則 dy=-1，除此之外，若球 y 座標(counter_y 小於等於 board_height) 並且(counter_y 大於等於 0) 並且(counter_x 小於 board_x+board_width) 並且 (counter_x 大於 board_x)，則

`{if( (counter_y<=board_height)&&`
`(counter_y>=0)&&`
`(counter_x<board_x+board_width)&&`
`(counter_x>board_x))`
`          { dy=1;`
`            scale=scale+1;}`
`        }`
`        counter_y=counter_y+dy;`
	dy=1 且 scale 等於 scale 加 1。
	
	球 y 座標
	`counter_y=counter_y+dy`

10. 建構專案：選取在 Nios II C/C++ Projects 頁面下的"VGA"，按滑鼠右鍵，選取 Build Project，則開始進行組繹。當專案組繹成功，則可執行專案。如果有錯誤發生，則有可能是在作硬體設計時，若干設定不正確，回到 SOPC Builder 檢查硬體內容，修改後重新產生系統並重新組譯後再次燒錄元件。修改硬體後再重新執行 Build Project 。

11. 執行程式：請先確認 DE2 發展板已接好電源，並已在 Quartus II 環境執行 7-2-1 之燒錄硬體動作。確認 DE2 開發板上的指撥開關"SW16"有往上撥。選取 Run → Run，出現「Run」對話框。用滑鼠點選"Nios II Hardware"，按滑鼠右鍵選 New 則開啟執行視窗。在 Main 頁面下的 Project 處要選擇"MicroC"，確認在 Target Hardware 處的 ".PTF" 檔為你的系統硬體設計檔。在 Target Connection 頁面下，若是連接了一個以上的 JTAG 線，則須要選取 Target Connection 鍵，從下拉選單選擇出連接到你的模擬板的線，例如 USB-Blaster 或 ByteBlater。接受預設值並按 Run 鈕。此時開始下載軟體，重置處理器並開始執行軟體。此時在 Nios II IDE 下方 Console 視窗會顯示一些訊息。或選取 Run → Run As → Nios II Hardware。此時開始下載軟體，重置處理器並開始執行軟體。此時在 Nios II IDE 下方 Console 視窗會顯示一些訊息。

12. 觀看執行結果：執行結果在螢幕下方出現如圖 7-16 所示之文字。將 DE2 發展板的 VGA 輸出端接上顯示器，出現乒乓球遊戲畫面，如圖 7-17 所示。壓按鈕可控制螢幕最上方檔板左右移。

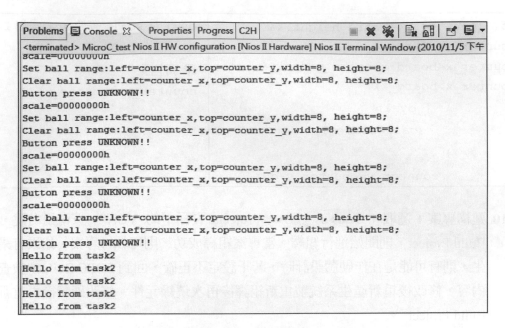

圖 7-16　執行結果

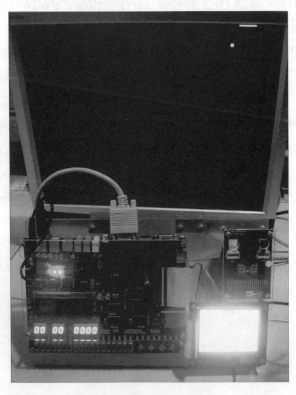

圖 7-17　乒乓球遊戲

13. 專案設計：再加入小蜜蜂音樂程式加入至任務 2。專案說明如表 7-8 所示。

表 7-8 專案說明

程式	說明
乒乓球程序(任務 1)	由 VGA 螢幕輸出乒乓球遊戲
播放小蜜蜂音樂任務(任務 2)	小蜜蜂音樂，列印"task 2"文字
主程式	乒乓球任務(任務 1)與播放小蜜蜂音樂(任務 2)輪流執行

14. 修改"hello_ucosii.c"檔案：開啓"MicroC_test"專案下的"hello_ucosii.c"，將 task2 程序修改，如表 7-9 所示。程式說明如表 7-10 所示。編輯"hello_ucosii.c"結果如表 7-11 所示。

表 7-9 編輯 task2 程序

```
unsigned int tone[24]=
{5,3,3,4,2,2,1,2,3,4,5,5,5,5,3,3,4,2,2,1,3,5,5,1};
unsigned int bit[24]=
{1,1,2,1,1,2,1,1,1,1,1,1,2,1,1,2,1,1,2,1,1,1,1,4};
static alt_u8 ledshow[8]={0x00, 0x01, 0x02, 0x04, 0x08, 0x10, 0x20,
0x40};
static void delay(int hex, alt_u8 type)
{
if (type ==  L )
{usleep(hex*500000-100000);
}
else
{
usleep(100000);
}

}
static void count_led(alt_u8 count)
 {
#ifdef LED_GREEN_BASE
```

```
IOWR_ALTERA_AVALON_PIO_DATA(LED_GREEN_BASE,count);
#endif
}
static void music_tone(int hex)
{
#ifdef MUSIC_PIO_BASE
IOWR_ALTERA_AVALON_PIO_DATA(MUSIC_PIO_BASE,hex);
#endif
}
void task2(void* pdata)
{
int I;
  while (1)
  {
    for (i = 0; i<24; ++i)
{
 count_led(ledshow[tone[i]]);
music_tone(tone[i]);
delay(bit[i],  L );
music_tone(0);
delay(bit[i],  D );
}
    printf("Hello from task2\n");
    OSTimeDlyHMSM(0, 0, 3, 0);
  }
}
```

表 7-10　程式說明

程式	說明
tone	變數，紀錄了音樂的音階
bit	變數，音樂節拍
ledshow	變數，控制 LED 顯示方式，有八種狀態，ledshow[0]值爲

	0，ledshow[1]值為 1，ledshow[2]值為 2，ledshow[3] 值為 4，ledshow[4]值為 8，ledshow[5]值為 16，ledshow[6]值為 32，ledshow[7]值為 64。
delay (int hex,alt_u8 type)	副程式，控制等待的時間，分兩種狀態的等待時間，狀態由 type 決定，等待時間由 hex 決定。
count_led(alt_u8 count)	副程式，變數 count 的值由 LED 顯示
music_tone(int hex)	將 hex 值輸出至 music_pio。music_pio 控制著音頻產生器 music。music_tone(0)為無聲，music_tone(1)為發 Do 音，music_tone(2)為發 Re 音，music_tone(3)為發 Me 音，music_tone(4)為發 Fa 音，music_tone(5)為發 So 音，music_tone(6)為發 La 音，music_tone(7)為發 Si 音。
main(void)	主程式，內容為由 LED 顯示 tone 的音階，喇叭發出 tone 的音，持續時間由 bit 決定，再讓 LED 燈不亮，喇叭不響，持續時間由 bit 決定。

表 7-11　編輯"hello_ucosii.c"結果

```
#include <stdio.h>
#include "includes.h"

/* Definition of Task Stacks */
#define   TASK_STACKSIZE      2048
OS_STK    task1_stk[TASK_STACKSIZE];
OS_STK    task2_stk[TASK_STACKSIZE];


/* Definition of Task Priorities */


#define TASK1_PRIORITY      1
#define TASK2_PRIORITY      2


/* Prints "Hello World" and sleeps for three seconds */
```

```
   #include <io.h>
#include "system.h"
#include "alt_types.h"
#include "altera_avalon_pio_regs.h"
#include "sys/alt_irq.h"

#include "MicroC.h"
volatile int edge_capture;
int board_x;
int board_width,board_height;
int ball_size;
int counter_y,counter_x;

static alt_u32 scale;

#ifdef BUTTON_PIO_BASE
static void handle_button_interrupts(void* context, alt_u32 id)
{
    /* Cast context to edge_capture's type. It is important that this be
     * declared volatile to avoid unwanted compiler optimization.
     */
    volatile int* edge_capture_ptr = (volatile int*) context;
    /* Store the value in the Button's edge capture register in *context.
*/
    *edge_capture_ptr                                                    =
IORD_ALTERA_AVALON_PIO_EDGE_CAP(BUTTON_PIO_BASE);
    /* Reset the Button's edge capture register. */
    IOWR_ALTERA_AVALON_PIO_EDGE_CAP(BUTTON_PIO_BASE, 0);
}

/* Initialize the button_pio. */

static void init_button_pio()
{
```

```
    /* Recast the edge_capture pointer to match the alt_irq_register()
function
     * prototype. */
    void* edge_capture_ptr = (void*) &edge_capture;
    /* Enable all 4 button interrupts. */
    IOWR_ALTERA_AVALON_PIO_IRQ_MASK(BUTTON_PIO_BASE, 0xf);
    /* Reset the edge capture register. */
    IOWR_ALTERA_AVALON_PIO_EDGE_CAP(BUTTON_PIO_BASE, 0x0);
    /* Register the interrupt handler. */
    alt_irq_register( BUTTON_PIO_IRQ, edge_capture_ptr,
                    handle_button_interrupts );
}
#endif



static void shift_board(alt_u8 type )
{
    switch (type)
        {
            /* right shfit. */
        case 'r':
            {if (board_x<640-board_width)
            board_x = board_x +1;


            }
            break;
            /* left shfit. */
        case 'l':
            {if (board_x>0)
            board_x = board_x -1;


            }
            break;
            /* counting up. */
```

```
        default:
          board_x = board_x;
          break;
        }

    }
static void replay( )

{

   counter_x=VGA_WIDTH/2;
   counter_y=VGA_HEIGHT/2;
   scale=0;


}


static void handle_button_press(alt_u8 type)
{
    static alt_u32 state;
   state=IORD_ALTERA_AVALON_PIO_DATA(BUTTON_PIO_BASE);
   /* Button press actions while counting. */

   if (type == 'c')
   {
      switch (edge_capture)
      {
         /* Button 1:  right shfit. */
      case 0x1:
         if (state==14)
         shift_board('r');
         else
         edge_capture=0;
         break;
         /* Button 2:  left shift. */
```

```
        case 0x2:
            if (state==13)
            shift_board('l');
            else
            edge_capture=0;
            break;
        case 0x8:
            replay();
            edge_capture=0;
            break;


        default:
            shift_board('s');
            edge_capture=0;

            break;
        }
    }
    /* If 'type' is anything else, assume we're "waiting"...*/
    else
    {
        switch (edge_capture)
        {
        case 0x1:
            printf( "Button 1\n");
            edge_capture = 0;
            break;
        case 0x2:
            printf( "Button 2\n");
            edge_capture = 0;
            break;
        case 0x4:
            printf( "Button 3\n");
```

```
            edge_capture = 0;
            break;
        case 0x8:
            printf( "Button 4\n");
            edge_capture = 0;
            break;
        default:
            printf( "Button press UNKNOWN!!\n");
        }
    }
}


void Set_color(unsigned int left, unsigned int top,
            unsigned int width, unsigned int height)
{
    unsigned int  x,y;


    for (y = top; y < top+height; ++y)
    {
        for (x =left; x < left+width; ++x)
        {
            Vga_Set_Pixel(VGA_BASE,x,y);
        }


    }


}


void clr(unsigned int left, unsigned int top,
            unsigned int width, unsigned int height)
{
```

```
    unsigned int  x,y;



    for (y = top;  y < top+height;  ++y)
    {
       for (x =left; x < left+width;  ++x)
       {
           Vga_Clr_Pixel(VGA_BASE,x,y);
       }


    }



}
void task1(void* pdata)
{
    int  board_y;
    int dx,dy;
    while (1)
  {
     Vga_Write_Ctrl(VGA_BASE,7);
     printf("clear range:left=0,top=0,width=640, height=480;\n");
     clr(0,  0, VGA_WIDTH, VGA_HEIGHT);
     usleep(1000000);
     counter_x=VGA_WIDTH/2;
     counter_y=VGA_HEIGHT/2;
     board_x=VGA_WIDTH/2;
     board_y=0;
     board_width=40;
     board_height=5;
     ball_size=8;
     dx=1;
     dy=1;
```

```
    scale=0;
    #ifdef BUTTON_PIO_BASE
     init_button_pio();
    #endif


    while(1)


    {
        IOWR_ALTERA_AVALON_PIO_DATA( SEG7_BASE,scale );
         printf("scale=%08lXh\n",scale);


        if (counter_x>640-ball_size)
         dx=-1;
        else
          {if (counter_x<=0)
          dx=1;


          }
        counter_x=counter_x+dx;


        if (counter_y>480-ball_size)
          dy=-1;
        else
         {
         if(              (counter_y<=board_height)&&(counter_y>=0)&&
(counter_x<board_x+board_width)&& (counter_x>board_x))
        // { if (counter_y<=0)
            { dy=1;
             scale=scale+1;}
            }
        counter_y=counter_y+dy;
        printf("Set ball range:left=counter_x,top=counter_y,width=8,
height=8;\n");
```

```
            Set_color(counter_x, counter_y, ball_size,ball_size );
            usleep(10000);
            printf("Clear                                      ball
range:left=counter_x,top=counter_y,width=8, height=8;\n");

            clr(counter_x, counter_y, ball_size,ball_size );

            if (edge_capture != 0)
                {
                    /* Handle button presses */
                    handle_button_press('c');
                }
             else
                {
              handle_button_press('s');;
                  }

            Set_color(board_x,board_y,board_width,board_height);
             usleep(10000);

            clr(board_x,board_y,board_width,board_height );
    }


}
    printf("Hello from task1\n");
    OSTimeDlyHMSM(0, 0, 3, 0);
  }

/* Prints "Hello World" and sleeps for three seconds */
unsigned int tone[24]=
{5,3,3,4,2,2,1,2,3,4,5,5,5,5,3,3,4,2,2,1,3,5,5,1};
unsigned int bit[24]=
{1,1,2,1,1,2,1,1,1,1,1,1,2,1,1,2,1,1,2,1,1,1,1,4};
```

```
static alt_u8 ledshow[8]={0x00, 0x01, 0x02, 0x04, 0x08, 0x10, 0x20, 0x40};
static void delay(int hex, alt_u8 type)
{
if (type == 'L')
{usleep(hex*500000-100000);
}
else
{
usleep(100000);
}

}
static void count_led(alt_u8 count)
 {
#ifdef LED_GREEN_BASE
IOWR_ALTERA_AVALON_PIO_DATA(LED_GREEN_BASE,count);
#endif
}

static void music_tone(int hex)
{
#ifdef MUSIC_PIO_BASE
IOWR_ALTERA_AVALON_PIO_DATA(MUSIC_PIO_BASE,hex);
#endif
}

void task2(void* pdata)
{
    int i;
  while (1)
  {
   for (i = 0; i<24; ++i)
{
```

```
 count_led(ledshow[tone[i]]);
music_tone(tone[i]);
delay(bit[i], 'L');
music_tone(0);
delay(bit[i], 'D');
}
   printf("Hello from task2\n");
   OSTimeDlyHMSM(0, 0, 3, 0);
  }
}
/* The main function creates two task and starts multi-tasking */
int main(void)
{

  OSTaskCreateExt(task1,
             NULL,
             (void *)&task1_stk[TASK_STACKSIZE],
             TASK1_PRIORITY,
             TASK1_PRIORITY,
             task1_stk,
             TASK_STACKSIZE,
             NULL,
             0);


  OSTaskCreateExt(task2,
             NULL,
             (void *)&task2_stk[TASK_STACKSIZE],
             TASK2_PRIORITY,
             TASK2_PRIORITY,
             task2_stk,
             TASK_STACKSIZE,
             NULL,
```

```
                    0);
OSStart();
return 0;
}
```

15. 建構專案：選取在 Nios II C/C++ Projects 頁面下的"VGA"，按滑鼠右鍵，選取 Build Project，則開始進行組繹。當專案組繹成功，則可執行專案。如果有錯誤發生，則有可能是在作硬體設計時，若干設定不正確，回到 SOPC Builder 檢查硬體內容，修改後重新產生系統並重新組譯後再次燒錄元件。修改硬體後再重新執行 Build Project。組繹成功畫面如圖 7-18 所示。

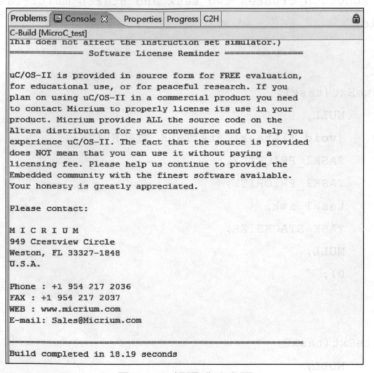

圖 7-18　組譯成功畫面

16. 執行程式：請先確認 DE2 發展板已接好電源，並已在 Quartus II 環境執行 7-2-1 之燒錄硬體動作。確認 DE2 開發板上的指撥開關"SW16"有往上撥。選取 Run → Run，出現「Run」對話框。用滑鼠點選"Nios II Hardware"，按滑鼠右鍵選 New 則開啟執行視窗。在 Main 頁面下的 Project 處要選擇"MicroC"，確認在 Target Hardware 處的 ".PTF" 檔為你的系統硬體設計檔。在 Target Connection 頁面下，若是連接了一個以上的 JTAG 線，則須要選取 Target Connection 鍵，從下拉選單選擇出連接到你的模擬板的線，例如 USB-Blaster 或 ByteBlater。接受預設值並按 Run 鈕。此時開始下載軟體，重置處理器並開始執行軟體。此時在 Nios II IDE 下方 Console 視窗會顯示一些訊息。或選取 Run → Run As → Nios II Hardware。此時開始下載軟體，重置處理器並開始執行軟體。此時在 Nios II IDE 下方 Console 視窗會顯示一些訊息。

17. 觀察執行結果：將 DE2 發展板的 VGA 輸出端接上顯示器，把蜂鳴器的"+"端接擴充槽 JP1 的 8 號腳，"-"端接擴充槽 JP1 的 12 號腳，VGA 螢幕出現乒乓球遊戲畫面與小蜜蜂音樂由蜂鳴器輸出，並有 LED 顯示音階，如圖 7-19 所示，壓按鈕可控制螢幕最上方檔板左右移。

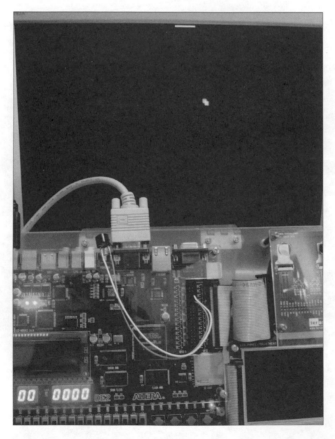

圖 7-19　執行結果

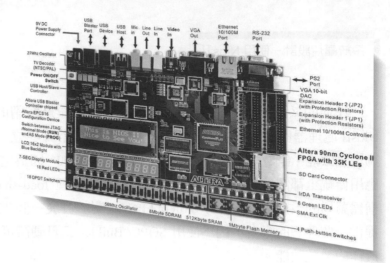

8章

多個 CPU 系統

■ 8-1 記憶體規劃

■ 8-2 使用雙 cpu 系統控制乒乓球遊戲與音樂

任何的系統有兩個以上的微處理器一起工作是所謂的多處理器系統。使用 Altera NiosII 處理器與 SOPC Builder 工具可以快速的設計並建立多處理器系統。多處理器系統能夠增加效能，但是總是會使價格與系統複雜度增加。因為這個原因，使用多處理器系統的應用傳統上都限於工作站與高階個人電腦使用一種"load-sharing"的複雜方法做計算，通常稱為對稱的多元處理(SMP)。Altera FPGAs 對於發展一個非對稱式的嵌入式微處理器系統提供一個理想的平台，因為使用 SOPC Builder 工具硬體可以很容易被修改與調整以提供最佳的系統效能。

8-1　記憶體規劃

以三個 Nios II 處理器系統為例。三個處理器區塊圖如圖 8-1 所示。

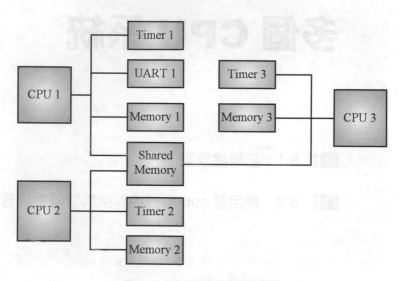

圖 8-1　三個處理器區塊圖

在一個多處理器的系統，可能使用單一個記憶體為每個處理器儲存所有的程式碼。例如，想像一個系統中的 SDRAM 所佔的位址範圍是從 0x0 到 0xFFFFF，而處理器 1 號、2 號和 3 號每個需要 64 Kbytes 的 SDRAM 來執行軟體。若使用 SOPC Builder 來設定他們的"exception addresses"在 SDRAM 中分出相間隔 64 KBytesRAM，Nios II IDE 就會自動分割 SDRAM 基於他們的"exception addresses"。此範例的 SDRAM 的分割圖如圖 8-2 所示。

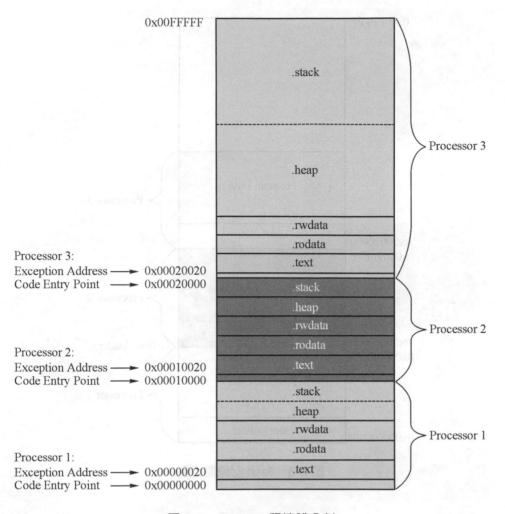

圖 8-2　SDRAM 記憶體分割

　　從圖 8-1 中可以看到 ”exception address” 的最低六的位元都是設定成 0x20。”Offset””0x0” 是 Nios II 處理器執行重置的程式的位置，所以 ”exception address” 並須要放在其他地方。

　　在多處理器系統中，每一個處理器必須從它自己的記憶體片段開機。多處理器可能不行從 from 可執行程式碼的相同位址處成功地開機。開機記憶體可以被切割，就像程式記憶體一樣。圖 8-3 顯示此範例中的 flash 記憶體的開機位址。

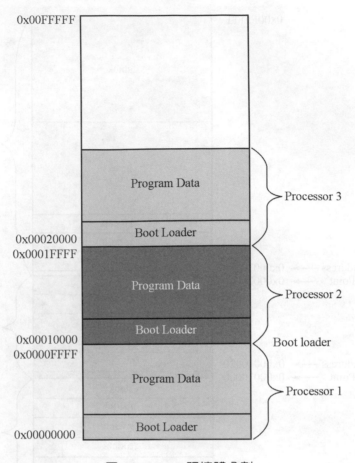

圖 8-3　flash 記憶體分割

8-2　使用雙 cpu 系統控制乒乓球遊戲與音樂

　　本章將示範如何利用使用 SOPC Builder 建立兩個 Nios II 處理器系統。並使用 Nios II IDE，建立專案使用每一個 CPU。此軟體讓所有的一個 CPU 產生乒乓球遊戲由 VGA 輸出裝置顯示。另一個 CPU 撥放小蜜蜂音樂，並控制綠色 LED 燈顯示音階。此範例系統的兩個處理器區塊圖如圖 8-4 所示。

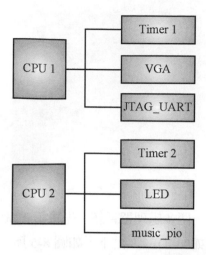

圖 8-4 兩個處理器區塊圖

8-2-1 修改 Quartus 系統

Quartus II 專案建立流程為：

- 複製專案
- 開啓專案
- 更改"cpu"為"cpu1"
- 更改"sys_clk_timer"
- 增加第二個處理器
- 更改"cpu"為"cpu2"
- 移動"cpu2"
- 增加第三個處理器
- 更改"cpu"為"cpu3"
- 移動"cpu3"
- 增加 cpu2 的計時器
- 改"timer"為"cpu2_timer"
- 連接組件
- 連接共享的資源
- 自動指定基底位址
- 建立系統

- 編輯 example.bdf 檔
- 引入 music 符號
- 連線
- 存檔並組譯
- 指定接腳
- 存檔並組譯
- 燒錄

詳細說明如下：

1. 複製專案：開始建立一個多處理器系統，先將第七章的專案目錄"d:\DE2\7-2"目錄複製至工作目錄，例如"d:\DE2\8-2"下，如圖 8-5 所示。

圖 8-5　複製專案

2. 開啓專案：執行 Quartus II 軟體，選取視窗 File → Open Project，開啓「Open Project」對話框，選擇設計檔案的目錄爲"d:\DE2\8-2\example"，再選取"example.qpf"專案，按"開啓"鍵開啓。

3. 更改"cpu"爲"cpu1"：選取視窗選單 Tools→SOPC Builder，開啓「SOPC Builder」對話框，先選擇 System Contents 頁面的"Module name"欄位下的"cpu"，按滑鼠右鍵再選擇"Rename"，更名爲"cpu1"，再按 Enter 鍵。結果如圖 8-6 所示。

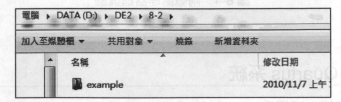

☑			⊟ **sdram**	SDRAM Controller	
		↱→	s1	Avalon Memory Mapped Slave	**pll_c0**
☑			⊟ **cpu1**	Nios II Processor	
		↱→	instruction_master	Avalon Memory Mapped Master	**pll_c1**
		↱→	data_master	Avalon Memory Mapped Master	
		↱→	jtag_debug_module	Avalon Memory Mapped Slave	
☑			⊟ **timer**	Interval Timer	
		↱→	s1	Avalon Memory Mapped Slave	**pll_c1**
☑			⊟ **jtag_uart**	JTAG UART	
		↱→	avalon_jtag_slave	Avalon Memory Mapped Slave	**pll_c1**

圖 8-6　更名爲"cpu1"

4. 編輯"cpu1"：用滑鼠在"cpu1"上點兩下，開啓「Nios II Processor–cpu1」對話框。
選擇"Nios II/s"，如圖 8-7 所示。

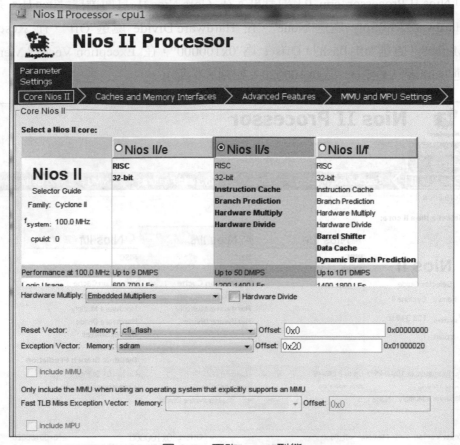

圖 8-7 更改"cpu1"型態

5. 更改"timer"爲"cpu1_timer"：選擇 System Contents 頁面的"Module name"欄位下
的"timer"，按滑鼠右鍵再選擇"Rename"，更名爲"cpu1_timer"，再按 Enter 鍵。
結果如圖 8-8 所示。

☑			⊟ **sdram**	SDRAM Controller	
☑		→	s1	Avalon Memory Mapped Slave	pll_c0
☑			⊟ **cpu1**	Nios II Processor	
			instruction_master	Avalon Memory Mapped Master	pll_c1
			data_master	Avalon Memory Mapped Master	
			jtag_debug_module	Avalon Memory Mapped Slave	
☑			⊟ **cpu1_timer**	Interval Timer	
		→	s1	Avalon Memory Mapped Slave	pll_c1
☑			⊟ **jtag_uart**	JTAG UART	
		→	avalon_jtag_slave	Avalon Memory Mapped Slave	pll_c1

圖 8-8 更名爲"cpu1_timer"

6. 增加第二個處理器：要增加一個 Nios II 32 位元微處理器，名字取叫 cpu2，依下
列步驟，選取 SOPC builder 畫面左邊的 Nios II Processor，按 Add 鍵，出現一個
「Nios II Processor–cpu_0」對話框。在 Core Nios II 頁面選擇 Nios II/s 類型，在
Hardware Multiply 處選"None"，在 Hardware Divide 處選"Off"，在 Reset Vector:
Memory 處選"cfi_flash"，Offset 為"0x100000"，在 Exception Vector: Memory: 處
選"sdram"，Offset: 為 0x100020，如圖 8-9 所示。

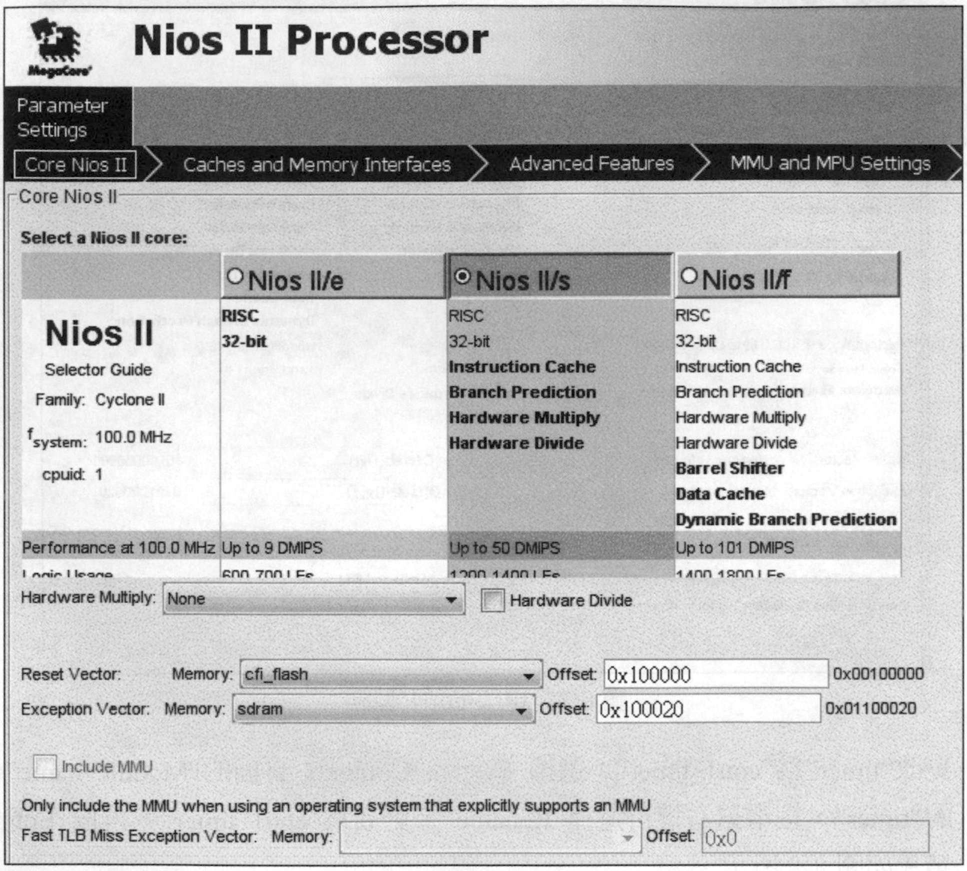

圖 8-9　新增第二個 CPU

註：Exception 位址決定如何在處理器間分割碼記憶體 ，在此範例，每個處理器
從 1Mbyte 的 SDRAM 執行軟體，所以設定每個處理器的"exception 位址"在
SDRAM 之內，每個間格 0x100000 (1 Mbyte)。

7. JTAG Debug Module 頁面：選 JTAG Debug Module 頁面，選擇 Level 1。按 Finish 結束。回到 SOPC Builder 視窗，會出現一個名為"cpu_0"的處理器，並有錯誤訊息會出現在下方視窗。這是因為 SOPC Builder 不知道此處理器要與其他組件如何連接。先忽略此訊息繼續往下做。

8. 更改"cpu_0"為"cpu2"： 選擇 System Contents 頁面的"Module name"欄位下的"cpu"，按滑鼠右鍵再選擇"Rename"，更名為"cpu2"，在 Clock 下更改為"pll_c1"，再按 Enter 鍵。結果如圖 8-10 所示。

☑		⊟ VGA	binary_VGA	
		avalon_slave_0	Avalon Memory Mapped Slave	pll_c0
☑		⊟ sdram	SDRAM Controller	
		s1	Avalon Memory Mapped Slave	pll_c0
☑		⊟ sram	SRAM_16Bit_512K	
		avalon_slave_0	Avalon Memory Mapped Slave	pll_c1
☑		⊟ dma	DMA Controller	
		control_port_slave	Avalon Memory Mapped Slave	pll_c1
		read_master	Avalon Memory Mapped Master	
		write_master	Avalon Memory Mapped Master	
☑		⊟ music_pio	PIO (Parallel I/O)	
		s1	Avalon Memory Mapped Slave	pll_c0
☑		⊟ cpu2	Nios II Processor	
		instruction_master	Avalon Memory Mapped Master	pll_c1
		data_master	Avalon Memory Mapped Master	
		jtag_debug_module	Avalon Memory Mapped Slave	

圖 8-10　更名為"cpu2"

9. 移動"cpu2"：按 Move Up 鍵將"cpu2"上移到"cpu1_timer"下方，如圖 8-11 所示。

☑		⊟ cpu1	Nios II Processor	
		instruction_master	Avalon Memory Mapped Master	pll_c1
		data_master	Avalon Memory Mapped Master	
		jtag_debug_module	Avalon Memory Mapped Slave	
☑		⊟ cpu1_timer	Interval Timer	
		s1	Avalon Memory Mapped Slave	pll_c1
☑		⊟ cpu2	Nios II Processor	
		instruction_master	Avalon Memory Mapped Master	pll_c1
		data_master	Avalon Memory Mapped Master	
		jtag_debug_module	Avalon Memory Mapped Slave	

圖 8-11　移動"cpu2"結果

10. 增加 cpu2 的計時器：由於對於多個處理器不建議共用非記憶體的週邊，所以要在此系統為每一個處理器增加計時器週邊。要增加計時器要做下列步驟，選取在 SOPC Builder 畫面的左邊 Peripherals 下的 "Microcontroller Peripherals" 下的"Interval Timer"，再按 Add 鈕。開啓「Interval Timer – timer_0」對話框。在 Presets: 下選擇"Custom"，如圖 8-12 所示，再按 Finish 鈕回到 SOPC Builder 畫面。則出現名字爲"timer_0"的組件。

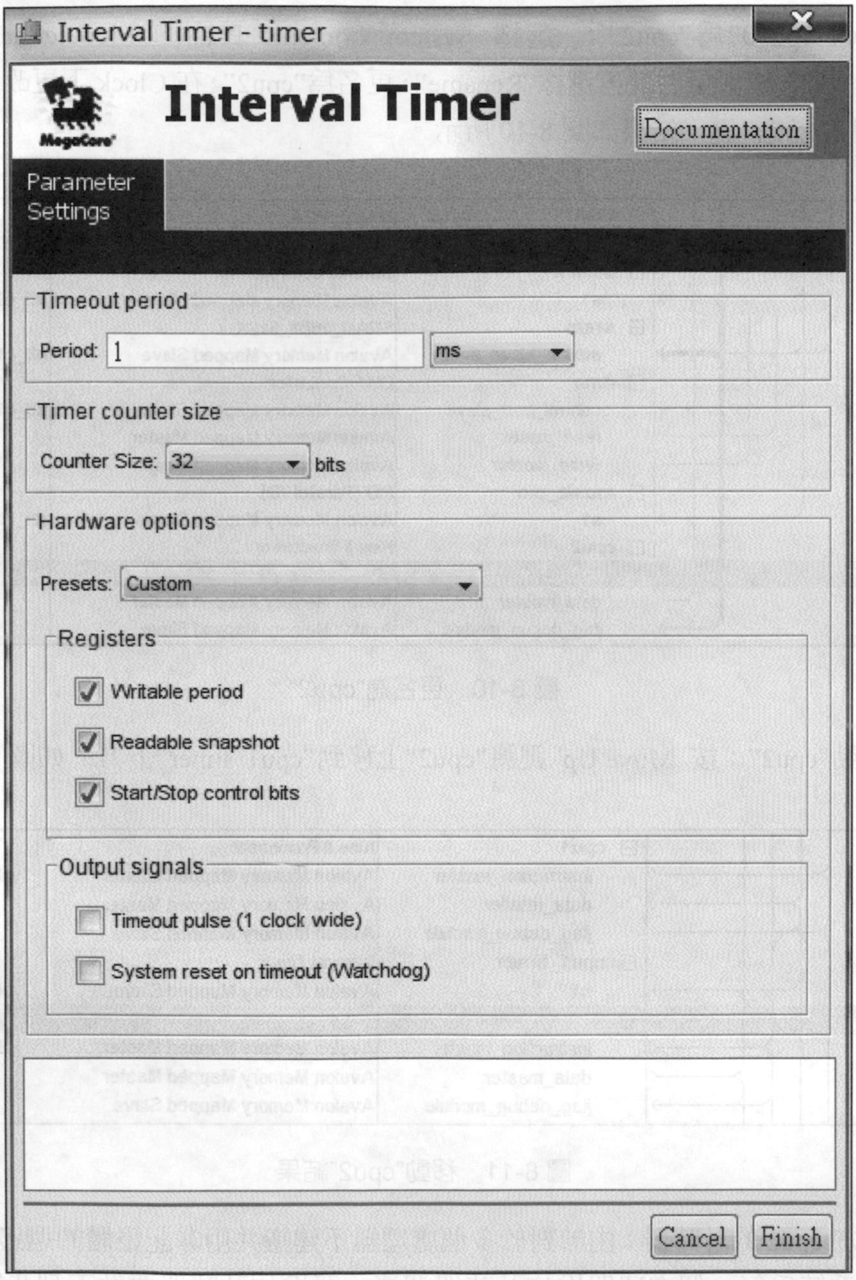

圖 8-12　加入第二個計時器

11. 更改"timer_0"為"cpu2_timer"：選擇 System Contents 頁面的"Module name"欄位下的"timer_0"，按滑鼠右鍵再選擇"Rename"，更名為"cpu2_timer"，在 Clock 下更改為"pll_c1"，再按 Enter 鍵。按 Move Up 鍵將"cpu2_timer"上移到"cpu2"下方，如圖 8-13 所示。

	cpu1	Nios II Processor	
	instruction_master	Avalon Memory Mapped Master	pll_c1
	data_master	Avalon Memory Mapped Master	
	jtag_debug_module	Avalon Memory Mapped Slave	
	cpu1_timer	Interval Timer	
	s1	Avalon Memory Mapped Slave	pll_c1
	cpu2	Nios II Processor	
	instruction_master	Avalon Memory Mapped Master	pll_c1
	data_master	Avalon Memory Mapped Master	
	jtag_debug_module	Avalon Memory Mapped Slave	
	cpu2_timer	Interval Timer	
	s1	Avalon Memory Mapped Slave	pll_c1

圖 8-13　更名與移動第二個計時器的結果

12. 連接組件：使用連接矩陣，使"cpu1_timer"只連接到"cpu1"的"data master"，而不要連接到其他處理器的所有 masters，使"cpu2_timer"只連接到"cpu2"的"data master"，而不要連接到其他處理器的所有 masters，如圖 8-14 所示。

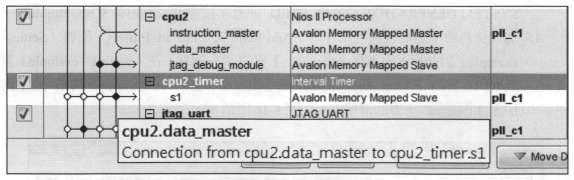

圖 8-14　連接組件

使用 IRQ 連接矩陣(System Contents 頁面視窗的右邊)，消去一些連接 cpu1、cpu2_timer 間與 cpu2、cpu1_timer 間的 IRQ 數字，只留下連接 cpu1/cpu1_timer 與 cpu2/cpu2_timer 的 IRQs，如圖 8-15 所示。

Module Name	Description	Clock	Base	End	Tags	IRQ
data_master	Avalon Memory Mapped Master		IRQ 0	IRQ 31		
jtag_debug_module	Avalon Memory Mapped Slave		0x01b00800	0x01b00fff		
☐ cpu1_timer	Interval Timer					
s1	Avalon Memory Mapped Slave	pll_c1	0x01b01000	0x01b0101f		3
☐ cpu2	Nios II Processor					
instruction_master	Avalon Memory Mapped Master	pll_c1				
data_master	Avalon Memory Mapped Master	pll_c1	IRQ 0	IRQ 31		
jtag_debug_module	Avalon Memory Mapped Slave		0x00001000	0x000017ff		
☐ cpu2_timer	Interval Timer					
s1	Avalon Memory Mapped Slave	pll_c1	0x00000000	0x0000001f		2
☐ jtag_uart	JTAG UART					
avalon_jtag_slave	Avalon Memory Mapped Slave	pll_c1	0x01b01090	0x01b01097		1
☐ led_red	PIO (Parallel I/O)					
s1	Avalon Memory Mapped Slave	pll_c1	0x01b01050	0x01b0105f		
☐ led_green	PIO (Parallel I/O)					
s1	Avalon Memory Mapped Slave	pll_c1	0x01b01060	0x01b0106f		
☐ button_pio	PIO (Parallel I/O)					
s1	Avalon Memory Mapped Slave	pll_c1	0x01b01070	0x01b0107f		0
☐ sysid	System ID Peripheral					

圖 8-15　IRQ 連接矩陣

13. 自動指定基底位址：SOPC Builder 會對 Nios 系統模組指定預設位址，你可以修改這些預設值。自動指定基底位址"Auto Assign Base Address"功能可使位址被 SOPC Builder 重新自動指定，選擇 SOPC Builder 選單 System → Auto Assign Base Address。

14. 產生系統：接著在 SOPC Builder 畫面按 System Generation 鍵，不要勾選在 Options 下的 Simulation.Create project simulator files. 選項，按 Generate 鍵，會出現是否存檔的對話框，按 Save 存檔。當系統產生完畢時，會顯示"SUCCESS: SYSTEM GENERATION COMPLETED."訊息。按 Exit 鍵關掉 SOPC Builder。

15. 加入資料庫：選取視窗選單 File→Add/Remove Files in Project，開啟「Setting-example」對話框，先選擇 Category 下方的 Libraries，在「Setting- example」對話框內右方的 Project library name: 處選出音樂專案的目錄"music"，再按 Add 鍵加入 Libraries: 下方的清單中，如圖 8-16 所示。

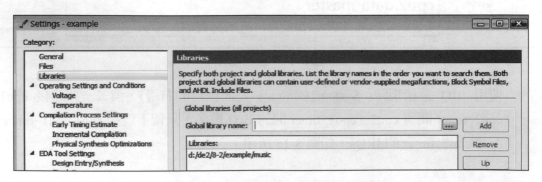

圖 8-16　加入"music"目錄於資料庫

16. 組譯：回到 Quartus II，選取視窗選單 Processing → Start → Start Compilation，出現"Full compilation was successful"訊息即組譯成功，按 OK 鍵。

17. 硬體連接：模擬板上有 USB-Blaster 連接埠。連接方式為將 USB-Blaster 連接線接頭與電腦 USB 埠相接，另一頭接頭與模擬板上 USB 接頭相接。再將模擬板接上電源。把蜂鳴器的"+"端接擴充槽 JP1 的 8 號腳，"-"端接擴充槽 JP1 的 12 號腳，如圖 8-17 所示。

圖 8-17　蜂鳴器連接圖

18. 開啟燒錄視窗：選取視窗選單 Tools → Programmer，開啟"example.cdf"檔。在"example.cdf"畫面選取 Hardware Setup 鍵，開啟「Hardware Setup」對話框，選擇 Hardware Settings 頁面，在 Available hardware items: 處看到有 USB-Blaster 在清單中，在 Available hardware items: 清單中的"USB-Blaster"上快點兩下，則在 Currently selected hardware: 右邊會出現"USB-Blaster [USB-0]"。設定好按 Close 鈕。則在 Chain1.cdf 畫面中的 Hardware Setup 處右邊會有"USB-Blaster [USB-0]" 出現。

19. 燒錄設計至開發板：從燒錄視窗的 Add File 鍵加入燒錄檔"example_time_limited.sof"，並在要燒錄檔項目的 Program/Configure 處要勾選。再按 Start 鈕進行燒錄。燒錄完電腦會出現一個畫面「OpenCore Plus Status」，注意不要按 Close 鍵。

8-2-2 使用 Nios II IDE 發展軟體

使用 NiosII IDE 發展軟體流程為：

- 開啟 Nios II IDE
- 新增"cpu1"軟體專案
- 複製檔案
- 貼上檔案
- 更新專案
- 確認 System Library 的內容
- 新增"cpu2"軟體專案
- 建立"cpu2.c"
- 編輯"cpu2.c"
- 確認 System Libray 的內容
- 建構專案
- 致能多處理器除錯
- 創造"cpu1"的執行/除錯配置
- 創造"cpu2"的執行/除錯配置
- 創造多處理器集合與執行

詳細說明如下：

1. 開啟 Nios II IDE：選取開始→所有程式→Altera→Nios II EDS 10.0 →Legacy Nios II Tools → Nios II 10.0 IDE，開啟 Nios II IDE 環境。若出現「Workspace Launcher」對話框，按 OK 鈕，出現歡迎視窗。按歡迎畫面右上方的"Workbench"切至工作視窗。

2. 新增"cpu1"軟體專案：選取 Nios II IDE 環境選單 File → New → Nios II C/C++ Application，出現「New Project」對話框，在 Select Project Template 處選取"Blank project"，在 name 處改成"example_cpu1"。不要勾選 Specify Location 項目。在 Select Target Hardware 下方 SOPC Builder System PTF File: 處找到剛才系統產生的硬體檔"d:\DE2\8-2\example\system.ptf"，在"CPU:"處選出"cpu1"，如圖 8-18 所示，設定好按 Finish 鍵。Nios II IDE 創造一個新專案出現在工作視窗上。

圖 8-18　設定新專案

3. 複製檔案：從 我的電腦 中至"d:\DE2\8-2\example\software\ping_pong"目錄下選
取"ping_pong.c"與"ping_pong.h"，再按右鍵，選取 複製 如圖 8-19 所示。

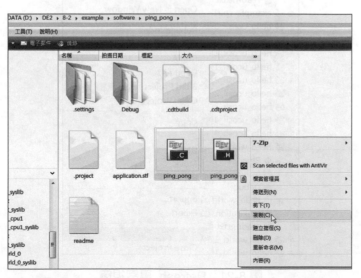

圖 8-19　複製"ping_pong.c"與"ping_pong.h"檔案

4. 貼上 "ping_pong.c" 與 "ping_pong.h"：至 我的電腦 中至 "d:\DE2\8-2\example\software\example_cpu1" 下，按右鍵，選取 貼上，結果如圖 8-20 所示。

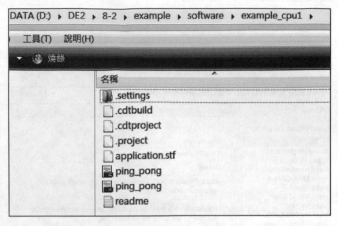

圖 8-20 貼上 "ping_pong.c" 與 "ping_pong.h"

5. 更新專案視窗：選取 "example_cpu1" 專案，按滑鼠右鍵，選 Refrash，如圖 8-21 所示，則可以看到 "example_cpu1" 專案，下出現 "ping_pong.c" 與 "ping_pong.h"，如圖 8-22 所示。

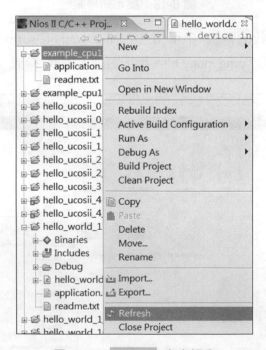

圖 8-21 Refresh 專案視窗

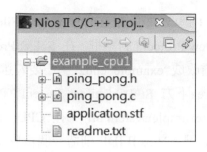

圖 8-22　更新結果

6. 確認 "example_cpu1_syslib" 之　System　Library　的 內 容 ： 選 擇 系 統 專
   案 "example_cpu1_syslib"，按滑鼠右鍵，選 "Properties" 出現「Properties　for
   example_cpu1_syslib」視窗，選擇左邊窗格的　System Library　，確認 stdin、stderr
   與 stdout 的內容都是 "jtag_uart"。確認 System clock timer 的內容為 "cpu1_timer"。
   確認 Program Memory、Read-only data memory、Read/write data memory、Heap
   memory 與 Stack memory 內容為 "sdram"，如圖 8-23 所示。按 OK 鍵。

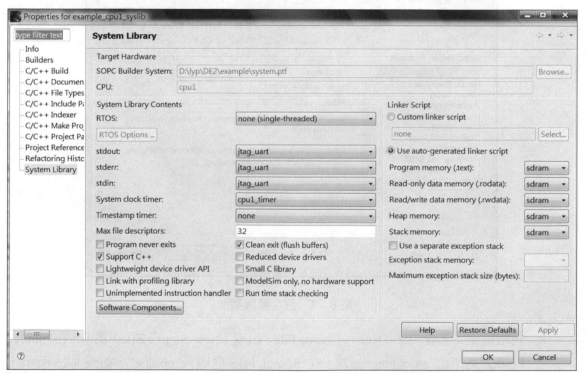

圖 8-23　「Properties for example_cpu1_syslib」視窗

7. 新增"cpu2"軟體專案：選取 Nios II IDE 環境選單 File → New → Nios II C/C++ Application，出現「New Project」對話框，在 Select Project Template 處選取"Blank project"，在 name 處改成"example_cpu2"。不要勾選 Specify Location 項目。在 Select Target Hardware 下方 SOPC Builder System PTF File: 處找到剛才系統產生的硬體檔"d:\DE2\8-2\example\system.ptf"，在"CPU:"處選出"cpu2"，如圖 8-24 所示，設定好按 Finish 鍵。Nios II IDE 創造一個新專案出現在工作視窗上。

圖 8-24　設定新專案

8. 新增檔案：選取 File→New→Source File，出現「New Source File」視窗，在"Source Folder"處選出"example_cpu2"，在"Source File"處填入"cpu2.c"，如圖 8-25 所示，設定好按 Finish 鍵。

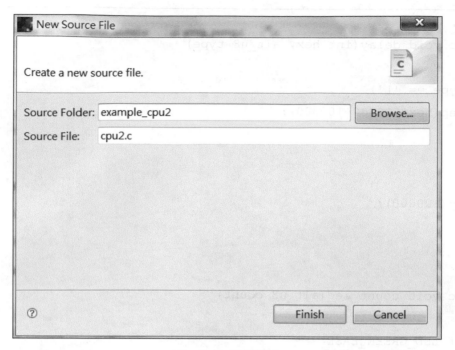

圖 8-25　新增檔案

9. 編輯"cpu2.c"：將小蜜蜂音樂的音階與節拍由 cpu2 控制，編輯"cpu2.c"結果如表 8-1 所示。

表 8-1　編輯"cpu2.c"結果

```
#include <stdio.h>
#include <io.h>
#include "system.h"
#include "alt_types.h"
#include "altera_avalon_pio_regs.h"
#include "sys/alt_irq.h"



unsigned int tone[24] =
{5,3,3,4,2,2,1,2,3,4,5,5,5,5,3,3,4,2,2,1,3,5,5,1};
unsigned int bit[24] =
{1,1,2,1,1,2,1,1,1,1,1,1,2,1,1,2,1,1,2,1,1,1,1,4};
static alt_u8 ledshow[8] ={0x00, 0x01, 0x02, 0x04, 0x08, 0x10, 0x20,
```

```
0x40};
static void delay(int hex, alt_u8 type)
{
if (type == 'L')
{usleep(hex*500000-100000);
}
else
{
usleep(100000);
}


}
static void count_led(alt_u8 count)
 {
#ifdef LED_GREEN_BASE
IOWR_ALTERA_AVALON_PIO_DATA(LED_GREEN_BASE,count);
#endif
}


static void music_tone(int hex)
{
#ifdef MUSIC_PIO_BASE
IOWR_ALTERA_AVALON_PIO_DATA(MUSIC_PIO_BASE,hex);
#endif
}

int main()
{
    int i;
  while (1)
  {


   for (i = 0; i<24; ++i)
```

```
{
 count_led(ledshow[tone[i]]);
 music_tone(tone[i]);

delay(bit[i], 'L');
music_tone(0);
delay(bit[i], 'D');
}
  }
    return 0;
}
```

10. 確認"example_cpu2_syslib" System Library 的內容：選擇 Right-click the 系統專
    案"hello_multi_cpu2_syslib"，按滑鼠右鍵，選"Properties"出現「Properties for
    example_cpu2_syslib」視窗，選擇左邊窗格的 System Library ，確認 stdin、stderr
    與 stdout 的內容都是"null"。只有"cpu1"連接至"jtag_uart"。確認 System clock
    timer 的內容為"cpu2_timer"。確認 Program Memory、Read-only data memory、
    Read/write data memory、Heap memory 與 Stack memory 內容為"sdram"，如圖
    8-26 所示。按 OK 鍵。

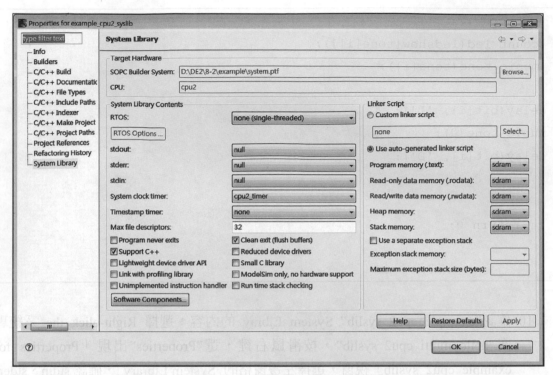

圖 8-26　「Properties for example_cpu2_syslib」視窗

11. 建構專案：選取在 Nios II C/C++ Projects 頁面下的"example_cpu1"，按滑鼠右鍵，選取 Build Project，則開始進行組繹。選取在 Nios II C/C++ Projects 頁面下的"example_cpu2"，按滑鼠右鍵，選取 Build Project，則開始進行組繹。當專案組繹成功，則可執行專案。如果有錯誤發生，則有可能是在作硬體設計時，若干設定不正確，回到 SOPC Builder 檢查硬體內容，修改後重新產生系統並重新組譯後再次燒錄元件。修改硬體後再重新執行 Build Project 。

12. 致能多處理器除錯：在"Nios II IDE"預設值不允許多個除錯作用，要致能多重除錯功能，執行方式如下，選擇視窗選單 Window →Preferences，開啓「Preferences」視窗，在左邊窗格中選 Nios II 並勾選"Allow multiple active run/debug sessions"，如圖 8-27 所示，按 OK 鈕。

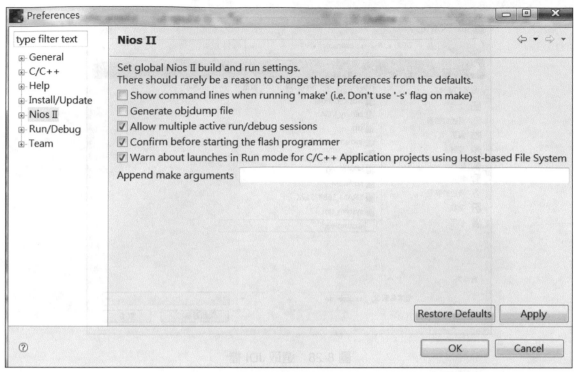

圖 8-27　勾選 "Allow multiple active run/debug sessions"

13. 創造 "cpu1" 的執行 / 除錯配置：選取在 Nios II C/C++ Projects 頁面下的 "example_cpu1"，選取 Run → Run，出現「Run」對話框。用滑鼠點選 "Nios II Hardware"，按滑鼠右鍵選 New 則開啟執行視窗，出現名為 example_cpu1 Nios II HW configuration 之頁面，在 Main 頁面下的 Load JDI File 處要選擇 "Browse…"，找出系統的 "JDI" 檔，如圖 8-28 所示，選擇結果圖 8-29 所示。在 Target Connection 頁面下，若是連接了一個以上的 JTAG 線，則須要選取 Target Connection 鍵，從下拉選單選擇出連接到你的模擬板的線，例如 USB-Blaster 或 ByteBlater。接受預設值並按 Run 鈕。此時開始下載軟體，重置處理器並開始執行軟體。(注意指撥開關 SW16 要往上撥)。

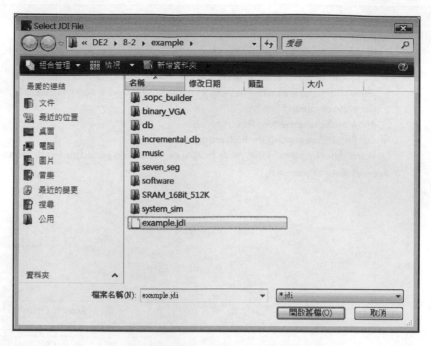

圖 8-28　選取 JDI 檔

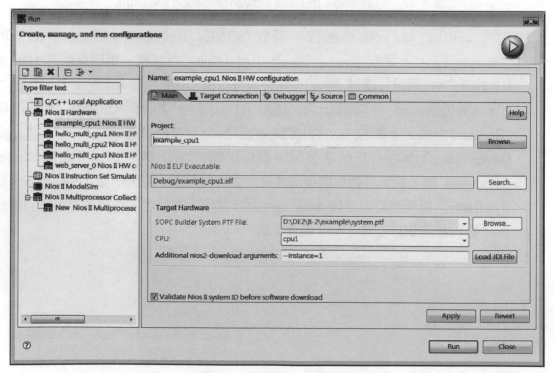

圖 8-29　新增 JDI 檔結果

14. 創造 "cpu2" 的執行/除錯配置：選取在 Nios II C/C++ Projects 頁面下的 "example_cpu2"，選取 Run → Run，出現「Run」對話框。用滑鼠點選 "Nios II Hardware"，按滑鼠右鍵選 New 則開啓執行視窗，出現名為 examplei_cpu2 Nios II HW configuration 之頁面，在 Main 頁面下的 Load JDI File 處要選擇 "Browse..."，找出系統的 "JDI" 檔，如圖 8-30 所示，選擇結果圖 8-31 所示。在 Target Connection 頁面下，若是連接了一個以上的 JTAG 線，則須要選取 Target Connection 鍵，從下拉選單選擇出連接到你的模擬板的線，例如 USB-Blaster 或 ByteBlater。接受預設值並按 Run 鈕。此時開始下載軟體，重置處理器並開始執行軟體。

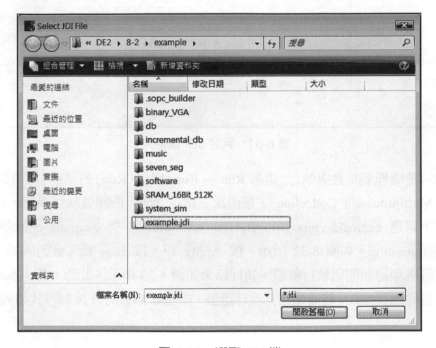

圖 8-30　選取 JDI 檔

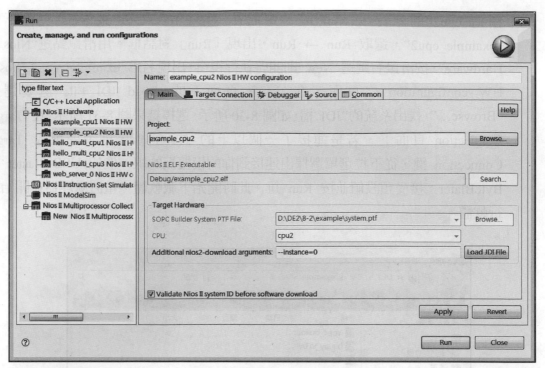

圖 8-31　新增 JDI 檔結果

15. 創造多處理器集合與執行：選取 Run → Run，出現「Run」對話框。用滑鼠點選 "Nios
    II Multiprocessor Collection"，按滑鼠右鍵選 New 則開啓執行視窗，在 Main 頁
    面下勾選 example_cpu1 Nios II HW configuration 與 example_cpu2 Nios II HW
    configuration，如圖 8-32 所示，按 Apply 鈕。按 Run 鈕。此時開始下載軟體，
    重置處理器並開始執行軟體。執行結果如圖 8-33 所示。此時，有小蜜蜂音樂由蜂
    鳴器輸出與 VGA 裝置輸出乒乓球遊戲，如圖 8-34 所示，控制方式如表 8-2 所示。

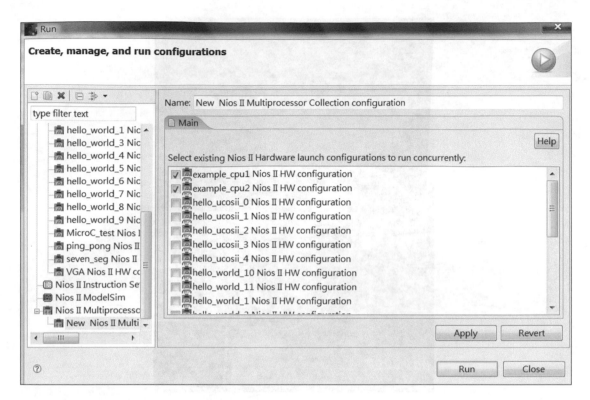

圖 8-32 多 CPU 集合執行設定

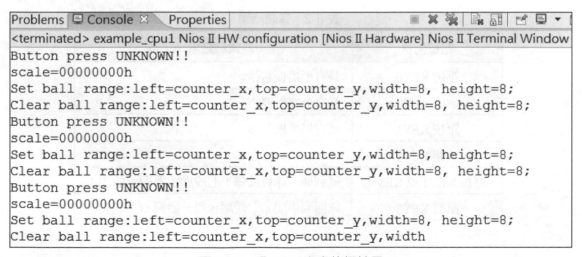

圖 8-33 多 CPU 專案執行結果

圖 8-34　執行結果

表 8-2　實驗結果

壓按開關	實驗結果
壓按 KEY0	長方形擋板右移
放開 KEY0	長方形擋板停止
壓按 KEY1	長方形擋板左移
放開 KEY1	長方形擋板停止
壓按 KEY1 或 KEY0	碰到球，球會反彈，七段顯示器顯示值加 1
壓放 KEY3	球回到中間，七段顯示器分數歸 0(重玩)

國家圖書館出版品預行編目資料

系統晶片設計 ： 使用 NiosII / 廖裕評, 陸瑞強編
著.-- 二版. -- 新北市 ： 全華圖書,2011.04
　　面； 公分
　ISBN 978-957-21-8074-7(平裝附光碟片)
　1.電路 2. 晶片 3. 電腦程式

448.62029　　　　　　　　　　　100006268

系統晶片設計—使用 NiosII

(附範例光碟)

作者 / 廖裕評、陸瑞強

執行編輯 / 林宇傑

發行人 / 陳本源

出版者 / 全華圖書股份有限公司

郵政帳號 / 0100836-1 號

印刷者 / 宏懋打字印刷股份有限公司

圖書編號 / 06047017

二版二刷 / 2014 年 5 月

定價 / 新台幣 560 元

ISBN / 978-957-21-8074-7

全華圖書 / www.chwa.com.tw

全華網路書店 Open Tech / www.opentech.com.tw

若您對書籍內容、排版印刷有任何問題，歡迎來信指導 book@chwa.com.tw

臺北總公司(北區營業處)
地址：23671 新北市土城區忠義路 21 號
電話：(02) 2262-5666
傳真：(02) 6637-3695、6637-3696

中區營業處
地址：40256 臺中市南區樹義一巷 26 號
電話：(04) 2261-8485
傳真：(04) 3600-9806

南區營業處
地址：80769 高雄市三民區應安街 12 號
電話：(07) 381-1377
傳真：(07) 862-5562

勘　誤　表

書　號	書　名		作　者
頁　數	行　數	錯誤或不當之詞句	建議修改之詞句

我有話要說：（其它之批評與建議，如封面、編排、內容、印刷品質等‧‧‧）

姓名： _____ 生日：西元 ____ 年 ____ 月 ____ 日　性別：□男 □女

電話：（　） _____ 傳真：（　） _____ 手機： _____

e-mail：（必填） _____

註：數字零，請用 Φ 表示，數字 1 與英文 L 請另註明並書寫端正，謝謝。

通訊處：□□□□□

學歷：□博士 □碩士 □大學 □專科 □高中‧職

職業：□工程師 □教師 □學生 □軍‧公 □其他

學校 / 公司： _____ 科系 / 部門： _____

‧需求書類：

□ A. 電子 □ B. 電機 □ C. 計算機工程 □ D. 資訊 □ E. 機械 □ F. 汽車 □ I. 工管 □ J. 土木

□ K. 化工 □ L. 設計 □ M. 商管 □ N. 日文 □ O. 美容 □ P. 休閒 □ Q. 餐飲 □ B. 其他

‧本次購買圖書為： _____ 書號： _____

‧您對本書的評價：

封面設計：□非常滿意 □滿意 □尚可 □需改善，請說明 _____

內容表達：□非常滿意 □滿意 □尚可 □需改善，請說明 _____

版面編排：□非常滿意 □滿意 □尚可 □需改善，請說明 _____

印刷品質：□非常滿意 □滿意 □尚可 □需改善，請說明 _____

書籍定價：□非常滿意 □滿意 □尚可 □需改善，請說明 _____

整體評價：請說明 _____

‧您在何處購買本書？

□書局 □網路書店 □書展 □團購 □其他

‧您購買本書的原因？（可複選）

□個人需要 □幫公司採購 □親友推薦 □老師指定之課本 □其他

‧您希望全華以何種方式提供出版訊息及特惠活動？

□電子報 □ DM □廣告 （媒體名稱 _____ ）

‧您是否上過全華網路書店？ (www.opentech.com.tw)

□是 □否　您的建議 _____

‧您希望全華出版那方面書籍？ _____

‧您希望全華加強那些服務？ _____